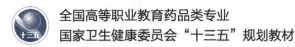

全国高等职业教育药品类专业
国家卫生健康委员会“十三五”规划教材

供化学制药技术、生物制药技术、中药制药技术、药物制剂技术、
药品生产技术、食品加工技术、化工生物技术、制药设备应用技术、
医疗设备应用技术专业用

化工制图

第 3 版

主　审　付宏凯

主　编　孙安荣

编　者　（以姓氏笔画为序）

冯刚利　（湖南中医药高等专科学校）
孙安荣　（河北化工医药职业技术学院）
李长航　（广东食品药品职业学院）
张慧梅　（重庆医药高等专科学校）
韩玉环　（山东药品食品职业学院）

人民卫生出版社

图书在版编目（CIP）数据

化工制图/孙安荣主编.—3版.—北京：人民卫生出版社，2018
ISBN 978-7-117-26301-6

Ⅰ.①化… Ⅱ.①孙… Ⅲ.①化工机械-机械制图-高等职业教育-教材 Ⅳ.①TQ050.2

中国版本图书馆CIP数据核字（2018）第130895号

化 工 制 图
第3版

主　　编：孙安荣
出版发行：人民卫生出版社（中继线 010-59780011）
地　　址：北京市朝阳区潘家园南里19号
邮　　编：100021
E-mail：pmph @ pmph.com
购书热线：010-59787592　010-59787584　010-65264830
印　　刷：北京铭成印刷有限公司
经　　销：新华书店
开　　本：850×1168　1/16　**印张**：22.5
字　　数：529千字
版　　次：2009年1月第1版　2018年9月第3版
2022年12月第3版第2次印刷（总第7次印刷）
标准书号：ISBN 978-7-117-26301-6
定　　价：59.00元
打击盗版举报电话：010-59787491　E-mail：WQ @ pmph.com
（凡属印装质量问题请与本社市场营销中心联系退换）

全国高等职业教育药品类专业国家卫生健康委员会
“十三五”规划教材出版说明

《国务院关于加快发展现代职业教育的决定》《高等职业教育创新发展行动计划(2015-2018年)》《教育部关于深化职业教育教学改革全面提高人才培养质量的若干意见》等一系列重要指导性文件相继出台,明确了职业教育的战略地位、发展方向。为全面贯彻国家教育方针,将现代职教发展理念融入教材建设全过程,人民卫生出版社组建了全国食品药品职业教育教材建设指导委员会。在该指导委员会的直接指导下,经过广泛调研论证,人卫社启动了全国高等职业教育药品类专业第三轮规划教材的修订出版工作。

本套规划教材首版于2009年,于2013年修订出版了第二轮规划教材,其中部分教材入选了“十二五”职业教育国家规划教材。本轮规划教材主要依据教育部颁布的《普通高等学校高等职业教育(专科)专业目录(2015年)》及2017年增补专业,调整充实了教材品种,涵盖了药品类相关专业的主要课程。全套教材为国家卫生健康委员会“十三五”规划教材,是“十三五”时期人卫社重点教材建设项目。本轮教材继续秉承“五个对接”的职教理念,结合国内药学类专业高等职业教育教学发展趋势,科学合理推进规划教材体系改革,同步进行了数字资源建设,着力打造本领域首套融合教材。

本套教材重点突出如下特点:

1. **适应发展需求,体现高职特色** 本套教材定位于高等职业教育药品类专业,教材的顶层设计既考虑行业创新驱动发展对技术技能型人才的需要,又充分考虑职业人才的全面发展和技术技能型人才的成长规律;既集合了我国职业教育快速发展的实践经验,又充分体现了现代高等职业教育的发展理念,突出高等职业教育特色。

2. **完善课程标准,兼顾接续培养** 本套教材根据各专业对应从业岗位的任职标准优化课程标准,避免重要知识点的遗漏和不必要的交叉重复,以保证教学内容的设计与职业标准精准对接,学校的人才培养与企业的岗位需求精准对接。同时,本套教材顺应接续培养的需要,适当考虑建立各课程的衔接体系,以保证高等职业教育对口招收中职学生的需要和高职学生对口升学至应用型本科专业学习的衔接。

3. **推进产学结合,实现一体化教学** 本套教材的内容编排以技能培养为目标,以技术应用为主线,使学生在逐步了解岗位工作实践,掌握工作技能的过程中获取相应的知识。为此,在编写队伍组建上,特别邀请了一大批具有丰富实践经验的行业专家参加编写工作,与从全国高职院校中遴选出的优秀师资共同合作,确保教材内容贴近一线工作岗位实际,促使一体化教学成为现实。

4. **注重素养教育,打造工匠精神** 在全国“劳动光荣、技能宝贵”的氛围逐渐形成,“工匠精神”在各行各业广为倡导的形势下，医药卫生行业的从业人员更要有崇高的道德和职业素养。教材更加强调要充分体现对学生职业素养的培养，在适当的环节，特别是案例中要体现出药品从业人员的行为准则和道德规范，以及精益求精的工作态度。

5. **培养创新意识，提高创业能力** 为有效地开展大学生创新创业教育，促进学生全面发展和全面成才，本套教材特别注意将创新创业教育融入专业课程中，帮助学生培养创新思维，提高创新能力、实践能力和解决复杂问题的能力，引导学生独立思考、客观判断，以积极的、锲而不舍的精神寻求解决问题的方案。

6. **对接岗位实际，确保课证融通** 按照课程标准与职业标准融通，课程评价方式与职业技能鉴定方式融通，学历教育管理与职业资格管理融通的现代职业教育发展趋势，本套教材中的专业课程，充分考虑学生考取相关职业资格证书的需要，其内容和实训项目的选取尽量涵盖相关的考试内容，使其成为一本既是学历教育的教科书，又是职业岗位证书的培训教材，实现“双证书”培养。

7. **营造真实场景，活化教学模式** 本套教材在继承保持人卫版职业教育教材栏目式编写模式的基础上，进行了进一步系统优化。例如，增加了“导学情景”，借助真实工作情景开启知识内容的学习；“复习导图”以思维导图的模式，为学生梳理本章的知识脉络，帮助学生构建知识框架。进而提高教材的可读性，体现教材的职业教育属性，做到学以致用。

8. **全面“纸数”融合，促进多媒体共享** 为了适应新的教学模式的需要，本套教材同步建设以纸质教材内容为核心的多样化的数字教学资源，从广度、深度上拓展纸质教材内容。通过在纸质教材中增加二维码的方式“无缝隙”地链接视频、动画、图片、PPT、音频、文档等富媒体资源，丰富纸质教材的表现形式，补充拓展性的知识内容，为多元化的人才培养提供更多的信息知识支撑。

本套教材的编写过程中，全体编者以高度负责、严谨认真的态度为教材的编写工作付出了诸多心血，各参编院校对编写工作的顺利开展给予了大力支持，从而使本套教材得以高质量如期出版，在此对有关单位和各位专家表示诚挚的感谢！教材出版后，各位教师、学生在使用过程中，如发现问题请反馈给我们（renweiyaoxue@163.com），以便及时更正和修订完善。

人民卫生出版社

2018 年 3 月

全国高等职业教育药品类专业国家卫生健康委员会 “十三五”规划教材 教材目录

序号	教材名称	主编	适用专业
1	人体解剖生理学(第3版)	贺　伟　吴金英	药学类、药品制造类、食品药品管理类、食品工业类
2	基础化学(第3版)	傅春华　黄月君	药学类、药品制造类、食品药品管理类、食品工业类
3	无机化学(第3版)	牛秀明　林　珍	药学类、药品制造类、食品药品管理类、食品工业类
4	分析化学(第3版)	李维斌　陈哲洪	药学类、药品制造类、食品药品管理类、医学技术类、生物技术类
5	仪器分析	任玉红　闫冬良	药学类、药品制造类、食品药品管理类、食品工业类
6	有机化学(第3版)*	刘　斌　卫月琴	药学类、药品制造类、食品药品管理类、食品工业类
7	生物化学(第3版)	李清秀	药学类、药品制造类、食品药品管理类、食品工业类
8	微生物与免疫学*	凌庆枝　魏仲香	药学类、药品制造类、食品药品管理类、食品工业类
9	药事管理与法规(第3版)	万仁甫	药学类、药品经营与管理、中药学、药品生产技术、药品质量与安全、食品药品监督管理
10	公共关系基础(第3版)	秦东华　惠　春	药学类、药品制造类、食品药品管理类、食品工业类
11	医药数理统计(第3版)	侯丽英	药学、药物制剂技术、化学制药技术、中药制药技术、生物制药技术、药品经营与管理、药品服务与管理
12	药学英语	林速容　赵　旦	药学、药物制剂技术、化学制药技术、中药制药技术、生物制药技术、药品经营与管理、药品服务与管理
13	医药应用文写作(第3版)	张月亮	药学、药物制剂技术、化学制药技术、中药制药技术、生物制药技术、药品经营与管理、药品服务与管理

序号	教材名称	主编	适用专业
14	医药信息检索(第3版)	陈　燕　李现红	药学、药物制剂技术、化学制药技术、中药制药技术、生物制药技术、药品经营与管理、药品服务与管理
15	药理学(第3版)	罗跃娥　樊一桥	药学、药物制剂技术、化学制药技术、中药制药技术、生物制药技术、药品经营与管理、药品服务与管理
16	药物化学(第3版)	葛淑兰　张彦文	药学、药品经营与管理、药品服务与管理、药物制剂技术、化学制药技术
17	药剂学(第3版)*	李忠文	药学、药品经营与管理、药品服务与管理、药品质量与安全
18	药物分析(第3版)	孙　莹　刘　燕	药学、药品质量与安全、药品经营与管理、药品生产技术
19	天然药物学(第3版)	沈　力　张　辛	药学、药物制剂技术、化学制药技术、生物制药技术、药品经营与管理
20	天然药物化学(第3版)	吴剑峰	药学、药物制剂技术、化学制药技术、生物制药技术、中药制药技术
21	医院药学概要(第3版)	张明淑　于　倩	药学、药品经营与管理、药品服务与管理
22	中医药学概论(第3版)	周少林　吴立明	药学、药物制剂技术、化学制药技术、中药制药技术、生物制药技术、药品经营与管理、药品服务与管理
23	药品营销心理学(第3版)	丛　媛	药学、药品经营与管理
24	基础会计(第3版)	周凤莲	药品经营与管理、药品服务与管理
25	临床医学概要(第3版)*	曾　华	药学、药品经营与管理
26	药品市场营销学(第3版)*	张　丽	药学、药品经营与管理、中药学、药物制剂技术、化学制药技术、生物制药技术、中药制药技术、药品服务与管理
27	临床药物治疗学(第3版)*	曹　红　吴　艳	药学、药品经营与管理
28	医药企业管理	戴　宇　徐茂红	药品经营与管理、药学、药品服务与管理
29	药品储存与养护(第3版)	徐世义　宫淑秋	药品经营与管理、药学、中药学、药品生产技术
30	药品经营管理法律实务(第3版)*	李朝霞	药品经营与管理、药品服务与管理
31	医学基础(第3版)	孙志军　李宏伟	药学、药物制剂技术、生物制药技术、化学制药技术、中药制药技术
32	药学服务实务(第2版)	秦红兵　陈俊荣	药学、中药学、药品经营与管理、药品服务与管理

序号	教材名称	主编	适用专业
33	药品生产质量管理(第3版)*	李　洪	药物制剂技术、化学制药技术、中药制药技术、生物制药技术、药品生产技术
34	安全生产知识(第3版)	张之东	药物制剂技术、化学制药技术、中药制药技术、生物制药技术、药学
35	实用药物学基础(第3版)	丁　丰　张　庆	药学、药物制剂技术、生物制药技术、化学制药技术
36	药物制剂技术(第3版)*	张健泓	药学、药物制剂技术、化学制药技术、生物制药技术
	药物制剂综合实训教程	胡　英　张健泓	药学、药物制剂技术、化学制药技术、生物制药技术
37	药物检测技术(第3版)	甄会贤	药品质量与安全、药物制剂技术、化学制药技术、药学
38	药物制剂设备(第3版)	王　泽	药品生产技术、药物制剂技术、制药设备应用技术、中药生产与加工
39	药物制剂辅料与包装材料(第3版)*	张亚红	药物制剂技术、化学制药技术、中药制药技术、生物制药技术、药学
40	化工制图(第3版)	孙安荣	化学制药技术、生物制药技术、中药制药技术、药物制剂技术、药品生产技术、食品加工技术、化工生物技术、制药设备应用技术、医疗设备应用技术
41	药物分离与纯化技术(第3版)	马　娟	化学制药技术、药学、生物制药技术
42	药品生物检定技术(第2版)	杨元娟	药学、生物制药技术、药物制剂技术、药品质量与安全、药品生物技术
43	生物药物检测技术(第2版)	兰作平	生物制药技术、药品质量与安全
44	生物制药设备(第3版)*	罗合春　贺　峰	生物制药技术
45	中医基本理论(第3版)*	叶玉枝	中药制药技术、中药学、中药生产与加工、中医养生保健、中医康复技术
46	实用中药(第3版)	马维平　徐智斌	中药制药技术、中药学、中药生产与加工
47	方剂与中成药(第3版)	李建民　马　波	中药制药技术、中药学、药品生产技术、药品经营与管理、药品服务与管理
48	中药鉴定技术(第3版)*	李炳生　易东阳	中药制药技术、药品经营与管理、中药学、中草药栽培技术、中药生产与加工、药品质量与安全、药学
49	药用植物识别技术	宋新丽　彭学著	中药制药技术、中药学、中草药栽培技术、中药生产与加工

序号	教材名称	主编	适用专业
50	中药药理学(第3版)	袁先雄	药学、中药学、药品生产技术、药品经营与管理、药品服务与管理
51	中药化学实用技术(第3版)*	杨　红　郭素华	中药制药技术、中药学、中草药栽培技术、中药生产与加工
52	中药炮制技术(第3版)	张中社　龙全江	中药制药技术、中药学、中药生产与加工
53	中药制药设备(第3版)	魏增余	中药制药技术、中药学、药品生产技术、制药设备应用技术
54	中药制剂技术(第3版)	汪小根　刘德军	中药制药技术、中药学、中药生产与加工、药品质量与安全
55	中药制剂检测技术(第3版)	田友清　张钦德	中药制药技术、中药学、药学、药品生产技术、药品质量与安全
56	药品生产技术	李丽娟	药品生产技术、化学制药技术、生物制药技术、药品质量与安全
57	中药生产与加工	庄义修　付绍智	药学、药品生产技术、药品质量与安全、中药学、中药生产与加工

说明:* 为“十二五”职业教育国家规划教材。全套教材均配有数字资源。

全国食品药品职业教育教材建设指导委员会
成员名单

莫国民 上海健康医学院
顾立众 江苏食品药品职业技术学院
倪　峰 福建卫生职业技术学院
徐一新 上海健康医学院
黄丽萍 安徽中医药高等专科学校
黄美娥 湖南食品药品职业学院
晨　阳 江苏医药职业学院
葛　虹 广东食品药品职业学院
蒋长顺 安徽医学高等专科学校
景维斌 江苏省徐州医药高等职业学校
潘志恒 天津现代职业技术学院

前　言

本教材是在2013年出版的第2版《化工制图》的基础上修订而成的，主要适用于高等职业技术学校、高等专科学校的化学制药技术、生物制药技术、中药制药技术、药物制剂技术、药品生产技术、食品加工技术、化工生物技术、制药设备应用技术、医疗设备应用技术专业的制图教学，也可供医药、化工行业员工培训使用和参考。

本次修订保持了原教材的基本体系，同时根据使用本教材的学校教师的意见，对有关内容进行了修改和完善。降低了对投影理论的要求，注重绘图、识图技能的培养，增加了计算机绘图的内容。修订后的主要内容包括制图的基本知识（第一章），介绍制图有关标准和尺规作图、计算机绘图、徒手绘图的方法；投影作图基础（第二、三章），介绍点、线、面、基本体、组合体的投影作图、尺寸标注，包括轴测图、截交线、相贯线；机械图（第四、五、六章），介绍图样画法，标准件、零件图、装配图等机械图样；化工图（第七、八章），介绍化工设备图及化工工艺图。

修订后的教材在第2版教材栏目“课堂活动”“实例训练”“知识链接”“点滴积累”的基础上，增加了“目标检测”栏目。该栏目中，针对国家标准规定、绘图识图问题等设计了选择题、填空题等题型，通过分析解答问题，帮助学生理解绘图识图原理和方法，熟悉国家标准规定，树立标准化意识。

本教材还附有化工制图练习册，编写了与各章节配套的绘图练习题，突出绘图技能培养。教师可以从中选择练习题目，布置课堂练习和课外作业，检查学生的学习效果。

本次修订中，我们制作了教材的数字教学资源，有“PPT课件”“目标检测答案”“练习册答案”等。以扫描二维码形式展现数字教学资源，方便教师和学生使用，体现了教材服务教学的意识。

参加本书修订编写工作的有张慧梅（绪论、第一章），孙安荣（第二章、第四章、第七章、第八章、附录），冯刚利（第三章），李长航（第五章），韩玉环（第六章）。由孙安荣主编，石药集团维生药业（石家庄）有限公司付宏凯主审。

本书的编写自始至终得到各参编人员所在学校的大力支持，保证了编写的顺利完成，在此表示感谢。由于水平所限，疏漏和不妥之处在所难免，恳请读者批评指正。

编者

2018年5月

目　录

绪 论

一、图样及其在生产中的作用

图样是根据投影原理、制图标准或有关规定，表达工程对象的结构形状、尺寸大小、技术要求等内容的图。图样常被人们称为“工程语言”，它是人类用以表达、构思、分析和交流技术思想的重要工具，是设计、制造、使用和技术交流的重要技术文件。在现代生产活动中，设计者通过图样来表达设计思想；制造者通过图样来了解设计要求，并依据图样加工制造；使用人员通过图样来了解机器的结构和使用性能。因此，每个工程技术人员都必须具有绘制与阅读图样的能力。

二、本课程的性质、任务和基本内容

本课程是一门既有理论又有很强的实践性的技术基础课，是研究绘制和阅读图样的基本原理和方法的一门课程。

本课程的主要任务是：

1. 学习投影法的基本理论及应用，培养空间想象能力、空间分析能力。

2. 学习、贯彻制图的国家标准及有关规定，培养标准化意识和查阅标准、手册的能力。

3. 具备绘制和阅读机械图、化工设备图及化工工艺图的能力。

4. 培养认真负责的工作态度和严谨细致的工作作风。

本课程包括以下基本内容：

1. 制图的基本知识和技能　学习制图标准、使用绘图工具和仪器绘图、计算机绘图等知识。

2. 投影作图基础　学习投影原理和图示方法。

3. 机械制图　学习绘制和阅读零件图和装配图的基本知识、方法和技能。

4. 化工制图　学习绘制和阅读化工设备图、化工工艺图，使学生对化工图样的画法和标准有一定认识。

三、本课程的特点和学习方法

本课程的空间概念很强。培养空间想象能力是学习本课程的关键所在。学习投影理论要注重对基本概念、基本规律的理解，理论联系实际，图物对照，多画、多看、多想，反复练习，循序渐进，逐步提高和发展空间想象能力和空间分析能力。

本课程的规范性很强。工程图样是现代生产活动中必不可少的技术资料，国家标准对其格式、画法等都有统一规定。每个学习者都必须认真学习并严格遵守《机械制图》《技术制图》等国家标准，树立标准化意识，认真细致，一丝不苟。

本课程的实践性很强。只有通过大量的绘图、识图实践，才能不断提高画图和读图能力。

学习本课程一定要认真听课，及时复习，独立完成一定数量的练习和作业；同时，注意正确使用绘图工具和仪器，认真画图，保证作业质量，不断提高绘图和识图技能。

（张慧梅）

第一章

制图的基本知识

本章导言

图样是现代化工业生产中的重要技术资料，是工程界的语言，具有严格的规范性。识图、绘图是同学们从事工程技术工作必备的技能之一。为了正确绘制和识读图样，不仅需要学习绘图仪器和工具的使用、绘图方法与步骤、计算机绘图等知识，还要严格遵守国家标准《技术制图》和《机械制图》的有关规定。

第一节　国家标准关于制图的基本规定

为了适应现代化生产、管理的需要和便于技术交流，国家标准对制图作出了一系列的统一规定，每个工程技术人员都必须严格遵守。本节主要介绍国家标准《技术制图》和《机械制图》中关于图纸幅面、比例、字体、图线和尺寸注法等的基本规定。

▶▶ 课堂活动

请仔细观察发给同学们的零件图及装配图图样。以两人为一组，结合图样，阐述国家标准对图纸幅面、比例、字体、图线和尺寸标注的基本规定。

一、图纸幅面及格式（GB/T 14689—2008◆）

（一）图纸幅面尺寸和代号

图纸幅面尺寸是指绘制图样所采用的纸张的大小规格。绘制图样时，应优先采用五种基本幅面，代号分别为 A0、A1、A2、A3 和 A4，尺寸见表 1-1。

表 1-1　图纸幅面及图框尺寸（单位：mm）

<table>
<tr><td>幅面代号</td><td>A0</td><td>A1</td><td>A2</td><td>A3</td><td>A4</td></tr>
<tr><td>尺寸 B×L</td><td>841×1189</td><td>594×841</td><td>420×594</td><td>297×420</td><td>210×297</td></tr>
<tr><td>a</td><td colspan="5">25</td></tr>
<tr><td>c</td><td colspan="3">10</td><td colspan="2">5</td></tr>
<tr><td>e</td><td colspan="2">20</td><td colspan="3">10</td></tr>
</table>

◆ 国家标准简称“国标”，用“GB”表示。“GB/T 14689—2008”表示推荐性国家标准，标准批准顺序号为 14689，发布年号为 2008 年。

幅面尺寸中,B 表示短边,L 表示长边。各种幅面的 B 和 L 的关系为 $L=\sqrt{2}B$。

如图 1-1 中粗实线为基本幅面的关系,必要时也允许选用与基本幅面短边呈正整数倍增加的加长幅面。

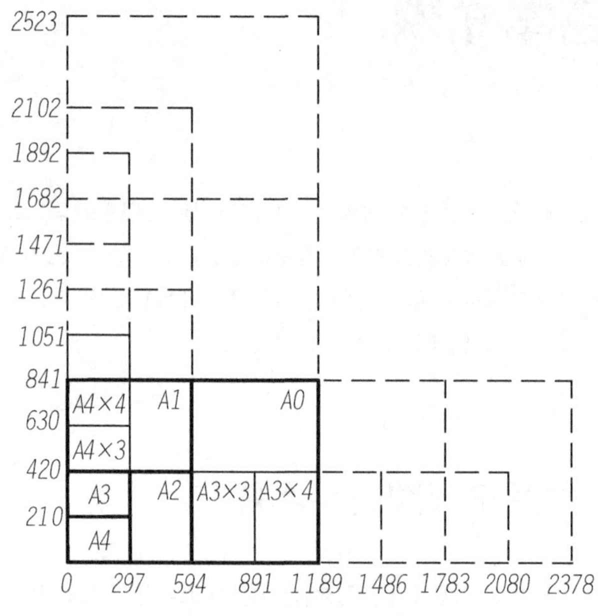

图 1-1　基本幅面及加长幅面

(二) 图框

图框用粗实线绘制,分为留装订边和不留装订边两种,但同一产品的图纸只能采用一种格式。

需要装订的图样,其图框格式如图 1-2(a)、(b)所示;不留装订边的图样,其图框格式如图 1-3(a)、(b)所示。图中的尺寸 a、c、e 按表 1-1 中的规定选用。

(三) 标题栏

每张图纸都必须画出标题栏,其位置在图纸的右下角,标题栏中的文字方向为看图方向。标题栏的格式和尺寸按 GB/T 10609.1—2008 的规定,如图 1-4 所示。

制图作业的标题栏建议采用简化的格式,如图 1-5 所示。

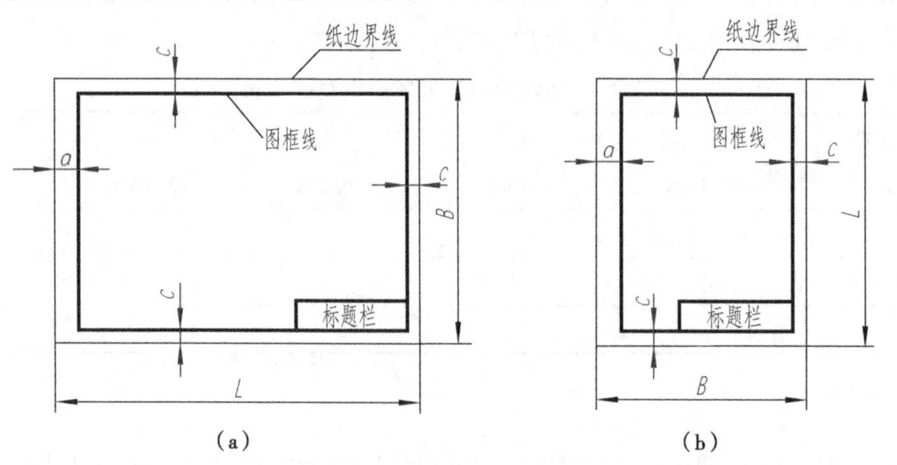

图 1-2　留有装订边的图框格式

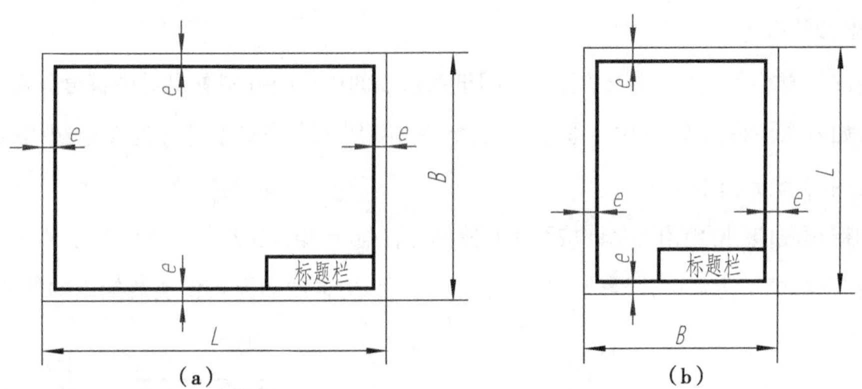

图 1-3　不留有装订边的图框格式

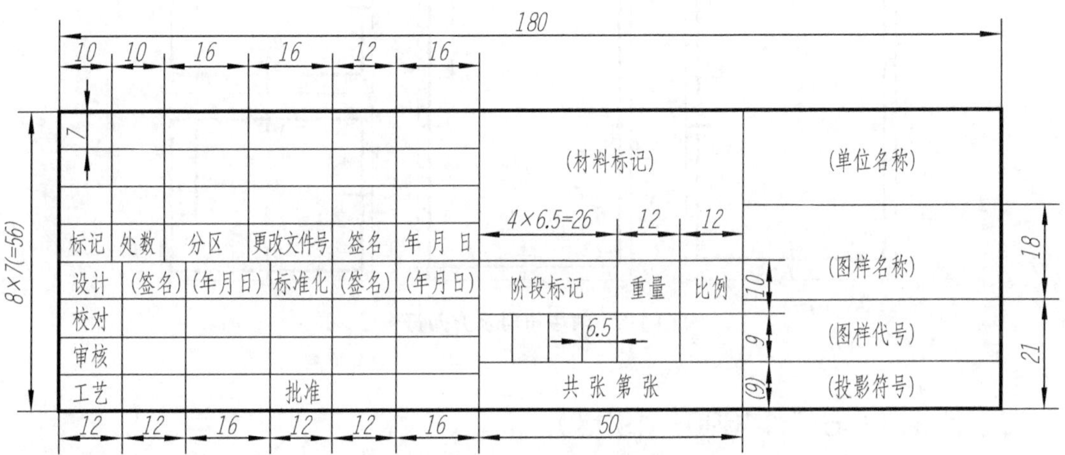

图 1-4　标题栏的格式及尺寸

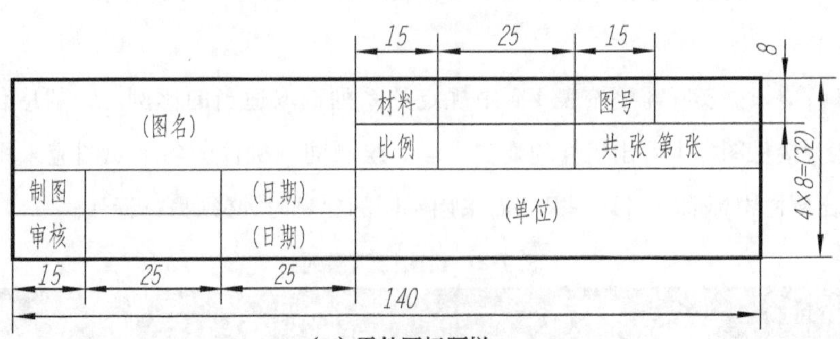

（a）零件图标题栏

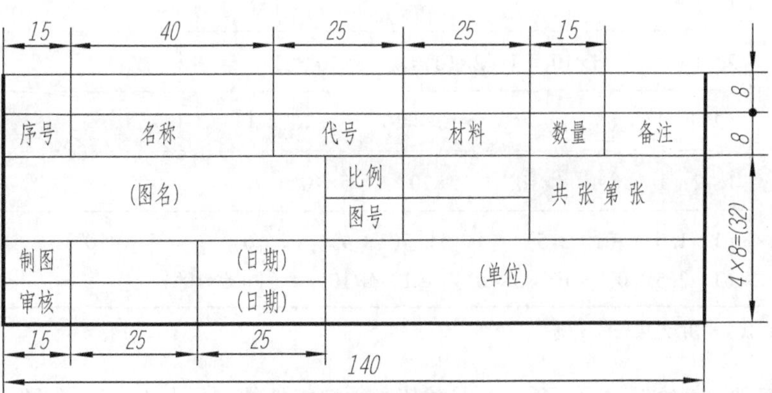

（b）装配图标题栏

图 1-5　简化的标题栏格式

（四）附加符号

为了使图样复制和微缩摄影方便，应在图纸各边长的中点处分别画出对中符号。对中符号是从图纸边界开始画入图框内5mm的一段粗实线，如图1-6所示。当对中符号处在标题栏范围内时，则伸入标题栏内的部分省略不画。

为了利用预先印制的图纸，允许按图1-6使标题栏位于图纸右上角。这时为了明确绘图与看图的方向，应在图纸的下边对中符号处画出一个方向符号，方向符号是用细实线绘制的等边三角形，如图1-6所示。

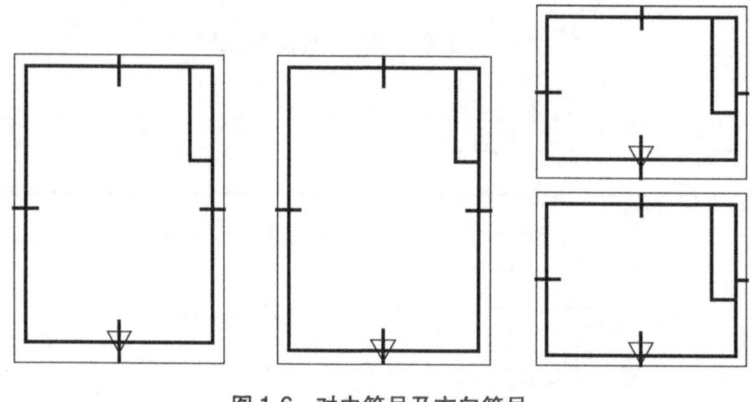

图1-6　对中符号及方向符号

二、比例（GB/T 14690—1993）

图样中的图形与其实物相应要素的线性尺寸之比称为比例。比例符号以"："表示，如1：1、1：2和2：1等。

绘制图样时，应根据实际需要按表1-2中规定的系列选取适当的比例。一般应优先选用1：1的比例，以便能直接从图样上看出机件的真实大小。绘制同一机件的各个视图应采用相同的比例，并在标题栏的比例栏中标明。当某一视图需采用不同的比例时，必须另行标注。

表1-2　绘图比例系列

种类	比例
原值比例	1：1
放大比例	2：1　5：1　1×10^n：1　2×10^n：1　5×10^n：1
	（2.5：1）（4：1）（2.5×10^n：1）（4×10^n：1）
缩小比例	1：2　1：5　1：1×10^n　1：2×10^n　1：5×10^n
	（1：1.5）（1：2.5）（1：3）（1：4）（1：6）（1：1.5×10^n） （1：2.5×10^n）（1：3×10^n）（1：4×10^n）（1：6×10^n）

注：n为正整数，优先选用无括号的比例

不论采用何种比例绘图，标注尺寸时，其数值必须按机件的实际大小标注，如图1-7所示。

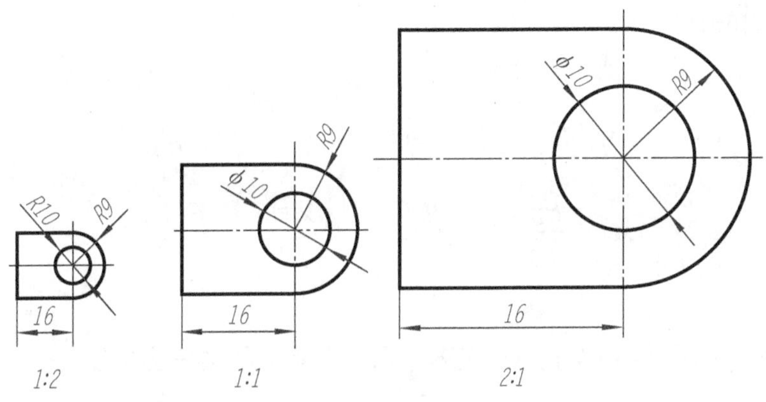

图 1-7　比例应用示例

三、字体（GB/T 14691—1993）

在图样中书写字体时要做到字体工整、笔画清楚、间隔均匀、排列整齐。字体高度（用 h 表示）的公称尺寸系列为 1.8mm、2.5mm、3.5mm、5mm、7mm、10mm、14mm 和 20mm 八种。字体高度代表字体的号数。图样中的字体可分为汉字、字母和数字。

（一）汉字

汉字应写成长仿宋体，并采用国家正式公布的简化字。汉字的高度 h 应不小于 3.5mm，其字宽一般为 $h/\sqrt{2}$。长仿宋体的书写要领为横平竖直、注意起落、结构匀称、填满方格。汉字的书写示例见表 1-3。

表 1-3　长仿宋体汉字示例

10号	字体端正 笔划清楚 排列整齐 间隔均匀
7号	横平竖直 注意起落 结构匀称 填满字格
5号	制图标准规定汉字应写成长仿宋体采用国家正式公布推行的简化字

（二）字母及数字

字母和数字分为 A 和 B 型。A 型字体的笔画宽度为字高的 1/14；B 型字体的笔画宽度为字高的 1/10。字母和数字可写成斜体或直体，一般采用斜体字。斜体字字头向右倾斜，与水平基准线呈 75°。在同一图样上，只允许选用一种字型。用作指数、分数、极限偏差等的数字及字母一般采用小一号字体。字母和数字的书写示例见表 1-4。

表 1-4　拉丁字母、阿拉伯数字和罗马数字示例

拉丁字母	大写斜体	*ABCDEFGHIJKLMNOPQRSTUVWXYZ*
	小写斜体	*abcdefghijklmnopqrstuvwxyz*
阿拉伯数字	斜体	*0123456789*
	直体	0123456789
罗马数字	斜体	*I II III IV V VI VII VIII IX X*
	直体	I II III IV V VI VII VIII IX X

字母组合应用示例：

10^3　　S^{-1}　　D_1　　T_d　　$\phi 20^{+0.010}_{-0.023}$　　$7°^{+1°}_{-2°}$　　$\frac{3}{5}$

10Js5(±0.003)　　M24-6h

$\phi 25\frac{H6}{m5}$　　$\frac{Ⅱ}{2:1}$　　$\frac{A}{5:1}$　　6.3

四、图线（GB/T 17450—1998；GB/T 4457.4—2002）

（一）图线的型式及应用

国家标准 GB/T 17450—1998 规定了绘制各种技术图样时可采用的 15 种基本线型。机械图样中常用图线的名称、型式、宽度及主要用途见表 1-5。

表 1-5　常用图线型式及主要用途（GB/T 4457.4—2002）

图线名称	图线型式	图线宽度	一般应用
粗实线	————————	*d*	可见轮廓线
细实线	————————	*d*/2	尺寸线、尺寸界线、剖面线、指引线等
波浪线	～～～～	*d*/2	断裂处边界线、视图与剖视图的分界线
双折线	—\/——\/—	*d*/2	断裂处边界线、视图与局部剖视的分界线
细虚线	— — — — — —	*d*/2	不可见轮廓线
细点画线	——·——·——	*d*/2	轴线、对称中心线等
粗点画线	——·——·——	*d*	有特殊要求的表面的表示线
细双点画线	——··——··——	*d*/2	相邻辅助零件的轮廓线、假想轮廓线等

机械图样中采用粗、细两种图线宽度，其线宽比为 2∶1。线宽推荐系列为 0.13mm、0.18mm、0.25mm、0.35mm、0.5mm、0.7mm、1mm、1.4mm 和 2mm。粗线宽度一般常用 0.5mm 或 0.7mm。图 1-8 为图线应用示例。

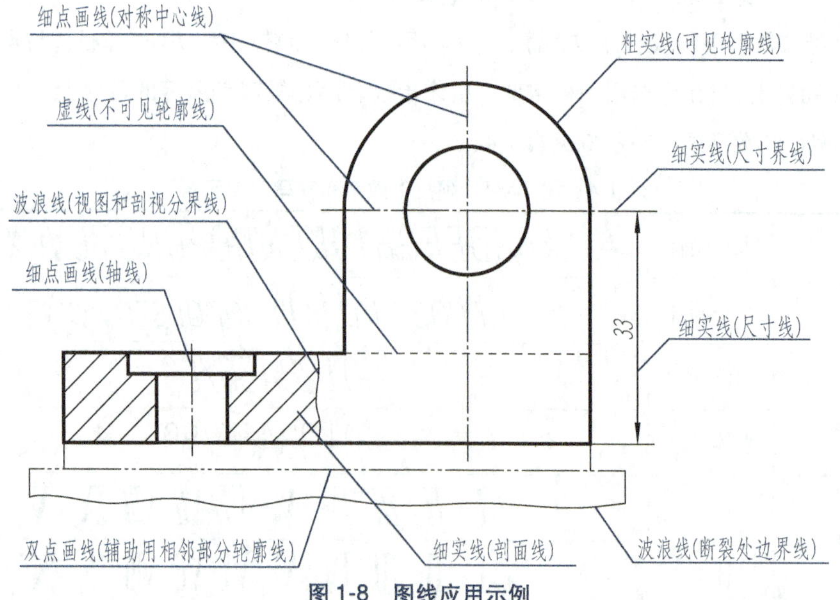

图 1-8　图线应用示例

（二）图线的画法

1. 同一图样中,同类图线的宽度应一致;虚线、点画线及双点画线的线段长度和间隔应大致相等。

2. 两条平行线之间的距离应不小于粗实线的 2 倍,最小间距不小于 0. 7mm。

3. 细点画线首末两端应超出轮廓线 2～5mm,且应是线段而不是短划。绘制圆的中心线时,圆心应是线段的交点。当图形较小难以绘制细点画线时,可用细实线代替。如图 1-9 所示。

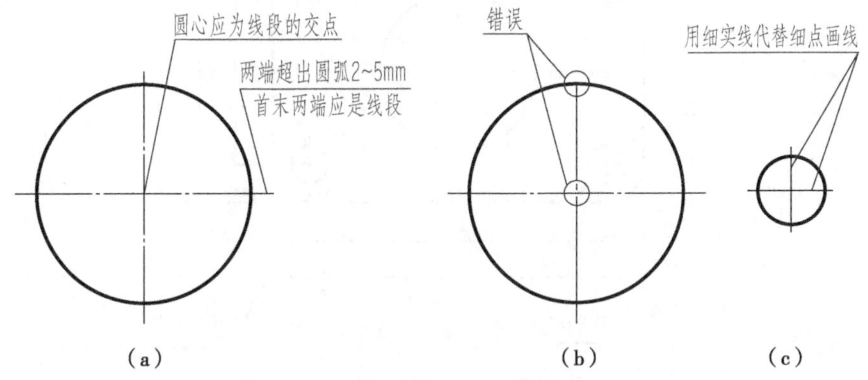

图 1-9　细点画线的画法

4. 虚线与虚线或粗实线相交时,应是线段相交;虚线是粗实线的延长线时,则在虚、实变换处留有空隙。如图 1-10 所示。

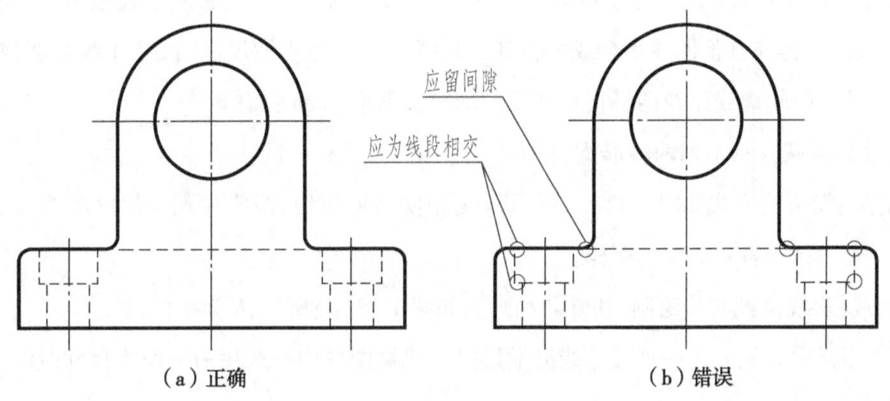

图 1-10　虚线的画法

五、尺寸注法（GB/T 4458. 4—2003；GB/T 16675. 2—1996）

图形只能表达机件的结构形状,其真实大小由尺寸确定。尺寸是图样的一个重要组成部分,是制造、检验零件的依据,图样的尺寸标注必须遵循国家标准有关尺寸注法的规定。

（一）基本规则

1. 机件的真实大小以图样上所注的尺寸数值为依据,与图形的大小及绘图的准确度无关。

2. 图样中的尺寸以 mm 为单位时,不需标注计量单位的代号或名称;如采用其他单位,则必须注明相应的计量单位的代号或名称。

3. 图样中所标注的尺寸为该图样所示机件的最后完工尺寸，否则应另加说明。

4. 机件的每一尺寸在图样上一般只标注一次，并应标注在反映该结构的最清晰的图形上。

（二）尺寸组成及线性尺寸的标注

一个完整的尺寸由尺寸界线、尺寸线、尺寸线终端和尺寸数字组成，如图 1-11 所示。

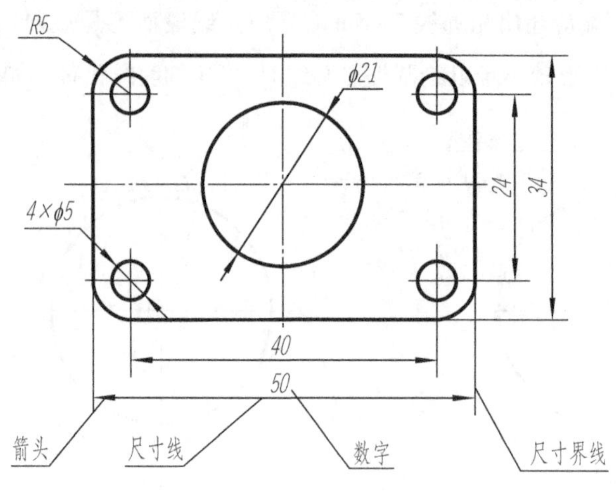

图 1-11　尺寸组成

1. 尺寸界线　表示尺寸的范围，用细实线绘制。尺寸界线由图形的轮廓线、轴线或对称中心线处引出。也可利用轮廓线、轴线或对称中心线作尺寸界线。尺寸界线应超出尺寸线 2~5mm。

2. 尺寸线　尺寸线表示尺寸度量的方向，用细实线绘制。尺寸线必须单独画出，不能用其他图线代替，一般也不得与其他图线重合或画在其延长线上。标注线性尺寸时，尺寸线必须与所注的线段平行。尺寸线与轮廓线以及两平行尺寸线的间距一般取 7mm 左右。

3. 尺寸线终端　有下列两种形式：

（1）箭头：箭头的形式如图 1-12（a）所示，d 为粗实线的宽度，箭头尖端与尺寸界线接触，不得超出或离开。它适用于各种类型的图样。

（2）斜线：斜线用细实线绘制，其方向和画法如图 1-12（b）所示，h 为字体高度。

同一张图样中只能采用一种尺寸线终端形式。机械图样中一般用箭头作为尺寸线终端。

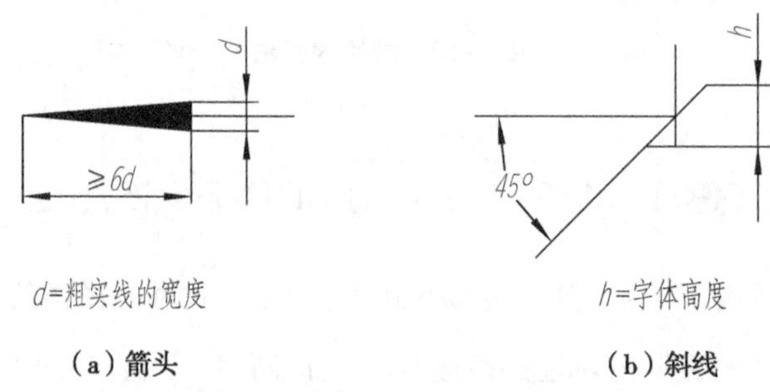

（a）箭头　　（b）斜线

图 1-12　尺寸线终端的两种形式

4. 尺寸数字　用以表示零件的实际大小。尺寸数字要按 GB/T 14691—1993 规定的字体书写，清晰无误且大小一致。尺寸数字不可被任何图线所通过，当不可避免时，必须将图线断开，如图 1-13（a）所示。

线性尺寸的尺寸数字应按图 1-13(b)所示的方向注写，并尽可能避免在图中所示 30°范围内标注尺寸，无法避免时，可按图 1-13(c)的形式标注。

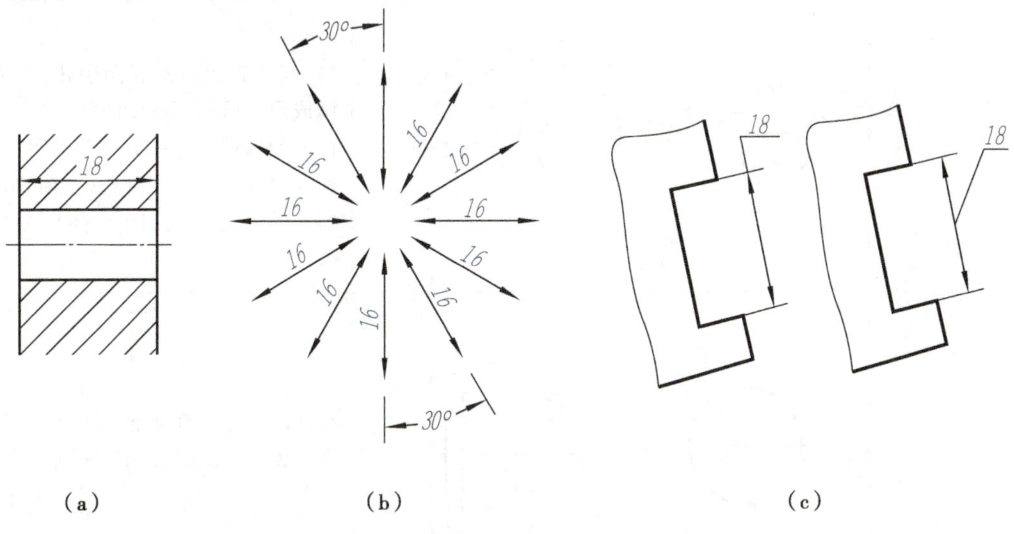

(a)　　(b)　　(c)

图 1-13　尺寸数字注写

(三) 常见的尺寸标注方法

常见的尺寸标注方法见表 1-6。

表 1-6　尺寸标注示例

尺寸类型	图例	说明
直径和半径	φ20 (a)　φ30 φ22 (b)　R14 (c)　R12 R16 (d)　R80 (e)　R100 (f)	(1)圆和大于半圆的圆弧标注直径，尺寸数字前加注符号“φ”，如图(a)、(b)；半圆和小于半圆的圆弧一般标注半径，尺寸数字前加注符号“*R*”，如图(c)、(d) (2)当圆弧的半径过大或在图纸范围内无法注出其圆心位置时，可用折线表示圆心在此线上，如图(e)；若不需要标出其圆心位置时，可按图(f)的形式标注，但尺寸线应指向圆心

续表

尺寸类型	图例	说明
角度	60° 75° 60° 40° 5° 30° 60° 90°	(1)尺寸界线应沿径向引出，尺寸线画成圆弧，圆心是角的顶点 (2)尺寸数字应一律水平书写，一般注在尺寸线的中断处，必要时也可注写在外面、上方或引出标注
球面	Sϕ20 SR12	球面的尺寸应在 ϕ 或 R 前加注“S”。在不致引起误解时，则可省略“S”
弦长和弧长	20 ⌒22	弦长或弧长的尺寸界线应平行于该弦的垂直平分线 标注弧长时应在尺寸数字前方加注符号“⌒”
光滑过渡处	ϕ15 ϕ25 12 18	在光滑过渡处标注尺寸时，应用细实线将轮廓线延长，从它们的交点处引出尺寸界限。当尺寸界线过于贴近轮廓线时允许倾斜画出
对称机件	54 R4 50 ϕ12 4×ϕ5 26 76	当对称机件的图形只画出一半或略大于一半时，尺寸线应略超过对称中心线或断裂处的边界，并在尺寸线的一端画出箭头

续表

尺寸类型	图例	说明
小尺寸的注法	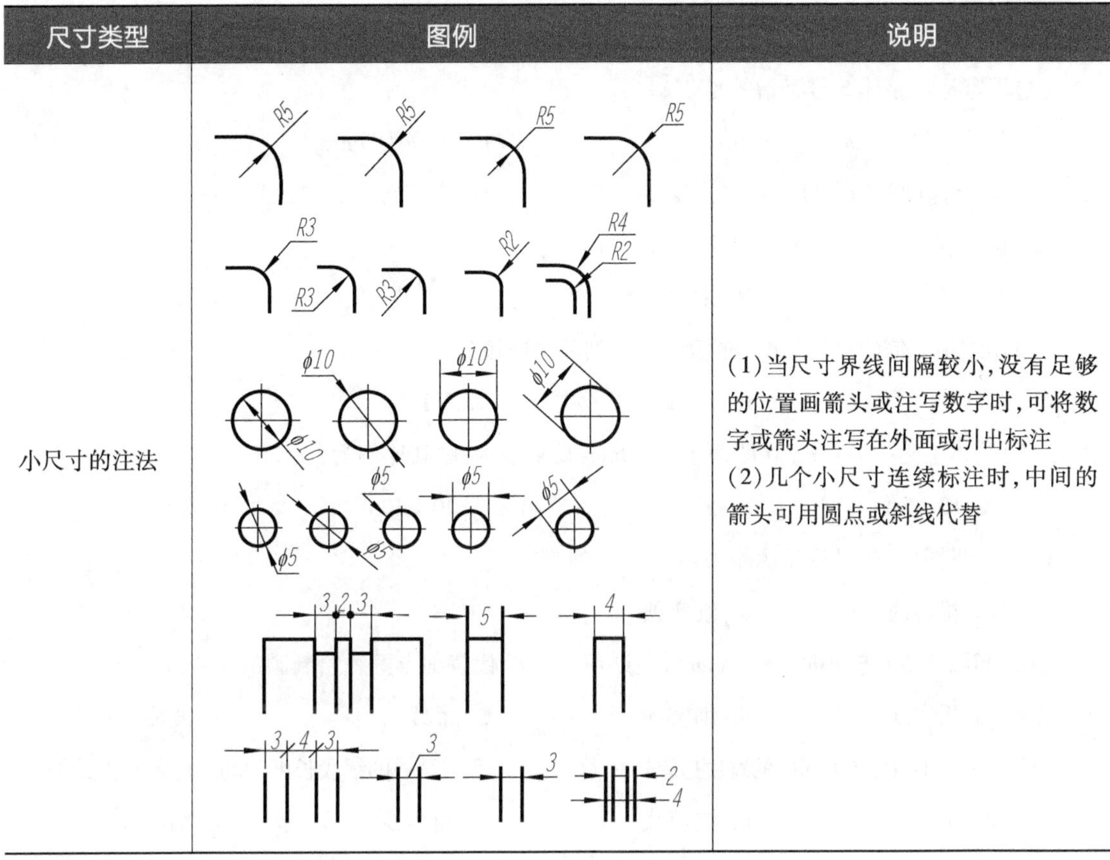	(1)当尺寸界线间隔较小,没有足够的位置画箭头或注写数字时,可将数字或箭头注写在外面或引出标注 (2)几个小尺寸连续标注时,中间的箭头可用圆点或斜线代替

点滴积累 √

图样中的图纸幅面、比例、字体、图线和尺寸标注须遵照国家标准《技术制图》和《机械制图》中相关的基本规定。

目标检测

1. 单项选择题

(1)我国机械制图国家标准的代号是(　　)

A. JB　　B. GB　　C. HB　　D. VB

(2)A3 图纸幅面的尺寸为(　　)

A. 210×297　　B. 297×420　　C. 420×594　　D. 594×841

(3)制图国家标准规定,必要时图纸幅面尺寸可以沿(　　)加长

A. 长边　　B. 短边　　C. 斜边　　D. 各边

(4)标题栏一般应画在图纸的(　　)

A. 左上角　　B. 右上角　　C. 左下角　　D. 右下角

(5)图纸的基本幅面有(　　)种

A. 2　　B. 3　　C. 5　　D. 10

(6)国家标准规定,字体高度系列为1.8mm、2.5mm、3.5mm、5mm、7mm、10mm、14mm和(　　)mm

A. 15　　B. 18　　C. 20　　D. 23

(7)国家标准字体5号字指的是(　　)

A. 字宽为5mm　　B. 字高为5mm

C. 字体倾斜的角度　　D. 字高与字宽之比为5mm

(8)机械制图国家标准规定汉字应该书写成(　　)

A. 草体　　B. 宋体　　C. 长仿宋体　　D. 楷体

(9)用缩小2倍的比例绘图,在标题栏比例项中应填(　　)

A. 1∶1　　B. 1∶2　　C. 2/1　　D. 2∶1

(10)物体上为10mm长,在图面上以20mm长来表示,则其比例为(　　)

A. 10∶20　　B. 1∶2　　C. 20∶10　　D. 2∶1

(11)投影图中,画可见轮廓线采用(　　)线型

A. 粗实线　　B. 细实线　　C. 虚线　　D. 点画线

(12)当圆的直径较小时(≤10mm),允许用(　　)代替细点画线绘制圆的中心线

A. 粗实线　　B. 细实线　　C. 虚线　　D. 波浪线

(13)同一图样中,同类图线的宽度应基本一致,(　　)和点画线的线段长度和间隔应各自大致相等

A. 虚线　　B. 波浪线　　C. 粗实线　　D. 细实线

(14)机件的每一尺寸一般只标注(　　),并应注在反映该形状的最清晰的图形上

A. 一次　　B. 二次　　C. 三次　　D. 四次

(15)圆和大于半圆的圆弧应注(　　)

A. 半径　　B. 直径　　C. 半径或直径　　D. 半径和直径

(16)小于半圆的圆弧一般应注(　　)

A. 半径　　B. 直径　　C. 半径或直径　　D. 半径和直径

2. 填空题

(1)图样中书写的字体必须做到__________、__________、__________、__________。

(2)图样中所标注的尺寸数值必须是机件的__________尺寸,即图样中的尺寸标注与绘图所用的比例无关。

(3)绘制中心线、对称线时,应采用__________线;绘制不可见轮廓线时,应采用__________线;绘制断裂边界线时,应采用__________线。

(4)比例的含义是__________与__________之比。

(5)一个完整的尺寸应包括__________、__________、__________、__________四部分。

(6)国家标准规定,在标注尺寸时,水平方向的尺寸数字字头应__________书写,垂直方向的尺寸数字字头应__________书写;工程图样中,尺寸的基本单位为__________。

(7)在标注直径尺寸时,尺寸数字前面应加注符号____________;在标注半径尺寸时,尺寸数字前面应加注符号____________。

扫一扫,知答案

第二节　绘图的基本方法

绘制工程图样有尺规绘图、徒手绘图和计算机绘图。本节将介绍常用绘图工具的使用、尺规绘图的基本方法、徒手绘图技能等。

一、常用绘图工具和仪器

正确使用绘图工具和仪器是确保绘图质量、提高绘图速度的重要因素。常用绘图工具和仪器的使用方法简要介绍如下。

(一) 图板

图板是木制的矩形板,主要用来铺放图纸,表面要光滑。图板的左边是工作边,必须平直。绘图时用胶带纸将图纸固定在图板的适当位置上,如图 1-14 所示。

(二) 丁字尺

丁字尺由尺头和尺身组成。使用时,用左手握住尺头,其内侧工作边紧靠图板左侧工作边,如图 1-14 所示。利用带有刻度的尺身工作边由左向右画水平线,上下移动丁字尺,可画出一组不同位置的水平线,如图 1-15 所示。

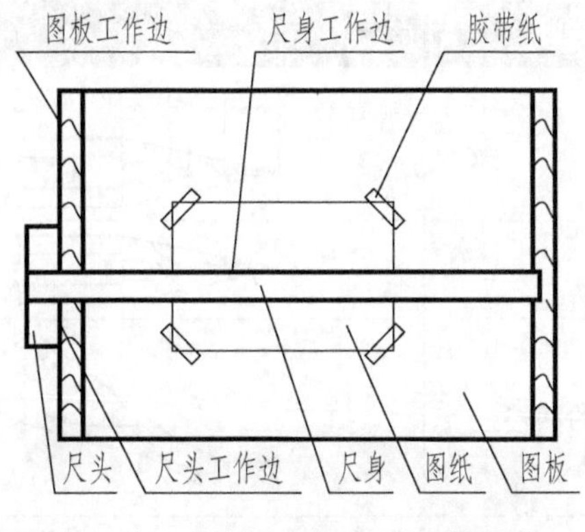

图 1-14　图板、丁字尺、图纸的固定

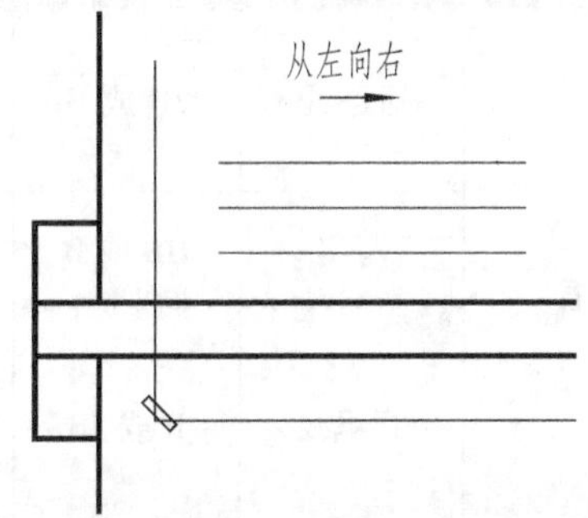

图 1-15　画水平线

(三) 三角板

三角板由一块 45°的等腰直角三角形和一块 30°、60°的直角三角形组成。三角板与丁字尺、图板配合,可画出垂直线和 15°整倍数的斜线。如图 1-16 所示。

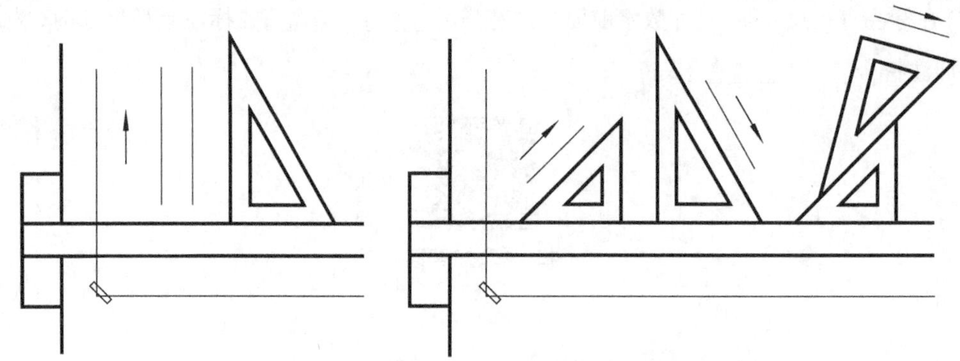

图 1-16　三角板与丁字尺配合使用画线

另外，一副三角板配合可画出任意已知直线的平行线和垂直线。如图 1-17 所示。

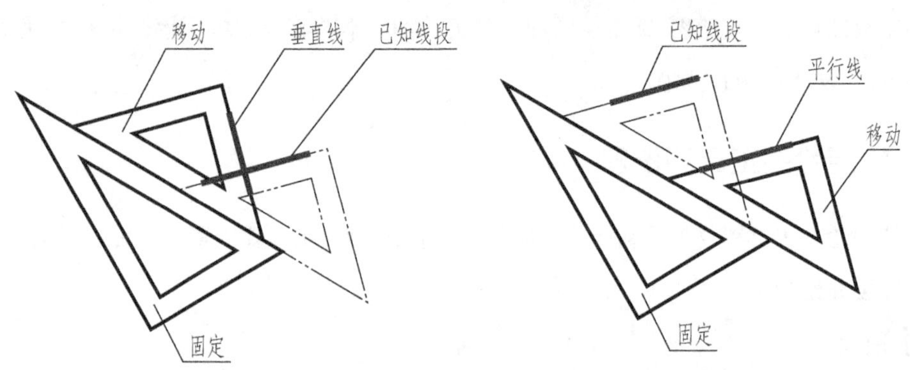

图 1-17　用两块三角板画出已知直线的垂直线和平行线

（四）铅笔

绘图铅笔的铅芯有软硬之分，软硬程度分别用字母 B、H 表示。B 前的数值越大，表示铅芯越软，所画的图线越黑；H 前的数值越大，表示铅芯越硬，所画的图线越浅。HB 铅笔软硬适中。画图时，应根据不同用途，按表 1-7 选用适当的铅笔及铅芯，并将其磨削成一定的形状，以保证画出的图线均匀一致。

表 1-7　铅笔及铅芯的选用

	用途	软硬代号	削磨形状	
铅笔	画细线	2H 或 H	圆锥	
	写字	HB 或 B	钝圆锥	
	画粗线	B 或 2B	截面为矩形的四棱柱	
圆规用铅芯	画细线	H 或 HB	楔形	
	画粗线	2B 或 3B	正四棱柱	

注：d 为粗实线宽度

（五）绘图仪器

绘图仪器种类很多，每套仪器的件数多少不等，下面简要介绍圆规和分规的使用方法。

1. 圆规　圆规用于画圆和圆弧。圆规的一条腿上装钢针，另一条腿上装铅芯。画圆时将带台阶的一端针尖扎在圆心处，如图 1-18(a)所示。画圆或画弧时，应根据不同的直径，尽量使钢针和铅芯同时垂直于纸面，并按顺时针方向一次画成，注意用力要均匀，如图 1-18(b)所示。

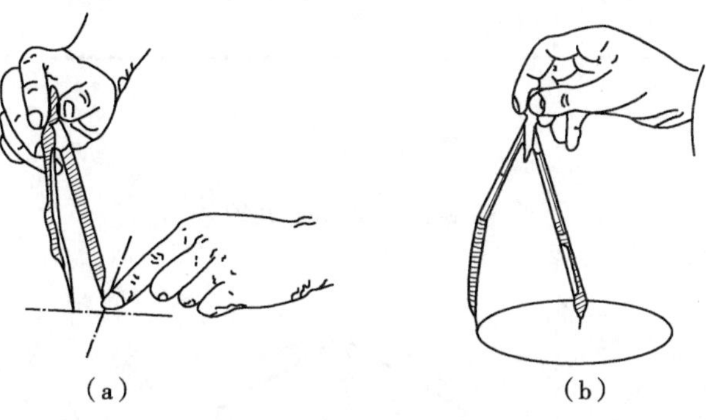

图 1-18　圆规的使用方法

2. 分规　分规用于量取尺寸和等分线段，如图 1-19 所示。分规两条腿上均装钢针，当两条腿并拢时，两针尖应对齐。

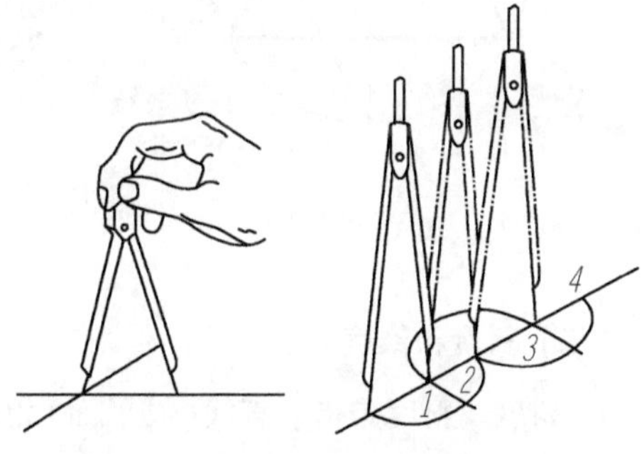

图 1-19　分规的用法

（六）其他绘图工具

除了上述工具之外，还经常使用曲线板（用于绘制非圆曲线，作图时应该先求出非圆曲线上的一系列点，然后用曲线板光滑连接）、擦图片（利用擦图片上各种形式的镂孔，可擦去多余的线条，以保持图面清洁）、比例尺（供绘制不同比例的图样时量取尺寸用）、削铅笔刀、橡皮、固定图纸用的塑料透明胶纸、测量角度的量角器、清除图面上橡皮屑的小刷等。

二、尺规绘图

尺规绘图是用铅笔、丁字尺、三角板、圆规等绘图工具和仪器进行手工绘图的一种绘图方法。虽然目前技术图样已使用计算机绘制，但尺规绘图既是工程技术人员的必备基本技能，又能为计算机绘图奠定基础，应熟练掌握。

（一）等分圆周和作正多边形

1. 圆的四、八等分　圆的四、八等分可直接利用 45°三角板与丁字尺配合作图，如图 1-20 所示。

2. 圆的三、六、十二等分　作圆的三、六、十二等分时，它们的各等分点与圆心的连线，以及相应正多边形的各边均为 30°倍角线。可利用三角板与丁字尺配合作图，也可用圆的半径直接在圆周上截取等分点。如图 1-21 所示。

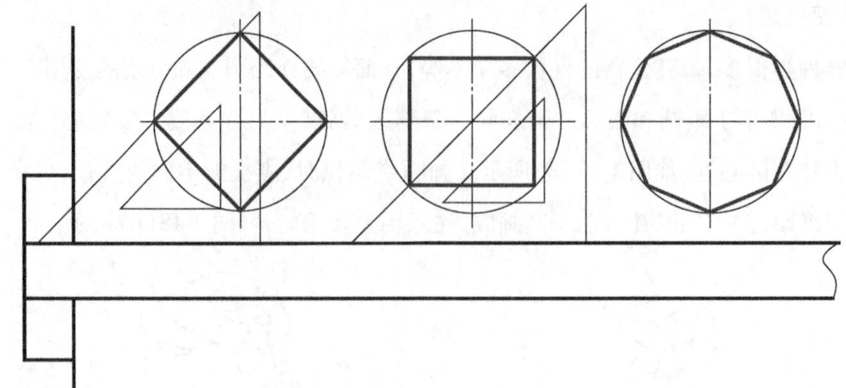

图 1-20　圆的四、八等分

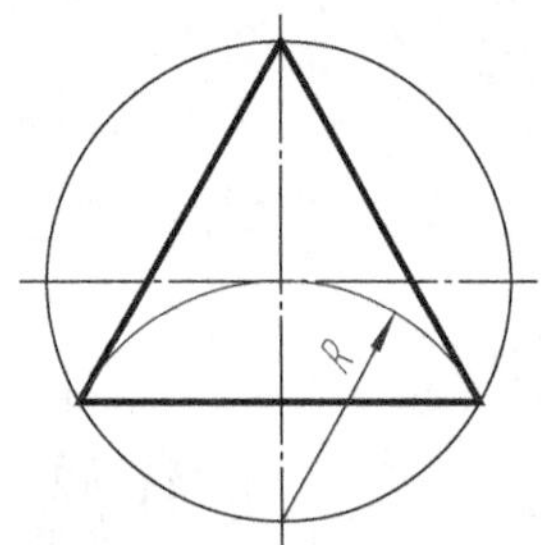

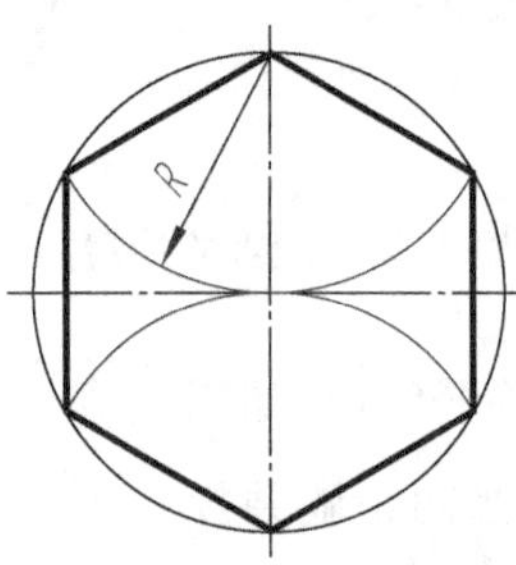

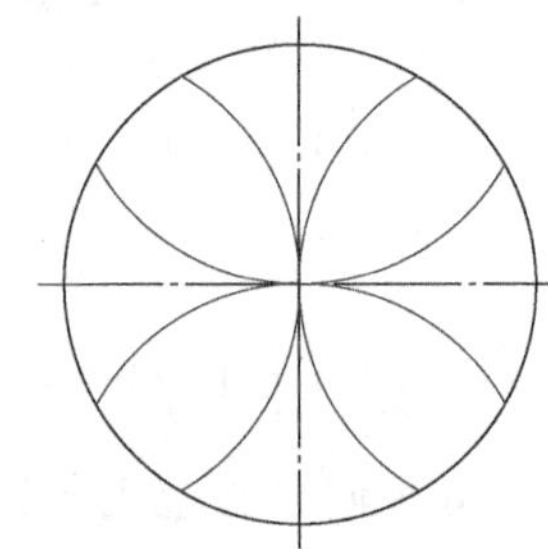

图 1-21　圆的三、六、十二等分

（二）斜度和锥度

1. 斜度　斜度是指一直线（或平面）相对于另一直线（或平面）的倾斜程度。其大小用倾斜角的正切表示，如图 1-22 所示，斜度 $=\tan\alpha=H/L=1:n$。

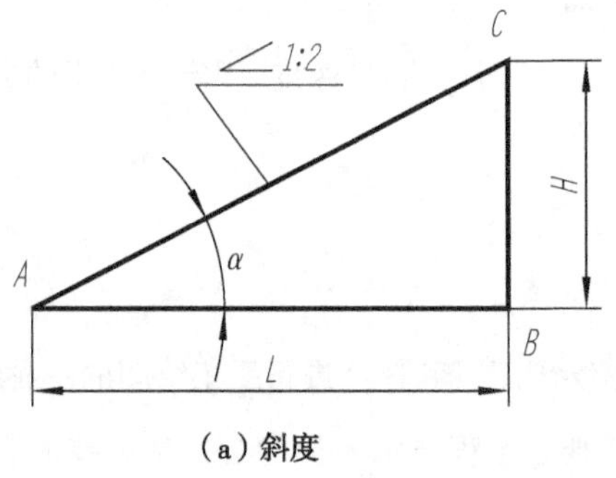

（a）斜度

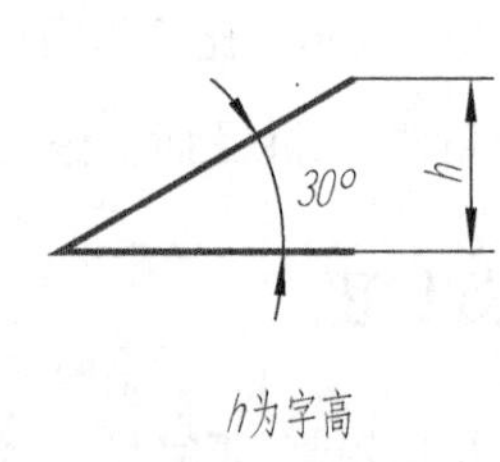

（b）斜度符号

图 1-22　斜度及其符号

标注时，在符号“∠”之后写出比值，斜度符号的斜线方向应与图形中的斜线方向一致。图 1-23 所示为斜度的作图方法和标注。

2. 锥度　锥度是正圆锥底圆直径与圆锥高度之比，或正圆锥台两底圆直径之差与圆锥台高度之比，如图 1-24 所示，锥度 $=D/L=(D-d)/l=1:n$。

锥度的作图方法和标注如图 1-25 所示。

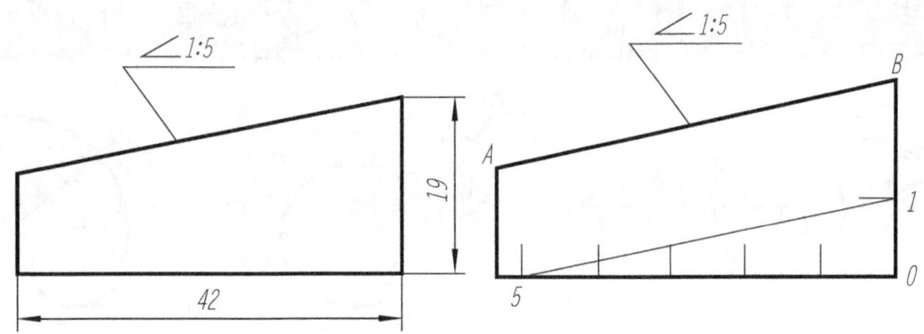

图 1-23　斜度的作图方法和标注

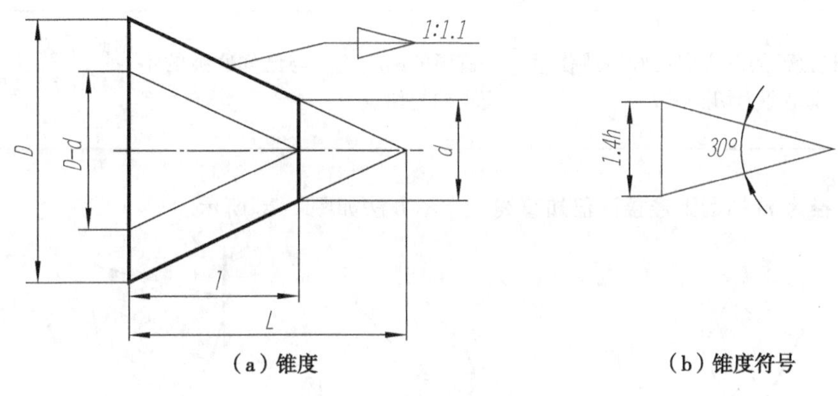

（a）锥度　　（b）锥度符号

图 1-24　锥度及其符号

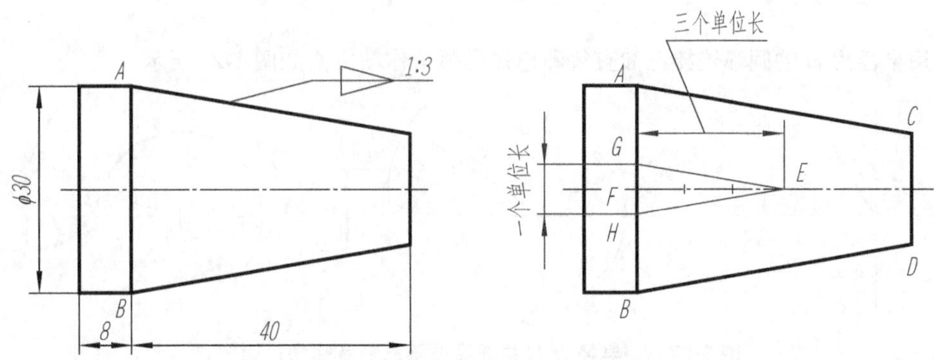

图 1-25　锥度的作图方法和标注

（三）圆弧连接

在制图中，经常需要用圆弧来光滑连接已知直线或圆弧，这种作图过程称为圆弧连接。光滑连接中，直线与圆弧、圆弧与圆弧之间是相切的。因此，必须准确地求出连接圆弧的圆心及连接点（切点），才能得到光滑连接的图形。

圆心轨迹及切点的求法见表 1-8。

表 1-8　圆弧连接的作图原理

类型	连接弧与已知直线相切	连接弧与已知圆外切	连接弧与已知圆内切
图例			
圆心轨迹	圆心轨迹为已知直线的平行线，间距等于半径 R	圆心轨迹为已知圆的同心圆，半径为 R_1+R	圆心轨迹为已知圆的同心圆，半径为 R_1-R
切点	由连接弧的圆心向已知直线作垂线，垂足即为切点	两圆弧的圆心连线与已知圆弧的交点即为切点	两圆弧圆心连线的延长线与已知圆弧的交点即为切点

1. 用半径为 *R* 的圆弧连接两已知直线　作图方法如图 1-26 所示。

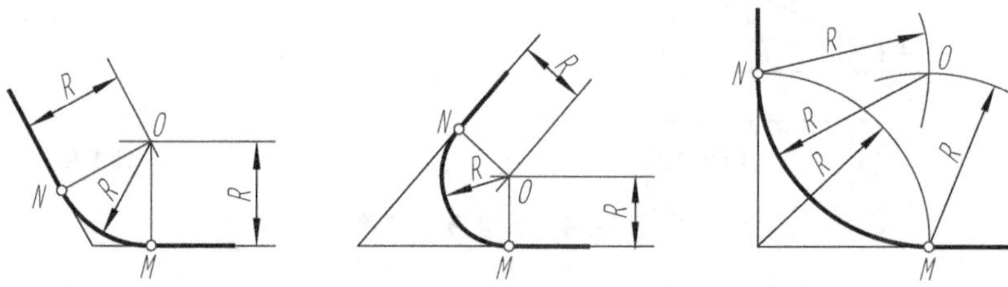

图 1-26　用半径为 *R* 的圆弧连接两已知直线

2. 用半径为 *R* 的圆弧连接已知直线和已知圆弧　作图方法如图 1-27 所示。

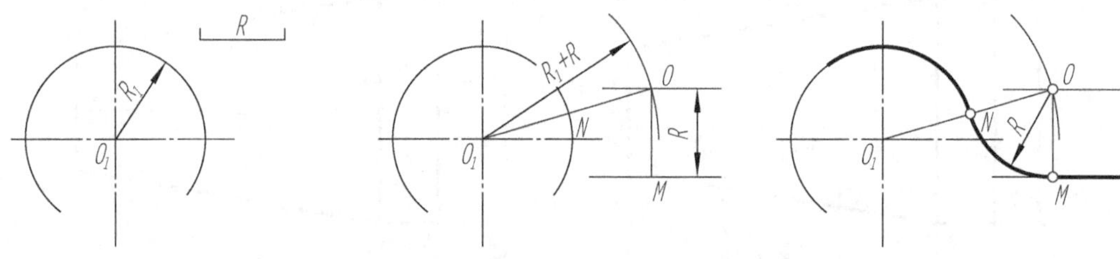

图 1-27　用半径为 *R* 的圆弧连接已知直线和已知圆弧

3. 用半径为 *R* 的圆弧连接两已知圆弧　作图方法如图 1-28 所示。

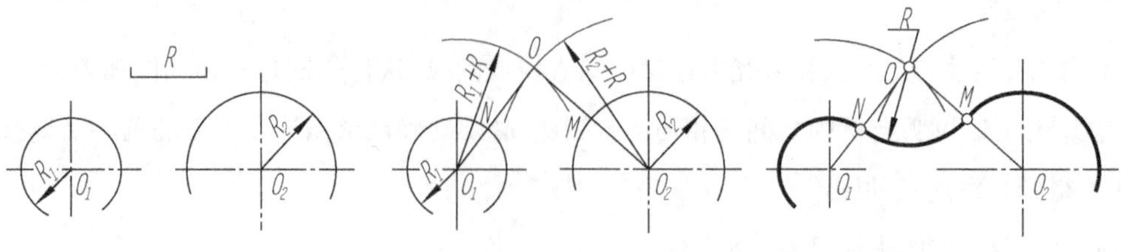

(a) 外切

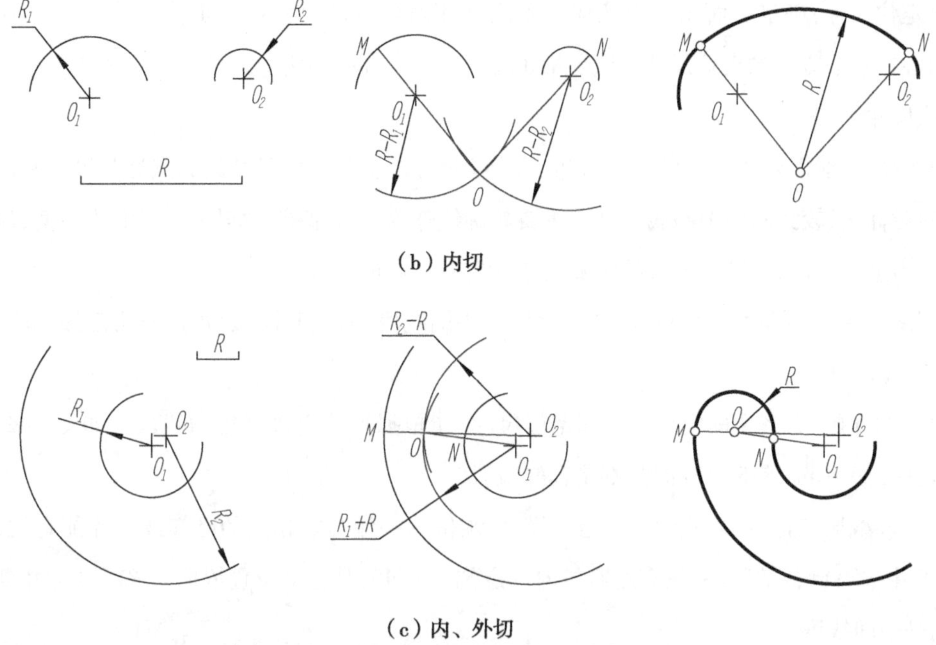

（b）内切

（c）内、外切

图 1-28　用半径为 R 的圆弧连接两已知圆弧

综上所述，可归纳出圆弧连接的画图步骤：

（1）求圆心：根据圆弧连接的作图原理，作圆心轨迹线求出连接弧的圆心。

（2）求连接点：求连接弧与已知直线或圆弧的切点。

（3）画连接弧：用连接弧半径在两切点间画圆弧。

（四）平面图形的画法

机件轮廓的平面图形是由若干条线段（包括直线段、圆弧、曲线）封闭连接而成的，这些线段之间的相对位置和连接方式由给定的尺寸或几何关系来确定。画图时首先要对平面图形的尺寸和线段进行分析，以确定正确的作图方法和作图顺序。下面以图 1-29 为例，说明平面图形的分析方法和作图方法。

1. 尺寸分析　在平面图形中所标注的尺寸按其作用分为定形尺寸和定位尺寸两类。

（1）定形尺寸：确定平面图形上几何元素形状大小的尺寸称为定形尺寸。如线段的长度、角度的大小及圆或圆弧的直径或半径的尺寸。如图 1-29 中的 $\phi20$、$\phi5$、$R15$、$R12$、$R50$、$R10$、15 等均为定形尺寸。

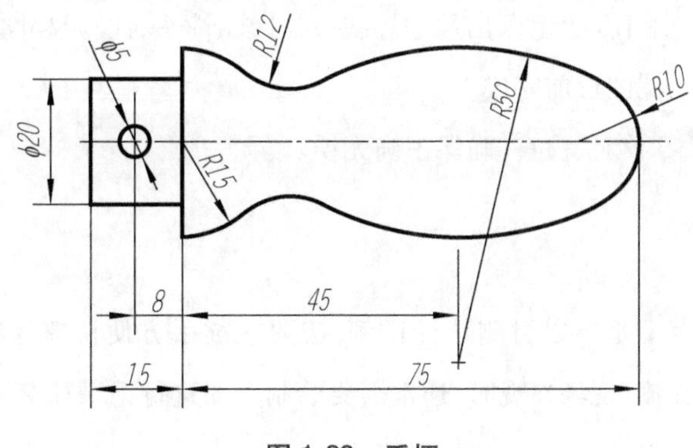

图 1-29　手柄

(2)定位尺寸:确定平面图形中几何元素之间相对位置的尺寸称为定位尺寸。如图 1-29 中,8 是 ϕ5 圆心在水平方向的定位尺寸,75 是 *R*10 圆心在水平方向的定位尺寸,45 是 *R*50 圆心在水平方向的定位尺寸。

平面图形一般需要左右、上下两个方向的定位尺寸。标注定位尺寸的起点称为尺寸基准。通常以图形的对称线、较大圆的中心线或某一主要轮廓线作为尺寸基准。如图 1-29 中的手柄,以水平的对称线作为上下方向的基准,较长的竖直线作为左右方向的基准。

2. 线段分析　根据所标注的尺寸,平面图形中的线段(直线和圆弧)可以分为已知线段、中间线段和连接线段 3 种。

(1)已知线段:有齐全的定形尺寸和定位尺寸,能根据尺寸直接画出的线段。如图 1-29 中手柄左边的矩形,ϕ5 小圆,*R*15、*R*10 圆弧都是已知线段。

(2)中间线段:有定形尺寸和一个定位尺寸,须依赖一端与之相连的已知线段才能定位的线段。如图 1-29 中 *R*50 圆弧的圆心,只有左右方向的定位尺寸 45,其上下位置依据与 *R*10 弧的相切关系确定,因此是中间线段。

(3)连接线段:只有定形尺寸而没有定位尺寸,须依靠两端与之相连的已知线段才能定位的线段。如图 1-29 中 *R*12 弧,图中没有注出圆心的定位尺寸,须依据两端分别与 *R*15 弧和 *R*50 弧的相切关系确定,因此是连接线段。

3. 画图步骤　画平面图形时,通过尺寸分析、基准分析和线段分析,确定作图基准线,确定已知线段、中间线段和连接线段,从而确定绘图步骤。图 1-29 的手柄的作图步骤如图 1-30 所示。

(五)尺规绘图的方法和步骤

1. 画图前的准备工作　准备好必要的绘图工具和仪器;根据图形大小和复杂程度选取比例,确定图纸幅面;固定图纸。

2. 布置图面　画出图框和标题栏;画基准线,布置图形位置。

3. 画底稿图　手工绘图必须先画底稿再描深。画底稿应使用削尖的 H 或 2H 铅笔轻轻绘出。底稿完成后,要仔细检查,改正错误,并擦去多余的图线。

4. 描深底稿　描深图线时,按线型选择不同的铅笔:粗实线用 2B 或 B 铅笔,细实线、虚线、细点画线用 HB 铅笔。描绘顺序宜先粗后细、先曲后直、先横后竖、从上到下、从左到右、最后描倾斜线。

5. 注写尺寸、文字　用 HB 铅笔画出尺寸界线、尺寸线、箭头,注写尺寸数字及其他文字,填写标题栏。尺寸标注也可在描深图形前完成。

最后,对全图进行认真校对、检查,确保正确无误。

三、徒手绘图

徒手图也称草图。草图是指以目测估计比例,按要求徒手方便快捷地绘制的图形。在现场测绘、讨论设计方案、技术交流、现场参观时,通常需要绘制草图进行记录和交流。因此,工程技术人员必须具备徒手绘图的能力。

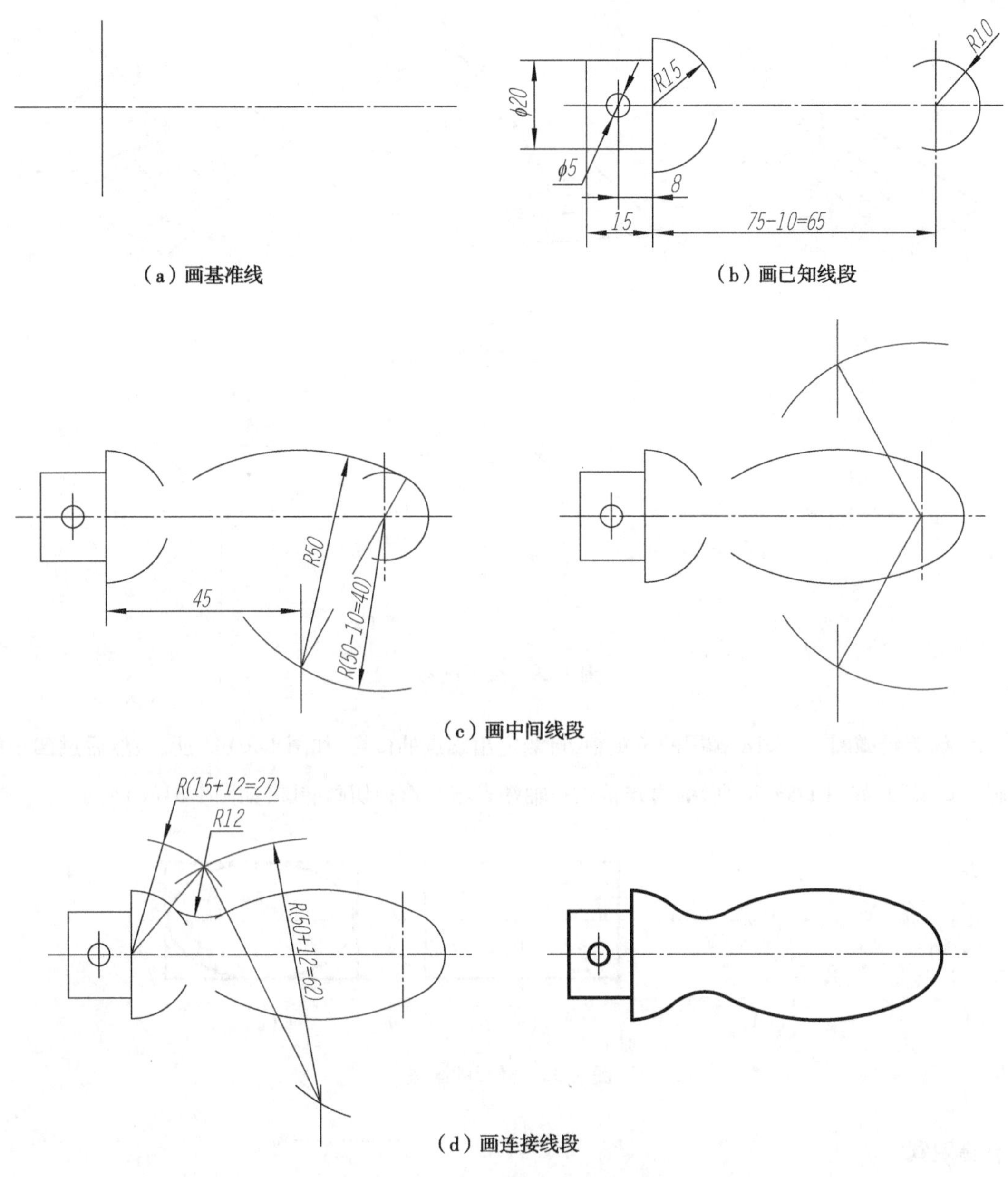

（a）画基准线　（b）画已知线段

（c）画中间线段

（d）画连接线段

图 1-30　平面图形的画图步骤

徒手绘制草图的要求：图线清晰、线型分明；目测尺寸尽量准确、比例匀称；绘图速度要快；字体工整、图面整洁。

徒手绘图一般选用中等硬度的铅笔，铅芯磨削成圆锥形。

1. 徒手画直线　画直线时，眼睛看着图线的终点，铅笔要握得轻松自然，手腕靠着纸面沿着画线方向移动，轻轻移动手腕和手臂，使笔尖向着要画的方向做直线运动，以保证图线画得直。

如图 1-31（a）、（b）、（c）中所示分别为画水平线、垂直线、斜线时图纸的放置及手臂运笔姿势。

2. 徒手画圆及圆弧　画圆时，应先定圆心的位置，再通过圆心画对称中心线，如图 1-32（a）所示，在对称中心线上距圆心等于半径处截取四点，过四点画圆即可。画直径较大的圆时，除对称中心线以外，可再过圆心画两条不同方向的直线，同样截取四点，过八点画圆，如图 1-32（b）所示。

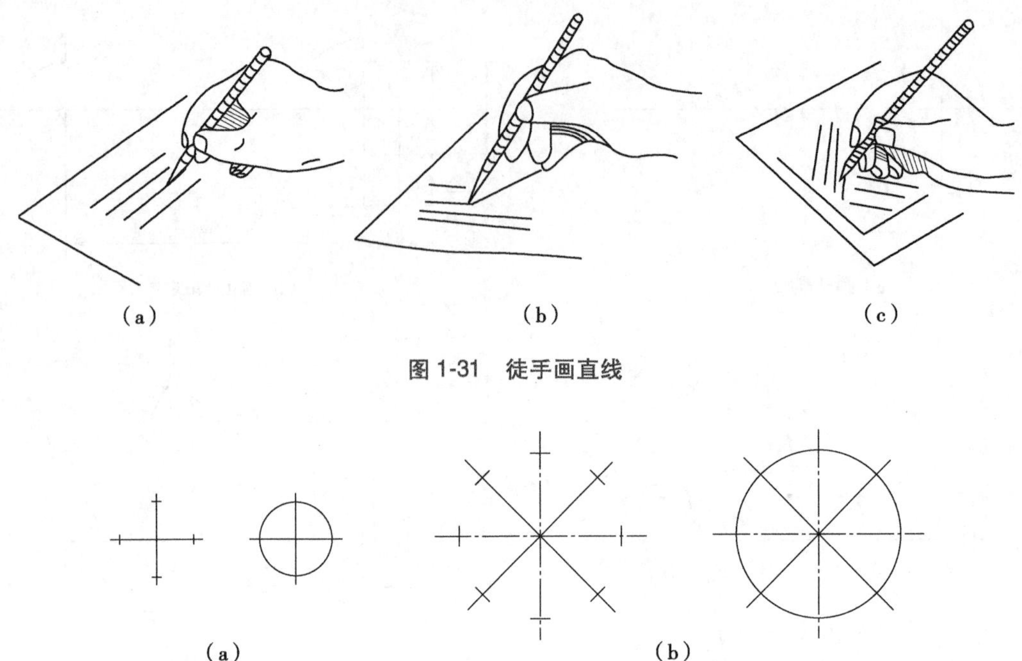

图 1-31　徒手画直线

图 1-32　徒手画圆

3. 徒手绘椭圆　先画出椭圆的长短轴，目测定出端点的位置，如图 1-33(a)所示；然后过四个端点画一矩形图，如图 1-33(b)所示；再连接长短轴端点与矩形相切画椭圆，如图 1-33(c)所示。

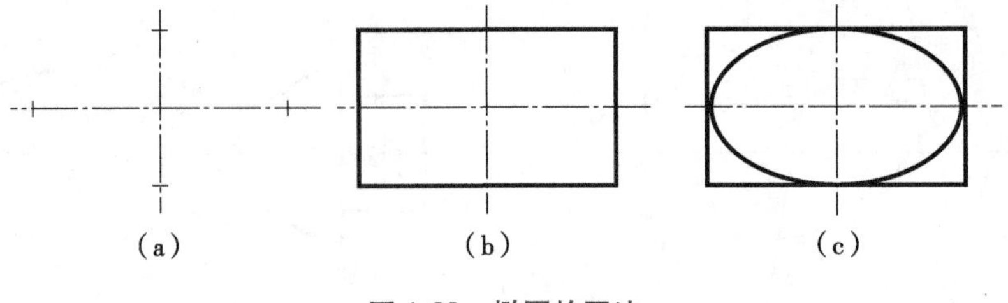

图 1-33　椭圆的画法

点滴积累

1. 绘制图样要注意斜度与锥度的区别，作图时勿将两者混淆；圆弧连接时要准确求出圆心和切点，才能做到光滑连接。
2. 绘制平面图形时要做到图线规范、连接准确、图形布置合理、图面整洁、字体端正。

目标检测

1. 单项选择题

(1)利用一组三角板配合丁字尺，可画(　　)倍数角的斜线

A. 10°　　B. 15°　　C. 20°　　D. 25°

(2)(　　)是用来量取尺寸和分割线段的工具

A. 圆规　　B. 分规　　C. 比例尺　　D. 三角板

(3)下列各型号的铅笔,(　　)铅芯最软,所绘的线条最黑

A. 3H　　B. 2H　　C. HB　　D. 3B

(4)绘制平面图形时,应先画出图形的(　　)

A. 基准线　　B. 已知线段　　C. 中间线段　　D. 连接线段

(5)徒手图是以(　　)比例,方便快捷地绘制的图形

A. 1∶1　　B. 缩小　　C. 目测估计　　D. 放大

2. 填空题

(1)画圆弧连接时,必须先求出连接圆弧的__________和__________。

(2)确定平面图形形状和大小的尺寸称为__________;确定各图形基准间相对位置的尺寸称为__________。

(3)尺规作图时,要先画__________,检查无误后再描深。

(4)斜度是__________,其大小用__________表示。

(5)锥度是正圆锥__________之比,或正圆锥台__________之比。

扫一扫,知答案

第三节　计算机绘图

20 世纪 50 年代,世界上第一台自动绘图机诞生。20 世纪 70 年代末,随着微型计算机的出现,计算机绘图进入高速发展和广泛普及的新时期。随着现代科技的发展,计算机在现代制图中发挥着越来越重要的作用,计算机辅助设计(CAD)技术在现代设计中大显身手。现代 CAD 软件历经数十年的发展和改进,功能越来越强大;同时也越来越人性化,操作简便,交互性好,易学易用。使用这些 CAD 软件绘制机械图样不但效率高,而且为图样的修改和技术交流提供了更多的方便。

当前在工程设计、制图中使用较多的有美国 Autodesk 公司开发的 AutoCAD 设计软件。该软件具有易于掌握、使用方便、体系结构开放等优点,能够绘制二维图形与三维图形、标注尺寸、渲染图形以及打印输出图纸。

一、AutoCAD 用户界面

AutoCAD 的用户界面主要由标题栏、菜单栏、工具栏、绘图区、命令行和状态栏等组成,如图 1-34 所示。下面分别介绍各部分的功能。

1. 标题栏　标题栏在绘图窗口的最上方,它显示了 AutoCAD 的程序图标及当前所操作图形文件的名称和途径。

图 1-34　AutoCAD 的用户界面

2. 菜单栏　单击菜单栏中的主菜单，弹出对应的下拉菜单。下拉菜单包含了 AutoCAD 的核心命令和功能，用鼠标选择菜单中的某个选项，系统就执行相应的命令。

3. 工具栏　工具栏包含了许多命令按钮，用户只需单击某个按钮，AutoCAD 就执行相应的命令。有些按钮是单一型的，有些则是嵌套型的（按钮图标右下角带有小黑三角形）。在嵌套型按钮上按住鼠标左键，将弹出嵌套的命令按钮。

用户可移动工具栏或改变工具栏的形状。将鼠标光标的箭头移动到工具栏的边缘或双线处，按下鼠标左键并拖动鼠标光标，工具栏就随之移动。将鼠标光标放置在拖出的工具栏的边缘，鼠标光标变成双面箭头，按住鼠标左键并拖动鼠标光标，工具栏的形状就发生变化。

用户也可以打开或关闭工具栏。将鼠标光标移动到任何一个工具栏上，单击鼠标右键，弹出快捷菜单，该菜单列出了所有工具栏的名称。若名称前带有“√”，则表示该工具栏已打开。选取菜单上的某一选项，就打开或关闭相应的工具栏。

4. 绘图区　绘图区是用户绘图的工作区域，该区域无限大。其左下方有一个表示坐标系的图标，指示了 x 轴和 y 轴的正方向。当移动鼠标时，绘图区中的十字形光标会随之移动，与此同时在绘图区底部的状态中将显示光标点的坐标读数。单击该区域可改变坐标的显示方式。

绘图区包含了两种绘图环境：一种为模型空间，另一种为图纸空间。在绘图区底部有 3 个选项卡 模型 /布局1 /布局2 ，默认情况下， 模型 选项卡是按下的，表明当前的绘图环境是模型空间，用户在这里一般按实际尺寸绘制二维或三维图形。当单击 布局1 或 布局2 选项卡时，就切换至图纸空间。用户可以将图纸空间想象成一张图纸（系统提供的模拟图纸），可在这张图纸上将模型空间的图样按不同的缩放比例布置在图纸上。

5. 命令行　命令行位于 AutoCAD 绘图区下方，用户输入的命令、系统的提示及相关信息都反映在此窗口中。默认情况下，该窗口显示最后三行，将鼠标光标放在窗口的上边缘，鼠标光标变成双面箭头，按住鼠标左键向上拖动光标就可以增加命令窗口显示的行数。

按 Ctrl+9 组合键可以关闭或打开命令行。

6. 状态栏　状态栏上将显示绘图过程中的许多信息，如十字光标的坐标值、绘图辅助工具的打开或关闭等。

二、图层、线型、颜色及管理

（一）图层

图层是 AutoCAD 将图形中的对象进行按类分组管理的工具。图层可以假想为很多层透明的纸，用户可以将不同类型的元素画在这样一层一层的透明纸上，将这些透明纸叠加起来，就可以显示出一个完整的图形，如图 1-35 所示。分层来绘制图形，每一个图层可以设定不同的颜色、线型、线宽，在该层绘制出来的图形实体便具有相同的线型、颜色、线宽。

利用“图层特性管理器”创建和管理图层，如图 1-36 所示，创建各图层的步骤如下。

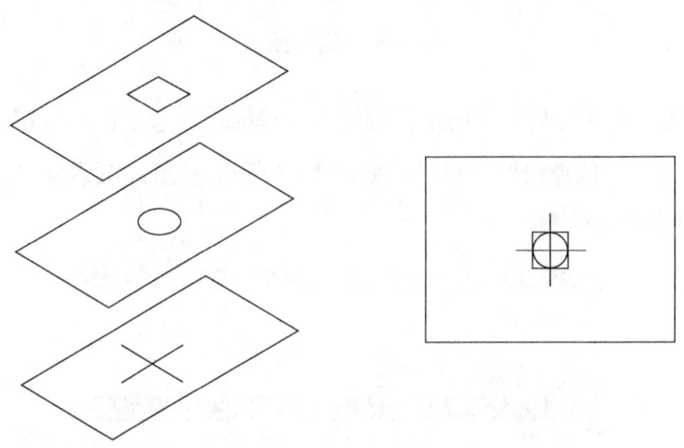

图 1-35　图层

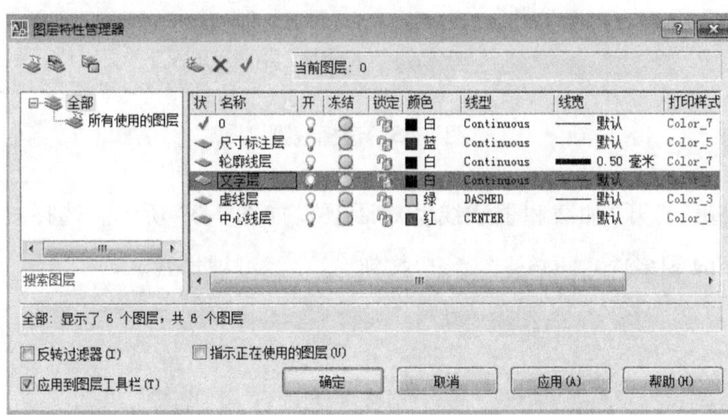

图 1-36　利用“图层特性管理器”创建图层

1. 新建图层　单击菜单栏“格式”　“图层”，或单击工具栏上的图层按钮，打开“图层特性管理器”对话框，再单击“新建图层”按钮，在列表框显示出名为“图层 1”的图层，直接输入“轮廓线层”，按回车键结束。

再次按回车键，又创建新图层，共创建 5 个图层。图层前有绿色标记“√”，表示该图层是当前层。

2. 设置图层颜色　选定“中心线层”，单击与所选图层关联的颜色图标，打开“选择颜色”对话框，选择红色，如图1-37所示。用同样的方法，设置其他图层的颜色。

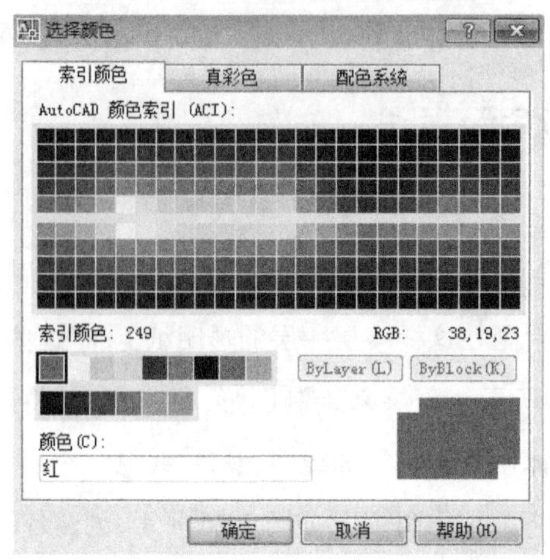

图1-37　选择颜色

3. 设置图层线型　默认情况下，图层线型是“Continuous”。选中“中心线层”，单击与所选图层关联的“Continuous”，打开“选择线型”对话框，如图1-38所示，通过此对话框用户可以选择一种线型或从线型库文件中加载更多线型。

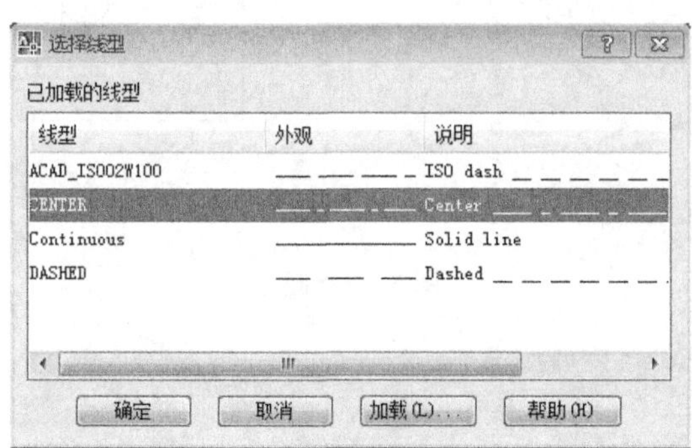

图1-38　选择线型

单击“加载”按钮，打开“加载和重载线型对话框”，如图1-39所示。选择线型“CENNTER”及“DASHED”（按住Ctrl键多选），再单击“确定”按钮，这些线型被加载。

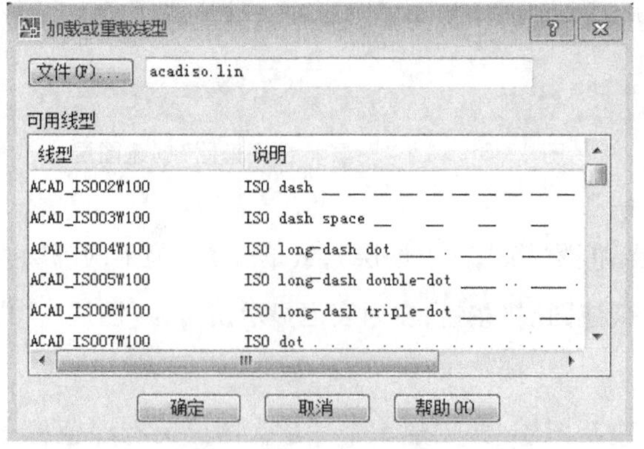

图1-39　加载或重载线型

返回“选择线型”对话框，选择“CENNTER”，单击确定按钮，该线型被分配给“中心线层”。用相同的方法将“DASHED”线型分配给“虚线层”。

4. 设置图层线宽 选中“轮廓线层”，单击与所选图层关联的图标 —— 默认打开“线宽”对话框，指定线宽为“0. 50 毫米”，如图 1-40 所示。

5. 设置当前层 要在某个图层上绘图，必须先使该图层成为当前层。在“图层特性管理器”对话框中，双击图层名称“轮廓线层”，该图层前出现绿色标记“√”，说明“轮廓线层”被设置为当前层。关闭“图层特性管理器”对话框，单击“绘图”工具栏上的“直线”按钮，绘制任意几条线段，这些线段的颜色为白色，线宽为 0. 5mm。

也可以打开“图层”工具栏上的“图层控制”下拉列表，选择一个图层，该层被设置为当前层，如图 1-41 所示。选择“中心线层”或“虚线层”为当前层，绘制线段，观察效果。

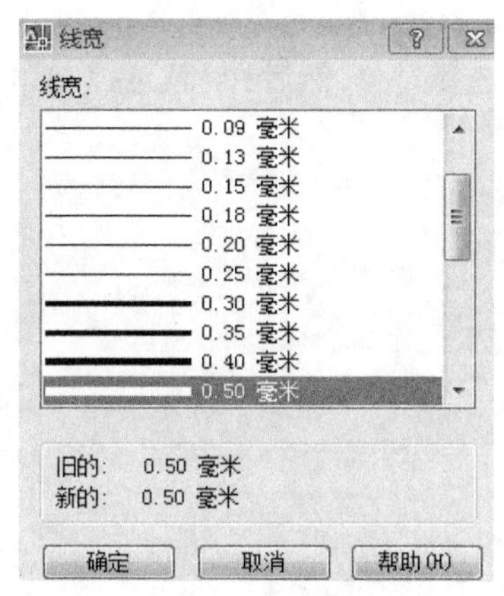

图 1-40 选择线宽

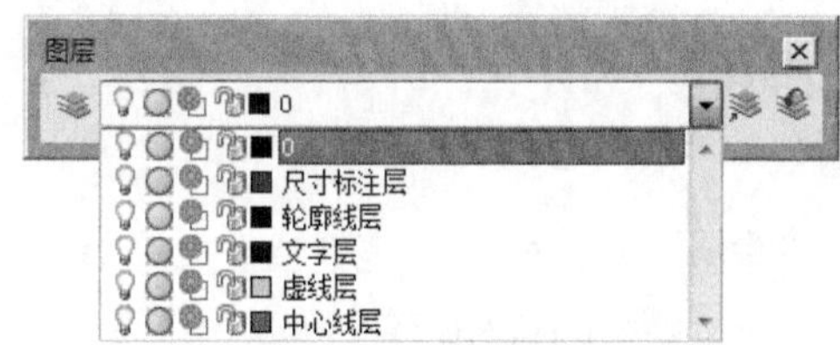

图 1-41 “图层控制”下拉列表

（二）控制图层状态

每个图层都具有打开与关闭、冻结与解冻、锁定与解锁及打印与不打印等状态，通过改变图层状态，就能控制图层上对象的可见性及可编辑性等。用户可通过图 1-36 的“图层特性管理器”对话框，或图 1-41 的“图层控制”下拉列表对图层状态进行控制。

1. 打开/关闭 单击图标，将关闭或打开某一图层。打开图层是可见的；而关闭的图层不可见，也不能被打印。当图形重新生成时，被关闭的图层将一起被生成。

2. 解冻/冻结 单击图标，将冻结或解冻某一图层。解冻的图层是可见的；而冻结的图层不可见，也不能被打印。当重新生成图形时，系统不再重新生成该层上的对象，因而冻结一些图层后，可以加快许多操作的速度。

3. 解锁/锁定 单击图标，将锁定或解锁图层。被锁定的图层是可见的，但图层上的对象不能被编辑。

4. 打印/不打印 单击图标，就可设定图层是否被打印。

（三）修改对象的图层、颜色、线型和线宽

如果用户想将某个图层上的对象修改到其他图层上，可先选择该对象，然后在“图层控制”下拉

列表中选择要放置的图层名称。操作结束后，下拉列表自动关闭，被选择的图形对象转移到新的图层上。

用户通过“特性”工具栏可以方便地修改或设置对象的颜色、线型及线宽等属性。默认情况下，该工具栏的“颜色控制”“线型控制”和“线宽控制”三个下拉列表中显示“ByLayer”，如图 1-42 所示。“ByLayer”的意思是所绘对象的颜色、线型及线宽等属性与当前层所设定的完全相同。

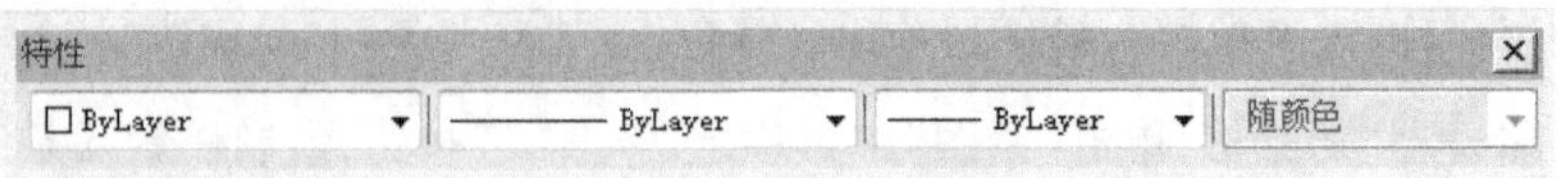

图 1-42 “特性”工具栏

当要设置将要绘制的对象的颜色、线型及线宽等属性时，用户可直接在“颜色控制”“线型控制”和“线宽控制”下拉列表中选择相应的选项。

若要修改已有对象的颜色、线型及线宽等属性，则可先选择对象，然后在“颜色控制”“线型控制”和“线宽控制”下拉列表中选择新的颜色、线型及线宽。

三、常用绘图、修改、标注命令

（一）绘图命令

1. 直线

菜单：“绘图” “直线”

工具栏：“绘图”工具栏中

命令行：LINE

输入直线命令，命令行提示：

指定第一点：输入直线的第一点。

指定下一点或[放弃(U)]：输入下一点。

指定下一点或[放弃(U)]：输入下一点。

指定下一点或[闭合(C)/放弃(U)]：输入下一点。

指定下一点或[闭合(C)/放弃(U)]：直接回车，结束命令。

放弃(U)：删除最近输入的“下一点”。

闭合(C)：以第一条线段的起始点作为最后一条线段的终点，形成一个闭合的线段环。在绘制了两条或两条以上的线段之后，可以使用“闭合”选项。

“直线”命令用于绘制两点间的线段，可以通过鼠标或键盘输入线段的起点和终点。当绘制了一条线段后，可以以该线段的终点为起点，指定另一终点绘制另一线段。按 Enter 或 Esc 键终止命令。如图 1-43 是用“直线”命令绘制的多边形。

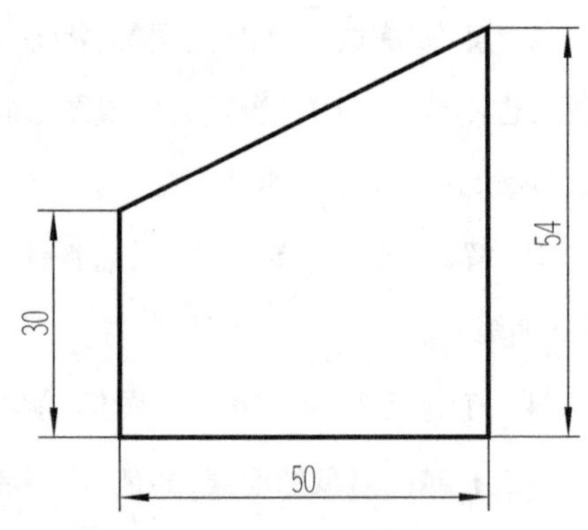

图 1-43 用“直线”命令绘制的多边形

2. 圆

圆心、半径(R)
圆心、直径(D)
两点(2)
三点(3)
相切、相切、半径(T)
相切、相切、相切(A)

菜单:“绘图”　“圆”

工具栏:“绘图”工具栏中

命令行:CIRCLE

输入命令,命令行提示:

_circle 指定圆的圆心或[三点(3P)/两点(2P)/相切、相切、半径(T)]:输入圆心点。

指定圆的半径或[直径(D)]:输入半径,回车。

有六种方式绘制圆,分别为:

圆心、半径(R):指定圆的圆心和半径绘制圆。

圆心、直径(D):指定圆的圆心和直径绘制圆。

两点(2):指定两点,并以两点之间的距离为直径绘制圆。

三点(3):指定不在一条直线上的三个点绘制圆。

相切、相切、半径(T 或 TTR):以指定的值为半径,绘制一个与两个对象相切的圆。在绘制时,需要先指定与圆相切的两个对象,然后输入圆的半径,如图 1-44(a)所示。

相切、相切、相切(A):通过依次指定与圆相切的三个对象绘制圆,如图 1-44(b)所示。

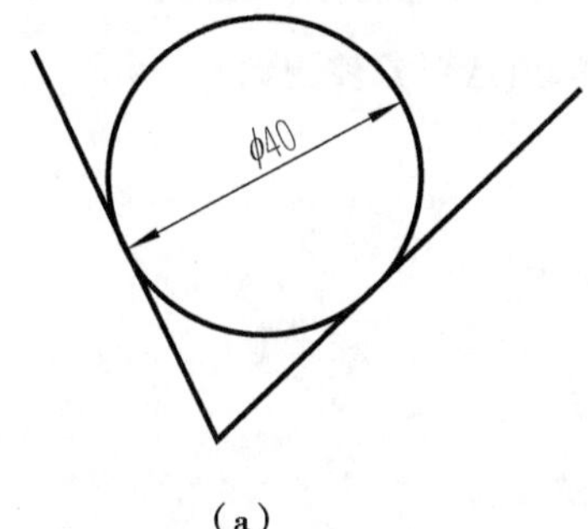

(a)　　(b)

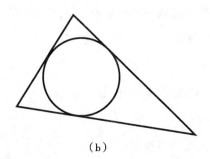

图 1-44　圆的画法

3. 圆弧

三点(P)
起点、圆心、端点(S)
起点、圆心、角度(T)
起点、圆心、长度(A)
起点、端点、角度(N)
起点、端点、方向(D)
起点、端点、半径(R)
圆心、起点、端点(C)
圆心、起点、角度(E)
圆心、起点、长度(L)
继续(O)

菜单:“绘图”　“圆弧”

工具栏:“绘图”工具栏中

命令行:ARC

输入命令,命令行提示:

指定圆弧的起点或[圆心(C)]:输入圆弧的起点。

指定圆弧的第二点或[圆心(CE)/端点(EN)]:输入圆弧中间某一点。

指定圆弧的端点:输入圆弧的终点,结束命令。

圆弧的画法有 11 种,分别是:

三点:通过不在一条直线上的三个点绘制一段圆弧。

起点、圆心、端点:指定圆弧的起点、圆心和端点,自起点向端点逆时针绘制圆弧。

起点、圆心、角度:指定圆弧的起点、圆心和角度绘制圆弧。

起点、圆心、长度:指定圆弧的起点、圆心和弦长绘制圆弧。

起点、端点、角度:指定圆弧的起点、端点和圆心角绘制圆弧。

起点、端点、方向:指定圆弧的起点、端点和起点的切线方向绘制圆弧。

起点、端点、半径:指定圆弧的起点、端点和圆弧半径绘制圆弧。

圆心、起点、端点:指定圆弧的圆心、起点和端点绘制圆弧,画法与起点、圆心、端点类似。

圆心、起点、角度:指定圆弧的圆心、起点和角度绘制圆弧,画法与起点、圆心、角度类似。

圆心、起点、长度:指定圆弧的圆心、起点和长度绘制圆弧,画法与起点、圆心、长度类似。

继续:绘制与上一次绘制的直线或圆弧相切的圆弧。

(二) 修改命令

1. 删除　从图形中删除对象。

菜单:“修改”　“删除”

工具栏:“修改”工具栏中

命令行:ERASE

输入命令,命令行提示:

选择对象:选择要删除的对象。

选择对象:继续选择要删除的对象,或回车结束选择,所选对象被删除。

2. 复制　拷贝几个相同的对象。

菜单:“修改”　“复制”

工具栏:“修改”工具栏中

命令行:COPY

输入命令,命令行提示:

选择对象:选择要复制的对象。

选择对象:继续选择要复制的对象,或回车结束选择。

指定基点或[位移(D)]<位移>:指定基点。

指定第二个点或[退出(E)/放弃(U)]<退出>:输入第二点,在该点处复制对象,且使“基点”复制在“第二点”上。

指定第二个点或[退出(E)/放弃(U)]<退出>:继续输入第二点复制对象,或回车退出。

如图1-45(a)图的小圆,用“复制”命令得到(b)图。

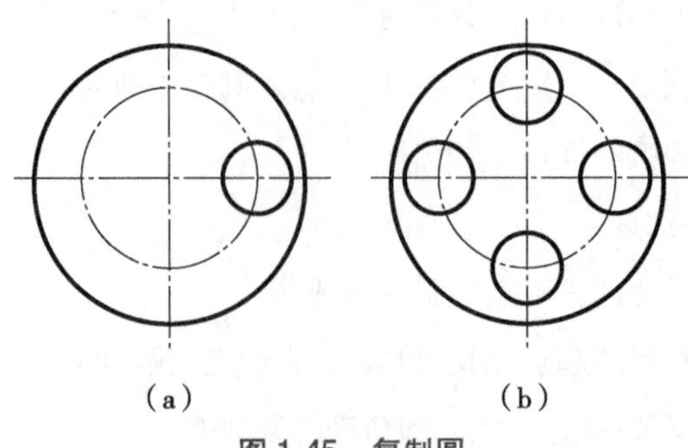

图1-45　复制圆

3. 镜像　创建关于镜像线完全对称的对象,源对象可以保留,也可以删除。

菜单:“修改”　“镜像”

工具栏:“修改”工具栏中

命令行:MIRROR

输入命令,命令行提示:

选择对象:选择要镜像的对象。

选择对象:继续选择要镜像的对象,回车或单击右键结束选择。

指定镜像线的第一点:输入对称线上的第一点。

指定镜像线的第二点:输入对称线上的第二点。

是否删除源对象?[是(Y)/否(N)/]<N>:输入 Y,删除原拾取的对象;输入 N,不删除原拾取的对象。

系统变量 MIRRTEXT 控制文字对象的控制方向,值=1 时文字镜像,镜像的文字不可读;值=0 时文字不镜像。

如图 1-46 所示,镜像(a)图的轮廓线即可得到(b)图。

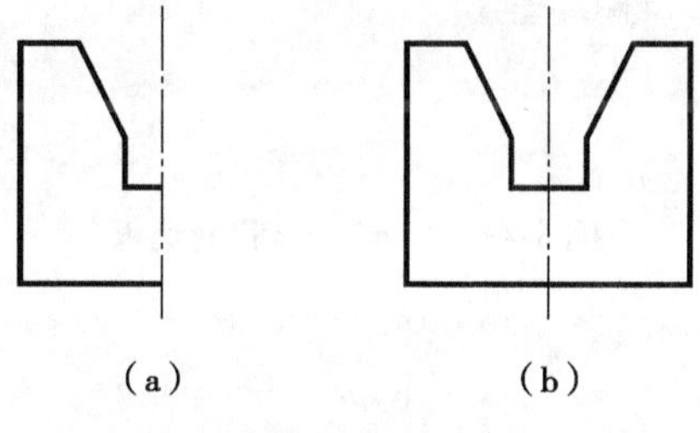

图 1-46　镜像图形

4. 偏移　生成原线段的等距线,用于创建同心圆、平行线和等距曲线。

菜单:“修改”　“偏移”

工具栏:“修改”工具栏中

命令行:OFFSET

输入命令,命令行提示:

指定偏移距离或[通过(T)]<通过>:输入偏移距离并回车。

选择要偏移的对象或<退出>:选择偏移对象。

指定点以确定偏移所在一侧:选择要偏移的一侧。

选择要偏移的对象或<退出>:继续选择,或回车结束命令。

如果选择“通过(T)”选项,则通过指定点,绘制与某线段等距的线段。

如图 1-47 所示,在(a)图正五边形内偏移一个等距的五边形,得到(b)图。

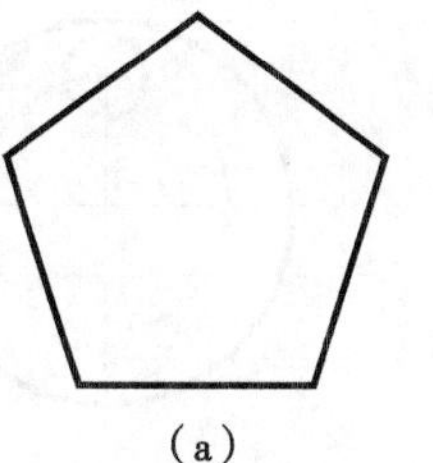

(a)

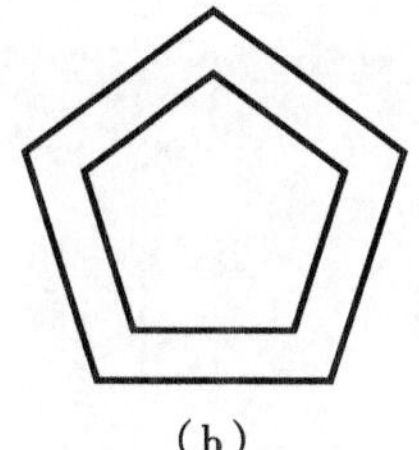

(b)

图 1-47　偏移五边形

5. 阵列　将选定的对象按一定的排列形式做多重复制。

菜单:“修改”　“阵列”

工具栏:“修改”工具栏中

命令行:ARRAY

输入命令,弹出“阵列”对话框。

(1)矩形阵列:执行 ARRAY 命令,打开“阵列”对话框进行设置,如图 1-48 所示,默认为矩形阵列。

(2)环形阵列:执行 ARRAY 命令,打开“阵列”对话框进行设置,选择“环形阵列”,对话框如图 1-49 所示。

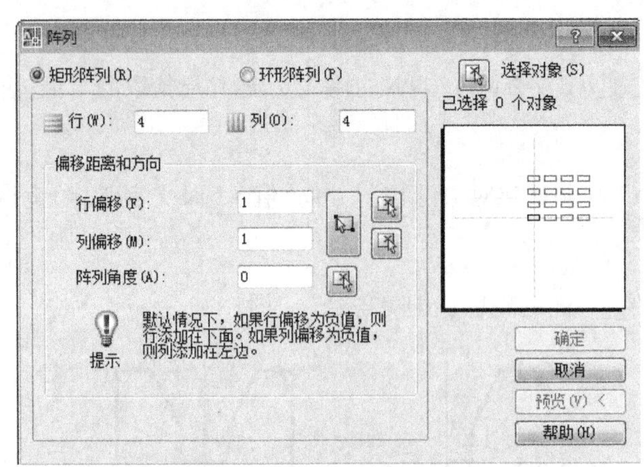

图 1-48　“矩形阵列”对话框

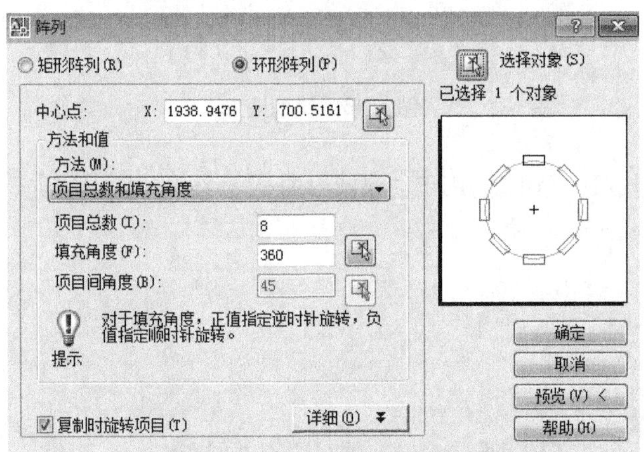

图 1-49　“环形阵列”对话框

如图 1-50 所示,对(a)图的小圆做环形阵列,参数设置如图 1-49 所示,阵列后得到(b)图。

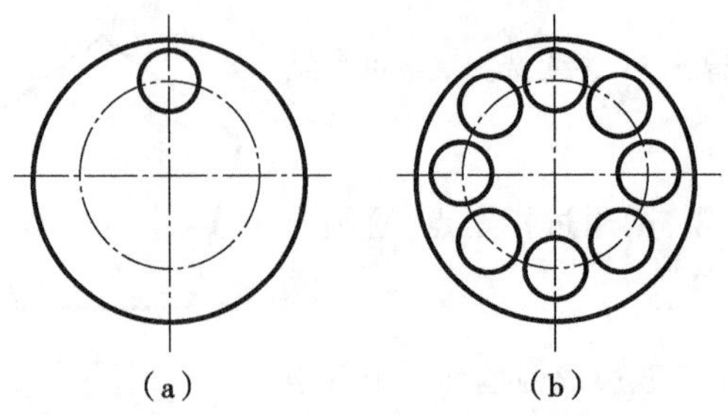

图 1-50　阵列圆

6. **移动**　将所选择的对象移到一个新位置，对象在原位置消失。

菜单："修改"　"移动"

工具栏："修改"工具栏中✥

命令行：MOVE

输入命令，命令行提示：

选择对象：选择要移动的实体。可进行多次选择，单击右键或回车，结束选择。

指定基点或位移：输入基点，命令行继续提示：

指定基点或[位移(D)]<位移>：指定第二个点或 <使用第一个点作为位移>：输入第二点，则将"基点"移动到"第二点"上。如果直接回车，则将第一点(即基点)的坐标值作为 X、Y 方向的位移量移动对象。

如图 1-51 所示，用"移动"命令将(a)图中的圆移动到(b)图的位置。

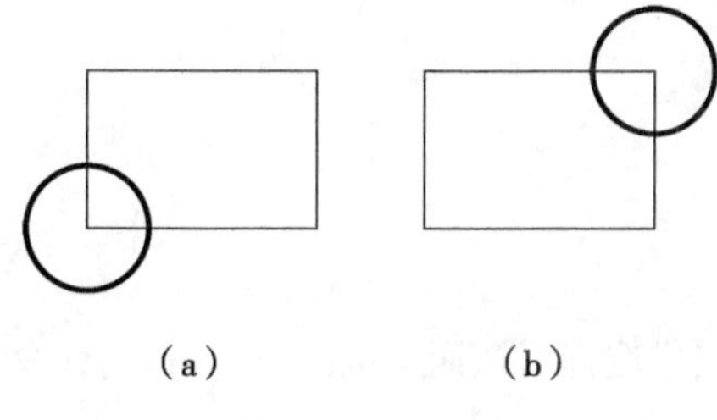

(a)　　　　　　(b)

图 1-51　移动圆

7. **旋转**　将选定的对象绕指定点转过指定的角度，按 AutoCAD 的初始设置，正角度逆时针旋转，负角度顺时针旋转。

菜单："修改"　"旋转"

工具栏："修改"工具栏中↻

命令行：ROTATE

输入命令，命令行提示：

选择对象：选择要旋转的对象并在结束选择时按回车键。

指定基点：输入基点，即旋转中心。

指定旋转角度，或[复制(C)/参照(R)]<0>：输入旋转角度，回车，按输入的角度旋转对象。

复制(C)：选择该选项将保留源对象。

参照(R)：该选项可以输入一个参照角度和一个新角度，使用新角度和参照角度的差值作为旋转角度。

指定参照角<0>：通过输入值或指定两点来指定一个参照角度。指定两点是指由 X 轴的正方向转到两点的连线方向时，逆时针转动形成的角度为正角度，否则为负角度。

指定新角度：指定新绝对角度。也可输入一点，以该点和旋转基点连线与 X 轴正向所成的角度作为新角度。

如图 1-52 所示，旋转(a)图的摇杆得到(b)图。利用复制(C)、参照(R)选项，以 O 点为旋转基点，指定参照角时分别选择 O 点和 A 点，指定新角度时选择 B 点，则将摇杆由 OA 位置旋转并复制到 OB 位置。

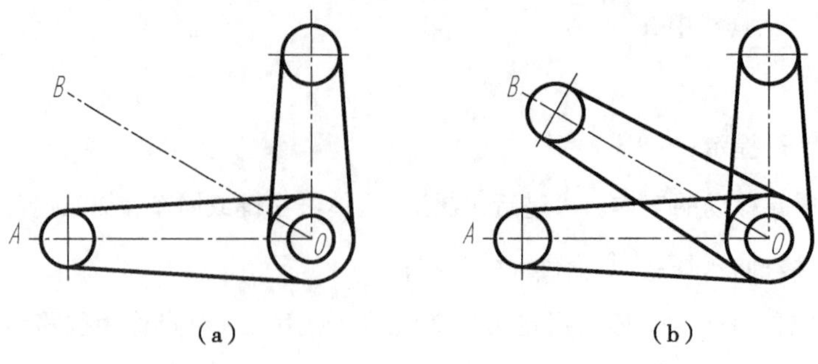

图 1-52　旋转对象

8. **缩放**　将选定的对象放大或缩小，改变对象的尺寸大小。

菜单："修改"　"缩放"

工具栏："修改"工具栏中

命令行：SCALE

输入命令，命令行提示：

选择对象：可多次选择，在完成选择时按回车键或鼠标右键，命令行继续提示：

指定基点：输入基点。基点作为缩放的中心保持不动。

指定比例因子或[复制(C)/参照(R)]：输入比例因子(>1 时使对象放大，介于 0~1 时使对象缩小)，则按指定的比例缩放选定对象的尺寸。

选择"复制(C)"，缩放后保留源对象。选择"参照(R)"，按参照长度和指定的新长度缩放所选对象，缩放比例为新长度与参照长度之比。

9. **拉长**　改变直线、圆弧、椭圆弧的长度。

菜单："修改"　"拉长"

命令名：Lengthen 或 Len

输入命令，命令行提示：

选择对象或[增量(DE)/百分数(P)/全部(T)/动态(DY)]：选择直线或椭圆弧后，命令行显示其测量长度；选择圆弧后，命令行显示其测量长度和圆心角。

拉长的方式有四种：

增量(DE)：输入数值将对象拉长。输入正值拉长，负值缩短。

百分数(P)：输入对象被拉长后的长度占原长度的百分数。

全部(T)：重新设置被拉长对象的总长度(或总角度)。

动态(DY)：用动态的方式改变对象的长度、圆弧或椭圆弧的角度。

10. **修剪**　用剪切边修剪对象的一部分，用于相交线段中超出交点部分的局部删除。

菜单："修改"　"修剪"

工具栏："修改"工具栏中

命令行:TRIM

输入命令,命令行提示:

选择剪切边……

选择对象:选择作为剪切边的线段(如果不选对象而直接按回车键,则将图形中的所有对象作为剪切边)。

选择对象:继续选择剪切边,按右键结束选择。

选择要修剪的对象,或按住 Shift 键选择要延伸的对象,或[栏选(F)/窗交(C)/投影(P)/边(E)/删除(R)/放弃(U)]:选择被修剪的线段。

图 1-53(a)中,选择四个小圆和中间圆作为剪切边,修剪多余圆弧,得到(b)图。

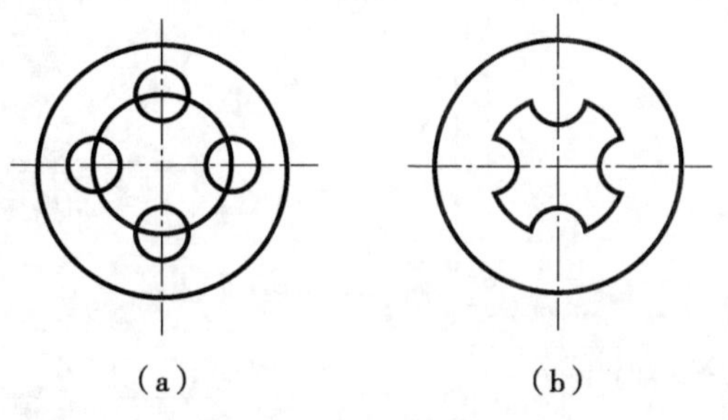

(a)　　　　(b)

图 1-53　修剪对象

11. 延伸　使选取的图形对象延伸到选定的边界。

菜单:“修改”　“延伸”

工具栏:“修改”工具栏中

命令行:EXTEND

输入命令,命令行提示:

选择边界的边……

选择对象:选择作为边界的线段(如果不选对象而直接按 Enter 键,则将图形中的所有对象作为边界边)。

选择对象:继续选择边界,按右键结束选择。

选择要延伸的对象,或按住 Shift 键选择要修剪的对象,或[栏选(F)/窗交(C)/投影(P)/边(E)/删除(R)/放弃(U)]:选择要延伸的线段。

如图 1-54 所示,(a)图中选择 AB 为边界,选择圆弧为要延伸的线段,则圆弧被延伸到 B 点。

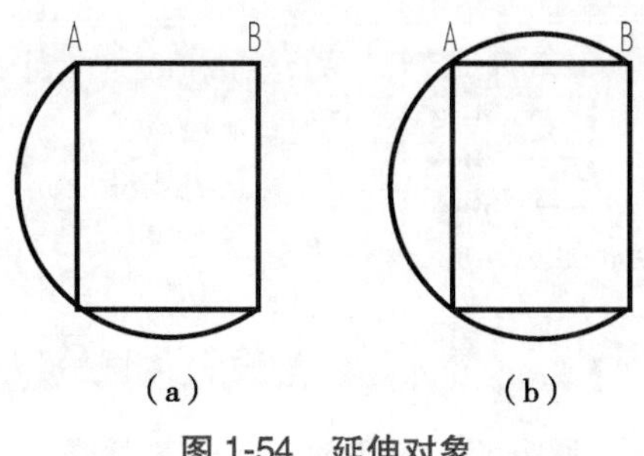

(a)　　　　(b)

图 1-54　延伸对象

（三）尺寸标注

1. 标注样式　标注样式控制尺寸界线、尺寸线、箭头、标注文字的外观和方式。它是一组系统变量的集合，可以用对话框的方式直观地设置这些变量，使得 AutoCAD 的尺寸标注符合国家标准规定。

菜单："格式"　"标注样式"

工具栏："样式"工具栏中

命令行：DIMSTYLE

输入命令，弹出"标注样式管理器"对话框，如图 1-55 所示。

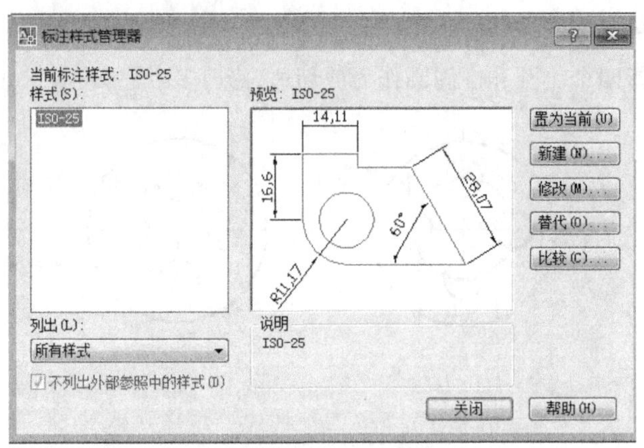

图 1-55　"标注样式管理器"对话框

(1)修改"ISO-25"标注样式：在图 1-55 的对话框中单击"修改"，弹出"修改标注样式"对话框，如图 1-56 所示。

在"直线"选项中，将尺寸界线的"起点偏移量"由初始值 0.625 修改为 0。在"文字"选项中，单击"文字样式 standard"后的修改样式按钮，弹出"文字样式"对话框，如图 1-57 所示，修改字体名为 iso. shx，宽度比例为 0.7，倾斜角度为 15，单击"应用"，单击"关闭"，返回"修改标注样式"对话框，单击"确定"。

修改后的"ISO-25"标注样式用于标注直线尺寸、直径、半径尺寸。

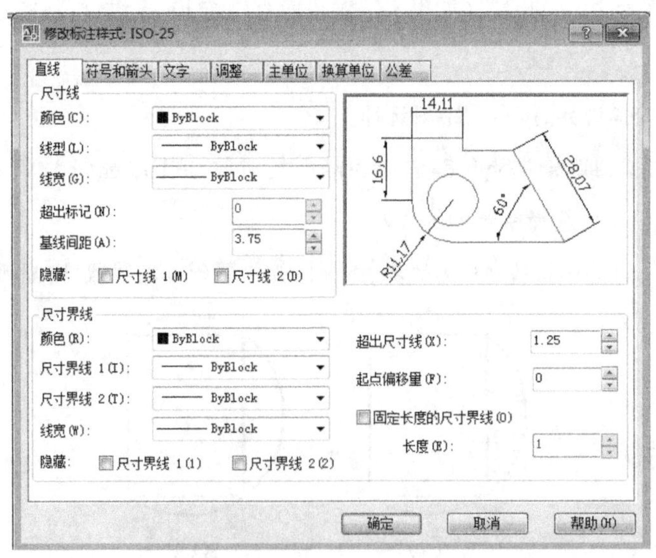

图 1-56　"修改标注样式"对话框

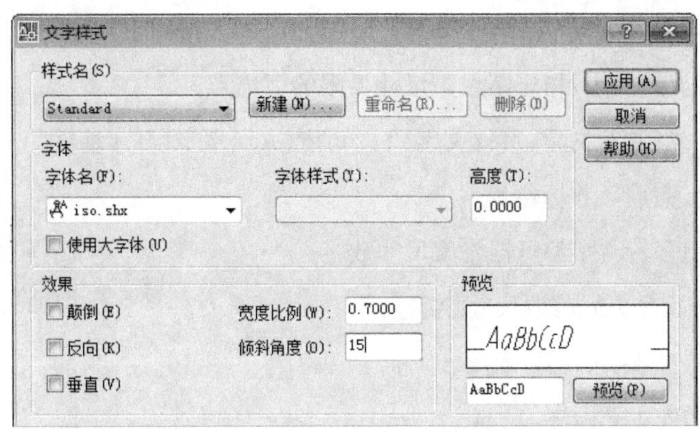

图 1-57　“文字样式”对话框

(2)新建“角度”标注样式:在图 1-55 的对话框中单击“新建”,在“创建新标注样式”对话框中,“新样式名”输入“角度”,“基础样式”选“ISO-25”,单击“继续”。在“新建标注样式”对话框的“文字”选项中,选“文字对齐”方式为“水平”,单击“确定”。

“角度”标注样式用于标注角度尺寸。

2. 标注命令　AutoCAD 提供了强大的尺寸标注功能,并能自动测量标注对象的大小,也可以不按测量值进行标注,重新输入尺寸数字、代号和其他文字说明。这里介绍常用的几种尺寸标注命令,如图 1-58 所示。

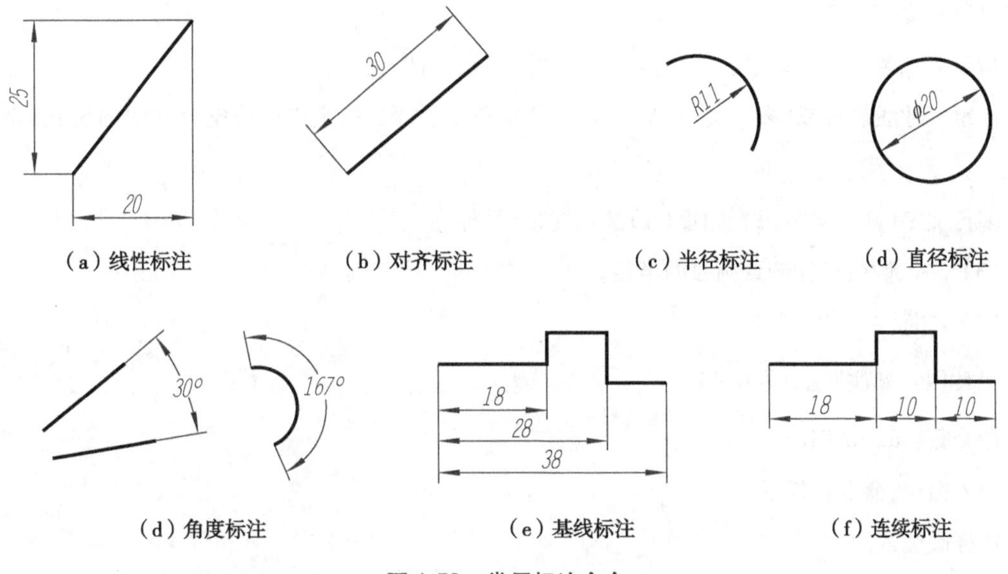

图 1-58　常用标注命令

(1)线性标注:用于水平尺寸、垂直尺寸的标注。

菜单:“标注”　“线性”

工具栏:“标注”工具栏中 ⊢⊣

命令行:DIMLINEAR

输入命令,命令行提示:

指定第一条尺寸界线原点或<选择对象>:指定第一条尺寸界限的引出点(或按回车键选择要标

注的对象)。

指定第二条尺寸界线原点:指定第二条尺寸界限的引出点。

指定尺寸线位置或[多行文字(M)/文字(T)/角度(A)/水平(H)/垂直(V)/旋转(R)]:指定点以确定尺寸线的位置,完成尺寸标注。

多行文字(M):用多行文字编辑器修改尺寸数字。

文字(T):用单行文字方式修改尺寸数字。

角度(A):设置尺寸数字的旋转角度。

水平(H):使尺寸线水平标注。

垂直(V):使尺寸线垂直标注。

旋转(R):使尺寸线旋转指定的角度标注。

(2)对齐标注:用于标注斜线的尺寸,也可以标注水平或垂直线的尺寸。

菜单:“标注”　“对齐”

工具栏:“标注”工具栏中

命令行:DIMALIGNED

输入命令,命令行提示:

指定第一条尺寸界线原点或<选择对象>:指定第一条尺寸界限的引出点(或按回车键选择要标注的对象)。

指定第二条尺寸界线原点:指定第二条尺寸界限的引出点。

指定尺寸线位置或[多行文字(M)/文字(T)/角度(A)]:指定点以确定尺寸线的位置,完成尺寸标注。

多行文字(M)、文字(T)、角度(A)选项同“线性标注”。

(3)半径标注:标注圆或圆弧的半径。

菜单:“标注”　“半径”

工具栏:“标注”工具栏中

命令行:DIMRADIUS

输入命令,命令行提示:

选择圆弧或圆:

指定尺寸线位置或[多行文字(M)/文字(T)/角度(A)]:指定点以确定尺寸线的位置,完成尺寸标注。

多行文字(M)、文字(T)、角度(A)选项同“线性标注”。

(4)直径标注:标注圆或圆弧的直径。

菜单:“标注”　“直径”

工具栏:“标注”工具栏中

命令行:DIMDIAMETER

输入命令,命令行提示及命令选项与“半径标注”相同。

(5)角度标注:用于标注圆弧的圆心角、圆周上一段弧的圆心角、两条不平行直线之间的夹角、或指定三点标注角度。

菜单:“标注”　“角度”

工具栏:“标注”工具栏中

命令行:DIMANGULAR

输入命令,命令行提示:

选择圆弧、圆、直线或<指定顶点>:选择圆弧、圆或直线(或按回车键,通过指定三点创建角度标注)。

定义要标注的角度之后,将显示下列提示:

指定标注弧线位置或[多行文字(M)/文字(T)/角度(A)]:指定点以确定尺寸线的位置,完成角度标注。

(6)基线标注:从同一基准标注几个相互平行的尺寸。基线标注的前提是图形中已经有一个线性标注或角度标注,这个标注的尺寸界限将作为基线标注的基准。

菜单:“标注”　“基线”

工具栏:“标注”工具栏中

命令行:DIMBASELINE

如果在当前任务中未创建标注,AutoCAD 将提示用户选择线性标注、角度标注,以用作基线标注的基准。

选择基准标注:选择线性标注或角度标注。

如果已创建线性标注或角度标注,将使用这个标注的第一个尺寸界限作为基准,并显示下列提示:

指定第二条尺寸界线原点或[放弃(U)/选择(S)]<选择>:指定点后,系统将自动放置尺寸线,完成一次标注并提示下一次标注。互相平行的尺寸线间距由“标注样式”中的“基线间距”控制。

放弃(U):取消上一次标注。

选择(S):另选第一条尺寸界限,即另选标注基准。

(7)连续标注:连续标注可以迅速地标注首尾相连的连续尺寸。连续标注的前提也是当前图形中已经有一个线性标注或角度标注,每个后续标注将使用前一个标注的第二条尺寸界限作为本次标注的第一条尺寸界限。

菜单:“标注”　“连续”

工具栏:“标注”工具栏中

命令行:DIMCONTINUE

如果在当前任务中未创建标注,AutoCAD 将提示用户选择线性标注、角度标注,以用作连续标注的基准。

选择基准标注:选择线性标注或角度标注。

如果已创建线性标注或角度标注,以这个标注的尺寸界限作为基准,并显示下列提示:

指定第二条尺寸界线原点或[放弃(U)/选择(S)]<选择>:指定点后,系统将自动放置尺寸线,并与上一次标注的尺寸线首尾相连。

放弃(U):取消上一次标注。

选择(S):另选第一条尺寸界限。

四、绘图辅助工具

利用 AutoCAD 提供的绘图辅助工具,可以方便、迅速、准确地绘制工程图。用户可以利用状态栏的辅助工具按钮 捕捉 栅格 正交 极轴 对象捕捉 对象追踪 设置和使用辅助工具。

1. 捕捉和栅格　单击状态行的 捕捉 栅格 按钮,打开或关闭捕捉和栅格工具。

打开"捕捉"工具,鼠标输入点时,十字光标只能定位在栅格点上。

打开"栅格"工具,在屏幕上以给定间距显示栅格点。栅格点显示在绘图界限内,AutoCAD 默认的绘图界限为左下角点(0.0000,0.0000)、右上角点(420.0000,297.0000)。

将光标移至 捕捉 上,单击右键,在右键菜单中选择"设置",打开"草图设置",在对话框中点击"捕捉和栅格"选项卡,可以设置捕捉、栅格的间距、类型和样式。如图 1-59 所示。

当栅格捕捉打开时,用键盘输入点的坐标将不受栅格捕捉的影响。

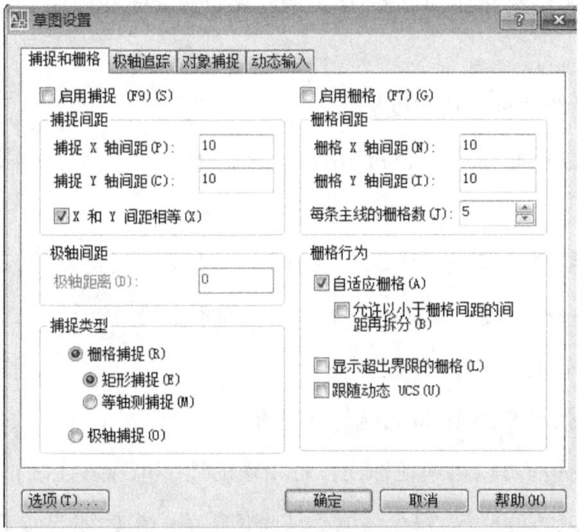

图 1-59　捕捉和栅格设置

2. 正交　单击状态行的 正交 按钮,打开或关闭正交工具。

打开"正交"工具,当系统需要相对于前一点确定下一点的位置时,光标只能自前一点开始沿当前 X 或 Y 轴方向移动。用"正交"工具可以方便地绘制与当前 X 或 Y 轴平行的线段、沿 X 或 Y 轴方向移动或复制对象等。正交模式不能控制键盘输入点的坐标。

3. 对象捕捉　单击状态行的 对象捕捉 按钮，打开或关闭对象捕捉工具。

对象捕捉工具使用户可以迅速、准确地捕捉到已绘出图形上的特征点。打开对象捕捉工具，当命令行提示输入点时，将光标放在图形对象上，AutoCAD 就会捕捉到该对象上符合条件的特征点，并显示出相应标记及该特征点的提示。对象捕捉工具可以捕捉的特征点有端点、中点、圆心、节点、象限点、交点、延伸点、插入点、垂足、切点、最近点、外观交点、平行线上的点 13 种。

在 对象捕捉 上单击右键，在右键菜单中单击“设置”，打开“草图设置”对话框，在“对象捕捉模式”区列出了 AutoCAD 可以自动捕捉的 13 种特征点。单击某特征点前的选择框，显示符号√时，该特征点可以被捕捉（再单击该项，即放弃选择），可视需要选择一种或多种。如图 1-60 所示。

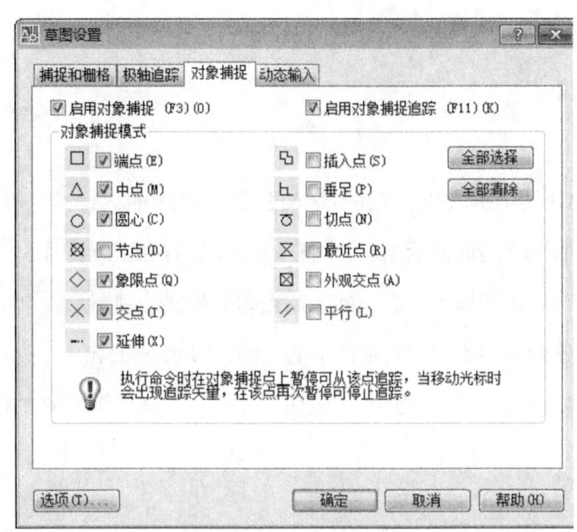

图 1-60　对象捕捉设置

4. 对象捕捉追踪　单击状态行的 对象捕捉 对象追踪 按钮，打开或关闭对象捕捉追踪工具。

打开对象捕捉追踪，当系统要求输入一个点时，先移动光标捕捉某一特征点，再使光标离开该点，则自该特征点沿设定的方向出现追踪辅助线，用户可以沿辅助线方向追踪得到要输入的点。

5. 极轴追踪　单击状态行的 极轴 按钮，打开或关闭极轴追踪工具。

打开极轴追踪工具，在系统要求指定一个点时，从输入点处，按设定的增量角或附加角显示出一条无限延伸的追踪线，用户可以沿追踪线准确输入另一个点。

在 极轴 上单击右键，在右键菜单中单击“设置”，打开“草图设置”对话框，在“极轴角设置”区设置“增量角”，则在“增量角”的整数倍方向将会出现追踪辅助线。也可以新建“附加角”，则在“附加角”的方向也会出现追踪辅助线。在“极轴角测量”区，选择角度（“增量角”或“附加角”）的测量基准，“绝对”表示角度值自 *X* 轴正向测量，“相对上一段”表示相对于上一段线段测量角度值。如图 1-61 所示。

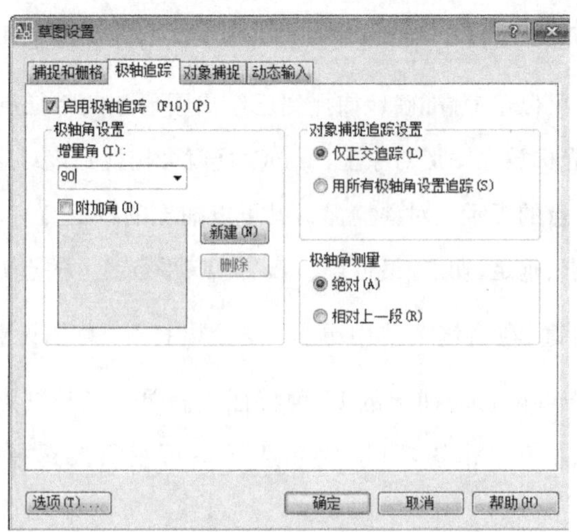

图 1-61　极轴追踪设置

点滴积累

1. 用 AutoCAD 绘图是人机交互的操作过程。用户输入命令，计算机接收命令后，作出响应，即在命令行出现提示信息；用户再按提示信息继续操作，计算机又有新的响应……理解了命令行显示的提示信息，才能按正确的步骤绘制图形。
2. 将不同对象分图层绘制，方便图形的绘制、修改、打印。
3. 利用“对象捕捉”“对象追踪”“极轴”等辅助工具，使绘图更准确、快捷、方便。

目标检测

1. 利用“图层特性管理器”创建图层，如图 1-36 所示。
2. 用 AutoCAD 绘制如图 1-62 至图 1-67 所示的几何图形。

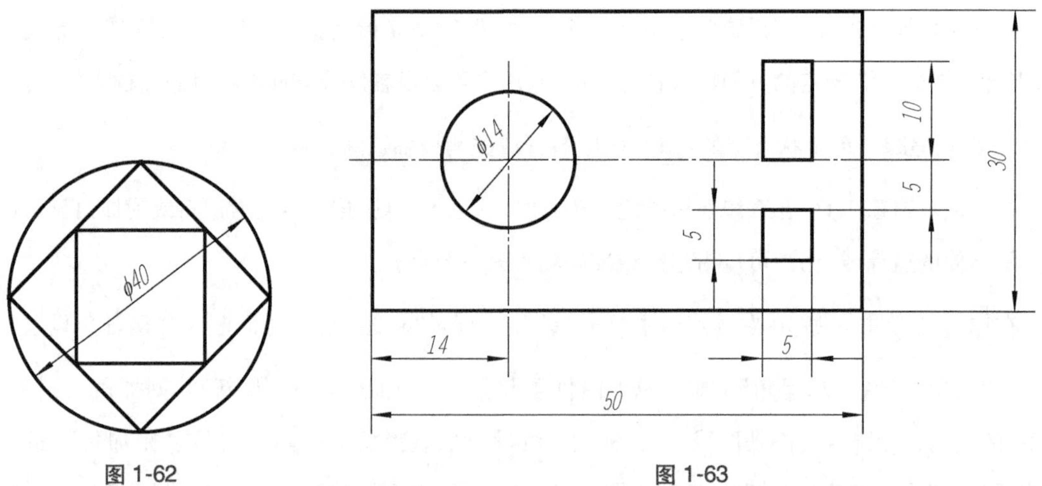

图 1-62　　图 1-63

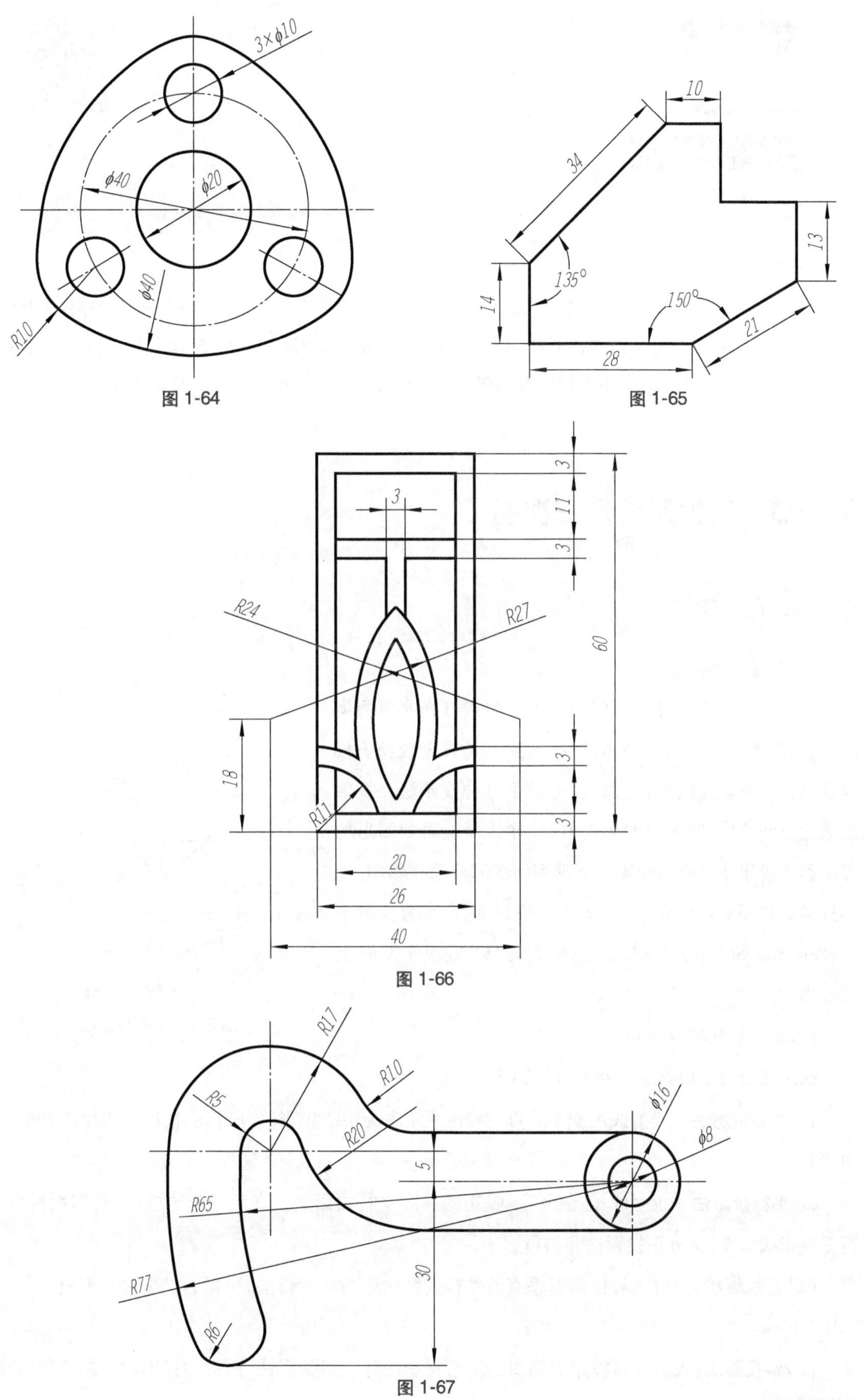

图 1-64

图 1-65

图 1-66

图 1-67

（张慧梅）

第二章

投影基础

本章导言

空间物体的形状如何表达在图纸上呢? 通常要采用各种投影法。 机器或零件的形状常用正投影法画出的图形来表达。 本章将学习正投影法及三视图，形体上点、直线、平面的投影，基本体及表面交线，轴测图等，使同学们能够绘制和识读简单形体的投影图。

第一节　正投影法及三视图

一、正投影法

（一）投影的概念

在日常生活中,人们可以看到,当太阳或灯光照射物体时,墙壁或地面上会出现物体的影子,这就是投影现象。根据这种自然现象,经过科学总结,形成了各种投影法。投射线通过空间物体,向选定的面投射,并在该面上得到图形的方法称为投影法。根据投影法所得到的图形称为投影图,简称投影。如图 2-1 所示,平面 H 称为投影面,S 称为投射中心,SAa、SBb、SCc 称为投射线,$\triangle abc$ 为$\triangle ABC$ 在投影面 H 上的投影。

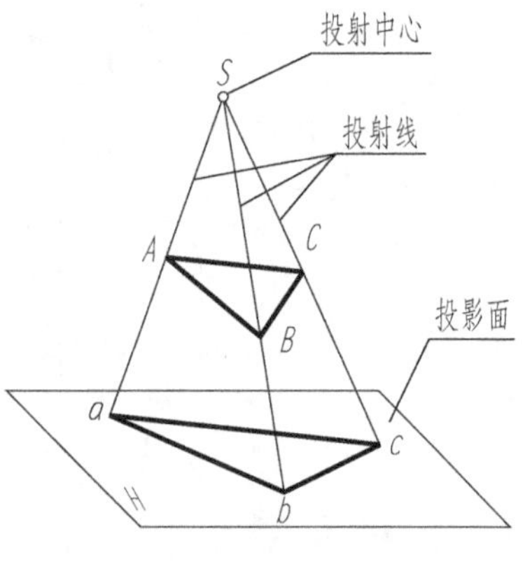

图 2-1　中心投影法

（二）投影法的分类

投影法分为中心投影法和平行投影法。

1. 中心投影法　投射线汇交于一点的投影方法称为中心投影法,所得的投影称为中心投影,如图 2-1 所示。

2. 平行投影法　投射线相互平行的投影法称为平行投影法。在平行投影法中,根据投射线是否垂直于投影面,又分正投影法和斜投影法。

（1）正投影法:投射线与投影面垂直的平行投影法称为正投影法,所得的投影称为正投影,如图 2-2(a)所示。

（2）斜投影法:投射线与投影面倾斜的平行投影法称为斜投影法,所得的投影称为斜投影,如图 2-2(b)所示。

正投影能准确地表达物体的形状和大小，度量性好，作图简单，在工程图样中被广泛应用。本课程的后续章节中，除有特别说明外，提到的“投影”均指“正投影”。

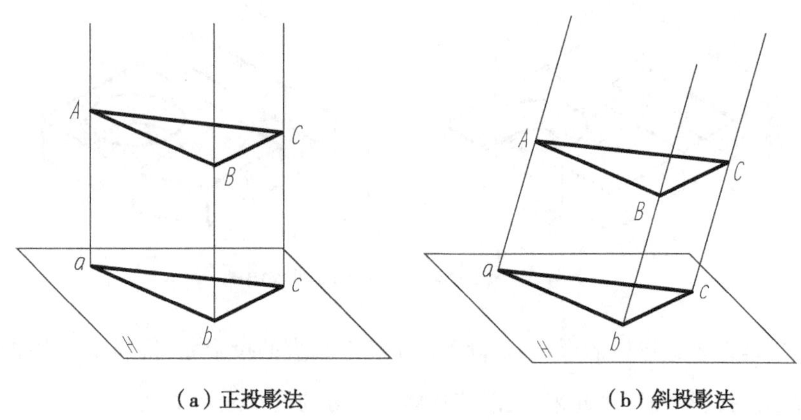

（a）正投影法　（b）斜投影法

图 2-2 平行投影法

（三）正投影的基本特性

▶▶ 课堂活动

以铅笔、三角板为投影对象，桌面为投影面，你能分析直线、平面的投影特点吗？ 能从中得出正投影的基本特性吗？

分析直线段和平面图形的正投影，如图 2-3 所示，可得出如下性质。

1. **真实性** 当直线段或平面图形平行于投影面时，其投影反映实长或实形。

2. **积聚性** 当直线段或平面图形垂直于投影面时，其投影积聚成为一点或一直线。

3. **类似性** 当直线段或平面图形倾斜于投影面时，直线段的投影比实长缩短，平面的投影面积缩小，形状与原平面图形类似。

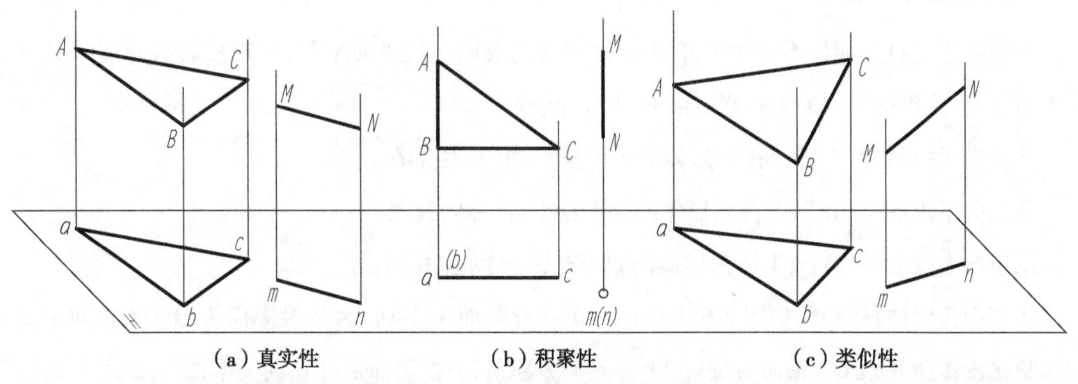

（a）真实性　（b）积聚性　（c）类似性

图 2-3 正投影的基本特性

二、形体的三视图

空间形体具有长、宽、高三个方向的形状，而形体相对投影面正放时得到的单面正投影图只能反映形体两个方向的形状。如图 2-4 所示，两个不同形体的投影图相同，说明形体的一个投影不能完全确定其空间形状。

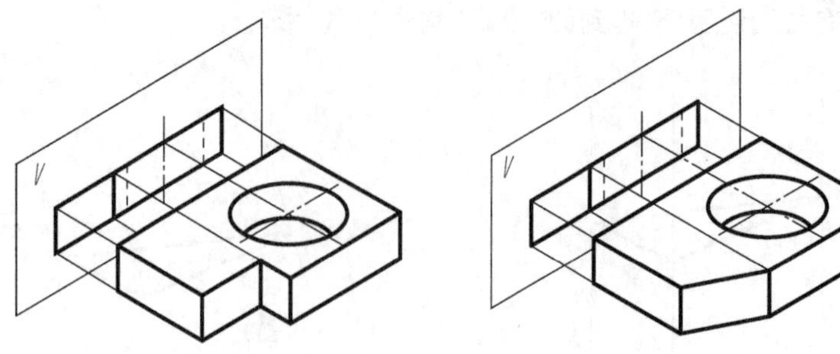

图 2-4　不同形体具有相同的投影图

为了完整、准确地表达形体的形状，常设置多个相互垂直的投影面，将形体分别向这些投影面进行投射，得到多面正投影图，综合起来，便能将形体各部分的形状表示清楚。

三视图是将形体向三个相互垂直的投影面投射所得的一组正投影图。下面将说明三视图的形成及其投影规律。

（一）三面投影体系

设置三个相互垂直的投影面，称为三面投影体系，如图 2-5 所示。

直立在观察者正对面的投影面称为正立投影面，简称正面，用 *V* 表示。处于水平位置的投影面称为水平投影面，简称水平面，用 *H* 表示。右边分别与正面和水平面垂直的投影面称为侧立投影面，简称侧面，用 *W* 表示。

三个投影面的交线 *OX*、*OY*、*OZ* 称为投影轴，*O* 点称为三面投影体系的原点。*OX* 轴代表长度尺寸和左右位置（正向为左）；*OY* 轴代表宽度尺寸和前后位置（正向为前）；*OZ* 轴代表高度尺寸和上下位置（正向为上）。

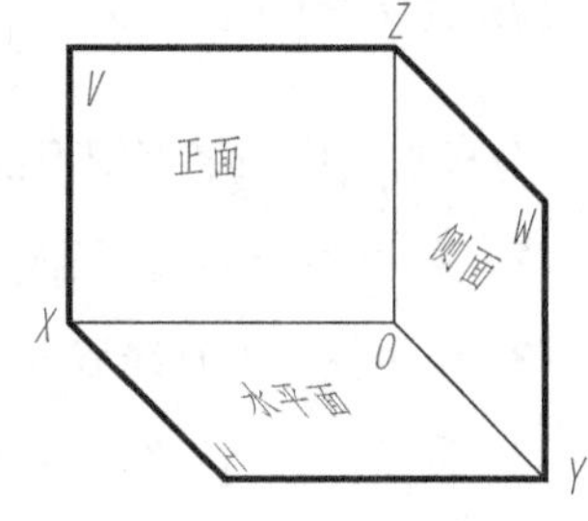

图 2-5　三面投影体系

（二）三视图的形成

将形体在三投影面体系中放正，使其上尽量多的表面与投影面平行，用正投影法分别向 *V*、*H*、*W* 面投射，即得到形体的三面正投影，如图 2-6(a) 所示。

从前向后投射，在 *V* 面上得到形体的正面投影，也称主视图；

从上向下投射，在 *H* 面上得到形体的水平投影，也称俯视图；

从左向右投射，在 *W* 面上得到形体的侧面投影，也称左视图。

将三面投影体系展开，如图 2-6(b) 所示，正立投影面 *V* 不动，水平投影面 *H* 绕 *OX* 轴向下旋转 90°，侧立投影面 *W* 绕 *OZ* 轴向右旋转 90°。使 *V*、*H*、*W* 三个投影面展开在同一平面内，如图 2-6(c) 所示。实际绘制形体的三视图时，不必画投影面和投影轴，如图 2-6(d) 所示。

（三）三视图的投影关系

1. 位置关系　以主视图为基准，俯视图在它的正下方，左视图在它的正右方。

2. 尺寸关系　主视图与俯视图长度相等且左右对正；主视图与左视图高度相等且上下对齐；俯视图与左视图宽度相等。

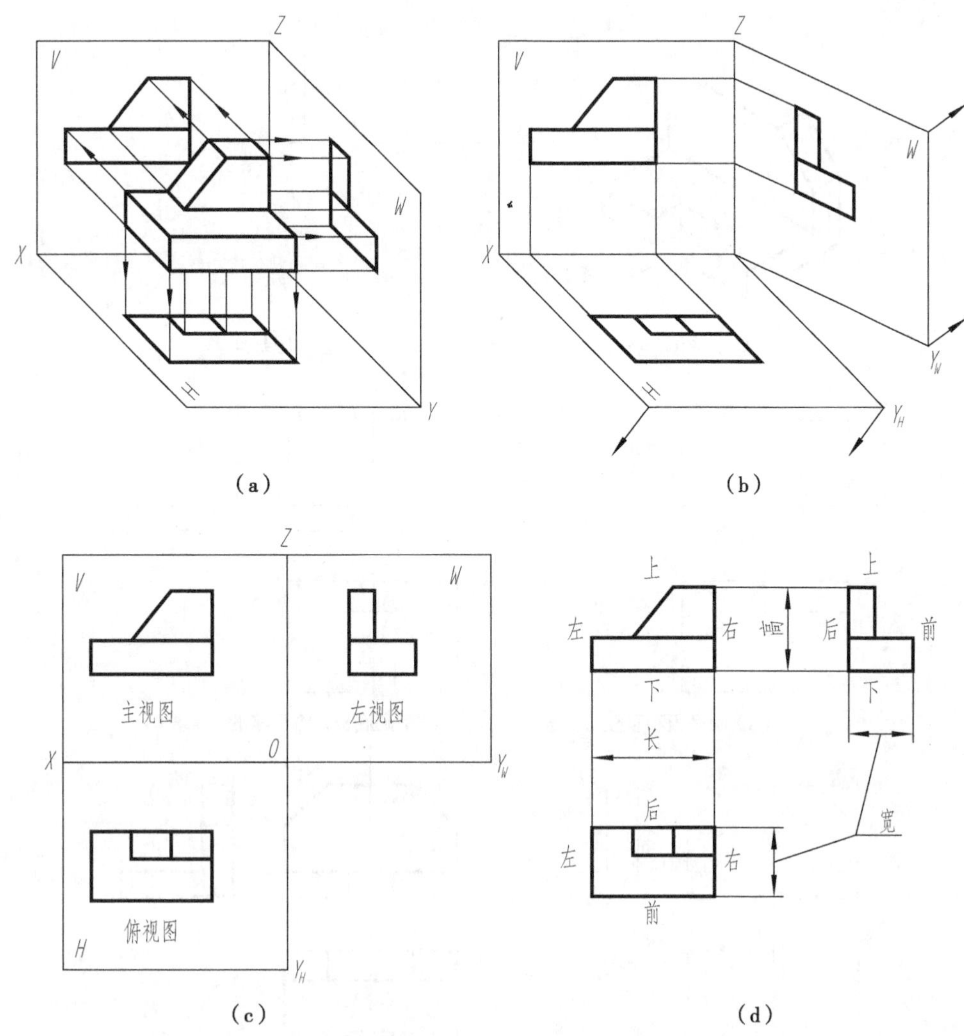

图 2-6 三视图的形成

即主、俯视图长对正；主、左视图高平齐；俯、左视图宽相等。

“长对正、高平齐、宽相等”又称“三等”规律，反映了三视图之间的关系。不仅针对形体的总体尺寸，形体上的任一几何元素都符合此规律。绘制三视图时，应从遵循形体上每一点、线、面的“三等”出发，来保证形体三视图的尺寸关系。

3. 方位关系 主、俯视图反映形体各部分之间的左右位置；主、左视图反映形体各部分之间的上下位置；俯、左视图反映形体各部分之间的前后位置。

画图及读图时，要特别注意俯、左视图的前后对应关系：俯、左视图远离主视图的一侧为形体的前面，靠近主视图的一侧为形体的后面。

实例训练 >

【例 2-1-1】 绘制图 2-7(a)所示形体的三视图。

1. 形体分析 图 2-7(a)所示的形体由底板和竖板组成。其中底板前方切出方槽，竖板上方左、右各切去一个三棱柱。

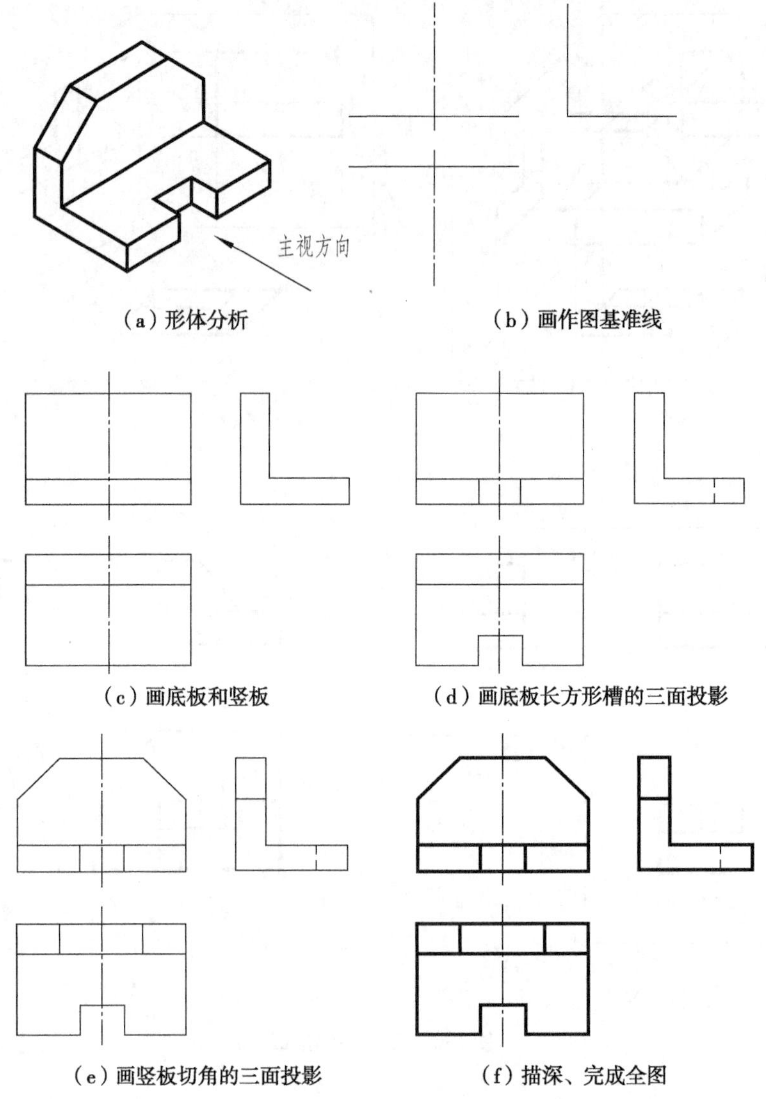

（a）形体分析　　（b）画作图基准线

（c）画底板和竖板　　（d）画底板长方形槽的三面投影

（e）画竖板切角的三面投影　　（f）描深、完成全图

图 2-7　画形体的三视图

2. 选择主视图　形体要放正，使其上尽量多的表面与投影面平行或垂直；选择主视图的投射方向，使之能较多地反映形体各部分的形状和相对位置。

3. 画三视图

（1）画基准线：选定形体长、宽、高三个方向上的作图基准，分别画出它们在三个视图中的投影，以便于度量尺寸和视图定位，如图 2-7(b)所示。通常以形体的对称面、底面或端面为基准。

（2）画底稿：图 2-7(c)、(d)、(e)所示，一般先画主体，再画细节。这时一定要注意遵循“长对正、高平齐、宽相等”的投影规律，特别是俯、左视图之间的宽度尺寸关系和前、后方位关系要正确。

（3）检查、改错，擦去多余图线，描深图形，如图 2-7(f)所示。

画三视图时还需注意遵循国家标准关于图线的规定（GB/T 4457.4—2002），将可见轮廓线用粗实线绘制，不可见轮廓线用细虚线绘制，对称中心线或轴线用细点画线绘制。如果不同的图线重合在一起，应按粗实线、细虚线、细点画线的优先顺序绘制。

点滴积累

1. 正投影的性质包括真实性、积聚性、类似性。
2. 三视图的“三等”规律为长对正、高平齐、宽相等。
3. 主视图反映形体的左右、上下位置；左视图反映形体的前后、上下位置；俯视图反映形体的前后、左右位置。

目标检测

1. 填空题

(1)投影法分为__________和__________两种。

(2)三投影面的展开方法是使________面保持不动；________面绕 OX 轴向下旋转 90°，________面绕 OZ 轴向右旋转 90°，使它们与________面处于同一平面上。

(3)三视图的投影规律是主、俯视图__________；主、左视图__________；俯、左视图__________。俯视图的下方和左视图的右方表示形体的__________方。

(4)三视图中，主视图反映物体的________尺寸，俯视图反映物体的________尺寸。

(5)三视图中，________视图和________视图等长，________视图和________视图等宽，________视图和________视图等高。

2. 单项选择题

(1)正投影的基本性质主要有真实性、积聚性和(　　)

A. 类似性　　B. 特殊性
C. 统一性　　D. 普遍性

(2)投射线与投影面垂直的平行投影法称为(　　)

A. 中心投影法　　B. 正投影法
C. 斜投影法　　D. 平行投影法

(3)三视图中，俯视图反映物体的(　　)

A. 左右、上下关系　　B. 前后、上下关系
C. 左右、前后关系　　D. 前后、左右、上下关系

(4)俯视图和左视图中，靠近主视图的一面是物体的(　　)

A. 前面　　B. 后面
C. 左面　　D. 右面

(5)由左向右投射所得的视图称为(　　)视图

A. 主视图　　B. 俯视图
C. 左视图　　D. 右视图

3. 如图 2-8 所示，对照立体图，看懂第三视图，在括号内填写相应序号

（ ） （ ） （ ）

（ ） （ ） （ ）

（a） （b） （c）

（d） （e） （f）

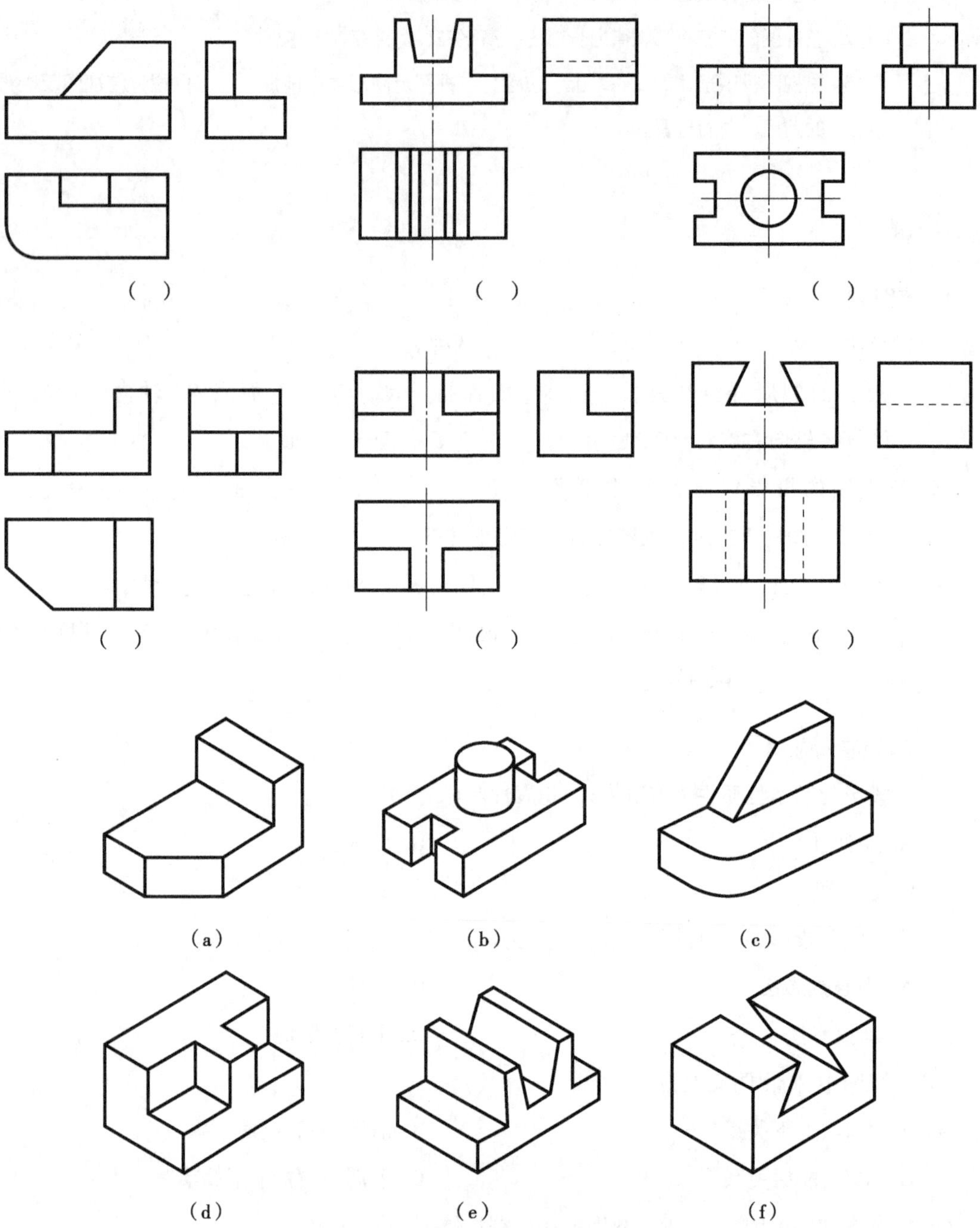

图 2-8 对照立体图，看懂第三视图，在括号内填写相应序号

扫一扫，知答案

第二节 形体上点、直线、平面的投影

点、线、面是构成形体的基本几何元素，本节将对这些几何元素的投影做进一步的分析，为以后的画图和读图奠定基础。

一、点的投影

（一）点的三面投影

如图 2-9(a)所示，设空间点 A 是三面投影体系中的一点，按正投影法将点 A 分别向 H、V、W 面作垂线，其垂足即为点 A 的水平投影 a、正面投影 a'(用相应的小写字母加一撇表示)和侧面投影 a''(用相应的小写字母加两撇表示)。

将三面投影体系展开，即得到 A 点的三面投影图，如图 2-9(b)、(c)所示。在点的投影图中一般不画出投影面的边界线，不标出投影面的名称，也可省略标注 a_X、a_{YH}、a_{YW}和 a_Z；而应画出坐标轴 OX、OY、OZ(简称 X、Y、Z 轴)及点的投影 a、a'、a''，并用细实线画出点的三面投影之间的连线，称为投影连线。

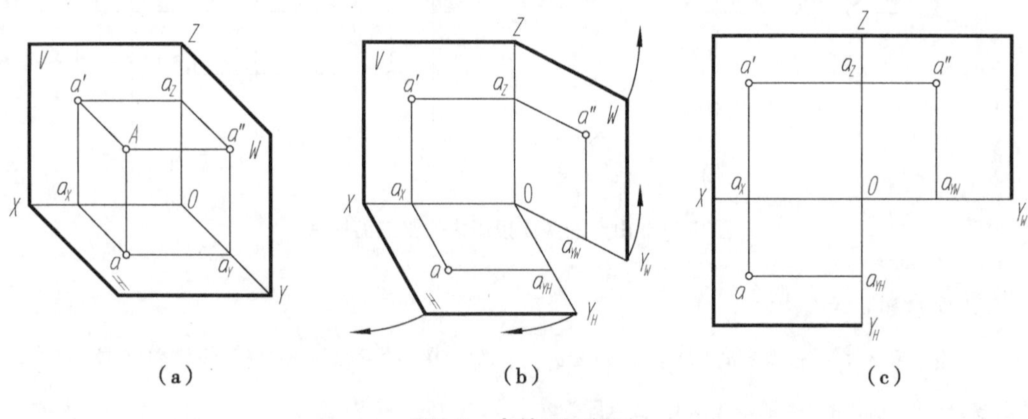

(a) (b) (c)

图 2-9 点的三面投影

如图 2-9 所示，点在三投影面体系中的投影规律为：

(1)点的正面投影和水平投影的连线垂直于 OX 轴，即 $aa' \perp OX$。

(2)点的正面投影和侧面投影的连线垂直于 OZ 轴，即 $a'a'' \perp OZ$。

(3)点的水平投影到 OX 轴的距离和点的侧面投影到 OZ 轴的距离都等于该点到 V 面的距离，即 $aa_X = a''a_Z$。

画点的投影图时，为保证 $aa_X = a''a_Z$，可由原点 O 出发作一条 45°的辅助线，如图 2-10(a)所示。也可采用图 2-10(b)所示的方法利用圆规作图。

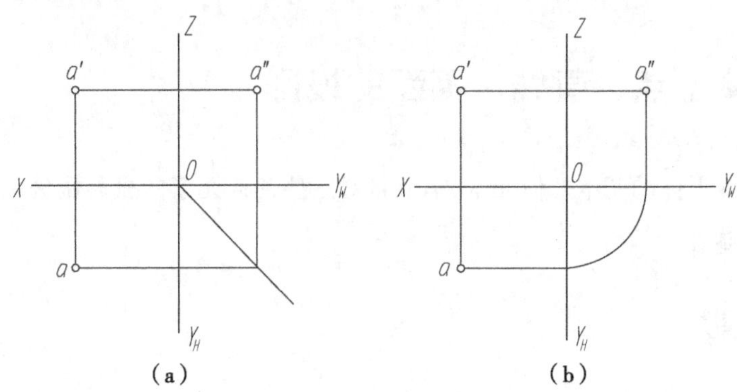

图 2-10 点的三面投影图画法

实例训练 >

【例 2-2-1】已知 A、B、C 三点的两面投影，求作第三面投影，见图 2-11。

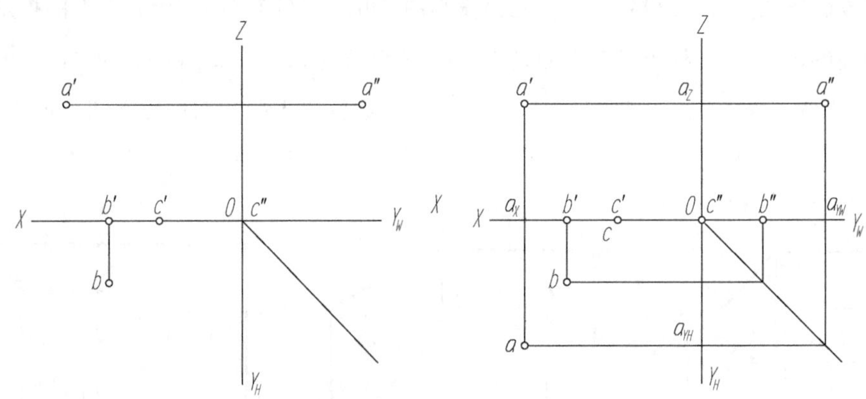

图 2-11 由点的两面投影求作第三面投影

作图步骤如下：

(1) 由 a' 和 a'' 求 a，依据 $a'a \perp OX$ 和 $aa_X = a''a_Z$，由 a'' 作 OY_W 的垂线与 45°辅助线相交，自交点作 OY_H 的垂线，与自 a' 所作的 OX 的垂线相交，交点即为 a。

(2) 由 b' 和 b 求 b''，点的正面投影由 X、Z 坐标决定，由于 b' 在 X 轴上，即 B 点的 Z 坐标为 0，由 b 可知，B 点的 X、Y 坐标不为 0，则 B 点为 H 面上的一点，和其水平投影重合，b'' 必在 OY_W 上，依据 $bb_X = b''b_Z$，由 b 作 OY_H 的垂线与 45°辅助线相交，自交点作 OY_W 的垂线，垂足即为 b''。

(3) C 点的侧面投影和原点重合，容易想象到 C 点在 X 轴上，而 X 轴是 V 和 H 面的交线，则空间点 C 和其正面投影 c′均与水平投影 c 重合。

(二) 点的坐标

如图 2-9 所示，若将三面投影体系看作直角坐标系，H、V、W 面为坐标面，OX、OY、OZ 轴为坐标轴，O 为坐标原点，则点 A 到三个投影面的距离可以用直角坐标表示：

点 A 到 H 面的距离 Aa = 点 A 的 z 坐标值，且 $Aa = a'a_x = a''a_y$；

点 A 到 V 面的距离 Aa' = 点 A 的 y 坐标值，且 $Aa' = aa_x = a''a_z$；

点 A 到 W 面的距离 Aa''=点 A 的 x 坐标值，且 $Aa''=aa_y=a'a_z$。

由上述关系可知，点 A 的位置可由其坐标(x、y、z)确定，且唯一。因此，已知一点的三个坐标，就可作出该点的三面投影。

实例训练 >

【例 2-2-2】已知空间点 $A(20,14,24)$，求作它的三面投影图，如图 2-12 所示。

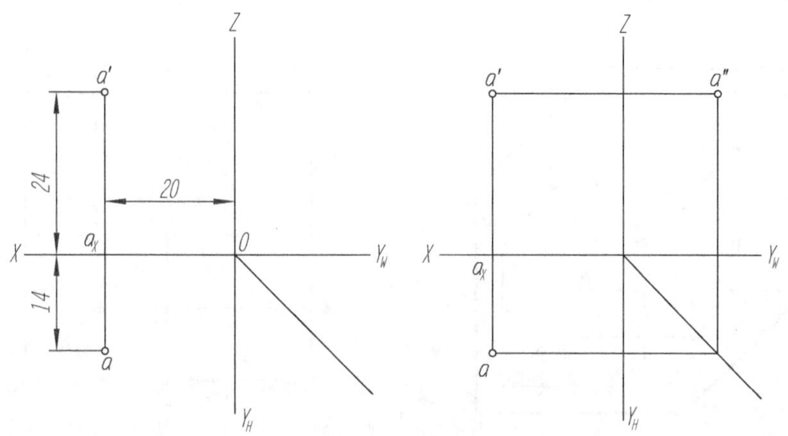

图 2-12 由点的坐标作点的三面投影图

作图步骤如下：

(1)画坐标轴，由原点 O 向左沿 OX 轴量取 20mm 得 a_x。

(2)过 a_x 作 OX 轴的垂线；在垂线上自 a_x 向下(OY_H 方向)量取 14mm 得 a；在垂线上自 a_x 向上(OZ 方向)量取 24mm 得 a'。

(3)由 a、a'求得 a''。

(三) 两点的相对位置

两点的相对位置是指以两点中的某一点为基准，另一点相对该点的上、下、左、右、前、后的位置。

两点的相对位置可由投影图判断。也可依据两点的坐标关系来判断：X 坐标大者在左；Y 坐标大者在前；Z 坐标大者在上。在图 2-13 中，若以点 B 作为基准，则点 A 在点 B 的左面($x_A>x_B$)、前面($y_A>y_B$)、上面($z_A>z_B$)。

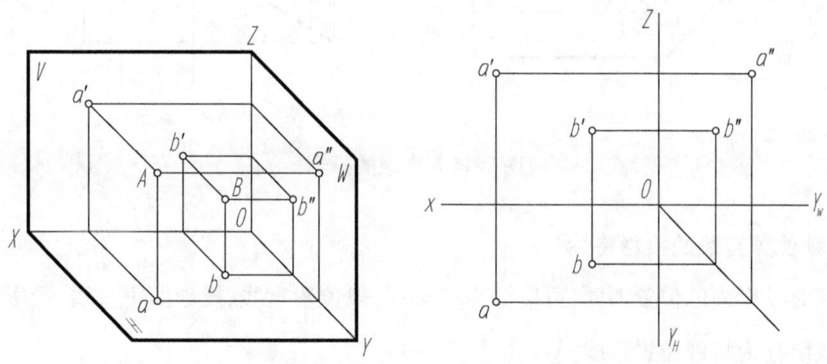

图 2-13 两点的相对位置

在特殊情况下，当两点位于某一投影面的同一条投射线上时，这两点在该投影面上的投影重合，称这两点为该投影面的重影点。显然，两点在某一投影面上的投影重合时，它们必有两对相等的坐标。

如图 2-14 所示，A、B 两点位于 V 面的同一条投射线上，它们的正面投影 a'、b'重合，称 A、B 两点为对 V 面的重影点。这两点的 x、z 坐标对应相等，$y_B>y_A$，则 B 点在 A 点的正前方，A 点被遮挡而不可见，通常在不可见的投影上加括号，如图 2-14 中的(a')。

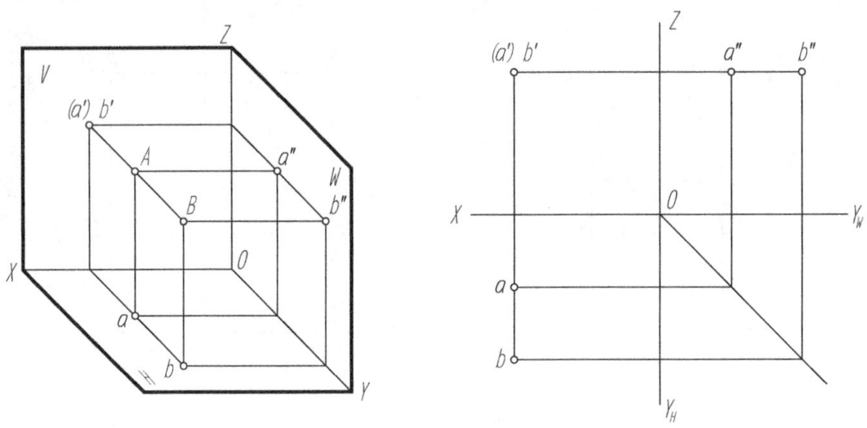

图 2-14　重影点

二、直线的投影

(一) 直线的三面投影

一般情况下，直线的投影仍是直线。两点确定一条直线，求出直线两端点的同面投影并连线，就得到直线的投影，如图 2-15 所示。

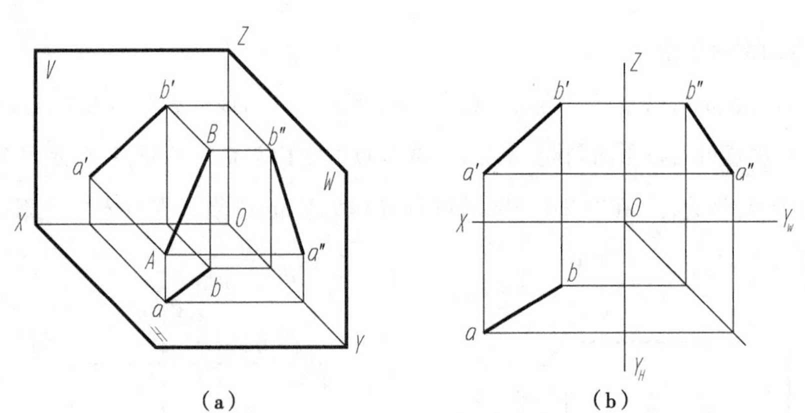

图 2-15　直线的投影

(二) 各种位置直线的投影特性

直线按其对投影面的位置不同，可以分为三类：一般位置直线、投影面垂直线、投影面平行线，其中后两类直线统称为特殊位置直线。

1. 一般位置直线　对三个投影面都倾斜的直线称为一般位置直线。

如图 2-15 所示，直线 *AB* 对 *H*、*V*、*W* 面均处于既不垂直又不平行的位置，*AB* 为一般位置直线。

一般位置直线的投影特性为三个投影都倾斜于投影轴，且都小于线段实长。

2. 投影面平行线　平行于某一个投影面，与另外两个投影面倾斜的直线称为投影面平行线。

根据其所平行的投影面不同，投影面平行线分为三种：

(1)水平线：平行于 *H* 面，倾斜于 *V*、*W* 面。

(2)正平线：平行于 *V* 面，倾斜于 *H*、*W* 面。

(3)侧平线：平行于 *W* 面，倾斜于 *H*、*V* 面。

三种投影面平行线的图例和投影特性见表 2-1。

表 2-1　投影面平行线

名称	轴测图	投影图	投影特性
水平线	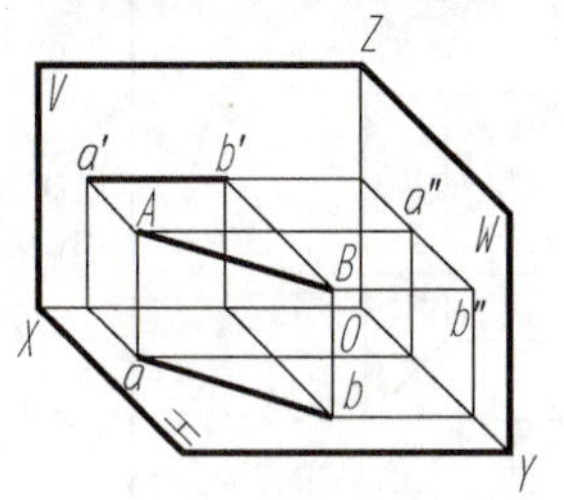	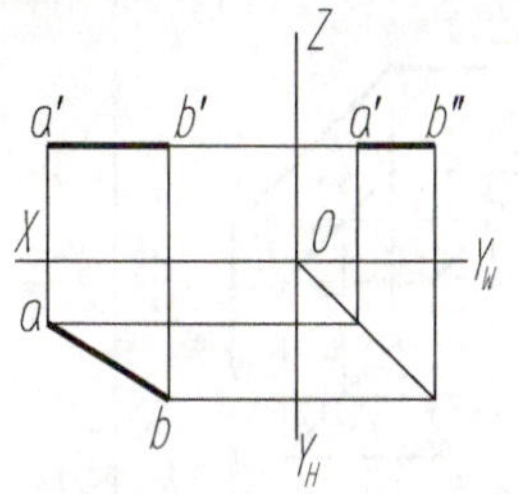	①$ab=AB$ ②$a'b'$ // OX $a''b''$ // OY_W 且长度缩短
正平线	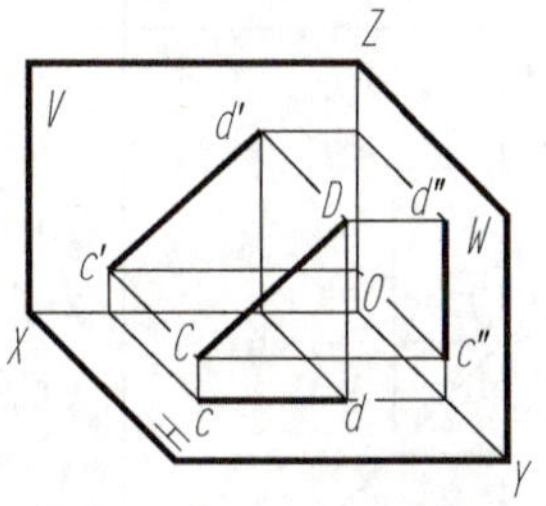	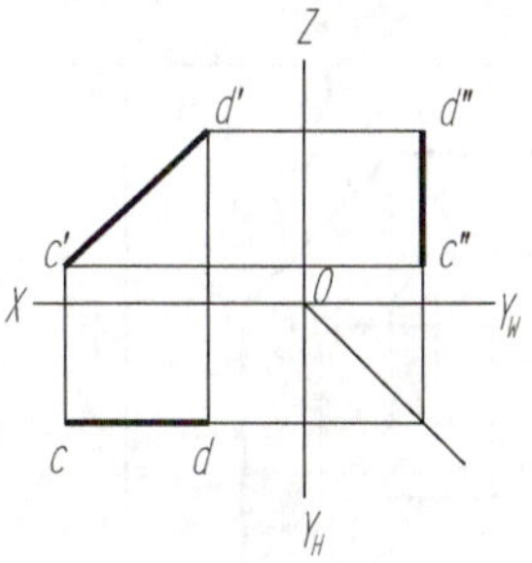	①$c'd'=CD$ ②cd // OX $c''d''$ // OZ 且长度缩短
侧平线	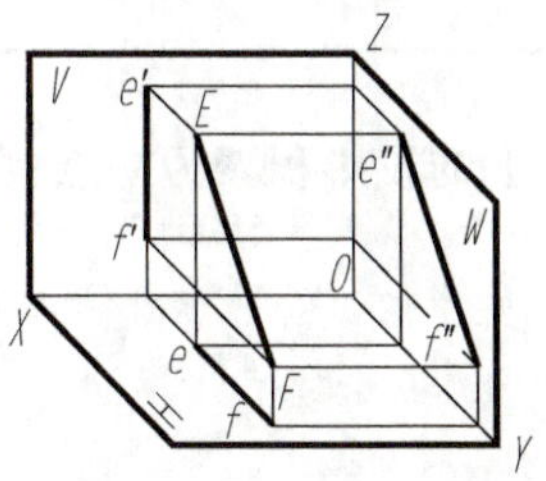	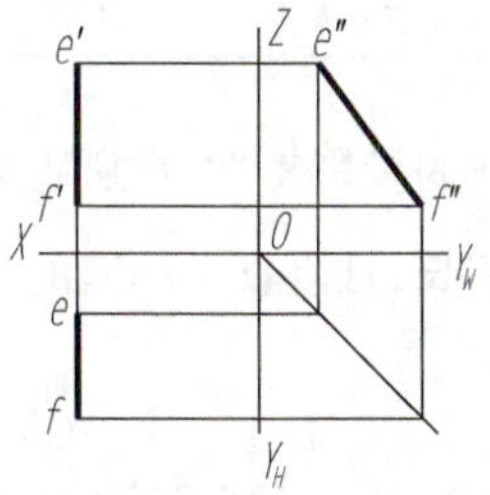	①$e''f''=EF$ ②$e'f'$ // OZ ef // OY_H 且长度缩短

由此得出投影面平行线的投影特性：在所平行的投影面上的投影反映线段的实长并倾斜于投影轴；另外两面投影分别平行于相应的投影轴，且小于实长。

3. 投影面垂直线　垂直于某一个投影面(必平行于另外两个投影面)的直线称为投影面垂直线。

根据其所垂直的投影面不同，投影面垂直线分为三种：

(1)铅垂线：垂直于 *H* 面。

(2)正垂线：垂直于 *V* 面。

(3)侧垂线：垂直于 W 面。

三种投影面垂直线的图例和投影特性见表 2-2。

表 2-2　投影面垂直线

名称	轴测图	投影图	投影特性
铅垂线	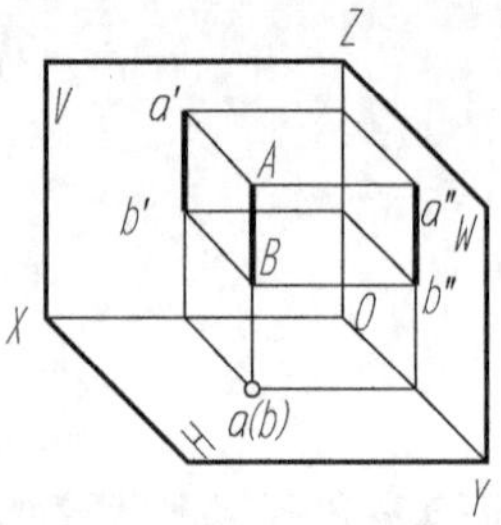	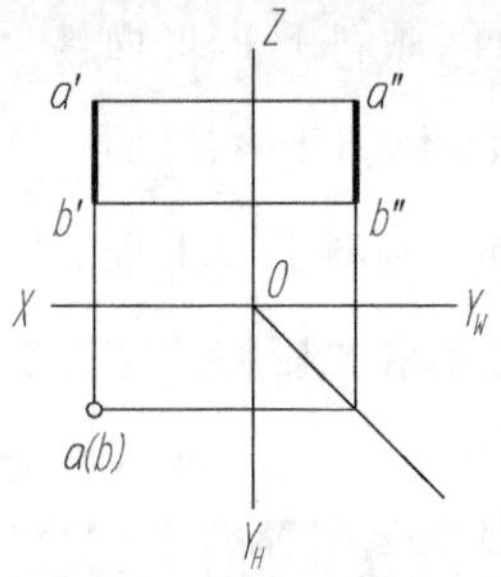	①H 面投影积聚为点 ②$a'b' \perp OX$ $a''b'' \perp OY_W$ $a'b' = a''b'' = AB$
正垂线	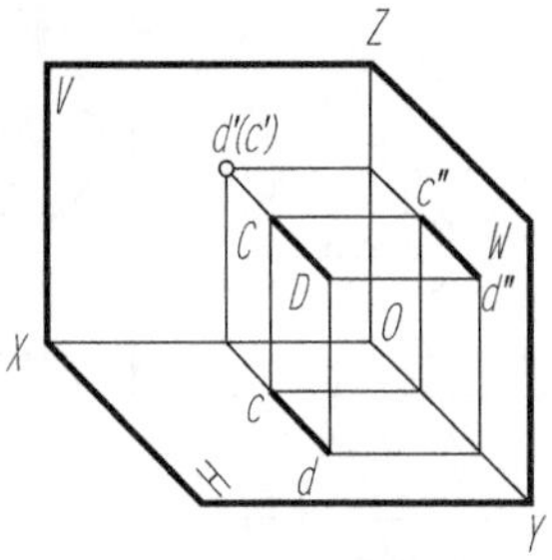	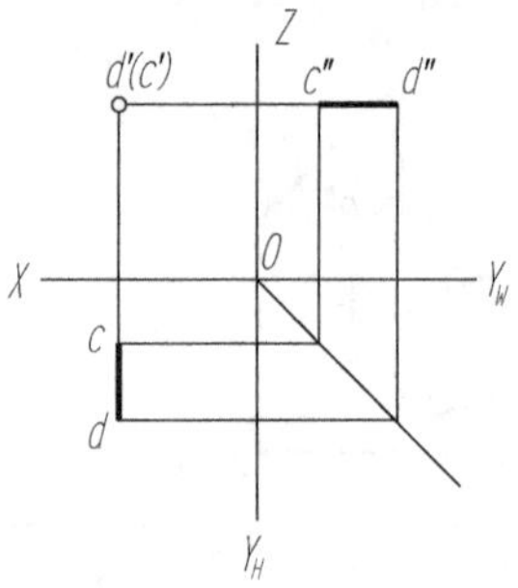	①V 面投影积聚为点 ②$cd \perp OX$ $c''d'' \perp OZ$ $cd = c''d'' = CD$
侧垂线	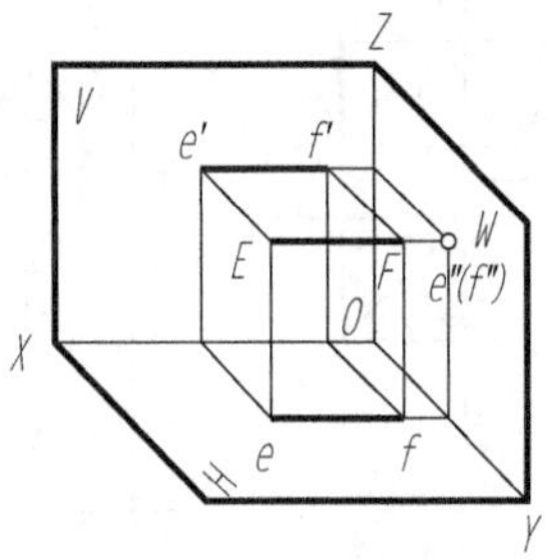	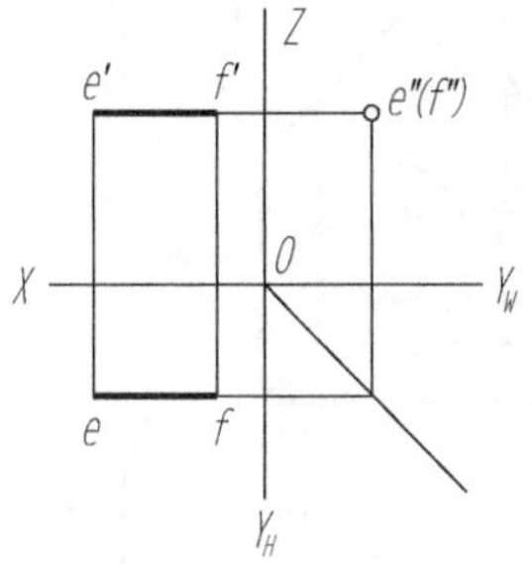	①W 面投影积聚为点 ②$ef \perp OY_H$ $e'f' \perp OZ$ $ef = e'f' = EF$

由此得出投影面垂直线的投影特性：在所垂直的投影面上的投影积聚为一点；在另外两个投影面上的投影均反映线段的实长，且垂直于相应的投影轴。

三、平面的投影

(一) 平面图形的三面投影

机械图中常用各种平面图形表示平面。平面图形的三面投影由其各条边线(直线或曲线)的同面投影组成。对平面多边形而言，由于其各条边线均为直线，则平面多边形的投影为其各顶点的同面投影的连线。图 2-16 为△ABC 的三面投影图。

(二) 各种位置平面的投影特性

平面按其对投影面的相对位置不同，可以分为三类：一般位置平面、投影面垂直面、投影面平行面，其中后两类统称为特殊位置平面。

1. 一般位置平面　与三个投影面都倾斜的平面称为一般位置平面。

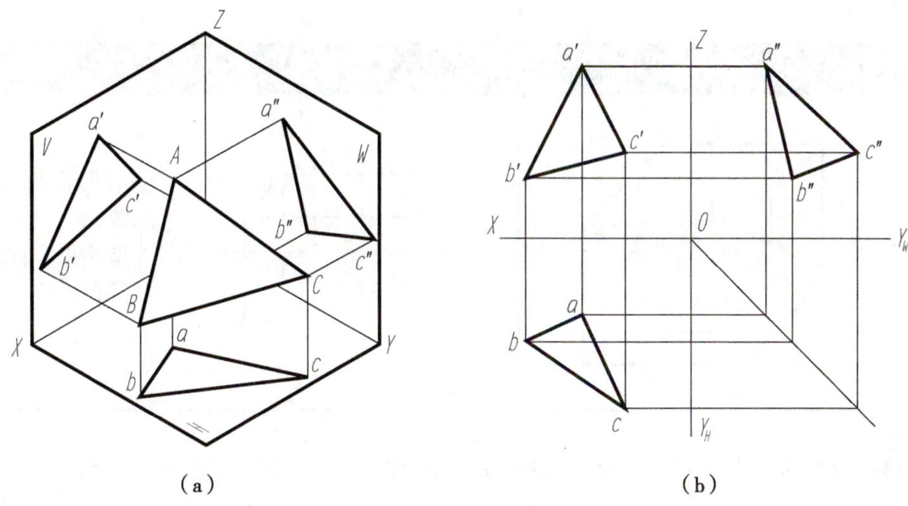

图 2-16　平面的三面投影

如图 2-16 所示的△*ABC*，对三个投影面既不垂直也不平行，是一般位置平面，其三面投影既不反映平面图形的实形，也没有积聚性，均为类似形。

一般位置平面的投影特性为三面投影均为原平面图形的类似形，面积缩小。

2. 投影面垂直面　垂直于一个投影面，与另外两个投影面倾斜的平面称为投影面垂直面。

投影面垂直面分为三种：

（1）铅垂面：垂直于 *H* 面，倾斜于 *V*、*W* 面。

（2）正垂面：垂直于 *V* 面，倾斜于 *H*、*W* 面。

（3）侧垂面：垂直于 *W* 面，倾斜于 *V*、*H* 面。

投影面垂直面的图例和投影特性见表 2-3。

表 2-3　投影面垂直面

名称	轴测图	投影图	投影特性
铅垂面			①*H* 面投影积聚成直线 ②*V* 和 *W* 面投影均为原图形的类似形
正垂面			①*V* 面投影积聚成直线 ②*H* 和 *W* 面投影均为原图形的类似形

续表

名称	轴测图	投影图	投影特性
侧垂面	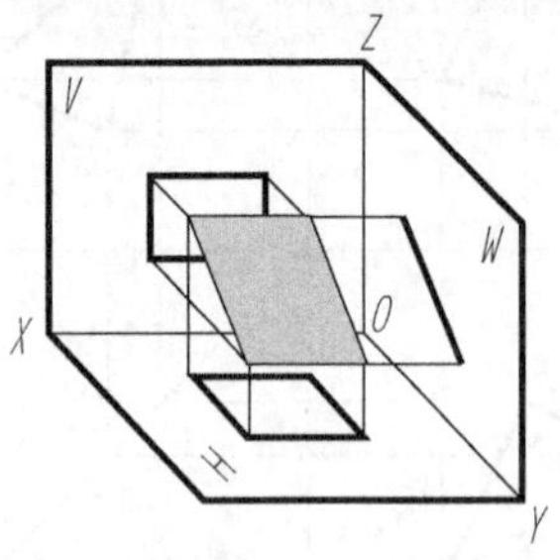	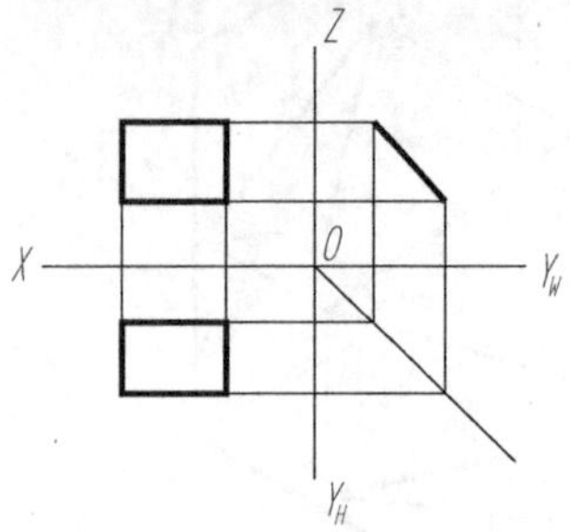	①W 面投影积聚成直线 ②H 和 V 面投影均为原图形的类似形

由此得出投影面垂直面的投影特性：在所垂直的投影面上的投影积聚为一条与投影轴倾斜的直线，另外两面投影均为原形的类似形。

3. 投影面平行面　平行于一个投影面（必垂直于另外两个投影面）的平面称为投影面平行面。

投影面平行面分为三种：

（1）正平面：平行于 V 面。

（2）水平面：平行于 H 面。

（3）侧平面：平行于 W 面。

投影面平行面的图例和投影特性见表 2-4。

表 2-4　投影面平行面

名称	轴测图	投影图	投影特性
水平面	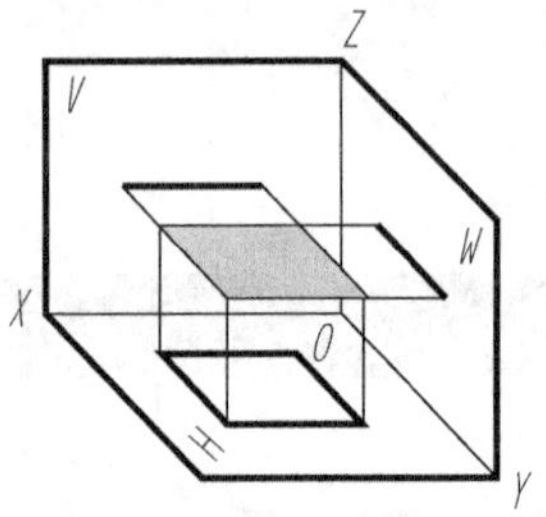	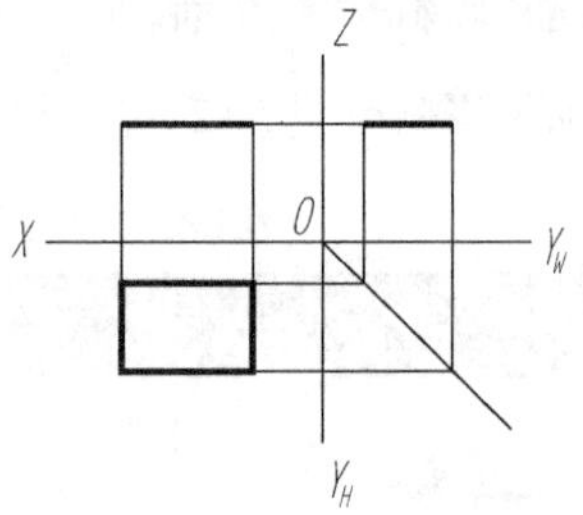	①H 面投影反映实形 ②V 面投影积聚成直线，且平行于 OX 轴；W 面投影积聚成直线，且平行于 OY_W 轴
正平面	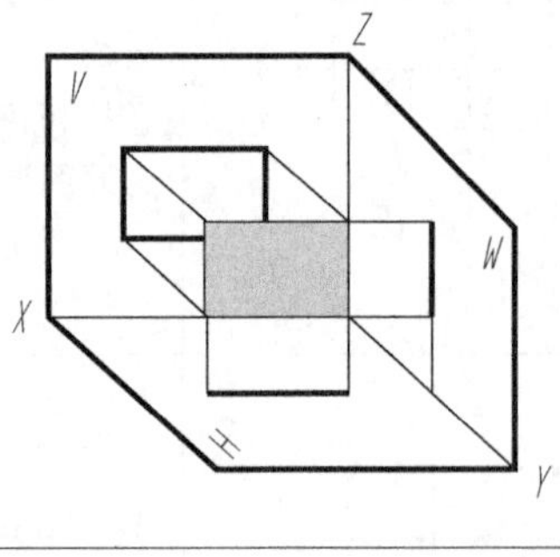	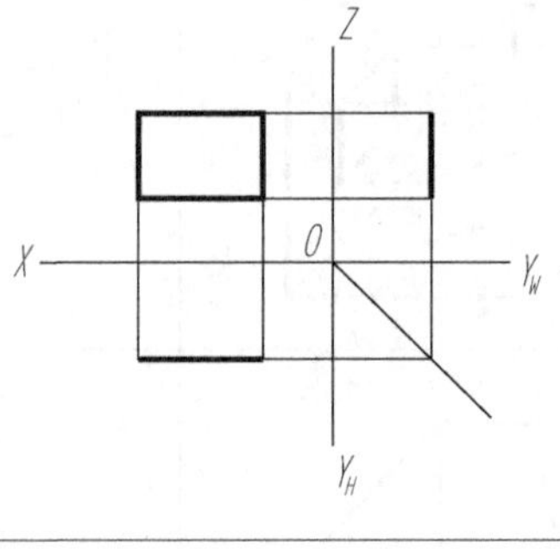	①V 面投影反映实形 ②H 面投影积聚成直线，且平行于 OX 轴；W 面投影积聚成直线，且平行于 OZ 轴

续表

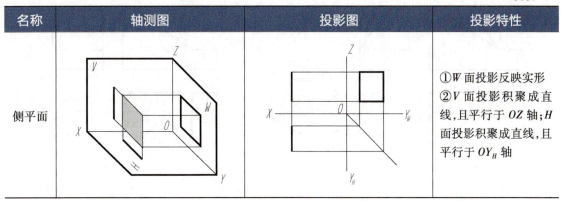

名称	轴测图	投影图	投影特性
侧平面			①*W* 面投影反映实形 ②*V* 面投影积聚成直线，且平行于 *OZ* 轴；*H* 面投影积聚成直线，且平行于 OY_H 轴

由此得出投影面平行面的投影特性：在所平行的投影面上的投影反映实形，另外两面投影积聚为与相应投影轴平行的直线。

实例训练 >

【例 2-2-3】如图 2-17 所示，对照轴测图，在三面投影图中标出 *A*、*B*、*C*、*D*、*E* 各点的投影，并判断直线 *AB*、*CD*、*DE* 的空间位置。

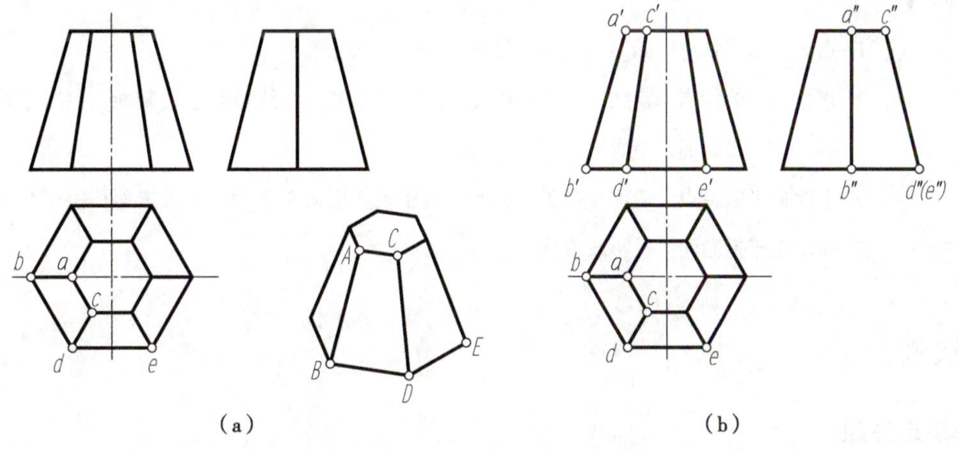

图 2-17　形体上点、直线的投影分析

作图步骤如下：

(1)在主、左视图中标出 *A*、*B*、*C*、*D*、*E* 点的投影，如图 2-17(b)所示。点的三面投影应遵循其投影规律。

(2)按各种位置直线的投影特性，判别 *AB*、*CD*、*DE* 的空间位置是直线 *AB* 是正平线；直线 *CD* 是一般位置直线；直线 *DE* 是侧垂线。

【例 2-2-4】如图 2-18(a)所示，对照轴测图，在三面投影图中标出平面 *B*、*C*、*D* 的投影，并判断平面 *A*、*B*、*C*、*D* 的空间位置。

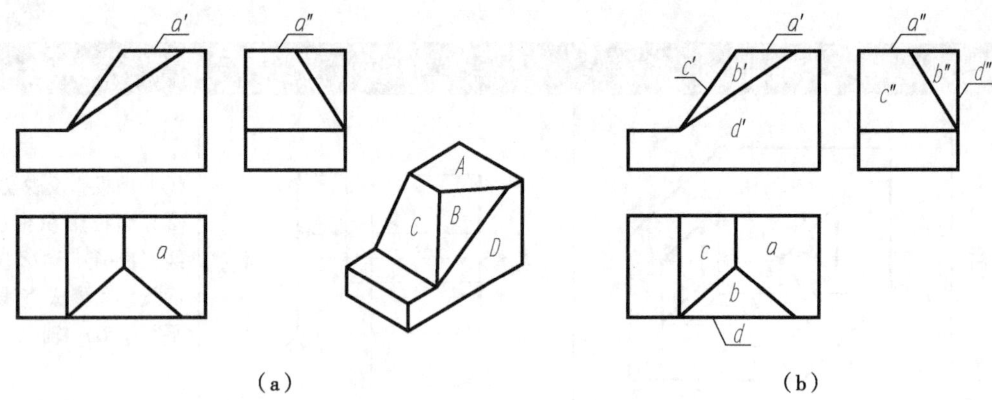

（a）　　　　　　　　（b）

图 2-18　形体上平面的投影分析

作图步骤如下：

(1)标出平面 B、C、D 的三面投影，如图 2-18(b)所示。

(2)依据各种位置平面的投影特性，判断各面的空间位置是 A 面是水平面；B 面是一般位置平面；C 面是正垂面；D 面是正平面。

点滴积累

1. 点的投影的特点　$aa' \perp OX$，$a'a'' \perp OZ$，$aa_x = a''a_z$。
2. 直线投影的特点　直线平行于投影面，投影长不变；直线倾斜于投影面，投影会缩短；直线垂直于投影面，投影聚成点。
3. 平面投影的特点　平面平行于投影面，投影现实形；平面倾斜于投影面，投影会缩小；平面垂直于投影面，投影成直线。

目标检测

单项选择题

(1)点的 x 坐标表示空间点到(　　)的距离

A. H 面　　B. W 面　　C. V 面　　D. OX 轴

(2)点的正面投影和水平投影的连线垂直于(　　)

A. OX 轴　　B. OY 轴　　C. OZ 轴　　D. V 面

(3)点的正面投影和侧面投影的连线垂直于(　　)

A. OX 轴　　B. OY 轴　　C. OZ 轴　　D. V 面

(4)点的水平投影到(　　)的距离等于点的侧面投影到(　　)的距离，也等于该点到(　　)的距离

A. OX 轴　　B. OY 轴　　C. OZ 轴　　D. V 面

(5)点到 V 面的距离等于该点的(　　)坐标

A. X　　B. Y　　C. Z　　D. Y 或 Z

(6)与三个投影面都倾斜的直线称为( )

A. 投影面平行线 B. 投影面垂直线 C. 一般位置直线 D. 倾斜线

(7)直线与 V 和 H 面平行,该直线是( )

A. 正平线 B. 水平线 C. 侧垂线 D. 侧平线

(8)立体上的某一平面,如果其一个投影为线框,另两个投影是直线,则该平面为( )

A. 投影面平行面 B. 投影面垂直面 C. 一般位置平面 D. 水平线

(9)下列哪一个平面在 V 面的投影反映实形( )

A. 正垂面 B. 正平面 C. 一般位置平面 D. 铅垂面

(10)垂直于 W 面,倾斜于 V 及 H 面的平面称为( )

A. 一般位置平面 B. 正垂面 C. 水平面 D. 侧垂面

扫一扫,知答案

第三节 基本体及表面交线

一、基本体

任何复杂的形体都可以看作是由基本体按照一定的方式组合而成的。基本体分为平面立体和曲面立体。

(一)平面立体

表面由平面围成的立体称为平面立体,常见的平面立体为棱柱和棱锥。

1. 棱柱 常见的棱柱为直棱柱和正棱柱。直棱柱的顶面和底面为全等且对应边相互平行的多边形,各侧面均为矩形,侧棱垂直于顶面和底面。顶面和底面为正多边形的直棱柱称为正棱柱。下面以正六棱柱为例进行分析。

课堂活动

请同学们仔细观察正六棱柱立体模型特点。 结合三视图,试着分析正六棱柱的棱线及各表面的投影特点。

图 2-19 为正六棱柱的轴测图和三视图。从图 2-19(a)中可以看出,六棱柱的顶面和底面正六边形平行于 H 面,前、后两个侧面平行于 V 面,六条侧棱垂直于 H 面。

从图 2-19(b)可以看出,俯视图的正六边形线框为顶面和底面的重合投影,反映实形;六条边线为六个矩形侧面的积聚投影,六个顶点为六条侧棱的积聚投影。主视图中三个线框为六个侧面的投影,中间的矩形线框为前、后两个侧面的重合投影,反映实形;左、右两个矩形线框是其余四个侧面的

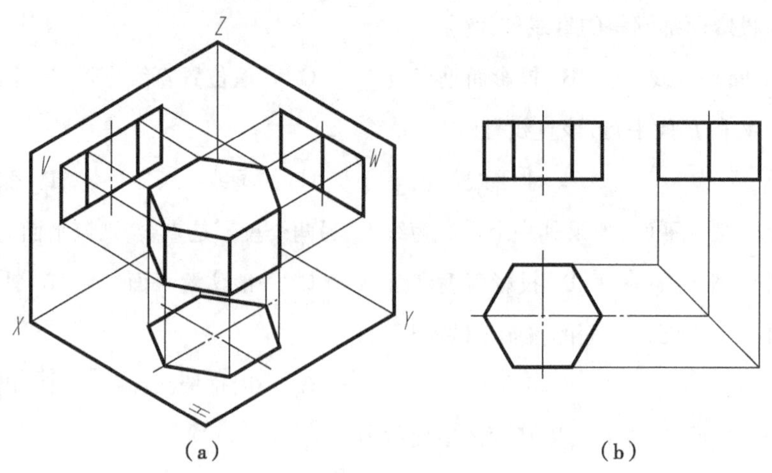

图 2-19　正六棱柱的轴测图和三视图

重合投影，为类似形。四条竖线为六条侧棱的投影，上、下两条直线为顶面和底面的积聚投影。左视图的含义读者可自行分析。

绘制正六棱柱三视图时，首先画基准线，然后绘制俯视图的正六边形，再根据“三等”规律画出主视图和左视图。

知识链接

常见棱柱体的投影图

从图 2-20 中可见棱柱体三视图的投影特点：一面投影是反映底面实形的多边形，另两面投影是一个或多个矩形。

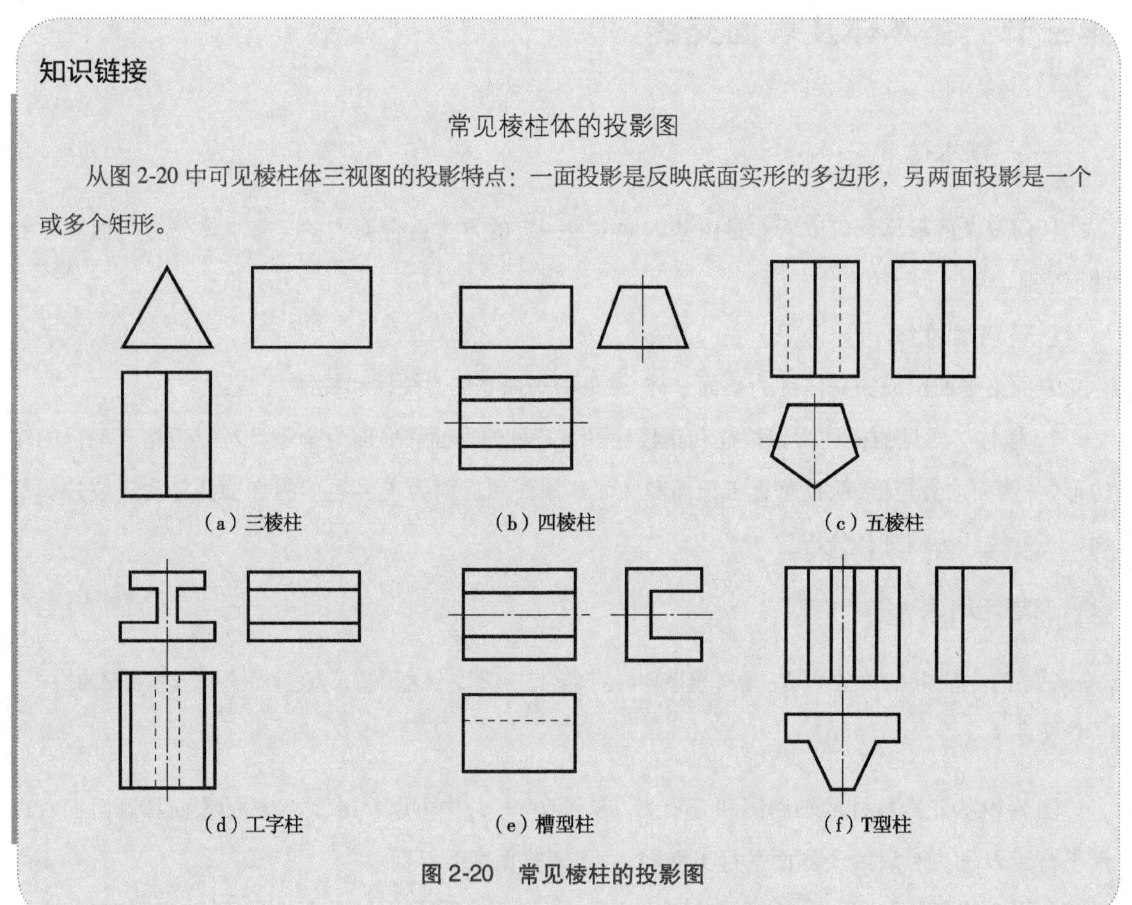

图 2-20　常见棱柱的投影图

2. 棱锥 棱锥的底面为多边形，各侧面为具有公共顶点的三角形，各侧棱相交于棱锥顶点。当棱锥的底面为正多边形，各侧面为全等的等腰三角形时，称为正棱锥。我们以正三棱锥为例进行分析。

图 2-21 为正三棱锥的轴测图和三视图。画正三棱锥的三视图时，可先画出底面三角形的三面投影，再求出顶点的投影，画出侧棱。从图 2-21(a)中可以看出，正三棱锥的底面△*ABC* 平行于 *H* 面，其边 *AB* 垂直于 *W* 面。从图 2-21(b)中可以看出，俯视图的正三角形线框为底面△*ABC* 的水平投影，反映实形(不可见)，底面△*ABC* 在 *V* 和 *W* 面的投影均积聚为直线。顶点 *S* 的水平投影是俯视图中正三角形的中心，按投影关系并依据正三棱锥的高度求出顶点的正面投影和侧面投影，再与底面三角形的三个顶点的同面投影分别相连，即可求得侧棱的投影。

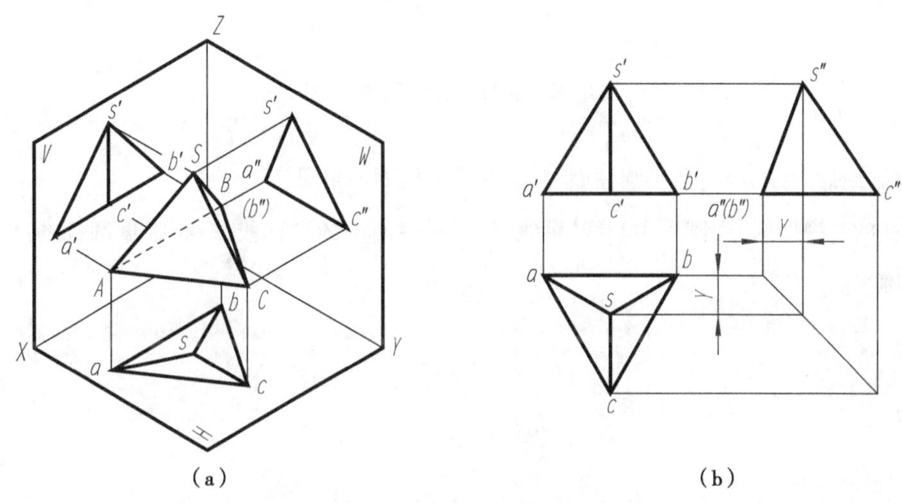

图 2-21 正三棱锥的轴测图和三视图

(二) 回转体

包含有曲面的立体称为曲面立体，常见的曲面立体为回转体，如圆柱、圆锥、球等。

1. 圆柱 圆柱是由圆柱面和两个底面(圆形平面)围成的，圆柱面上任意一条平行于轴线的直线称为圆柱面的素线。

课堂活动

请同学们观察圆柱模型的特点，结合三视图，试分析圆柱的底面、回转曲面、最外轮廓素线的投影特点。

图 2-22 为圆柱的轴测图和三视图。

如图 2-22(a)所示，圆柱轴线与水平投影面垂直，两个底面平行于水平投影面。如图 2-22(b)所示，圆柱的俯视图为圆，反映两个底面的实形，同时又是圆柱曲面的积聚性投影。主视图为一矩形线框，上、下两条直线为上、下两个底面的积聚投影，左、右两条直线为圆柱面最外轮廓线的正面投影，即最左、最右素线的投影。主视图中，以最左、最右素线为界，前半圆柱面可见，后半圆柱面不可见。左视图也为一矩形线框，与主视图不同的是，圆柱面最外轮廓线的侧面投影是最前、最后素线的投

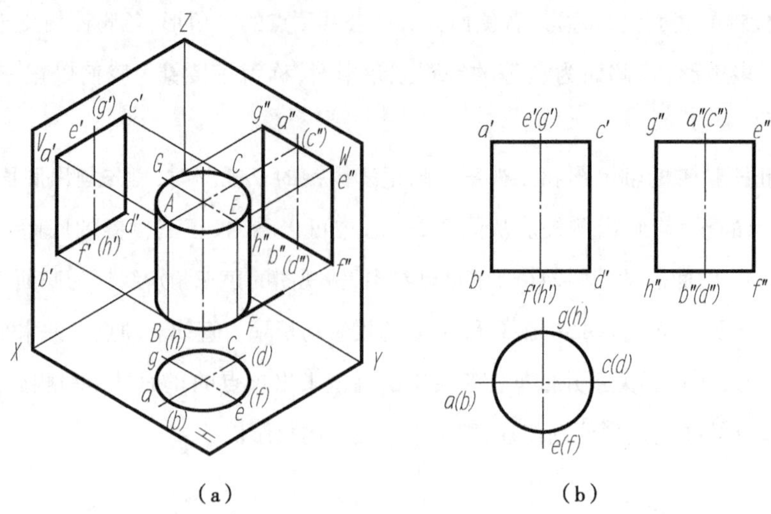

图 2-22　圆柱的轴测图和三视图

影。以最前、最后素线为界，左半圆柱面可见，右半圆柱面不可见。

画圆柱的三视图时，先画出中心线、轴线，然后画底面圆的三面投影，再根据圆柱的高度画出其他两个非圆视图。

知识链接

常见柱体及圆柱孔的投影图

如图 2-23 所示。

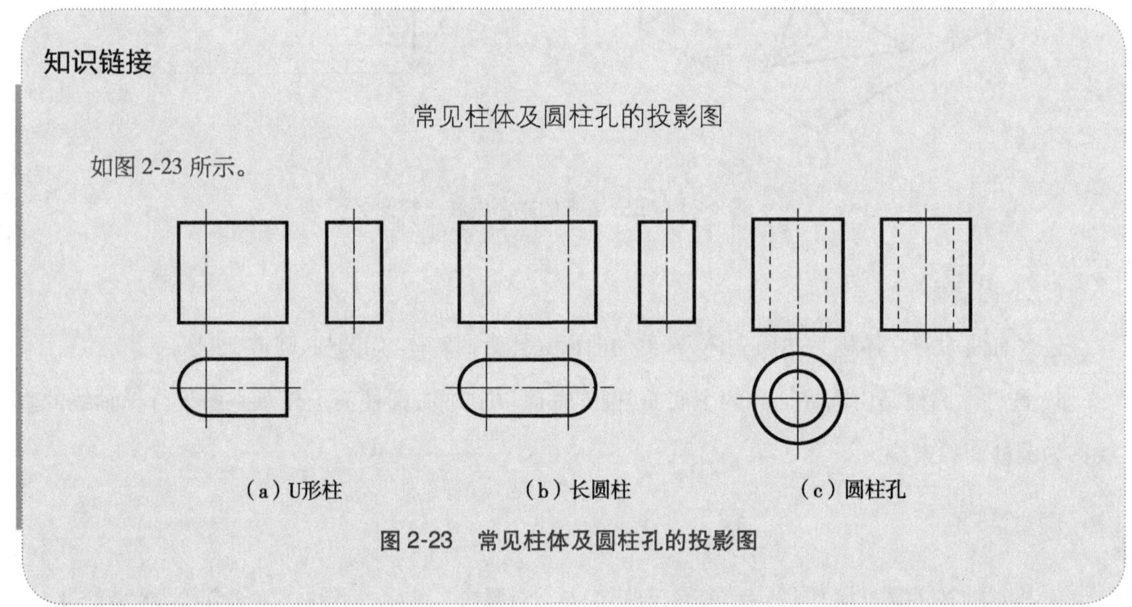

图 2-23　常见柱体及圆柱孔的投影图

2. 圆锥　圆锥由圆锥面和底面(圆形平面)围成。圆锥面上，连接锥顶点和底圆圆周上任一点的直线为圆锥面的素线。

图 2-24 为圆锥的轴测图和三视图。如图 2-24(a)所示，圆锥的轴线垂直于水平投影面。在图 2-24(b)中，圆锥的俯视图为圆，反映圆锥底面的投影(不可见)，同时也是圆锥面的投影。圆锥的主、左视图均为三角形线框。主视图中，三角形底边是圆锥底面的积聚投影，三角形两腰是圆锥面最外轮廓线的正面投影，即最左、最右素线的投影。以最左、最右素线为界，前半圆锥面可见，后半圆锥面不可见。左视图中，与主视图不同的是，三角形两腰是圆锥面最前、最后素线的侧面投影。以最前、最后

素线为界，左半圆锥面可见，右半圆锥面不可见。

画圆锥的三视图时，先画出中心线、轴线，然后画底面圆的三面投影，再根据圆锥的高度画出锥顶点的投影，进而画出其他两个非圆视图。

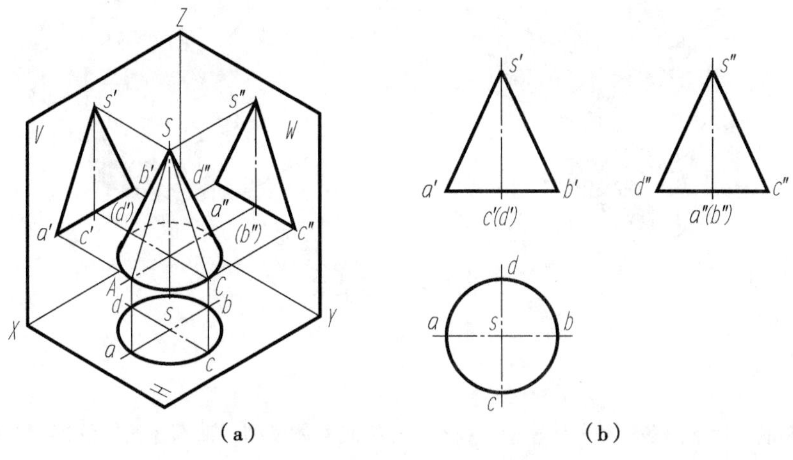

(a) (b)

图 2-24 圆锥的轴测图和三视图

3. 圆球 图 2-25 为圆球的轴测图和三视图。

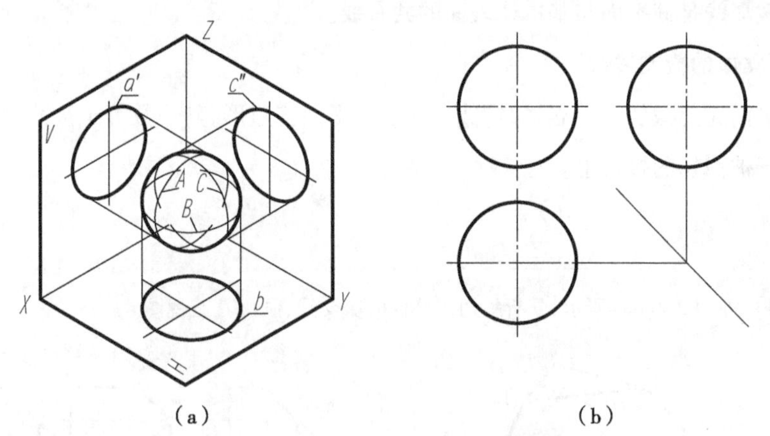

(a) (b)

图 2-25 圆球的轴测图和三视图

圆球的三视图都是与球的直径相等的圆。主视图的圆是球面上平行于正面的轮廓圆 A 的投影，该圆为前后半球的分界圆，前半球可见，后半球不可见。俯视图的圆是球面上平行于水平面的轮廓圆 B 的投影，该圆为上下半球的分界圆，上半球可见，下半球不可见。左视图的圆是球面上平行于侧面的轮廓圆 C 的投影，该圆为左右半球的分界圆，左半球可见，右半球不可见。三个轮廓圆的另两面投影均与相应的中心线重合，图中不应画出。

二、截交线

如图 2-26 所示，立体被截平面截切时，截平面与立体表面的交线称为截交线，所截得的断面称为截断面，立体被截切后的剩余部分称为截断体。

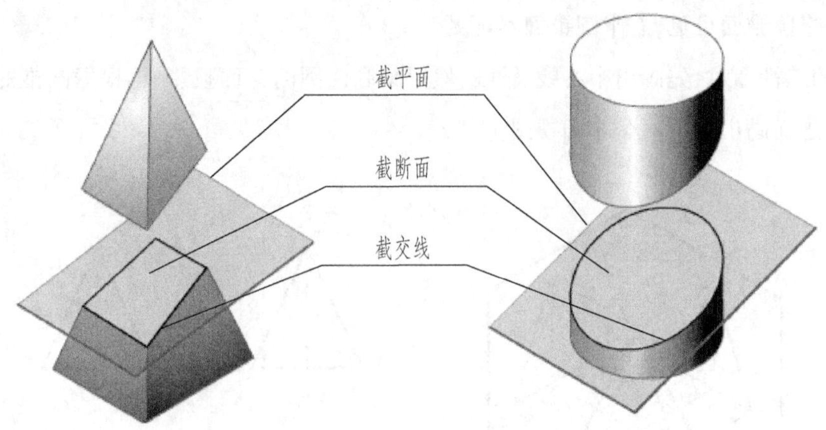

图 2-26 截交线

▶▶ 课堂活动

利用实物或图片给出多种截断体模型，观察、分析截断体模型，请阐述截交线的相关概念，说出截交线的性质。

截平面完全截切基本体所产生的截交线具有如下性质：①封闭性：截交线为一个封闭的平面图形；②共有性：截交线是截平面与基本体表面的共有线。

（一）平面立体的截交线

用一个截平面完全截切平面立体时，截交线必为平面多边形，其边数等于被截切表面的数量，多边形的顶点位于被截切的棱边上。

实例训练 >

【例 2-3-1】如图 2-27(a)所示，分析斜切四棱柱的截交线，画出其三视图。

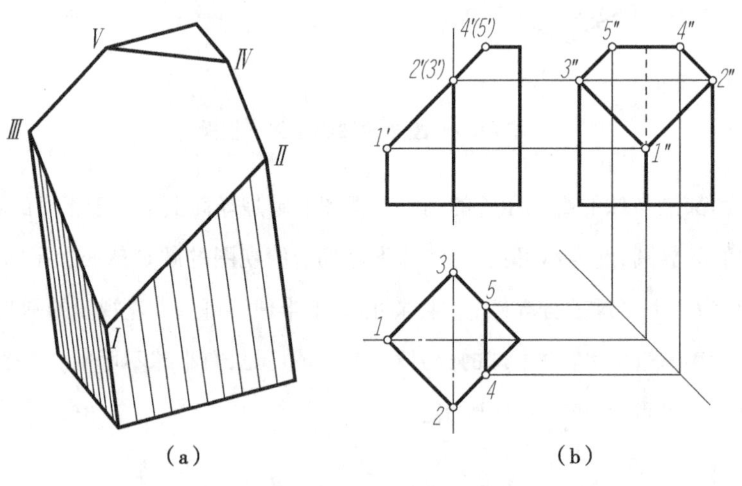

图 2-27 斜切四棱柱的三视图

1. 分析 截平面截切了四棱柱的四个侧面及上底面，截交线为五边形，顶点Ⅰ、Ⅱ、Ⅲ在侧棱上，Ⅳ、Ⅴ在上底面边线上。截交线的正面投影积聚为直线，水平投影和侧面投影均为五边形。

2. 作图步骤如下

(1)绘制完整的正四棱柱的三视图。

(2)在主视图上画出截交线的正面投影,其顶点分别为 1′、2′、(3′)、4′、(5′)。

(3)利用三视图的投影关系,在相应棱边上求出各个顶点的水平投影及侧面投影。依次连接五个顶点的同面投影,即可获得截交线的水平投影和侧面投影。

(4)整理各视图的轮廓线,完成三视图。注意不要画出主、左视图中被截切的轮廓线。

用几个截平面不完全截切平面立体时,截断面是由截交线及截平面之间的交线围成的平面多边形。

实例训练 >

【例 2-3-2】绘制图 2-28(a)所示的开槽正六棱柱的三视图。

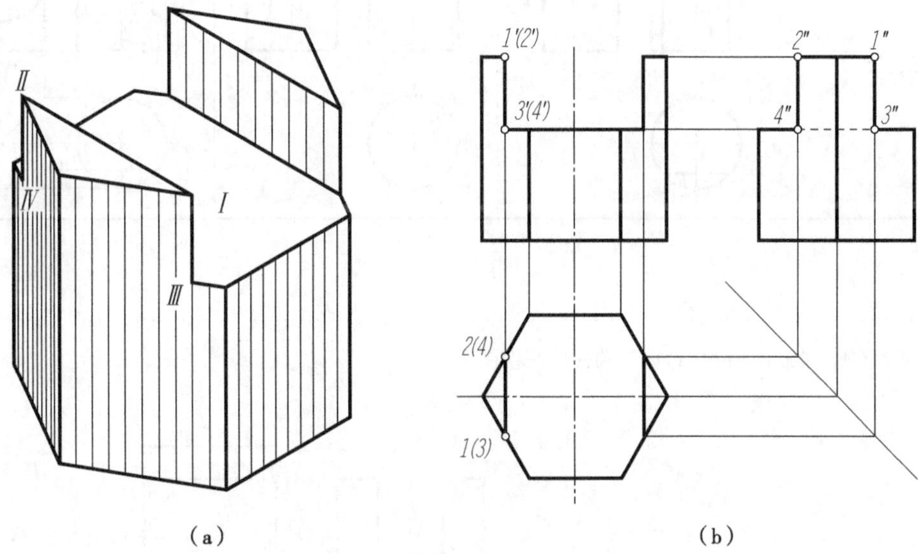

图 2-28 开槽正六棱柱的三视图

1. 分析 如图 2-28 所示,正六棱柱被三个截平面切出一直槽,这三个平面均为不完全截切。槽的底面是一个八边形,其水平投影反映实形,正面和侧面投影积聚为直线;槽的两个侧面是矩形,其侧面投影反映实形,另外两投影积聚为直线。本例中作图的关键是按投影关系作出截交线 Ⅰ、Ⅱ、Ⅲ、Ⅳ 的投影。

2. 作图步骤如下

(1)绘制正六棱柱的三视图。

(2)根据槽的深度和长度直接绘制其正面和水平面的投影。

(3)由正面投影和水平投影求出槽的底面(八边形)和两个侧面(矩形)的侧面面投影,关键需画出 Ⅰ、Ⅱ、Ⅲ、Ⅳ 点的投影。

(4)连接整理各视图的轮廓线,注意槽底面的投影 3″、4″之间的部分不可见,应画为虚线。

（二）圆柱的截交线

根据截平面与圆柱轴线的位置不同，圆柱的截交线有三种情况，见表 2-5。

表 2-5 圆柱的截交线

截平面位置	平行于轴线	垂直于轴线	倾斜于轴线
截交线形状	矩形	圆	椭圆
轴测图	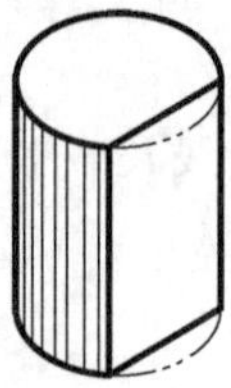	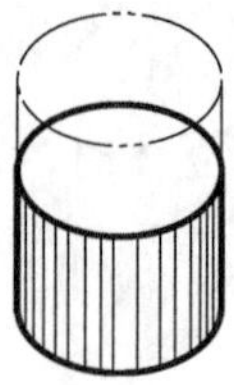	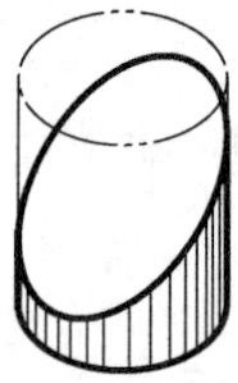
三视图	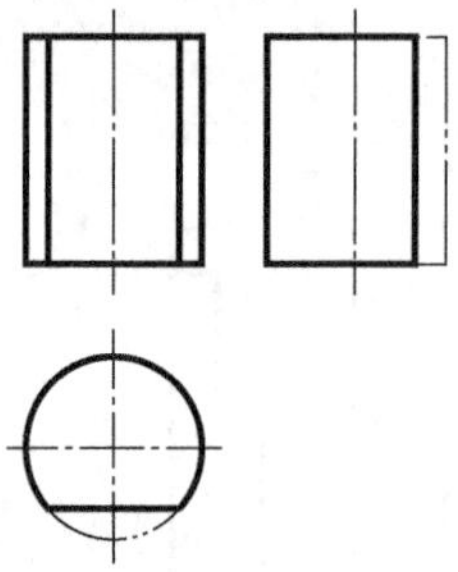	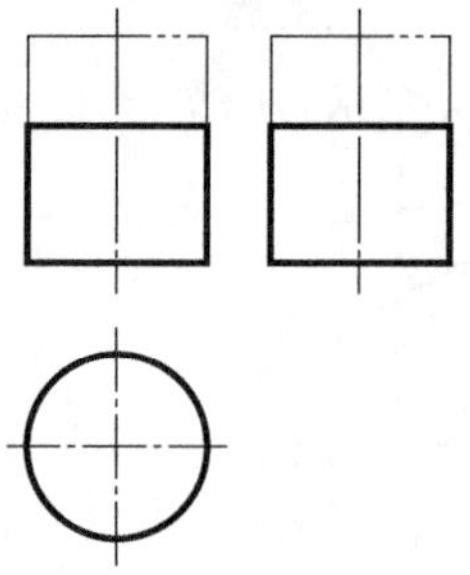	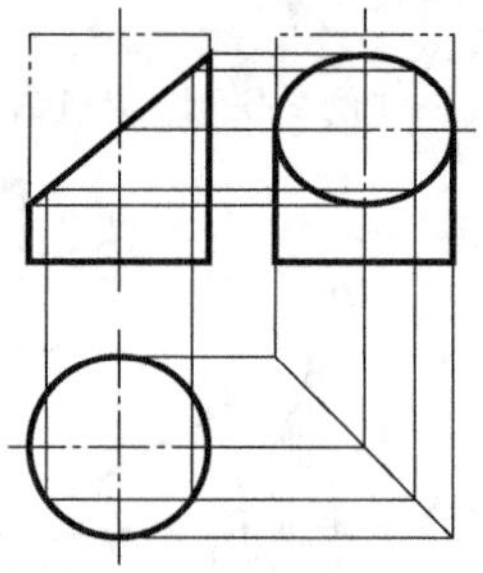

实例训练 >

【例 2-3-3】绘制图 2-29（a）切口圆柱的三视图。

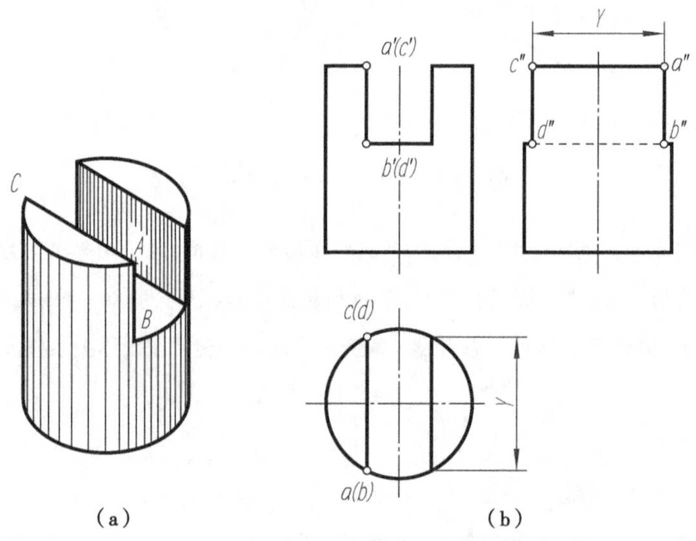

图 2-29 切口圆柱的三视图

1. 分析 圆柱上的切口由三个平面截得，为不完全截切。切口的两个侧面为形状相同的矩形，其正面投影和水平投影积聚为直线，侧面投影反映实形。底面由两条直线和两段圆弧组成，其水平投影反映实形，正面投影和侧面投影积聚为直线。

2. 作图步骤如下

(1)绘制圆柱的三视图。

(2)根据槽的深度和长度直接绘制其正面和水平面的投影。

(3)由正面投影和水平投影求出切口的侧面及底面的侧面投影,关键需画出 A、B、C、D 点的投影。

(4)连接整理各视图的轮廓线,注意槽底面的投影 b''、d''之间的部分不可见,应画为虚线。

(三)圆锥的截交线

根据截平面位置不同,圆锥的截交线有五种情况,见表 2-6。

表 2-6 圆锥的截交线

截平面位置	过锥顶	垂直于轴线	倾斜于轴线且 $\theta>\alpha$	倾斜于轴线且 $\theta=\alpha$	平行或倾斜于轴线且 $\theta<\alpha$
截交线形状	三角形	圆	椭圆	抛物线和直线	双曲线和直线
轴测图	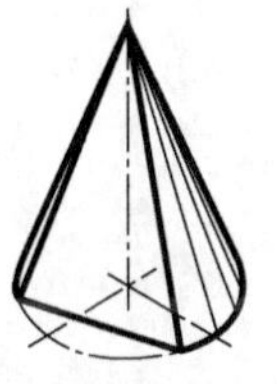	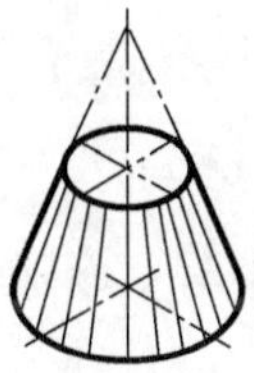	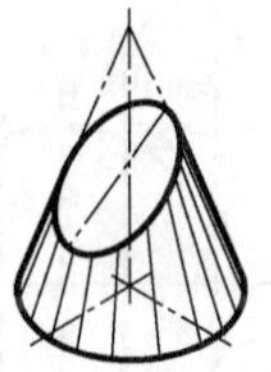	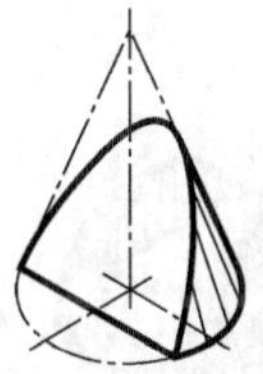	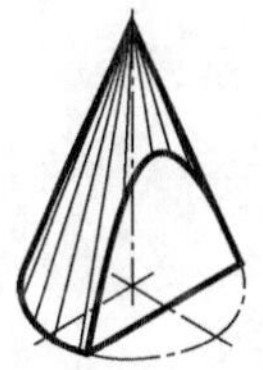
投影图	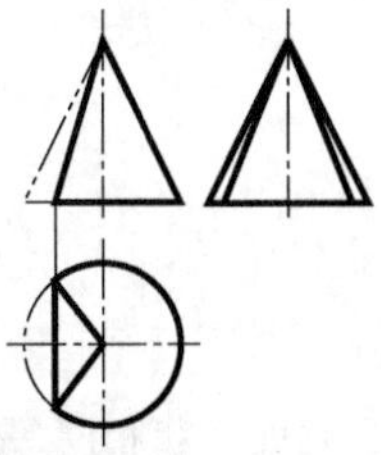	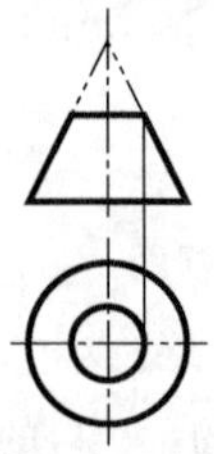	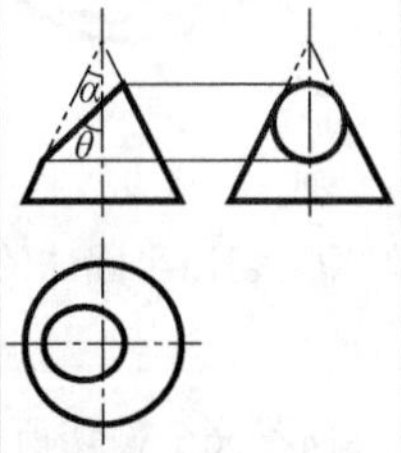 α θ	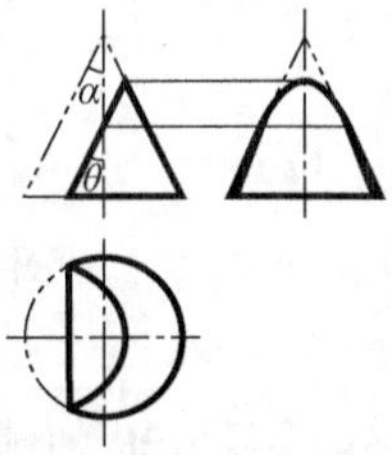 α θ	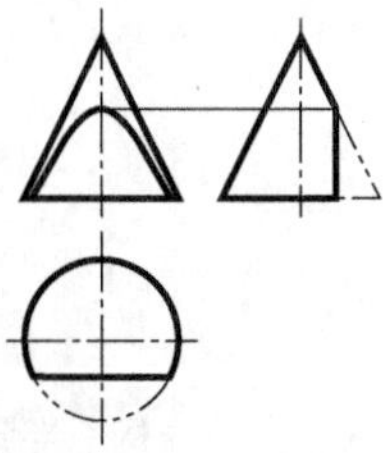

(四)圆球的截交线

圆球被任意位置的截平面截切,其截交线均为圆,直径的大小取决于截平面距球心的距离。当截平面平行于某投影面时,截交线在该投影面上的投影反映圆的实形,在另外两个投影面上的投影积聚成直线;当截平面仅垂直于一个投影面时,圆在该投影面上的投影积聚成直线,而在另外两个投影面上的投影均为椭圆,其长轴等于圆的直径,短轴与长轴相互垂直平分。见表 2-7。

表 2-7 圆球的截交线

截平面位置	平行于投影面		仅垂直于一个投影面
截交线形状	圆		
轴测图	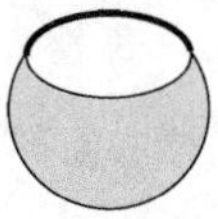	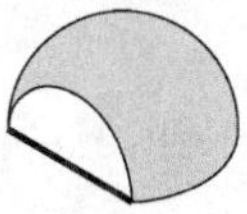	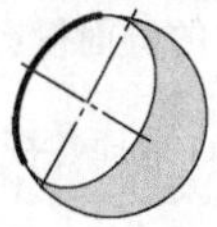

续表

三视图	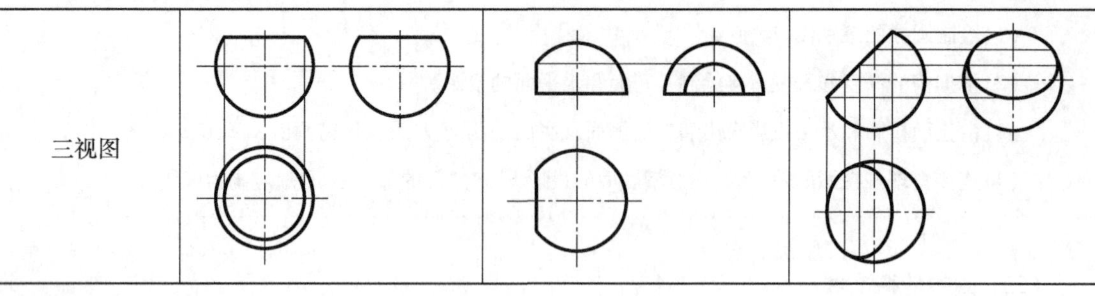

实例训练 >

【例 2-3-4】绘制图 2-30(a)切口半圆球的三视图。

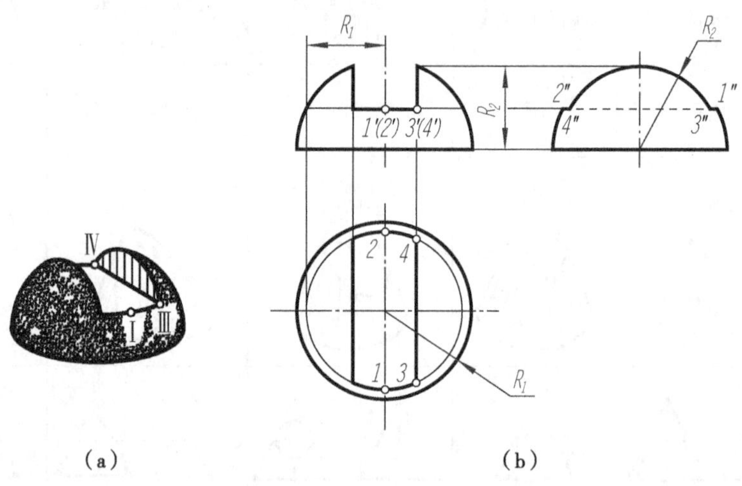

图 2-30 切口半圆球的三视图

1. 分析 半圆球的切口是由三个截平面不完全截切所得的。切口的两个侧面形状相同,是由一段圆弧和一条直线组成的平面,其正面投影和水平投影积聚为直线,侧面投影反映实形;底面由两条直线和两段圆弧组成,其水平投影反映实形,正面投影和侧面投影积聚为直线。

2. 作图步骤如下

(1)绘制半圆球的三视图。

(2)根据切口的深度和长度直接绘制其正面投影。

(3)画切口的水平投影。切口底面的水平投影反映实形,前后两段圆弧的半径 R_1 由主视图确定;切口两侧面的水平投影积聚为直线。

(4)画切口的侧面投影。切口两侧面的侧面投影反映实形,上部圆弧的半径 R_2 在主视图中量取;切口底面的侧面投影积聚为一条直线。

(5)整理各视图的轮廓线。左视图中半球的轮廓圆画到 *1″*、*2″* 处,槽底面积聚的线位于 *3″* 和 *4″* 之间的部分不可见。

知识链接

截交线的应用

如图 2-31 和图 2-32 所示。

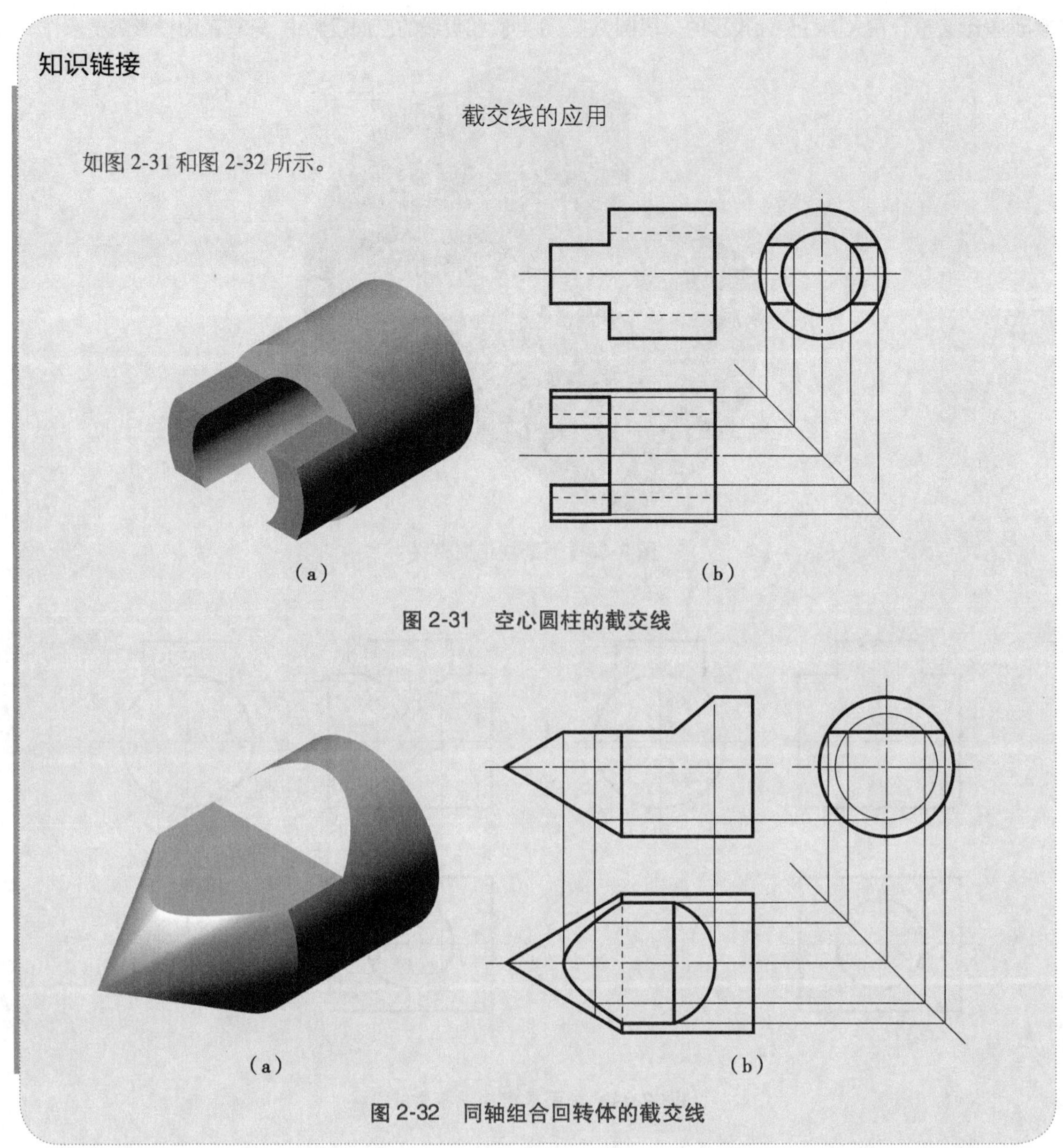

（a） （b）

图 2-31 空心圆柱的截交线

（a） （b）

图 2-32 同轴组合回转体的截交线

三、相贯线

两形体相交又称为相贯。两形体相贯时，形体表面产生的交线称为相贯线。

在零件上经常遇到两圆柱正交相贯，其相贯线一般是一条封闭的空间曲线，是两个圆柱面的共有线，如图 2-23 所示。下面主要学习两圆柱正交相贯时的相贯线作图方法。

（一）表面求点法求相贯线

两圆柱的相贯线是两个圆柱面的共有线，相贯线上的所有点都是两个圆柱面的共有点。求相贯线的思路是求两圆柱表面上的一系列共有点，然后将这些点光滑地连接起来，即得相贯线。

如图 2-34(a)所示，小圆柱的轴线垂直于 H 面，该圆柱面的水平投影积聚为圆，相贯线的水平投影必重合在小圆柱水平投影的圆上；大圆柱的轴线垂直于 W 面，则该圆柱面的侧面投影积聚为圆，相贯线的侧面投影必重合在大圆柱侧面投影的一段圆弧上。因此，相贯线的三面投影中，只有正面投影需要求作。

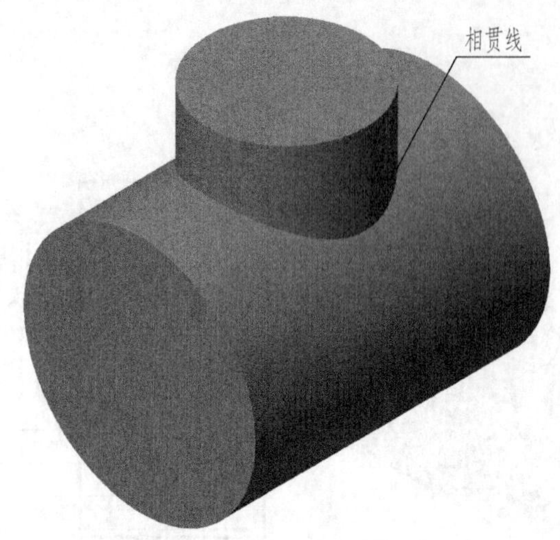

图 2-33　两圆柱正交相贯

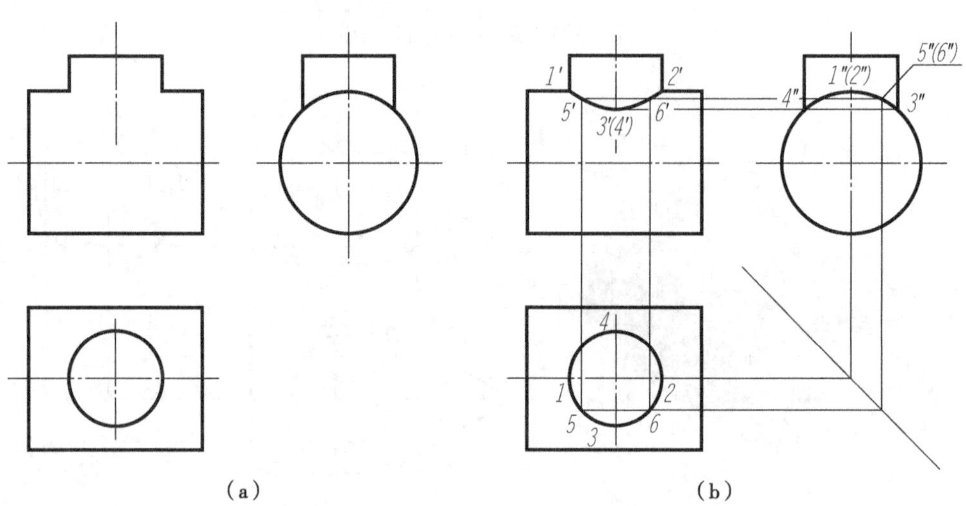

图 2-34　表面求点法求相贯线

1. 求作特殊点　相贯线的特殊点为最前、最后、最左、最右、最高、最低点。如图 2-34(b)所示，最左、最右点(也是最高点)的水平投影 *1*、*2*，侧面投影 *1″*、(*2″*)；最前、最后点(也是最低点)的水平投影 *3*、*4*，侧面投影 *3″*、*4″*。因此，只需作出最左点、最右点和最前点、最后点的正面投影 *1′*、*2′*、*3′*(*4′*与 *3′*重合)即可。

2. 求作一般点　为了准确地确定相贯线的形状，还应再求出适当数量的一般位置的点。如图 2-34(b)所示，在相贯线侧面投影的最高和最低点之间确定 *5″*(*6″*)，根据"三等"规律先在俯视图中求出 *5*、*6*，再在主视图中求出 *5′*、*6′*。必要时可用同样的方法多求几个点。

3. 连线　在主视图中，将各点光滑地连接成曲线，即得到相贯线的正面投影。

(二) 相贯线的简化画法

从图 2-34(b)可以看出，相贯线的正面投影接近于圆弧，为了简化作图，允许采用圆弧代替相贯线投影。即先作出相贯线上三个特殊点的正面投影，然后过三点作圆弧，如图 2-35(a)所示。

事实上，此圆弧的半径等于大圆柱的半径，所以作图时，可直接利用大圆柱的半径过 *1′*、*2′*两点

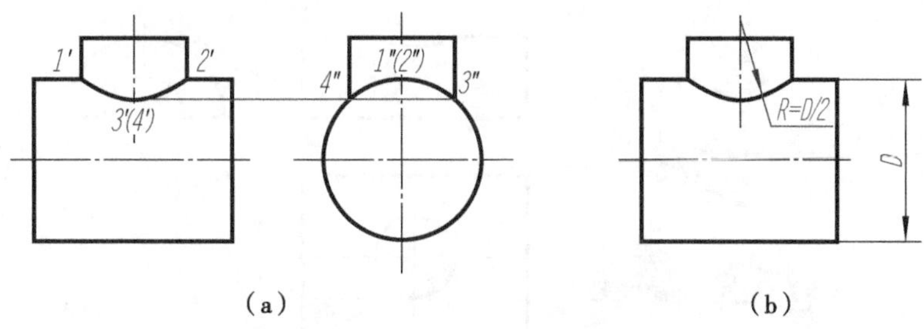

图 2-35 相贯线的近似画法

画出圆弧，如图 2-35(b)所示。

这种简化画法大大简化了作图过程，但是当两圆柱的直径相等或接近时，不能采用这种方法。

(三) 相贯线的特殊情况

两回转体相贯时，相贯线一般是空间曲线，但在特殊情况下，也可能是平面曲线或直线。

1. 等径相贯 两个等径圆柱正交，相贯线为平面曲线——椭圆，如图 2-36 所示，相贯线的正面投影积聚为直线。

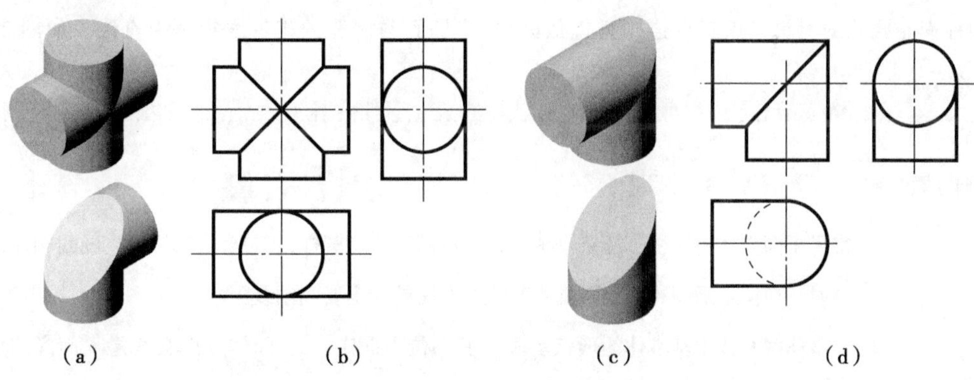

图 2-36 两等径圆柱正交

2. 共轴相贯 当两个相交的回转体具有公共轴线时，称为共轴相贯，其相贯线为圆，该圆所在的平面与公共轴线垂直，如图 2-37 所示，其正面投影积聚为直线。显然，任何回转体与圆球相贯，该回转体的轴线通过球心，即属于共轴相贯。

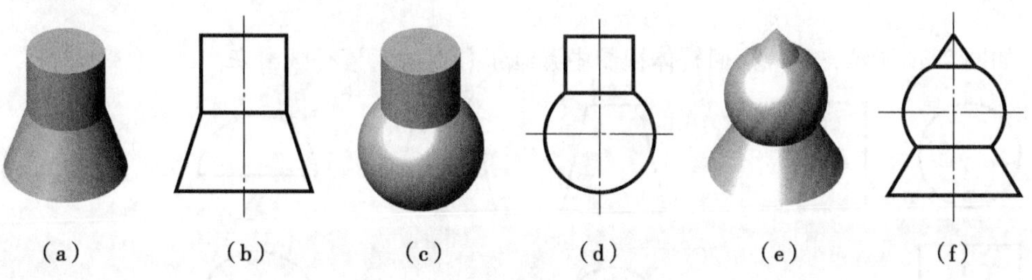

图 2-37 两回转体共轴相贯

实例训练 >

【例 2-3-5】分析图 2-38(a)所示的形体的相贯线，完成三视图。

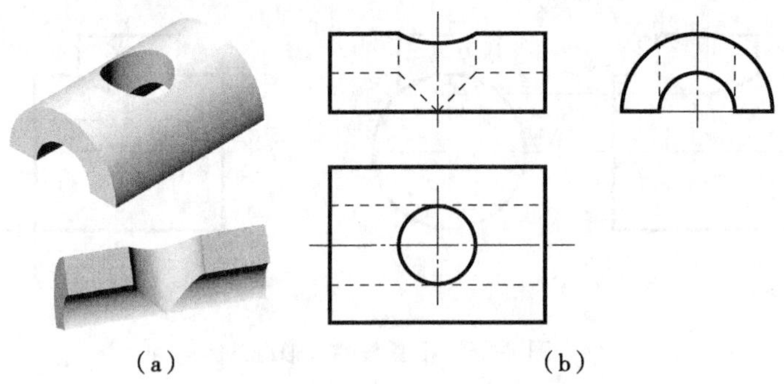

（a）　　　　（b）

图 2-38 相贯线实例

1. 分析 该形体为半圆筒与圆孔相贯，两者的轴线正交。半圆柱面与圆孔正交产生相贯线，为一般相贯线；半圆孔与圆孔等径相贯，为特殊相贯线。

2. 作图步骤如下

（1）分别画出半圆筒的三视图及圆孔的三视图。

（2）画相贯线。先在俯、左视图中找出相贯线的已知投影，再求出特殊点的正面投影，最后连线。半圆柱面与圆孔的相贯线用三点连圆弧近似画出，半圆孔与圆孔的相贯线投影为直线。如图 2-38（b）所示。

点滴积累

1. 常见平面立体有棱柱、棱锥、棱台，常见回转体有圆柱、圆锥、圆球等。 画回转体的投影图时，在投影是圆的图上要画中心线，非圆的图上要画轴线。
2. 基本体截交线由基本体的形状及截平面的位置而定。 平面体立截交线是平面多边形，回转体截交线可能是平面曲线、平面多边形或平面曲线与直线构成的平面图形。
3. 不等径的两圆柱正交时，相贯线是闭合的空间曲线；等径的两圆柱正交是特殊相贯，相贯线是椭圆形曲线。

目标检测

1. 如图 2-39 所示，想一想，回转体视图中漏画了什么线？请补画出来。

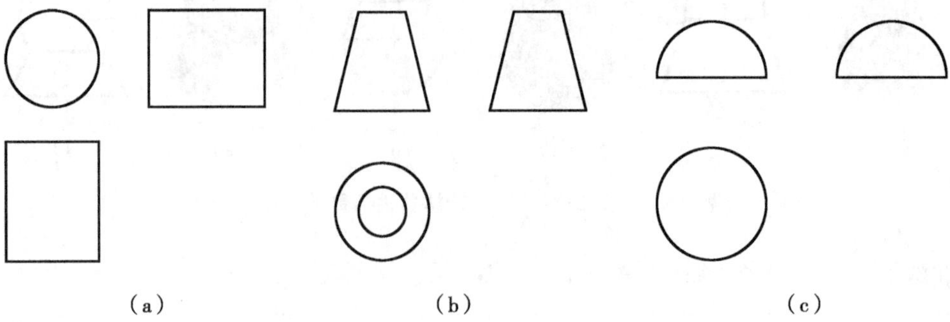

（a）　　　　（b）　　　　（c）

图 2-39 补画回转体视图中的漏线

2. 如图 2-40 所示，平面体截交线识图练习，选择正确的第三视图。

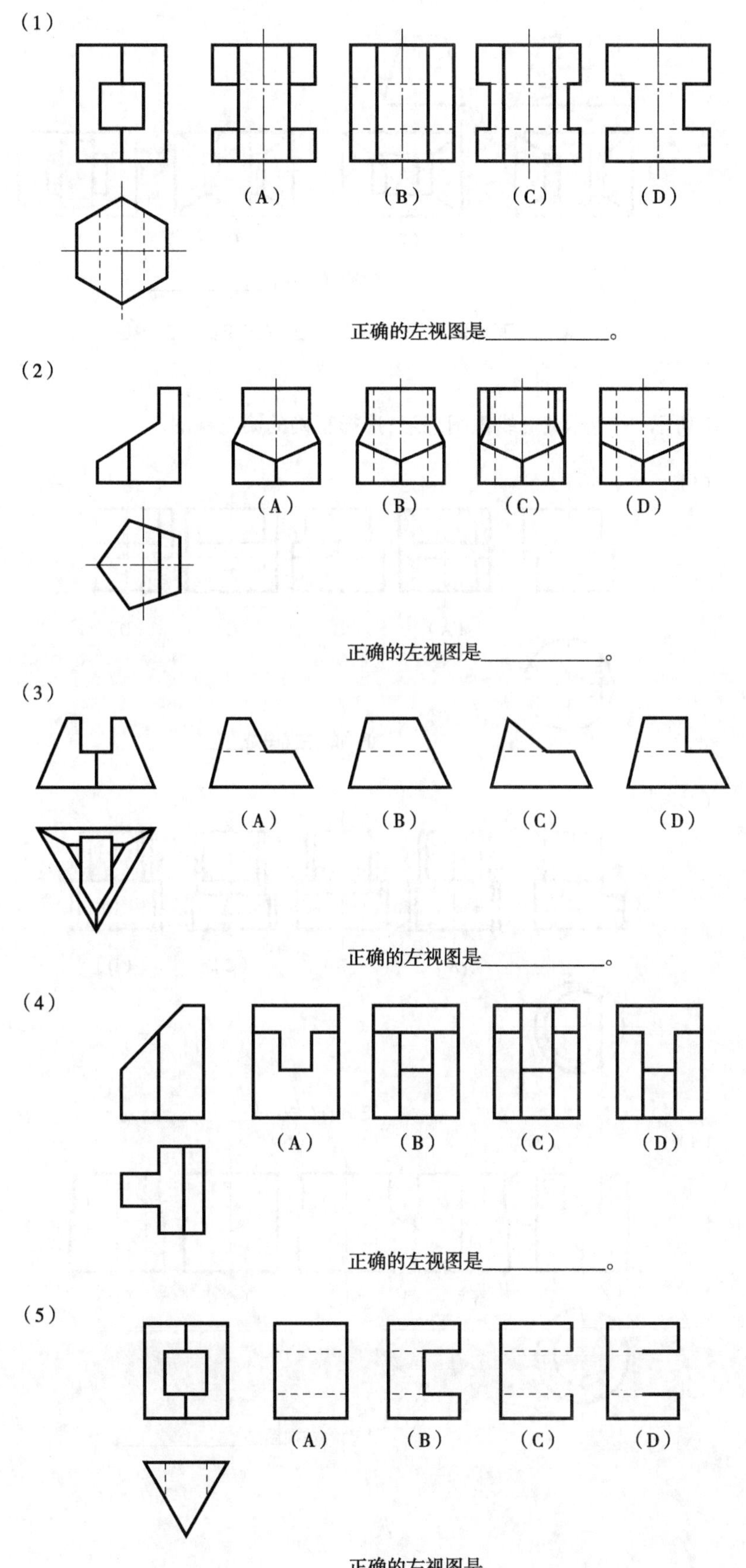

（6）

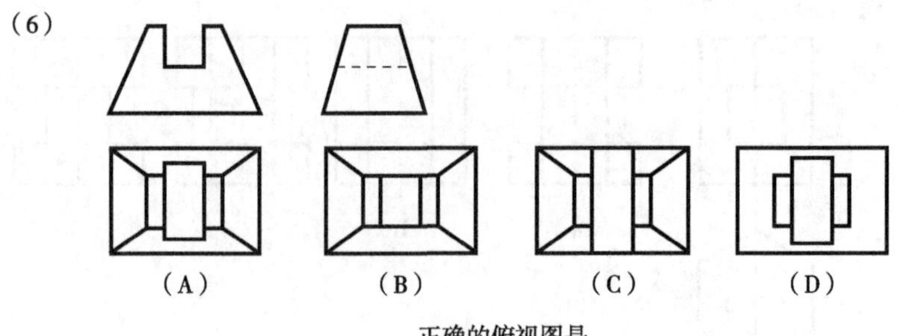

正确的俯视图是____________。

图 2-40　平面体截交线识图练习，选择正确的第三视图

3. 如图 2-41 所示，回转体截交线识图练习，选择正确的第三视图。

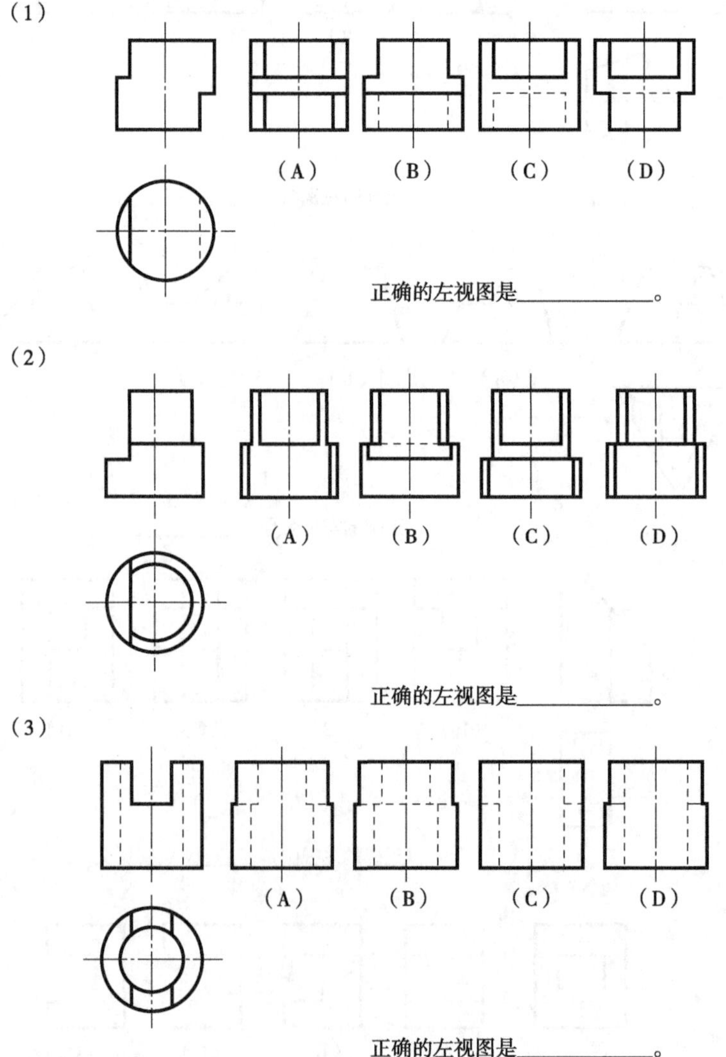

正确的左视图是____________。

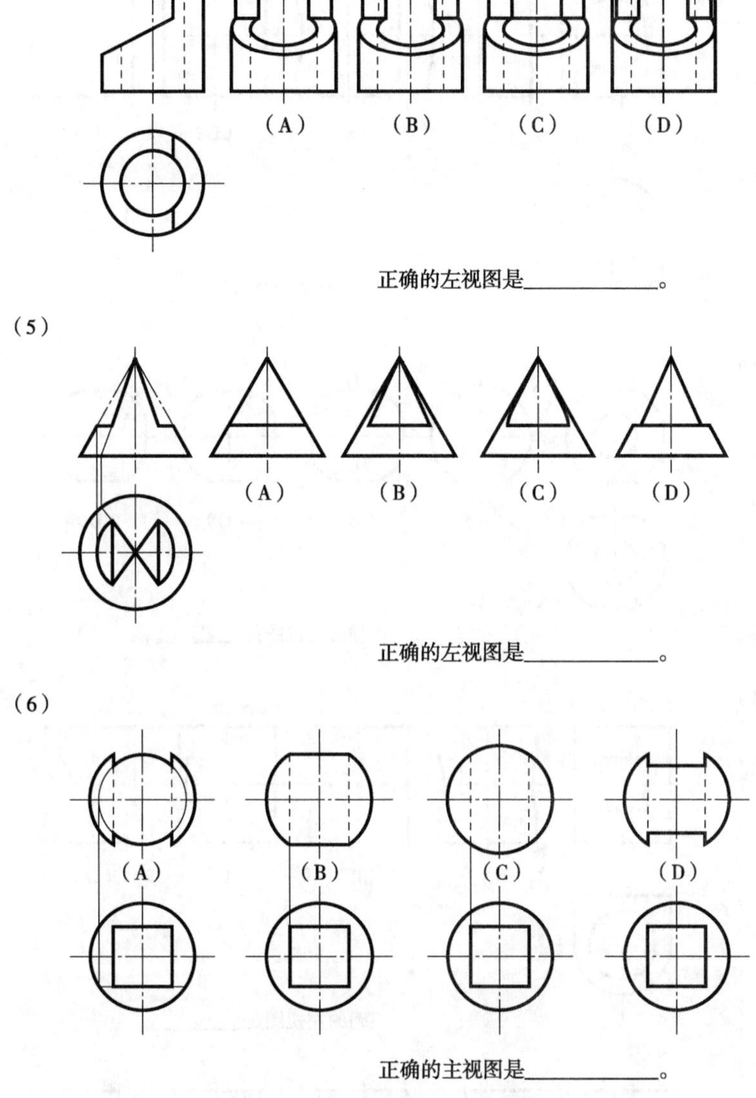

图 2-41　回转体截交线识图练习，选择正确的第三视图

4. 如图 2-42 所示，相贯线识图练习，选择正确的第三视图。

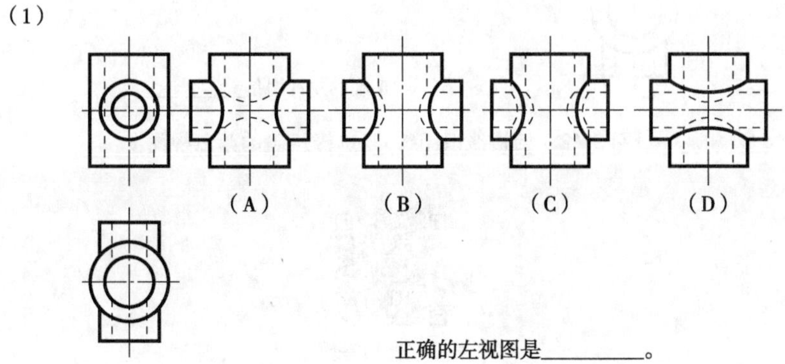

（2）

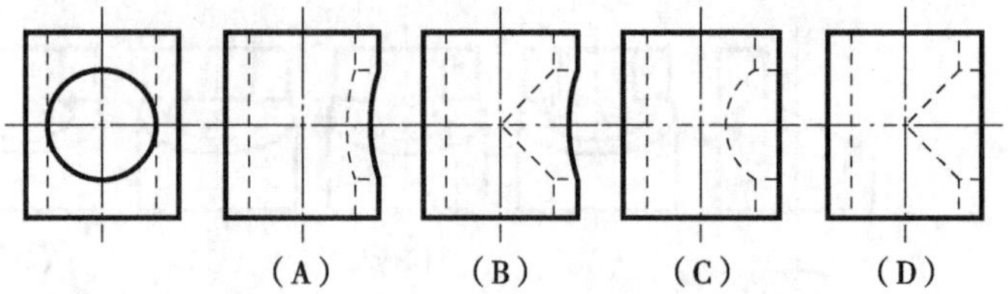

（A）（B）（C）（D）

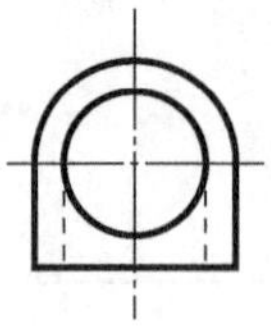

正确的左视图是________。

（3）

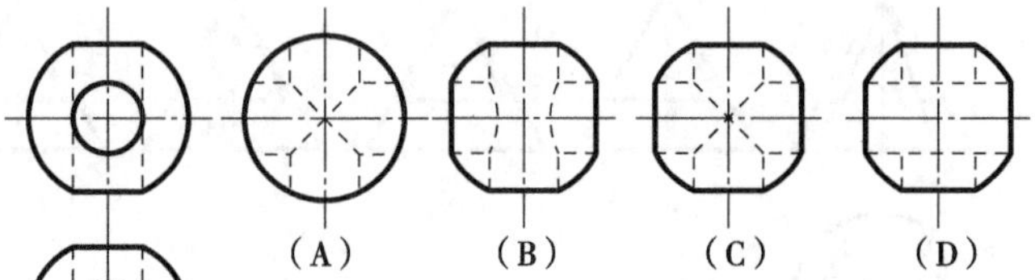

（A）（B）（C）（D）

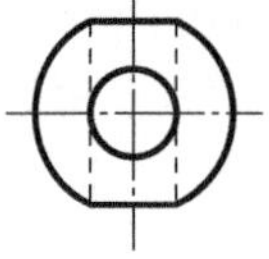

正确的左视图是________。

（4）

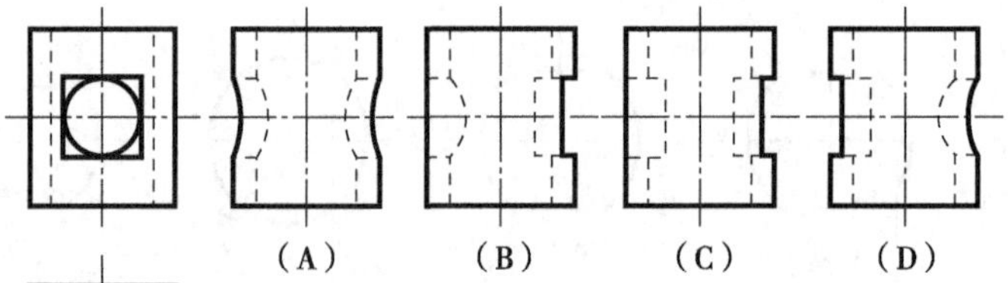

（A）（B）（C）（D）

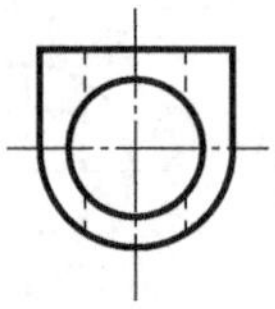

正确的左视图是________。

（5）

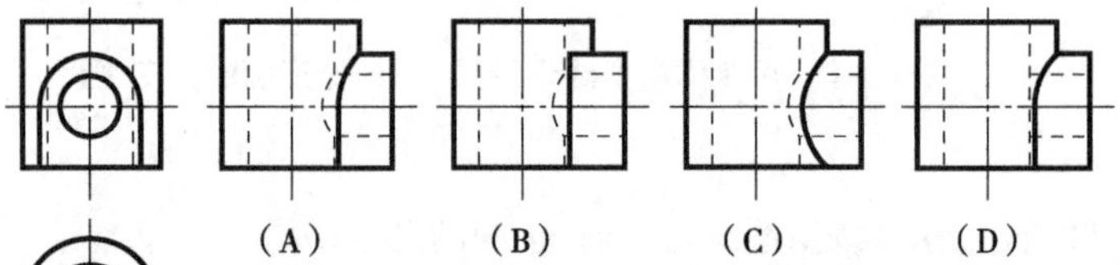

（A）（B）（C）（D）

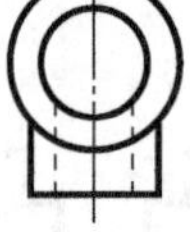

正确的左视图是________。

图 2-42 相贯线识图练习，选择正确的第三视图

扫一扫，知答案

第四节　轴测图

用正投影法绘制的物体的三视图能够准确表达物体的结构形状，而且绘图简便，但它缺乏立体感、直观性较差。

轴测图是一种单面投影图，它能同时反映物体长、宽、高三个方向的尺寸，立体感强；但度量性差，作图复杂。因此，在工程上常用轴测图作为辅助图来表达物体的结构形状。

课堂活动

分析形体的三视图和轴测图（正等测图、斜二测图），比较两者的不同。包括：①是多面投影图或单面投影图；②是正投影法或斜投影法；③立体感强或差；④绘图简便或复杂。

一、轴测图的基本知识

（一）轴测图的形成

轴测图是将物体连同其直角坐标系沿不平行于任一坐标平面的方向，用平行投影法投射在单一投影面上所得的图形。如图2-43所示为正投影图和轴测图的形成。若以垂直于 H 面（XOY 坐标面）的 S 为投射方向，将长方体向 H 面投射，在 H 面上得到的投影图为正投影图。若以不平行于任一坐标平面的 S_1 为投射方向，将长方体连同直角坐标系向 P 平面投射，所得到的投影图为轴测图。

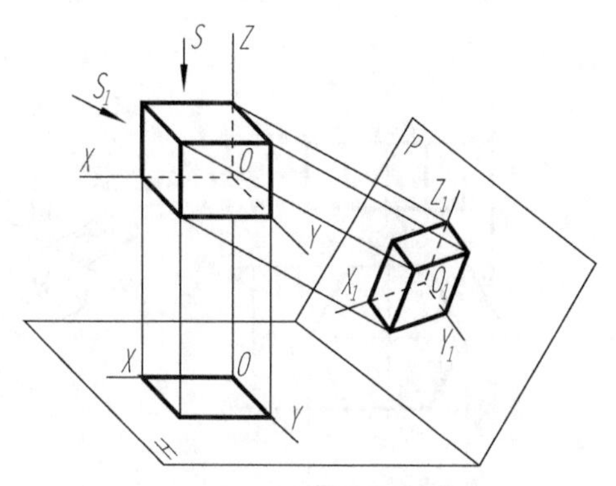

图 2-43　轴测图的形成

轴测图是单面投影图，其投影面称为轴测投影面，直角坐标轴 OX、OY、OZ 在轴测投影面的投影 O_1X_1、O_1Y_1、O_1Z_1 称为轴测轴，两轴测轴之间的夹角称为轴间角；轴测轴上的单位长度与相应坐标轴上的单位长度的比值称为轴向伸缩系数；OX、OY、OZ 轴上的轴向伸缩系数分别用 p_1、q_1、r_1 表示，简化伸缩系数分别用 p、q、r。

（二）轴测图的种类

1. 正轴测图　投射方向垂直于轴测投影面所得的轴测图称为正轴测图。

2. 斜轴测图　投射方向倾斜于轴测投影面所得的轴测图称为斜轴测图。

在轴测图中，三个轴向伸缩系数均相同时称为等测，两个轴向伸缩系数相同时称为二测。这里主要介绍正等测图，并对斜二测图做一简介。

（三）轴测图的基本性质

轴测图是利用平行投影法得到的投影图，具有平行投影的基本特性。

1. 空间平行于某一坐标轴的直线，在轴测图中平行于相应的轴测轴，其伸缩系数与相应坐标轴的轴向伸缩系数相同。

2. 空间相互平行的直线,在轴测图中仍相互平行。

上述特性决定了轴测图的基本作图方法——沿轴测量。画轴测图时,凡轴向线段可按其尺寸乘以相应的伸缩系数直接沿轴测量。空间不平行于坐标轴的线段可按两端点的直角坐标分别沿轴测量,作出两端点然后连线即可。

二、正等测图

正等测图的轴间角均为120°,轴向伸缩系数 $p_1 = q_1 = r_1 = 0.82$,为作图方便,通常取简化伸缩系数 $p = q = r = 1$,如图 2-44 所示,这样绘制的图形尺寸虽有变化,但形状和直观性都不发生变化。

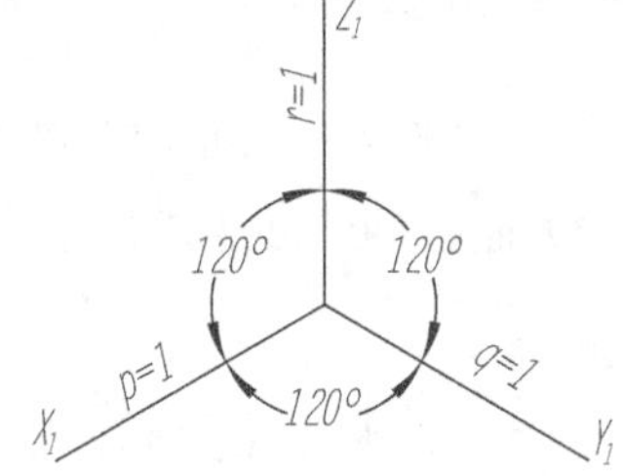

图 2-44　正等测图的轴测轴

(一) 平面立体的正等测图

1. 坐标法　坐标法是绘制平面立体正等测图的基本画法。作图时,首先根据立体的形状特点,确定坐标原点的恰当位置(不影响轴测图的形状),然后按立体上各顶点的坐标作出其轴测投影,连接相应顶点的轴测投影即为立体的轴测图。

实例训练 >

【例 2-4-1】 根据正六棱柱的两视图作其正等测图。

作图步骤如图 2-45 所示:

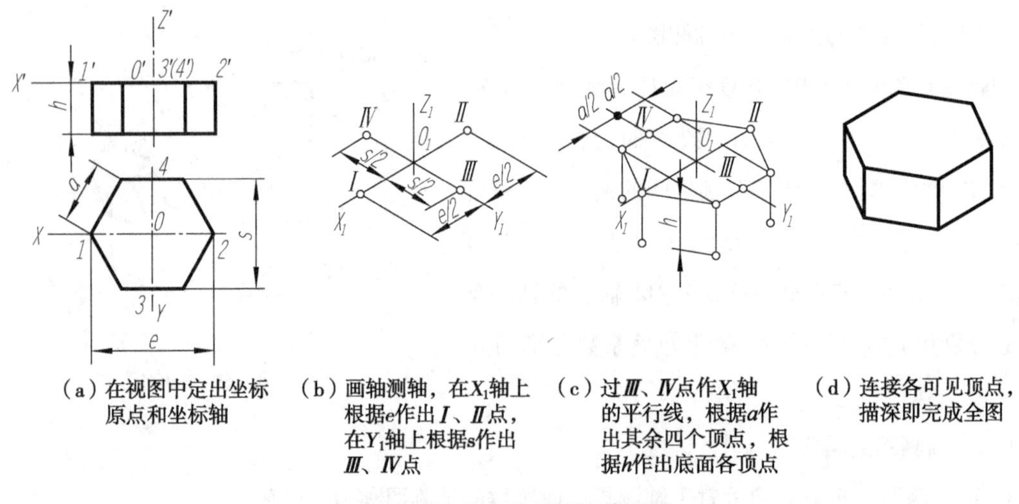

(a) 在视图中定出坐标原点和坐标轴　(b) 画轴测轴,在 X_1 轴上根据e作出Ⅰ、Ⅱ点,在 Y_1 轴上根据s作出Ⅲ、Ⅳ点　(c) 过Ⅲ、Ⅳ点作 X_1 轴的平行线,根据a作出其余四个顶点,根据h作出底面各顶点　(d) 连接各可见顶点,描深即完成全图

图 2-45　正六棱柱的正等测图

2. 切割法　许多形体可看作是在基本形体的基础上挖切而成的,画轴测图时可先画出基本体,再根据实际形体的切割情况进行挖切,即可得到形体的轴测图。

实例训练 >

【例 2-4-2】 如图 2-46(a)所示,已知形体的三视图,画正等测图。

该形体可看作四棱柱被三个截平面切割而成，按切割法画其轴测图，作图步骤如图 2-46（b）~（e）所示。

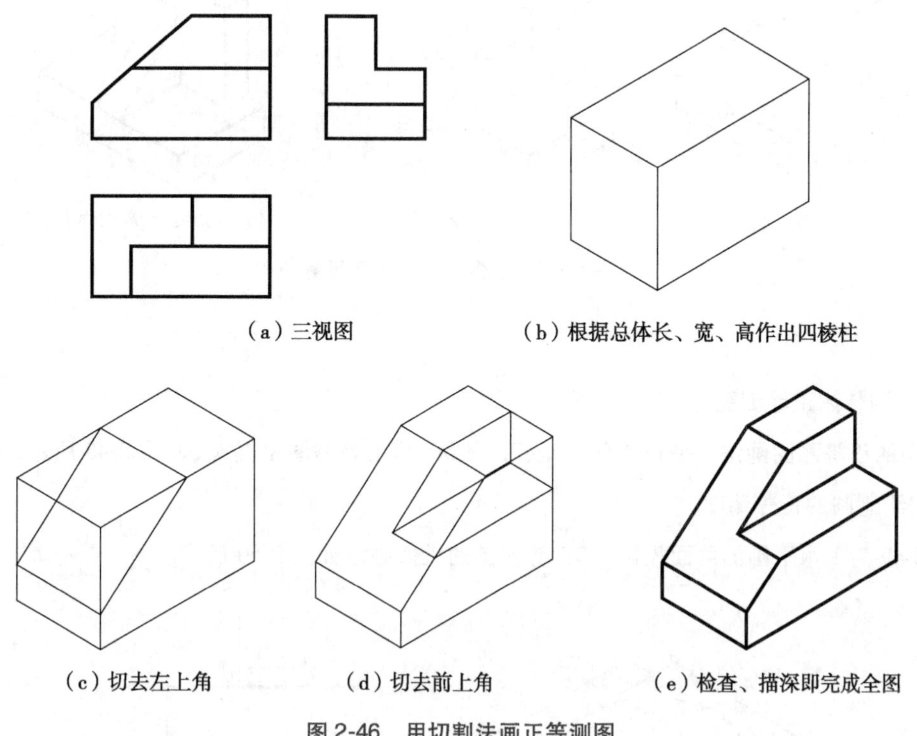

（a）三视图　（b）根据总体长、宽、高作出四棱柱

（c）切去左上角　（d）切去前上角　（e）检查、描深即完成全图

图 2-46　用切割法画正等测图

3. 叠加法　若形体由几个几何形体叠加而成，可先画出主体部分的轴测图，再按其相对位置逐个画出其他部分，从而完成整体的轴测图。

实例训练 >

【例 2-4-3】如图 2-47（a）所示，根据形体的三视图，画正等测图。

该形体由底板、立板、肋板叠加而成，按叠加法画其正等测图的作图步骤如图 2-47（b）~（e）所示。

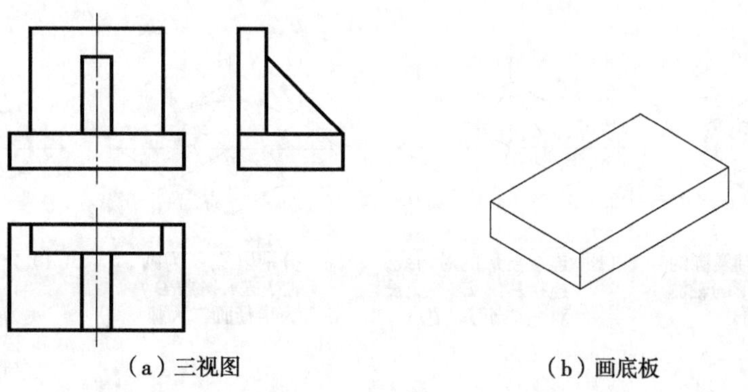

（a）三视图　（b）画底板

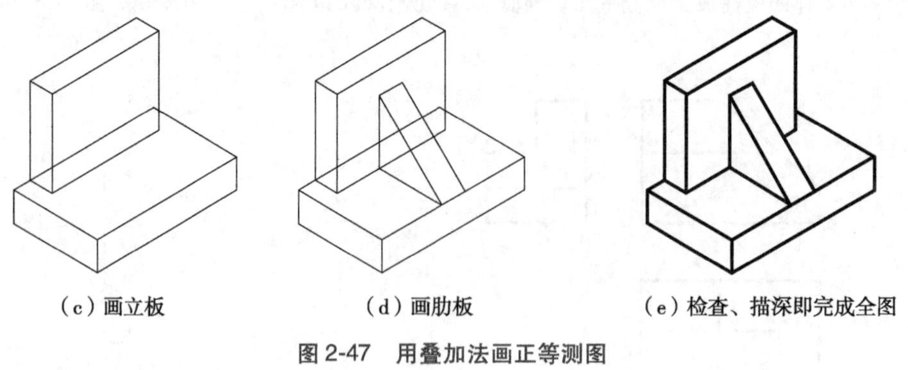

（c）画立板　　（d）画肋板　　（e）检查、描深即完成全图

图 2-47 用叠加法画正等测图

（二）回转体正等测图

1. 圆的正等测图画法 平行于任一坐标面的圆，其正等测图是椭圆，如图 2-48 所示，可用外切四边形法绘制圆的正等测图。

图 2-49 为一水平圆的两面投影，其正等测图的近似画法如图 2-50 所示。

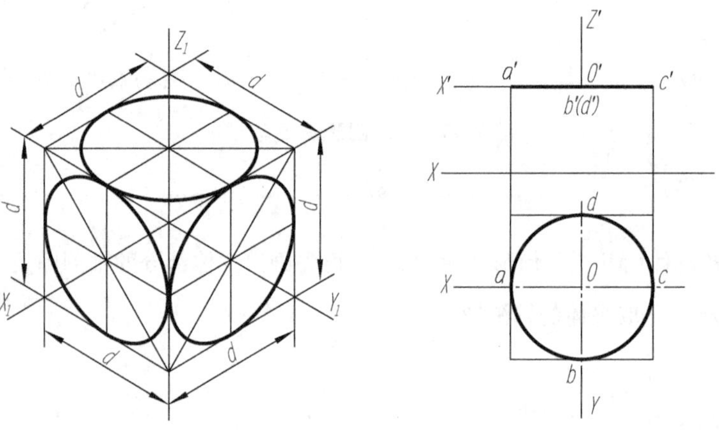

图 2-48 平行于坐标面的圆的正等测图　　图 2-49 水平圆的投影图

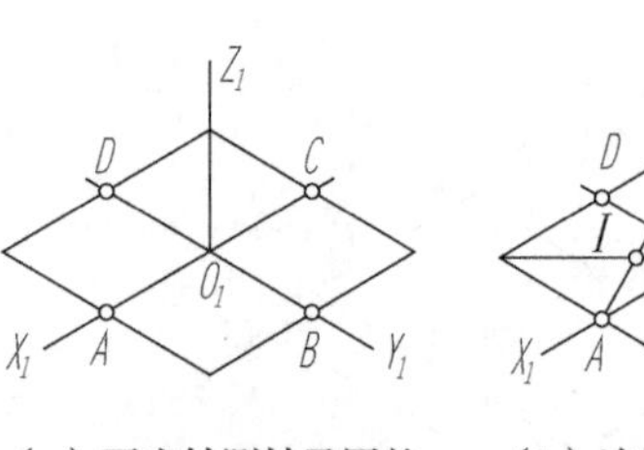

（a）画出轴测轴及圆的外切正方形的轴测图——菱形

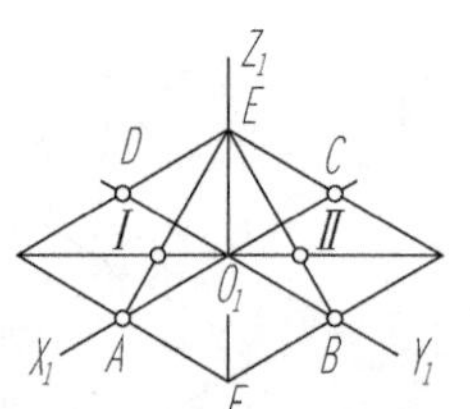

（b）连接菱形的对角线，连接EA、EB，交长对角线于I、II点

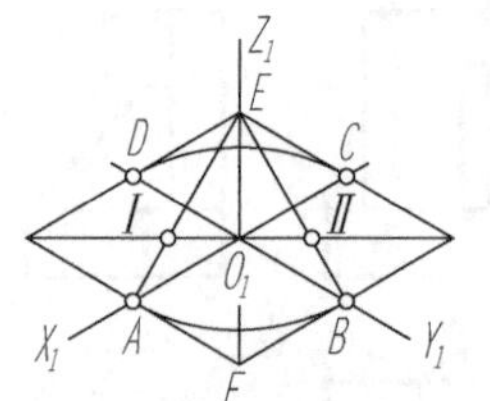

（c）分别以E、F为圆心，EA（或FD）为半径画二大弧

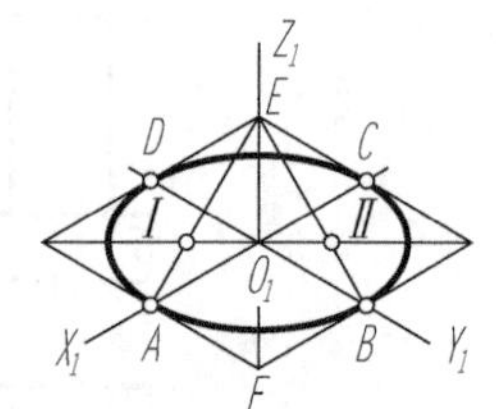

（d）分别以I、II为圆心，IA（或IIB）为半径画二小弧，在A、B、C、D处与大弧连接

图 2-50 水平圆的正等测图近似画法

画正平圆或侧平圆的正等测图时，除椭圆的长、短轴的方向不同外，其他画法相同。

2. 回转体的正等测图画法 画回转体的正等测图时，首先画出平行于坐标面的圆的正等测图——椭圆，进而画出整个回转体的正等测图。图 2-51 为圆柱的正等测图画法，图 2-52 为圆台的正等测图画法。

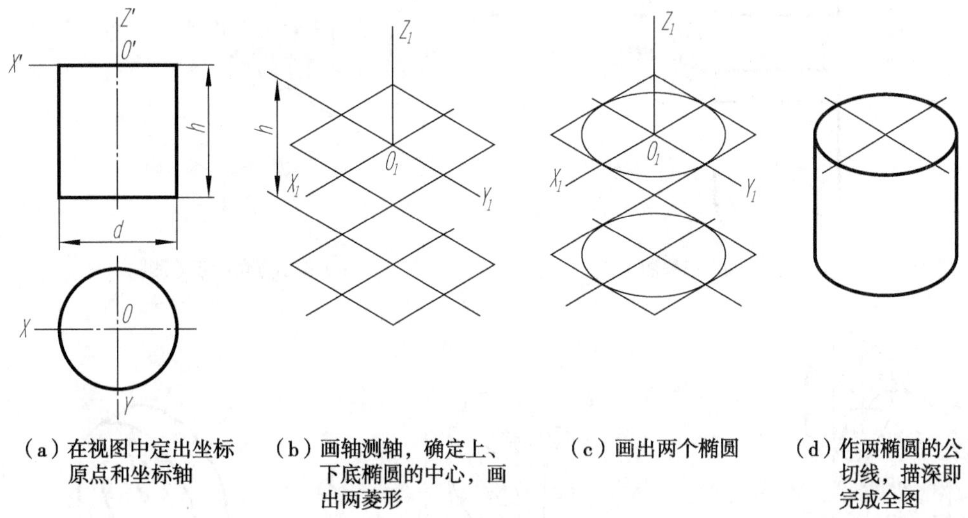

（a）在视图中定出坐标原点和坐标轴　（b）画轴测轴，确定上、下底椭圆的中心，画出两菱形　（c）画出两个椭圆　（d）作两椭圆的公切线，描深即完成全图

图 2-51 圆柱的正等测图画法

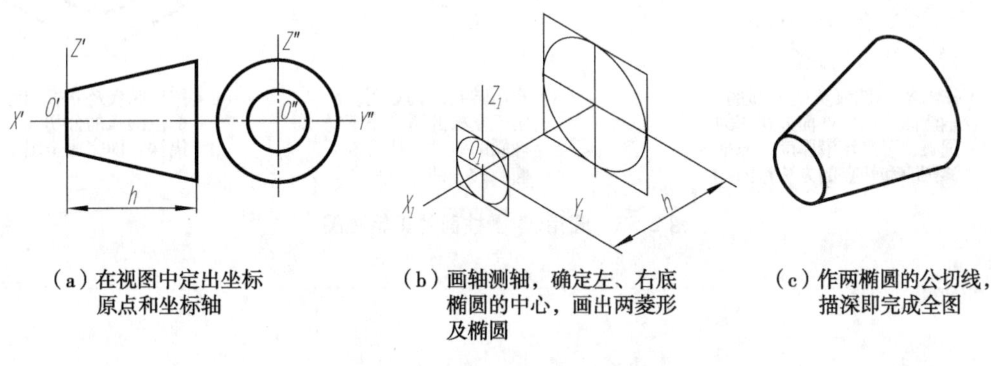

（a）在视图中定出坐标原点和坐标轴　（b）画轴测轴，确定左、右底椭圆的中心，画出两菱形及椭圆　（c）作两椭圆的公切线，描深即完成全图

图 2-52 圆台的正等测图画法

实例训练 >

【例 2-4-4】绘制图 2-53(a)所示的形体的正等测图。

1. 分析 图 2-53(a)所示的形体中包含 1/4 柱面及半圆柱面结构。画 1/4 圆弧的轴测图时，先画与圆弧相切的两侧直线的轴测投影，再求得切点的轴测投影（到顶点的距离等于圆弧半径），自两切点分别作两侧直线的垂线，再以垂线的交点为圆心，以交点到切点的距离为半径画弧即可。画 1/2 圆弧的轴测图时，可将 1/2 圆弧分成两个 1/4 圆弧画出。

2. 作图步骤 如图 2-53(b)～(e)所示。

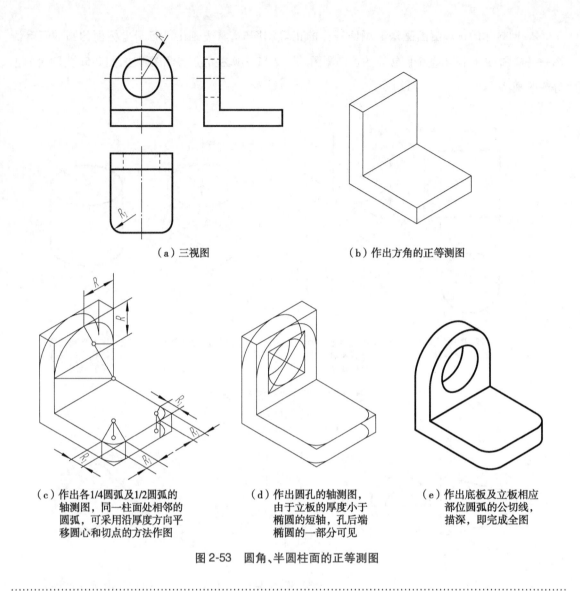

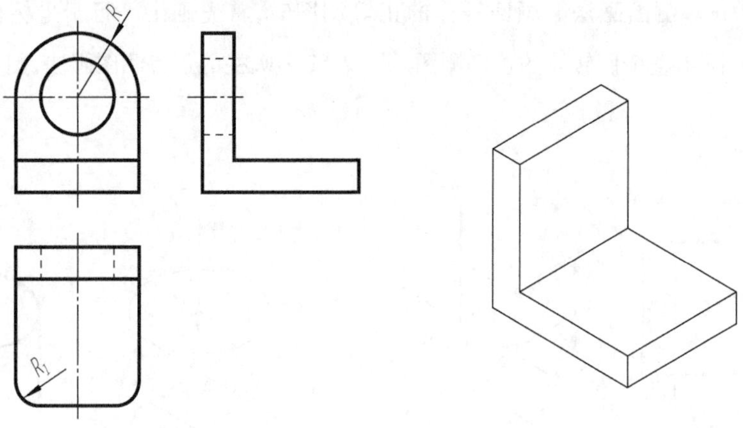

（a）三视图

（b）作出方角的正等测图

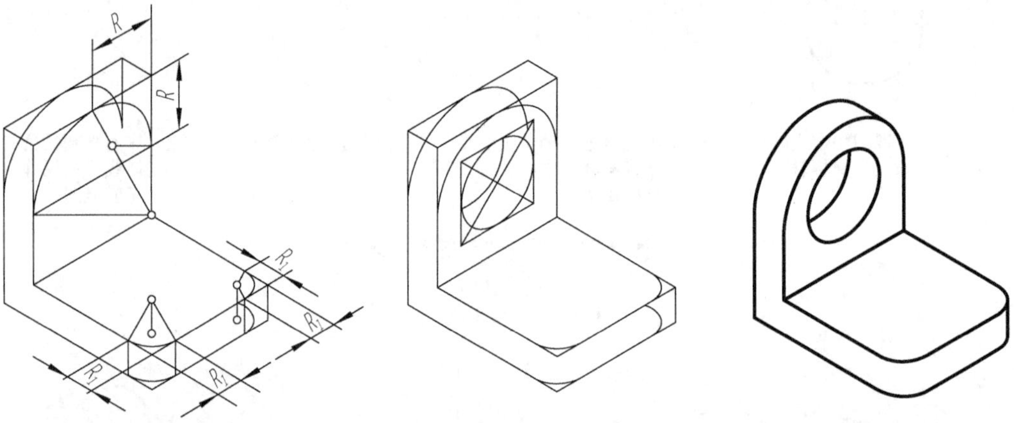

（c）作出各1/4圆弧及1/2圆弧的轴测图，同一柱面处相邻的圆弧，可采用沿厚度方向平移圆心和切点的方法作图

（d）作出圆孔的轴测图，由于立板的厚度小于椭圆的短轴，孔后端椭圆的一部分可见

（e）作出底板及立板相应部位圆弧的公切线，描深，即完成全图

图 2-53 圆角、半圆柱面的正等测图

三、斜二测图

斜二测图的轴间角和轴测轴设置如图 2-54 所示。斜二测图的轴向伸缩系数 $p=r=1, q=0.5$。空间平行于 XOZ 坐标面的平面图形,在斜二测图中反映实形。当形体中沿某一方向有较复杂的轮廓,如有较多的圆或圆弧,可使形体上的这些圆或圆弧在空间平行于正面,这些圆或圆弧在斜二测图中反映实形,绘制轴测图很方便。

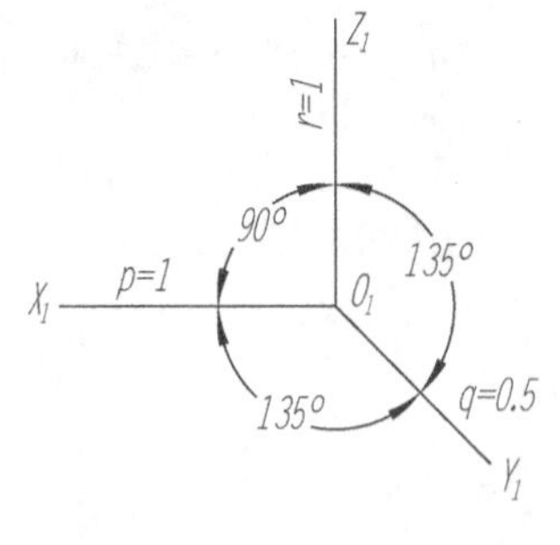

图 2-54 斜二测图的轴测轴、轴间角

图 2-55(a)所示的形体,其斜二测图的作图步骤如图 2-55(a)~(d)所示。

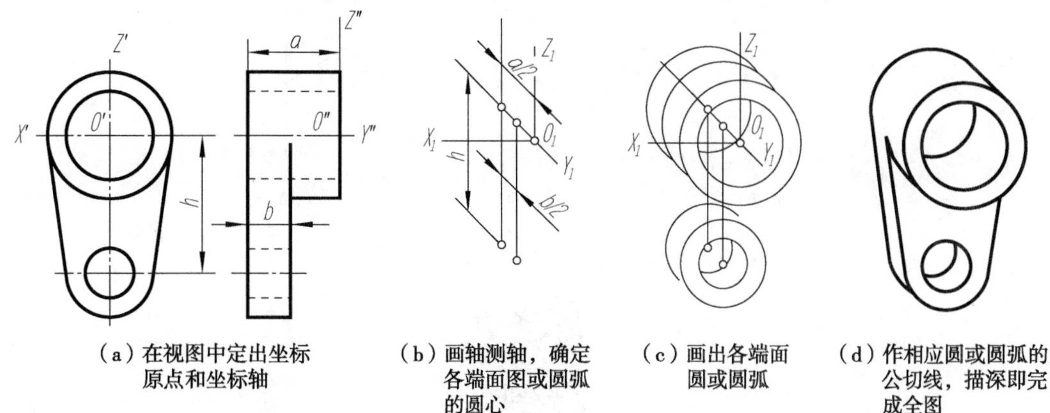

(a)在视图中定出坐标原点和坐标轴　(b)画轴测轴,确定各端面图或圆弧的圆心　(c)画出各端面圆或圆弧　(d)作相应圆或圆弧的公切线,描深即完成全图

图 2-55 斜二测图的画法

点滴积累

1. 正等测图的轴间角均为 120°,简化的轴向伸缩系数 $p=q=r=1$;斜二测图的轴间角为 90°、135°、135°,轴向伸缩系数 $p=r=1$,$q=0.5$。
2. 画轴测图时,可以采用坐标法、切割法、叠加法。

目标检测

1. 单项选择题

(1)关于正等测图,以下描述正确的是(　　)

A. 轴间角均为 120°,简化的轴向伸缩系数 $p=q=r=0.82$

B. 轴间角为 90°、135°、135°,轴向伸缩系数 $p=q=r=1$

C. 轴间角均为 120°,简化的轴向伸缩系数 $p=q=r=1$

D. 轴间角均为 120°,轴向伸缩系数 $p=r=1$,$q=0.5$

(2)关于斜二测图,以下描述正确的是(　　)

A. 轴间角为 90°、135°、135°,轴向伸缩系数 $p=q=r=1$

B. 轴间角均为 120°,简化的轴向伸缩系数 $p=q=r=1$

C. 轴间角均为 120°,轴向伸缩系数 $p=r=1$,$q=0.5$

D. 轴间角为 90°、135°、135°,轴向伸缩系数 $p=r=1$,$q=0.5$

(3)平行于 XOZ 坐标面的圆,其正等测图和斜二测图是(　　)

A. 正等测图是椭圆,斜二测图是圆

B. 正等测图是圆,斜二测图是椭圆

C. 正等测图、斜二测图都是椭圆

D. 正等测图、斜二测图都是圆

2. 如图 2-56 所示，画平行于*V*、*H*、*W* 面的圆的正等测图，设圆的直径为 30mm。

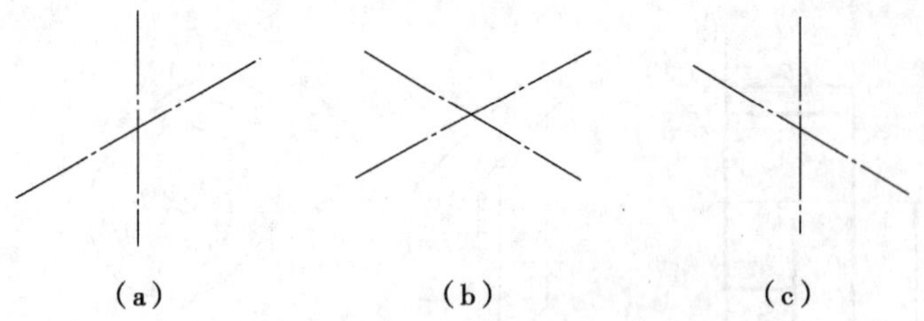

图 2-56　画平行于 *V*、*H*、*W* 面的圆的正等测图

扫一扫，知答案

（孙安荣）

第三章

组合体

本章导言

任何复杂的形体都可以看作是由基本形体按一定的方式组合而成的。由两个或两个以上的基本形体经过组合而得到的物体称为组合体。本章将介绍组合体的画法、组合体的尺寸标注、组合体视图的识读。

第一节　组合体的形体分析

一、形体分析法

任何复杂的机件,仔细分析都可看成是由若干个基本形体经过组合而成的。如图 3-1(a)所示的轴承座,可看成是由上部分的凸台 1、轴承 2、支承板 3、底板 4 及肋板 5 五部分组成的。画图时,可将组合体分解成若干个基本形体,然后按其相对位置和组合方式逐个地画出各基本形体的投影,最后综合起来就得到组合体的三视图。这样就将一个复杂的问题分解成几个简单的问题来解决。

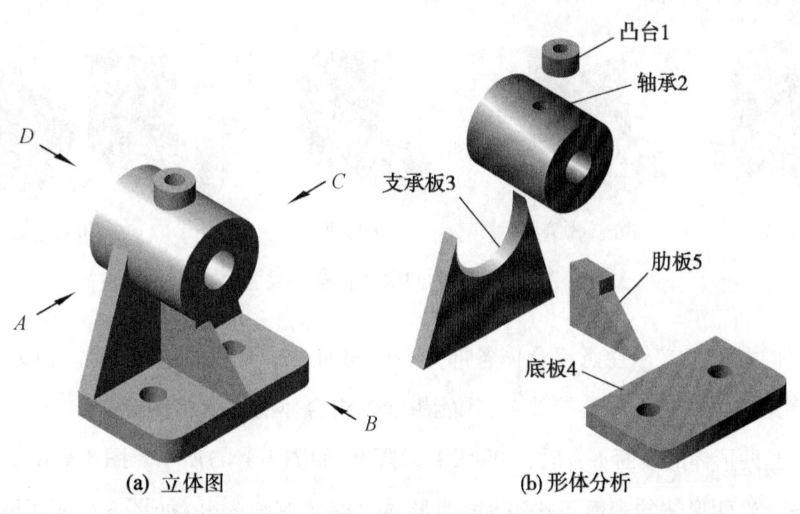

图 3-1　轴承座

这种将物体分解成若干个基本形体或简单形体,并搞清楚它们之间的组合方式、相对位置以及表面连接关系的方法称为形体分析法。

形体分析法提供了一个研究组合体,尤其是较复杂组合体的分析思路,不但是画组合体视图、而且也是组合体尺寸标注及读图的基本方法。

二、组合体的组合方式

常见组合体的组合方式大体分为叠加型、切割型和既有叠加又有切割的综合型三种方式。

叠加型组合体是由若干个基本形体叠加而成的。如图 3-2(a)所示的螺栓(毛坯),它是由圆柱体和六棱柱叠加而成的。

切割型组合体则可看成由基本形体经过切割或穿孔后形成的。如图 3-2(b)所示的压块,它是由四棱柱经过若干次切割再穿孔以后形成的。

多数组合体则是既有叠加又有切割的综合型,如图 3-2(c)所示的支座。

(a) 叠加型　(b) 切割型　(c) 综合型

图 3-2　组合体的组合方式

三、组合体中相邻形体的表面连接关系

组合体中的基本形体经过叠加、切割或穿孔后,相邻形体的表面之间可能形成平齐、不平齐、相切、相交四种连接关系,如图 3-3 所示。

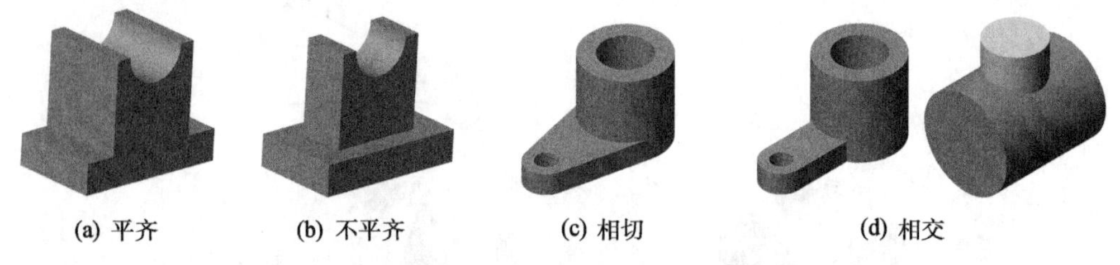

(a) 平齐　(b) 不平齐　(c) 相切　(d) 相交

图 3-3　形体间的表面连接关系

在画组合体视图时,必须注意组合体各部分表面间的连接关系,才能做到不多线、不漏线。在看图时,必须看懂形体之间的表面连接关系,才能想清楚组合体的整体结构形状。

1. 平齐　当两形体的表面平齐时,中间没有线隔开,如图 3-4(a)所示。图 3-4(b)是多线的错误。

2. 不平齐　当两形体的表面不平齐时,两形体之间应有线隔开,如图 3-5(a)所示。图 3-5(b)是漏线的错误。

3. 相切　当两形体的表面相切时,在相切处两表面为光滑过渡,不存在分界轮廓线。图 3-6 为平面与曲面相切,图 3-7 为曲面与曲面相切。

4. 相交　当两形体的表面相交时,在相交处应画出交线。图 3-8 为平面与曲面相交、曲面与曲面相交。

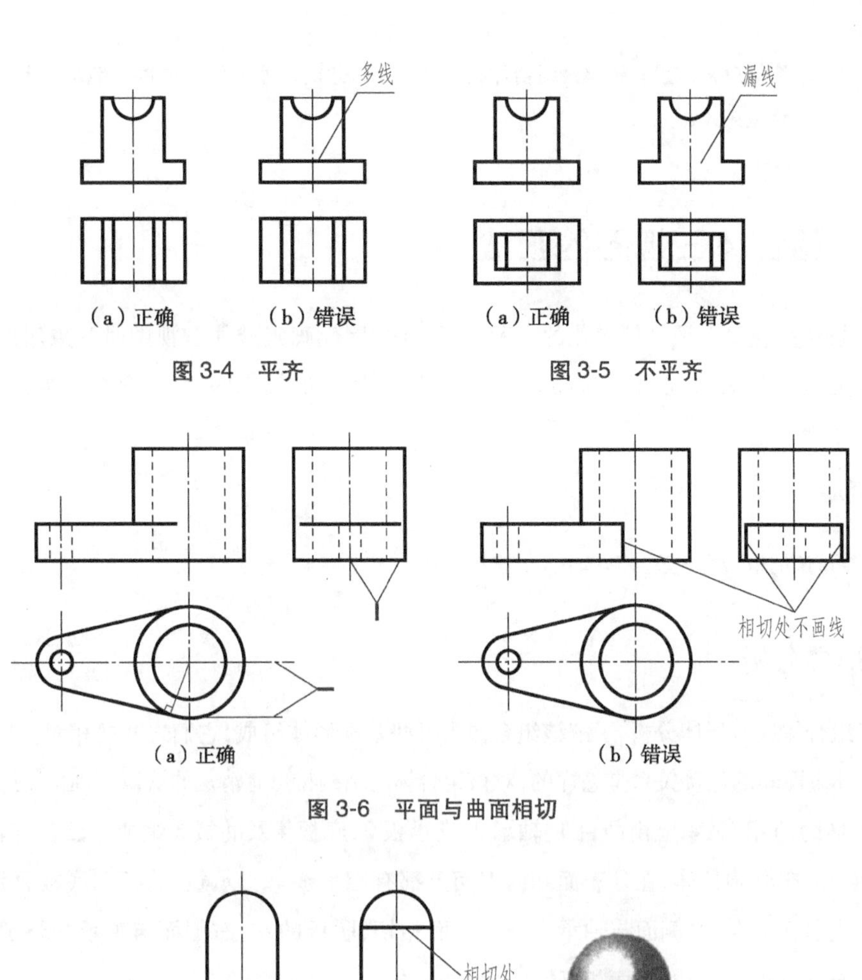

（a）正确 （b）错误

图 3-4 平齐

（a）正确 （b）错误

图 3-5 不平齐

（a）正确 （b）错误

图 3-6 平面与曲面相切

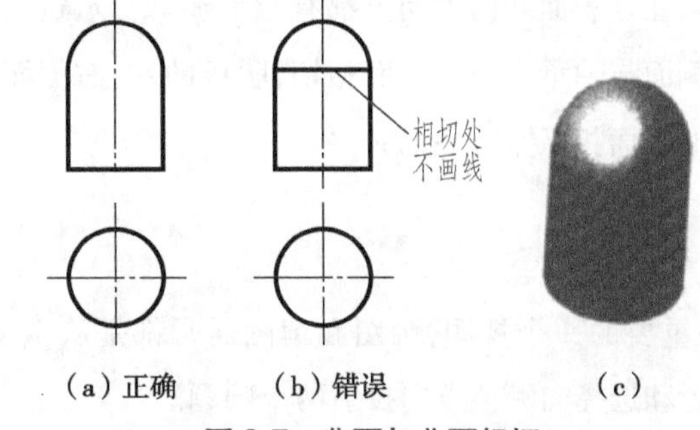

（a）正确 （b）错误 （c）

图 3-7 曲面与曲面相切

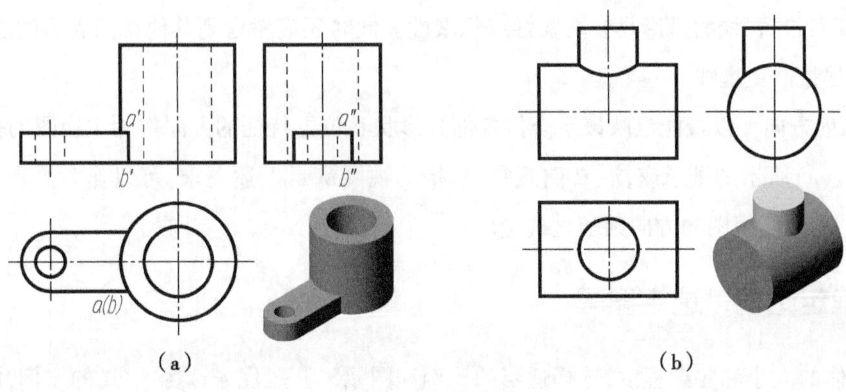

（a） （b）

图 3-8 相交

点滴积累

1. 组合体的组合方式有叠加、切割、综合。

2. 组合体中形体表面的连接关系有平齐、不平齐、相切、相交。

3. 形体分析法是分析复杂组合体的一种行之有效的基本方法，要很好地掌握组合形式及表面连接关系。

第二节 组合体三视图的画法

形体分析法是使复杂形体简单化的一种分析方法，因此画组合体三视图时常采用形体分析法，根据三视图的“三等”关系，按步骤画图。下面以图 3-1 所示的轴承座为例，介绍画组合体三视图的一般方法和步骤。

▶▶ 课堂活动

分析轴承座的组合方式及各形体表面的连接关系。

一、形体分析

首先对组合体进行形体分析，了解该组合体由哪些基本形体组成，它们之间的相对位置、组合方式以及相邻形体表面间的连接关系是怎样的，对该组合体的结构特点有清楚的认识，为画三视图做好准备。

如图 3-1(b)所示，轴承座由凸台 1、轴承 2、支承板 3、底板 4 及肋板 5 组成。凸台与轴承是两个轴线垂直相交的空心圆柱体，在外表面和内表面上都有相贯线。支承板、肋板和底板分别是不同形状的平板。支承板的左、右侧面与轴承的外圆柱面相切，肋板的左、右侧面与轴承的外圆柱面相交，底板的顶面与支承板、肋板的底面相互重合叠加。

二、选择主视图

主视图是三视图中的最重要的一个视图，画图和读图通常都是从主视图开始的。确定主视图时，应主要解决物体如何放置和选择向哪个方向投射两个问题。

1. 选放置位置 将组合体自然放正，尽可能使组合体的主要平面(或轴线)平行或垂直于投影面，以便使较多的面、线的投影具有真实性或积聚性。同时还应考虑到其他视图表达的清晰性，使其他两个视图尽量避免虚线。

2. 选投射方向 以最能反映该组合体各部分形状和位置特征的方向作为主视图的投射方向。

如图 3-1(a)所示的轴承座，沿 B 向观察，所得的视图满足上述要求，可以作为主视图。主视图方向确定后，其他两视图的方向则随之确定。

三、确定比例，选定图幅

根据物体的大小和复杂程度，选择适当的比例和图幅。一般优先选用 1∶1 的比例，图幅则要根据视图所占空间并留出标注尺寸和画标题栏的位置来确定。

四、布置视图，画基准线

布置视图位置时，应根据每个视图的最大尺寸，并在视图之间留出标注尺寸的空间，将各视图均匀地布置在图框内。视图位置确定后,画出各视图的作图基准线。

一般来讲,当形体在某一方向上对称时,以对称面为基准,不对称时选较大的底面或端面或回转体轴线为作图基准线,如图 3-9(a)所示。

五、绘制底稿

画底稿的步骤如图 3-9(b)~(e)所示。画底稿时应注意以下问题:

1. 用形体分析法逐个画出每个基本形体 画基本形体时,应从形状特征明显的视图画起,再按投影规律画另外两个视图。要三个视图一起画,以保证正确的投影关系,提高绘图效率。

2. 画图的先后顺序 先画主要形体,后画次要形体;先画主体,后画细节;先画可见的部分,后画不可见的部分。

六、检查描深

检查时,要注意组合体的组合方式和表面连接关系,避免漏线和多线;描深时,一般按先粗后细、先曲后直、先横后竖的顺序描绘。如图 3-9(f)所示。

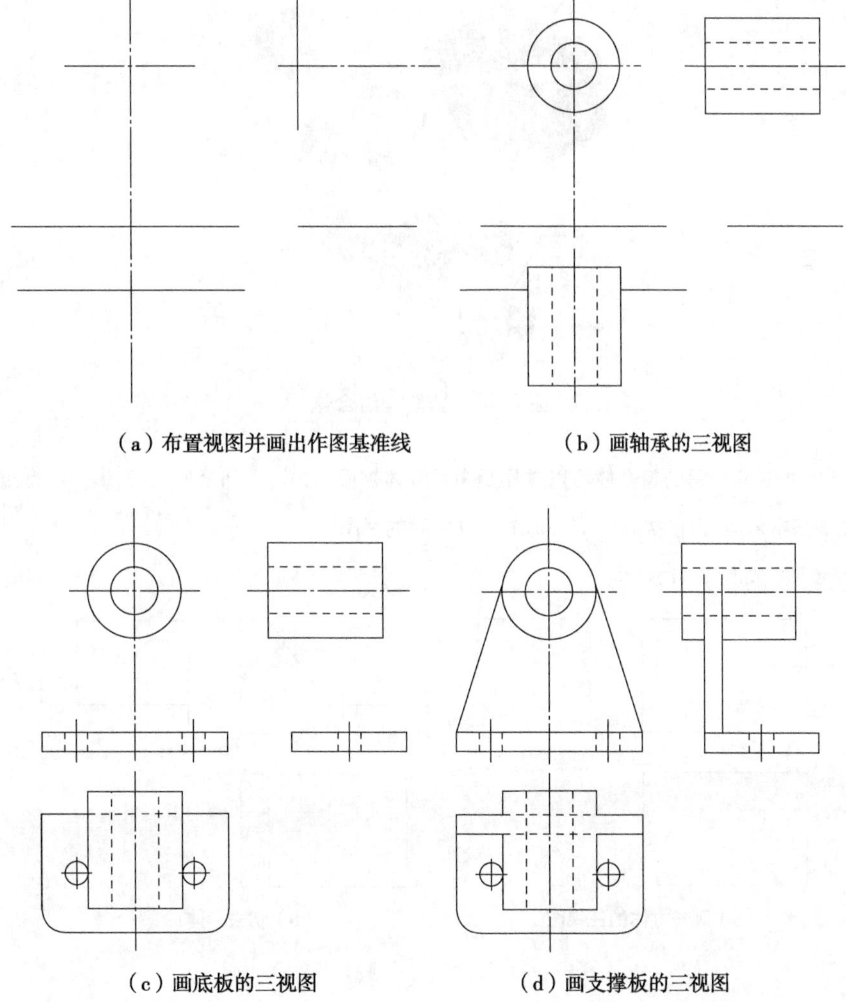

(a)布置视图并画出作图基准线　(b)画轴承的三视图

(c)画底板的三视图　(d)画支撑板的三视图

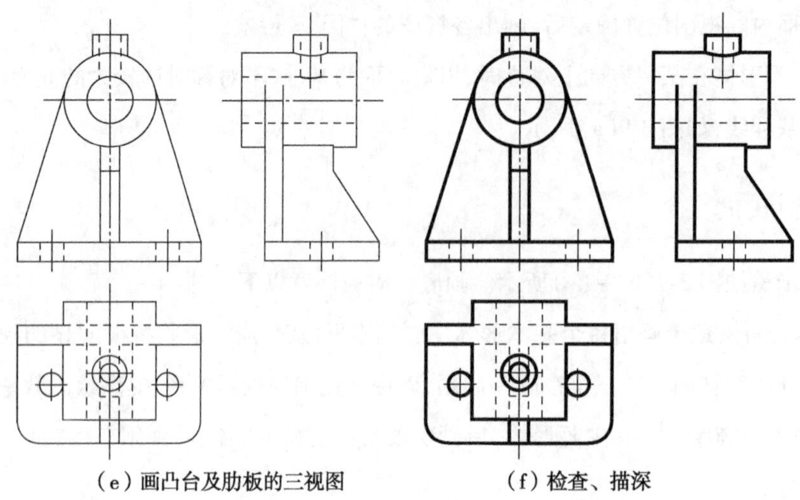

（e）画凸台及肋板的三视图　　（f）检查、描深

图 3-9　组合体三视图的绘图步骤(一)

实例训练 >

【例 3-2-1】画出如图 3-10 所示的切割型组合体的三视图。

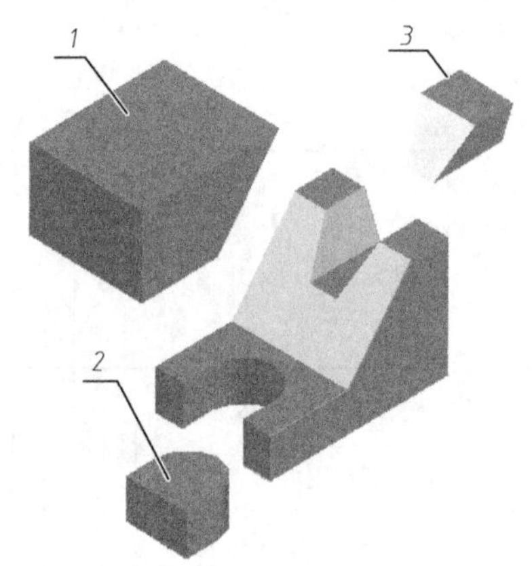

图 3-10　切割型组合体

1. **分析**　图 3-10 所示的组合体可以看作是由长方体被截切去若干部分形成的，属切割型组合体。画图时可以先画基本形体，再依次画出切去每个部分之后的视图。

2. **作图步骤**　如图 3-11 所示。

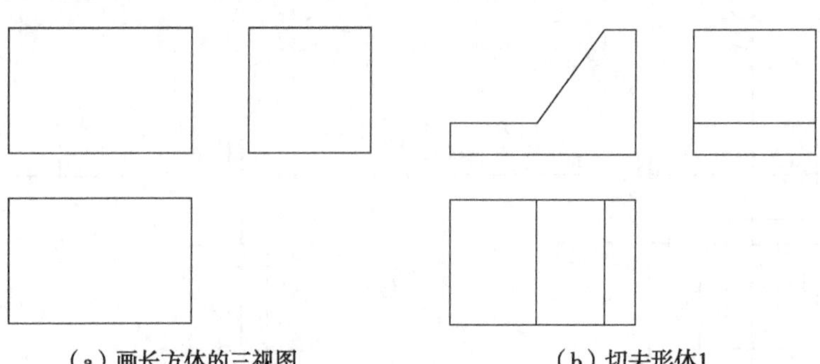

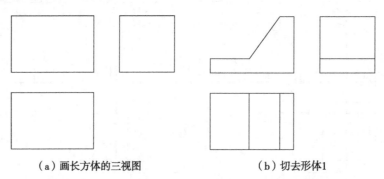

（a）画长方体的三视图　　（b）切去形体1

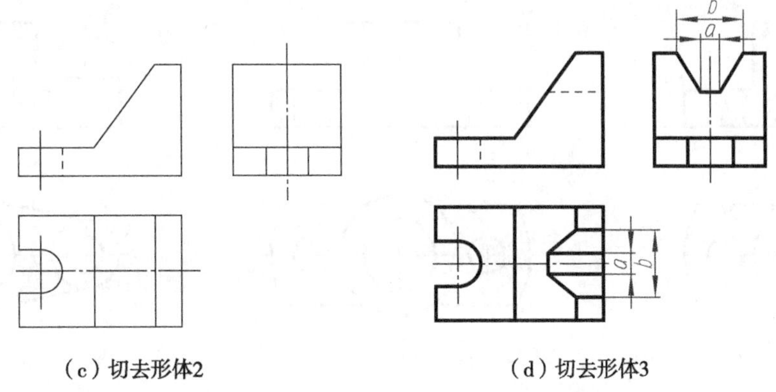

（c）切去形体2　　（d）切去形体3

图 3-11　组合体三视图的绘图步骤(二)

画切割型组合体应注意以下几点：

(1)分析组合体的形成过程,如图 3-11(a)所示,搞清基本形体的形状、截平面的位置和截断面的形状,运用线、面的投影特性分析截断面的投影。

(2)画被截切后的投影时,应先画截断面有积聚性投影的视图(该视图中能反映被截切部分的形状特征),再按投影关系画出其他视图。如图 3-11(b)所示,先画切口的主视图,再画俯、左视图;如图 3-11(c)所示,先画圆槽的俯视图,再画主、左视图;如图 3-11(d)所示,先画切口的左视图,再画主、俯视图。

点滴积累

画组合体三视图的方法和步骤：①形体分析；②视图选择；③选比例，定图幅；④布置视图，确定长、宽、高三个方向上的尺寸基准，画基准线；⑤绘制底稿；⑥检查、描深。

目标检测

如图 3-12 所示,根据所给视图,分析物体形状,补画主视图中的漏线。

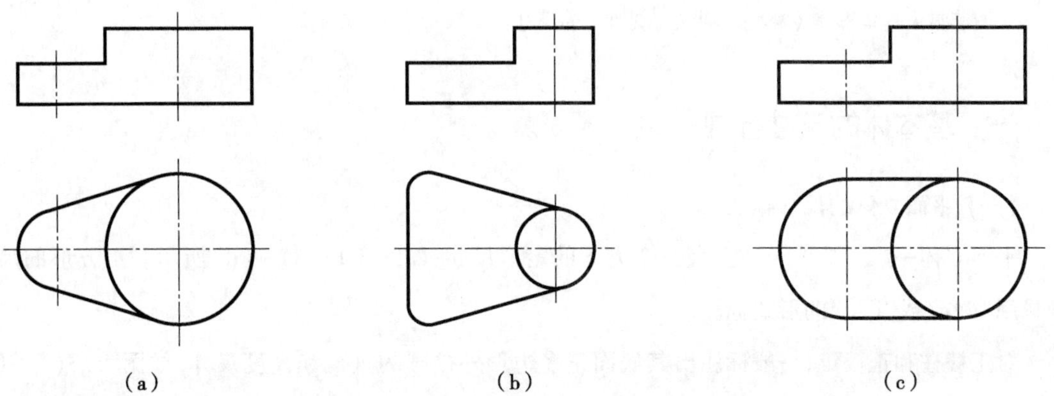

（a）　（b）　（c）

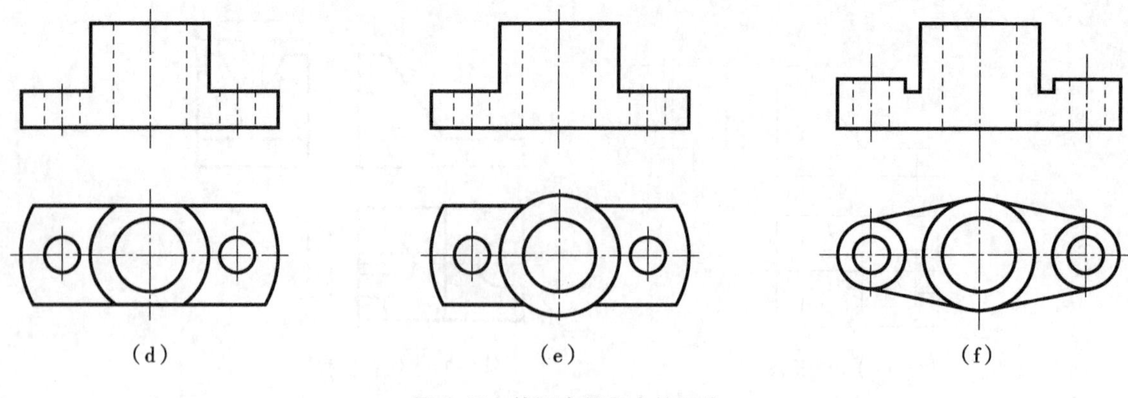

图 3-12 补画主视图中的漏线

扫一扫,知答案

第三节 组合体的尺寸标注

形体的三视图只能表达形体的结构和形状,而其真实大小和各组成部分的相对位置则要通过图样上的尺寸标注来表达。标注组合体尺寸的基本要求是:

正确——标注尺寸要符合制图国家标准的规定。

完整——应将组合体中各基本形体的大小及相对位置尺寸,不遗漏、不重复地标注在视图上。

清晰——尺寸布置整齐清晰,便于读图。

▶▶ 课堂活动

识读常见基本形体(棱柱、圆柱、圆锥)的尺寸。

一、基本体的尺寸标注

(一)平面立体的尺寸标注

平面立体一般应标注长、宽、高三个方向的定形尺寸,如图 3-13(a)~(d)所示。正方形的尺寸可采用“$a \times a$”或“$\square a$”的形式标注。

对正棱柱和正棱锥,一般标注出其底面正多边形外接圆的直径和高度尺寸,如图 3-13(e)、(f)所示;也可根据需要注成其他形式,如图 3-13(g)、(h)所示。

(二)回转体的尺寸标注

圆柱和圆锥应注出底圆直径和高度尺寸,直径尺寸最好注在非圆视图上,在直径尺寸数字前加“ϕ”,如图 3-14(a)、(b)、(c)所示。圆球的直径尺寸数字前加“$S\phi$”,如图 3-14(d)所示。

化工制图练习册

目　录

第一章　制图的基本知识

1-1　字体练习

1. 汉字

化工制图字体书写必须做到字体工整笔画清楚

班级＿＿＿＿＿＿　　姓名＿＿＿＿＿＿　　学号＿＿＿＿＿＿

1-1 字体练习(续)

2. 数字和字母

0 1 2 3 4 5 6 7 8 9 R ϕ

a b c d e f g h i g k l m n o p q r s t u v w x y z

A B C D E F G H I G K L M N O P Q R S T U V W X Y Z

班级________ 姓名________ 学号________

1-2 图线练习

在指定位置抄画下列图线和图形

（1）

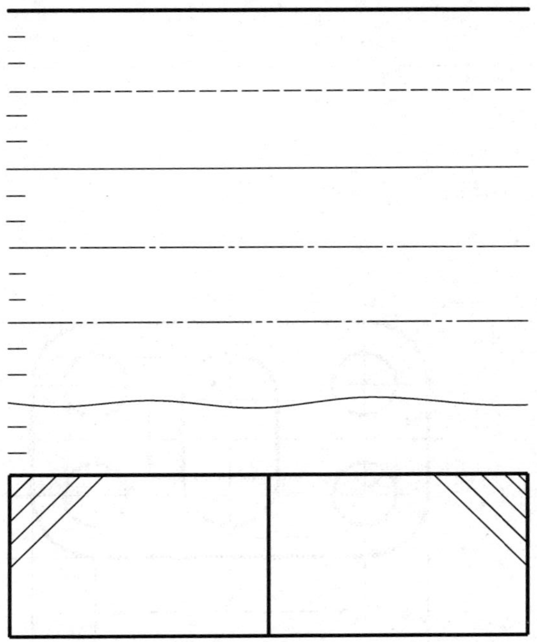

（2）

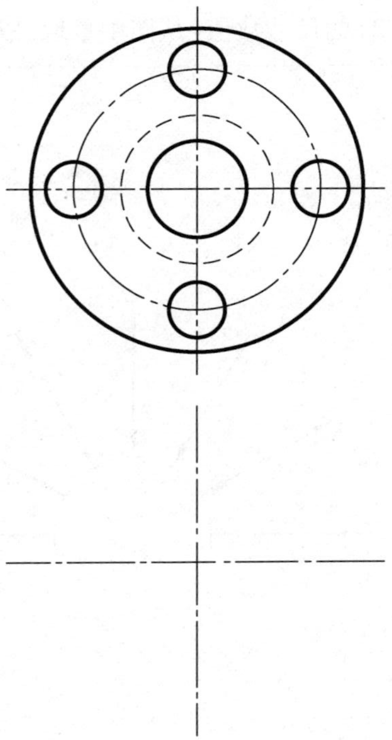

班级__________　　姓名__________　　学号__________

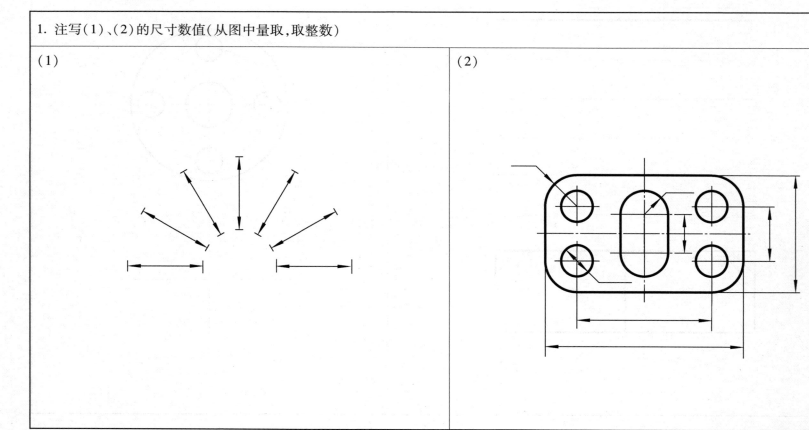

练习册答案

1-3 尺寸注法

1. 注写(1)、(2)的尺寸数值(从图中量取,取整数)

(1)

(2)

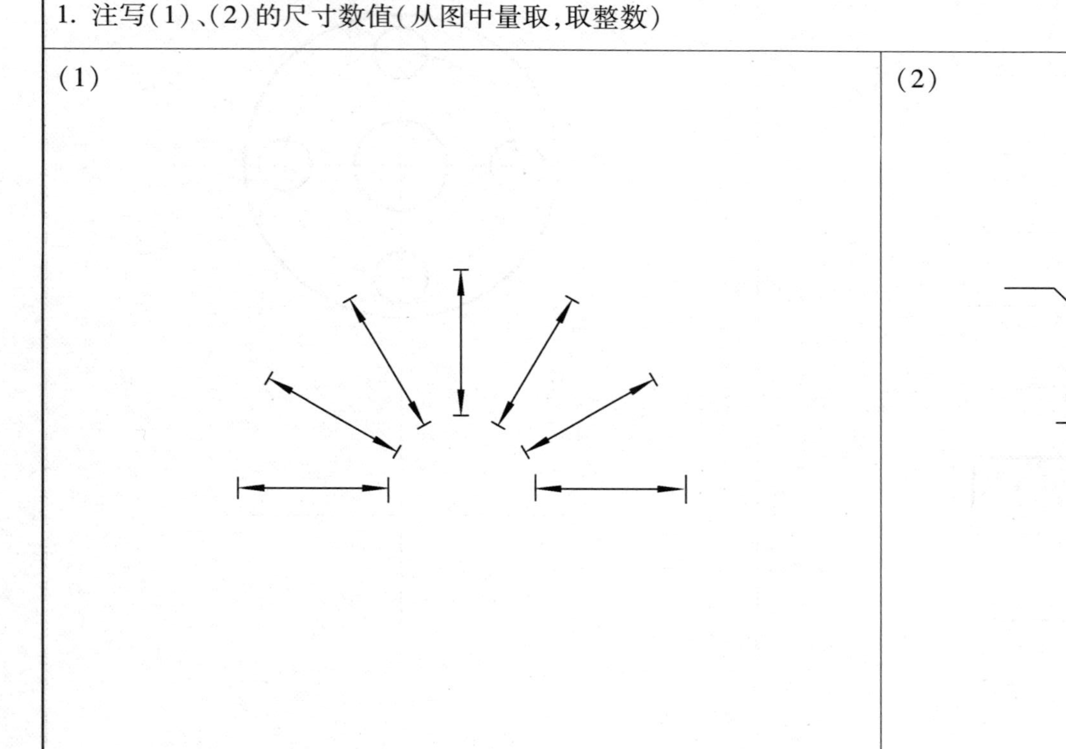

班级__________ 姓名__________ 学号__________

1-3 尺寸注法(续)

2. 指出左图中尺寸标注的错误,并在右图中正确注出

(1)

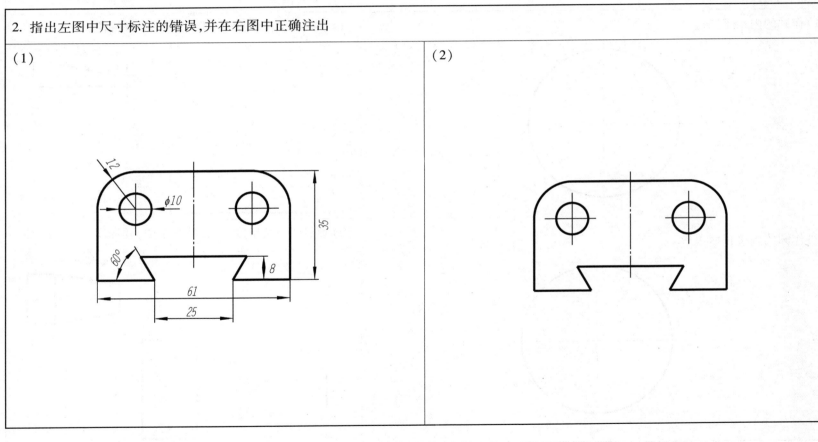

(2)

班级＿＿＿＿＿＿ 姓名＿＿＿＿＿＿ 学号＿＿＿＿＿＿

1-4　尺规作图

练习册答案

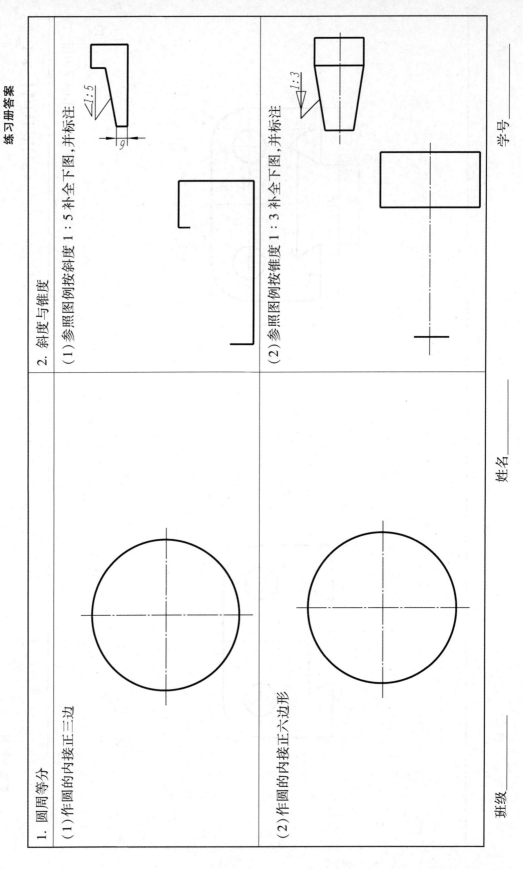

1. 圆周等分	2. 斜度与锥度
(1)作圆的内接正三边	(1)参照图例按斜度 1∶5 补全下图,并标注 ∠1:5 9
(2)作圆的内接正六边形	(2)参照图例按锥度 1∶3 补全下图,并标注 1:3

班级__________　　姓名__________　　学号__________

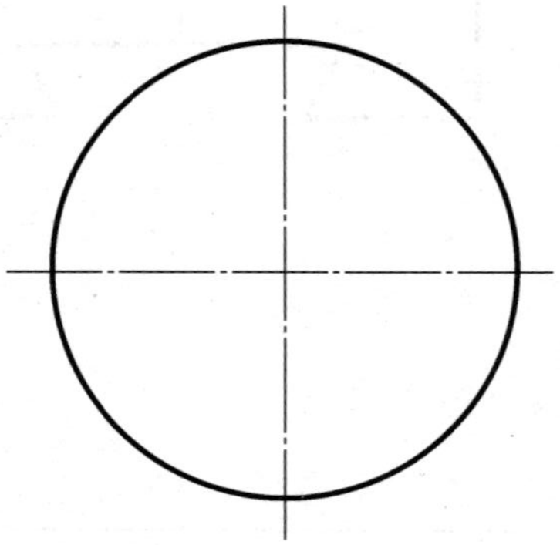

1-4 尺规作图(续)

3. 参照图例,在右侧空白处抄画平面图形(比例为 1∶1)

班级__________ 姓名__________ 学号__________

1-5 平面图形作业

平面图形作业指导

一、作业目的

1. 熟悉基本绘图工具的使用方法。

2. 掌握平面图形的尺寸分析和线段分析方法及连接技巧。

二、作业内容

按给定图例,用 1 : 1 的比例在 A4 幅面的图纸上画出图形,并标注尺寸。

三、作图步骤

1. 分析图形的尺寸和线段,确定作图步骤。

2. 绘制底稿

(1)画图框线及标题栏。

(2)布置图面,将图形布置在图框中的适当位置。画图时,先画基准线、对称中心线等,再画已知线段、中间线段、连接线段。

(3)画尺寸界线及尺寸线。

(4)检查修改底稿,并用铅笔加深。

(5)画箭头、填写尺寸数字及标题栏。

(6)校对并修饰全图。

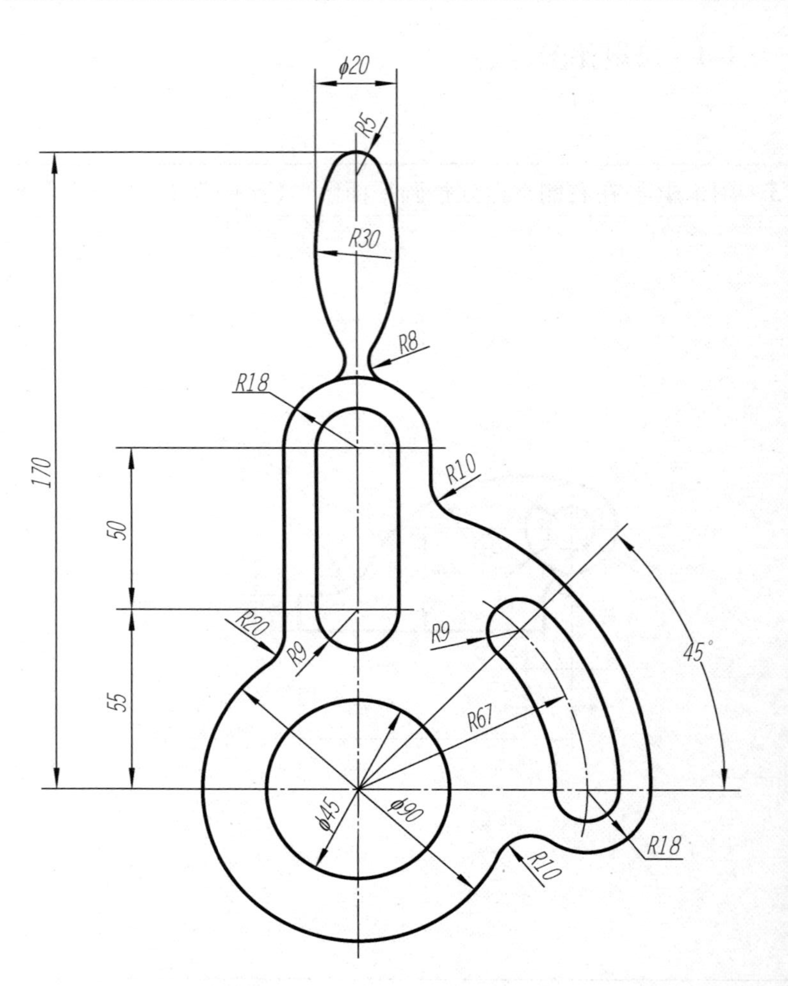

班级________ 姓名________ 学号________

第二章　投影基础

练习册答案

2-1　形体的三视图

对照立体图，补画第三视图

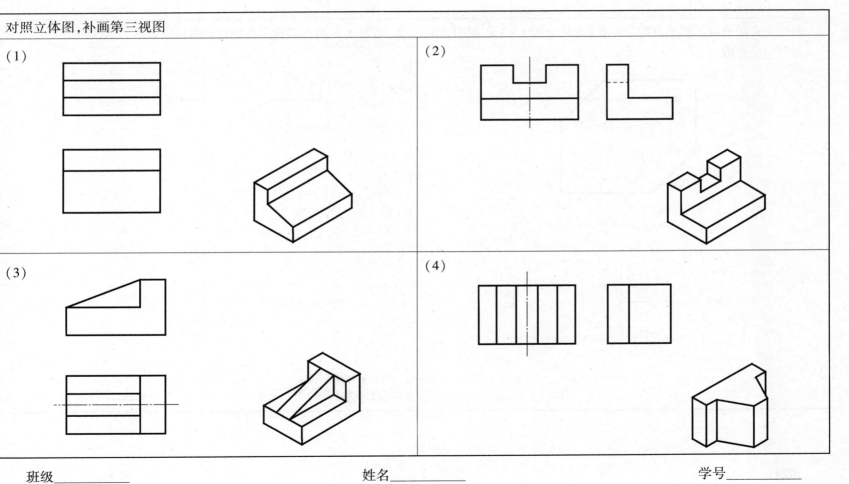

(1)

(2)

(3)

(4)

班级__________　　姓名__________　　学号__________

2-2　点的投影

1. 根据 A 点的直观图作出点的三面投影（尺寸按 1∶1 在图中量取，并写出坐标值）。

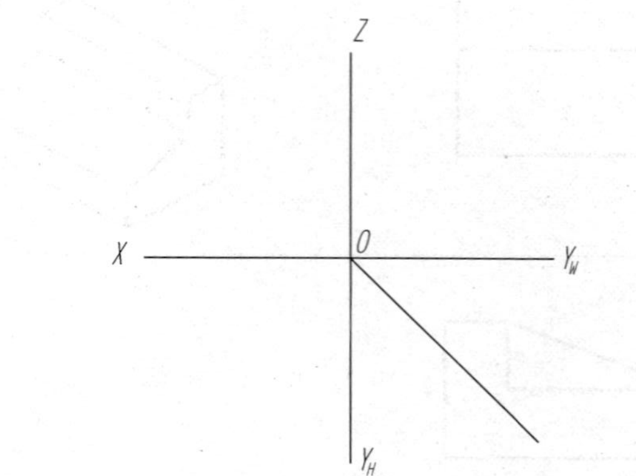

Z
X　O　Y_W
Y_H

A(　　　　　　)

2. 已知 A、B 两点对投影面的距离画出它们的三面投影图。

	距 V 面	距 H 面	距 W 面
A	10	16	21
B	22	7	9

Z
X　O　Y_W
Y_H

班级＿＿＿＿　　姓名＿＿＿＿　　学号＿＿＿＿

2-2 点的投影(续)

3. 已知 A 点的三面投影，B 点在 A 点左方 12、前方 9、下方 10，求作 B 点的三面投影。

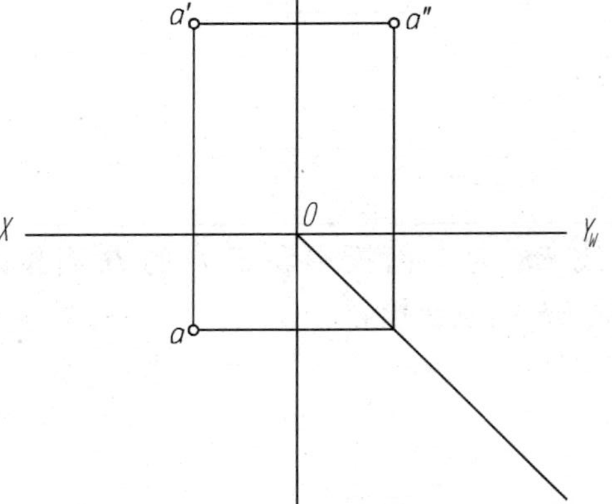

4. 已知 A、B 点的两面投影，补画第三面投影，并判断两点的相对位置。

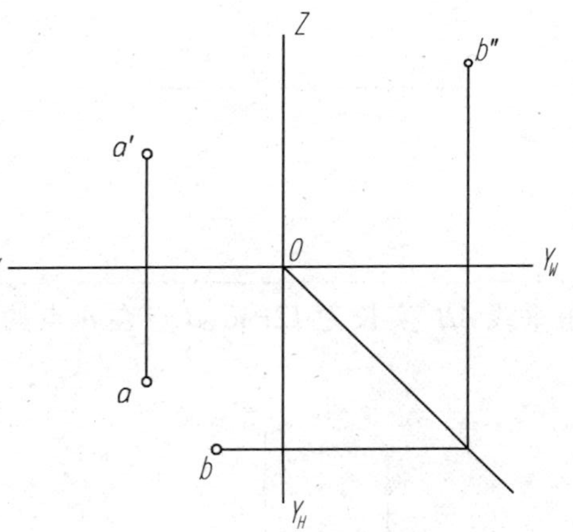

A 点在 B 点的______、____、____方

班级__________ 姓名__________ 学号__________

2-3 直线的投影

练习册答案

1. 已知直线 AB 两端点的坐标为 $A(20,9,15)$、$B(13,18,7)$，作出该直线的三面投影。

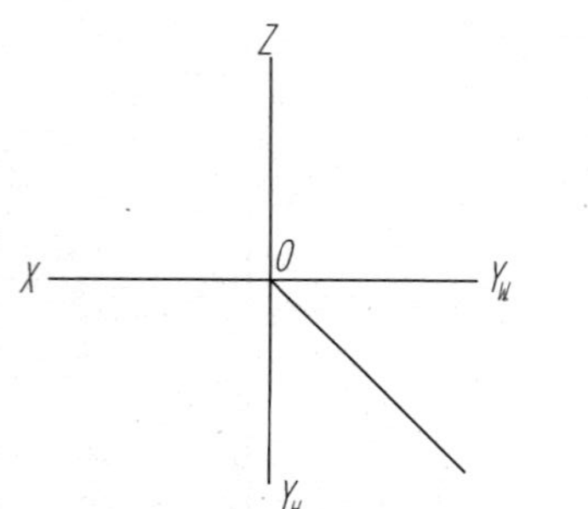

2. 已知正平线 CD 的 V 面投影和 C 点的 H 面投影，完成 CD 的三面投影。

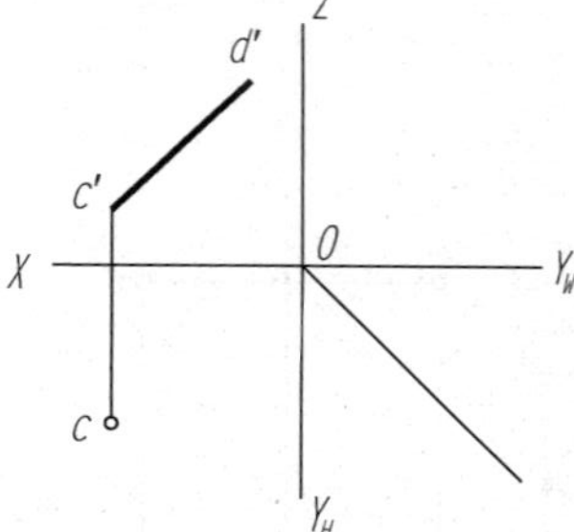

3. 过 A 点作正垂线 AB，实长为 12mm，B 点在 A 点的后方。

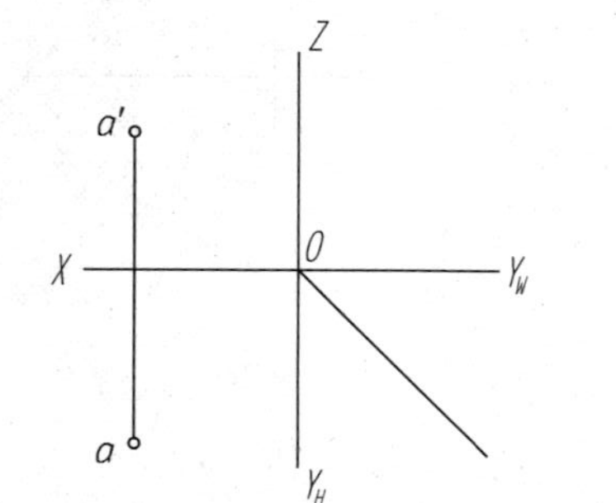

4. 已知水平线 EF 的 V 面投影和 E 点的 H 面投影，EF 实长为 16mm，完成 EF 的三面投影。

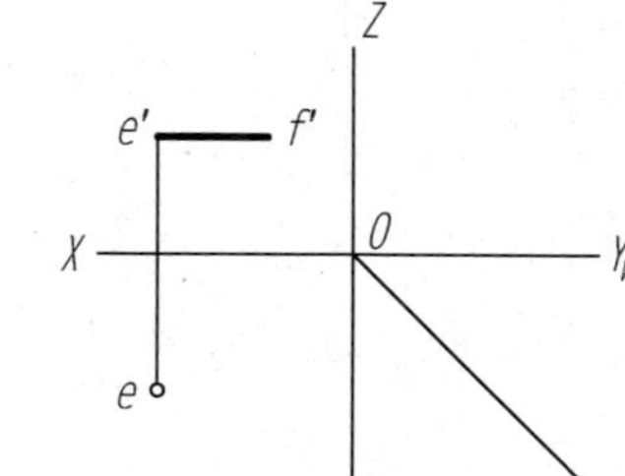

班级__________　　姓名__________　　学号__________

2-4　平面的投影

求作平面的第三面投影，并判断其空间位置

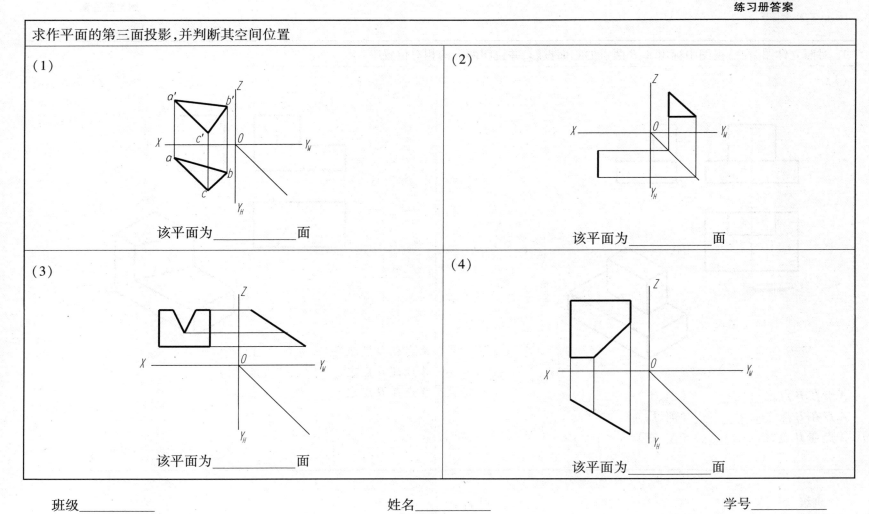

（1）

a' b' c' a b c Z X O Y_W Y_H

该平面为________面

（2）

Z X O Y_W Y_H

该平面为________面

（3）

Z X O Y_W Y_H

该平面为________面

（4）

Z X O Y_W Y_H

该平面为________面

班级________　　姓名________　　学号________

2-5　在三视图中分析形体上点、直线、平面的投影

1. 对照立体图，在三视图中标出 *A*、*B* 两点的三面投影，并说明两点的相对位置

（1）

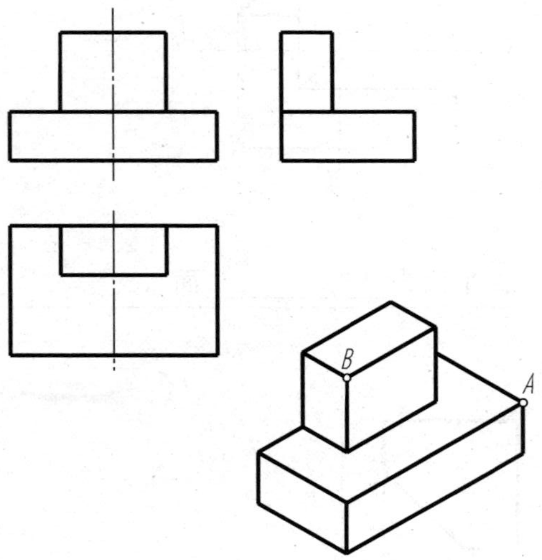

A 点在 *B* 点之________；（上、下）
A 点在 *B* 点之________；（前、后）
A 点在 *B* 点之________；（左、右）

（2）

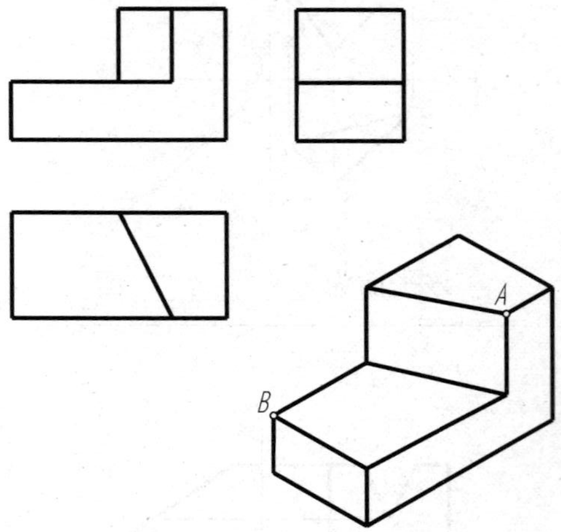

A 点在 *B* 点之________；（上、下）
A 点在 *B* 点之________；（前、后）
A 点在 *B* 点之________；（左、右）

班级__________　　姓名__________　　学号__________

2-5 在三视图中分析形体上点、直线、平面的投影(续)

2. 对照立体图,在三视图中标出直线、平面的三面投影,并判断其空间位置

(1)

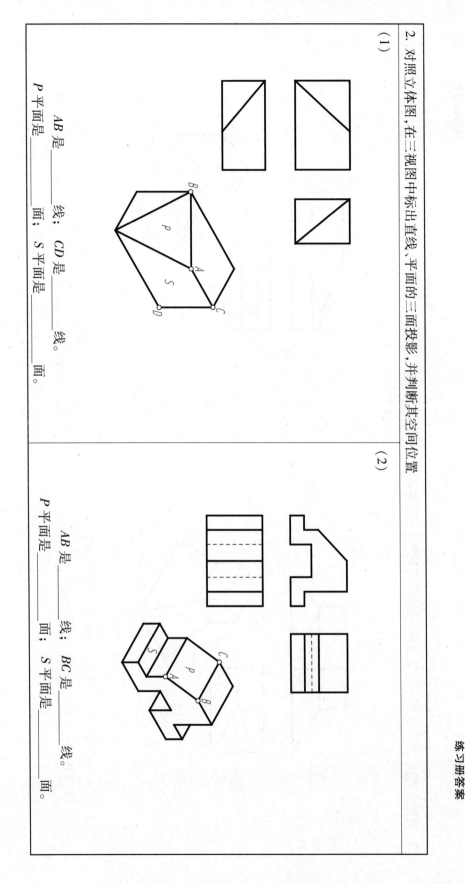

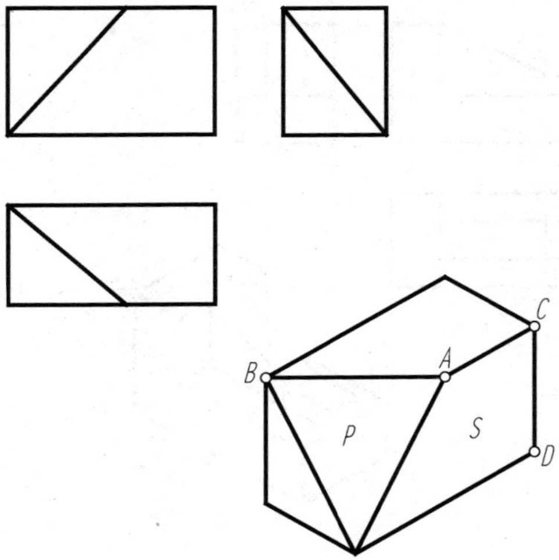

AB 是________线; CD 是________线。
P 平面是__________面; S 平面是__________面。

(2)

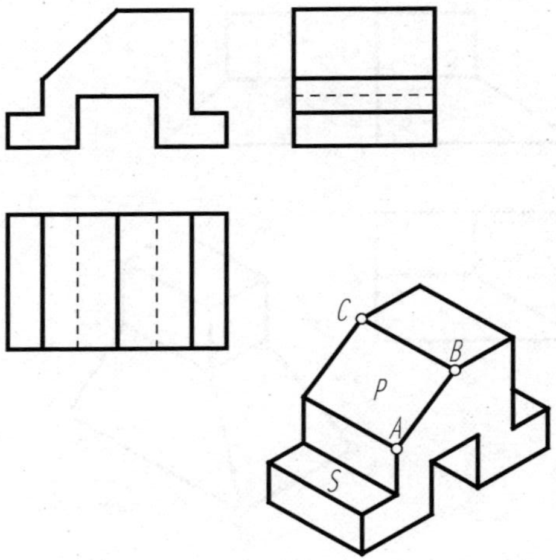

AB 是________线; BC 是________线。
P 平面是__________面; S 平面是__________面。

班级__________ 姓名__________ 学号__________

2-5 在三视图中分析形体上点、直线、平面的投影(续)

3. 对照立体图,在三视图中标出直线、平面的三面投影,并判断其空间位置

(1)

AB 是________线； BC 是________线。

P 平面是__________面； S 平面是__________面。

(2)

AB 是________线； CD 是________线。

P 平面是__________面； S 平面是__________面。

班级__________ 姓名__________ 学号__________

2-6　基本体

1. 画平面立体的三面投影	
(1)已知正六棱柱高度 40mm,底面正六边形边长 15mm，画三视图	(2)已知正三棱锥高度 50mm,底面正三角形边长 40mm,画三视图

班级__________　　姓名__________　　学号__________

2-6 基本体(续)

2. 根据两视图分析不完整回转体的形状,补画第三视图

(1)

(2)

(3)

3. 已知形体的左视图,它由四个同轴回转体组合而成,构思形状,画出形体的主视图

班级__________　　姓名__________　　学号__________

2-7 截交线

1. 分析平面体的截交线,求作第三视图	
(1)	(2)
(3)	(4)

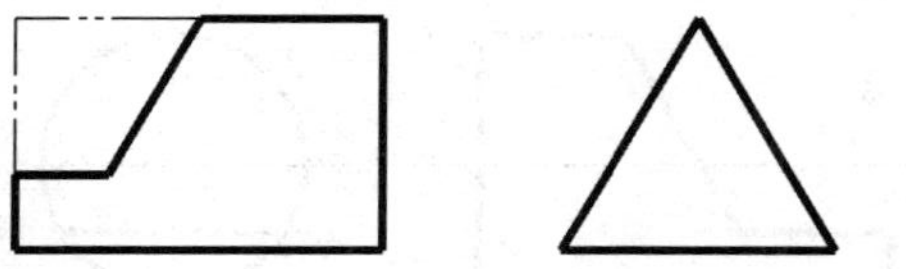

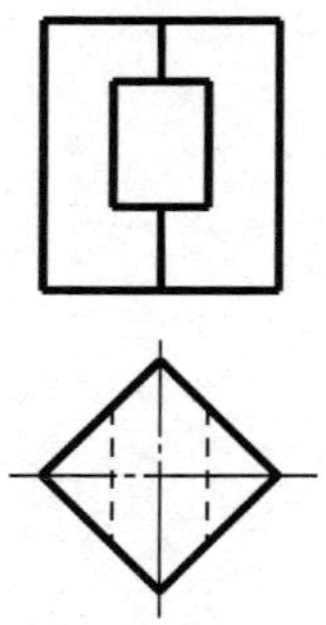

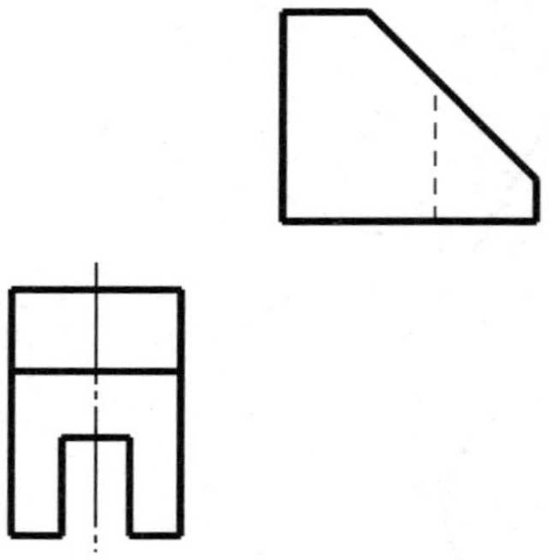

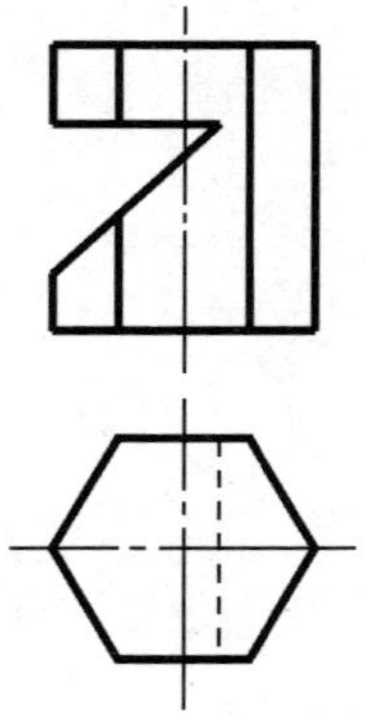

班级________　　姓名________　　学号________

2-7　截交线(续)

2. 分析回转体的截交线,完成三视图

(1)

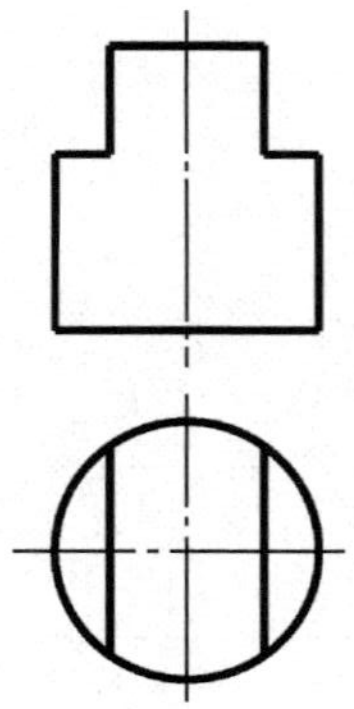

(2)

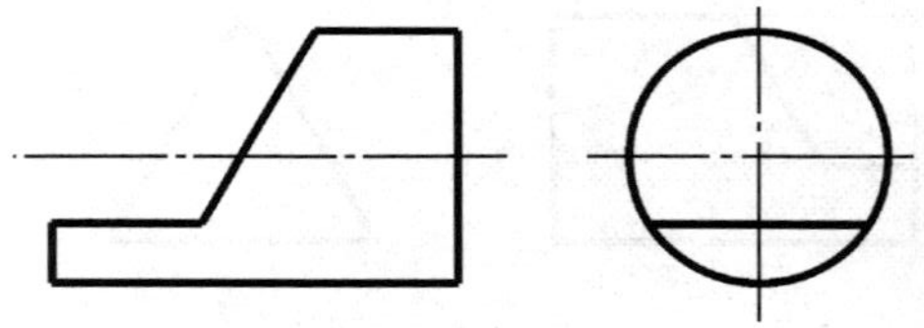

(3)

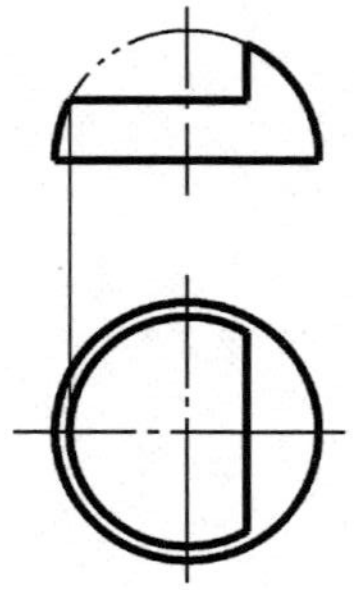

(4)

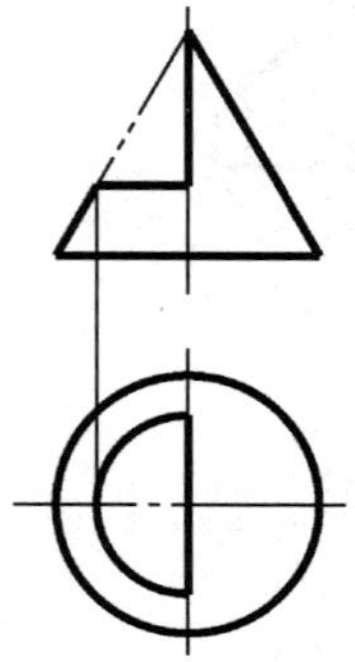

班级________　　姓名________　　学号________

2-8 相贯线

练习册答案

分析相贯线，补全其投影	
（1）	（2）
（3）	（4）

班级________ 姓名________ 学号________

2-9 轴测图

1. 画出下列立体的正等测图，并补画出第三视图

(1)

(2)

班级__________ 姓名__________ 学号__________

2-9 轴测图(续)

2. 画出下列立体的正等测图

(1)

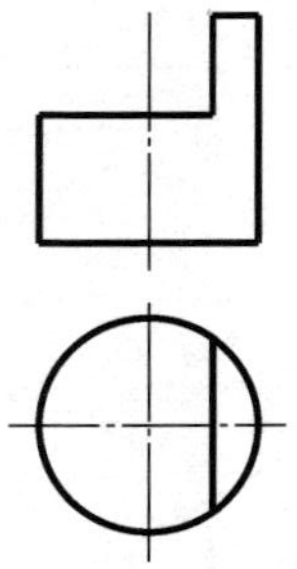

(2)

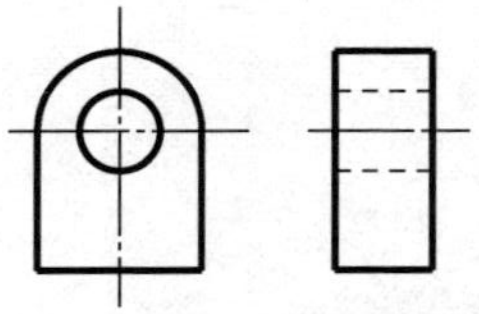

3. 画出下面形体的斜二测图

(1)

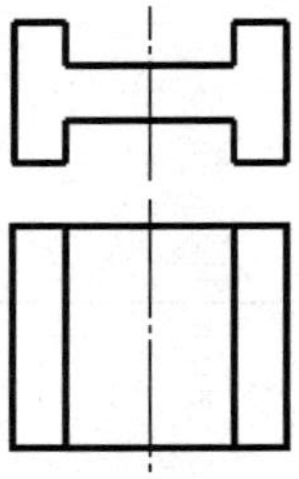

(2)

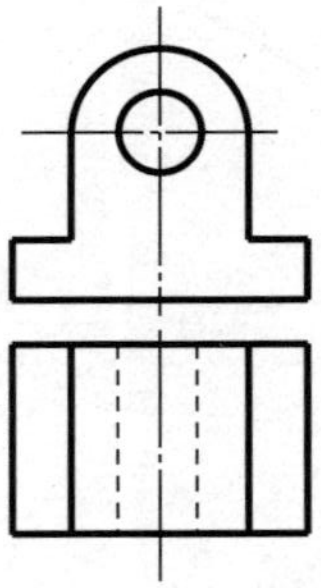

班级________ 姓名________ 学号________

第三章　组　合　体

3-1　画组合体三视图

练习册答案

根据轴测图，按 1：1 的比例绘制三视图

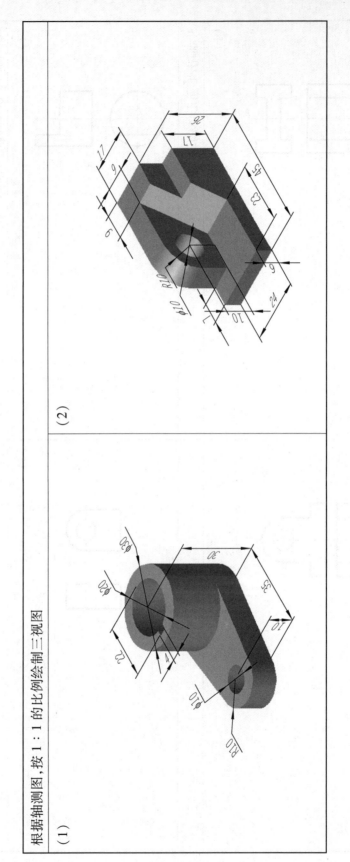

（1）

（2）

班级__________　　姓名__________　　学号__________

3-2 综合训练:画组合体三视图并标注尺寸

作业指导

1. 作业目的

(1)初步掌握由轴测图画组合体三视图的方法,提高绘图技能。

(2)练习组合体的尺寸标注。

2. 内容与要求

(1)根据轴测图画三视图,并标注尺寸。

(2)图幅、比例自定。

3. 作图步骤

(1)形体分析,搞清各部分的形状、相对位置、组合形式、表面连接关系。

(2)选主视图,主视图应最明显地表达形体的形状特征。

(3)布置视图位置,画底稿。

(4)检查底稿,描深。

(5)标注尺寸,填写标题栏。

4. 注意事项

(1)布置视图时,要注意留有标注尺寸的位置。

(2)标注尺寸时应做到正确、完整、清晰。

(3)保证图面质量,线型、字体、箭头要符合要求,多余的图线要擦去。

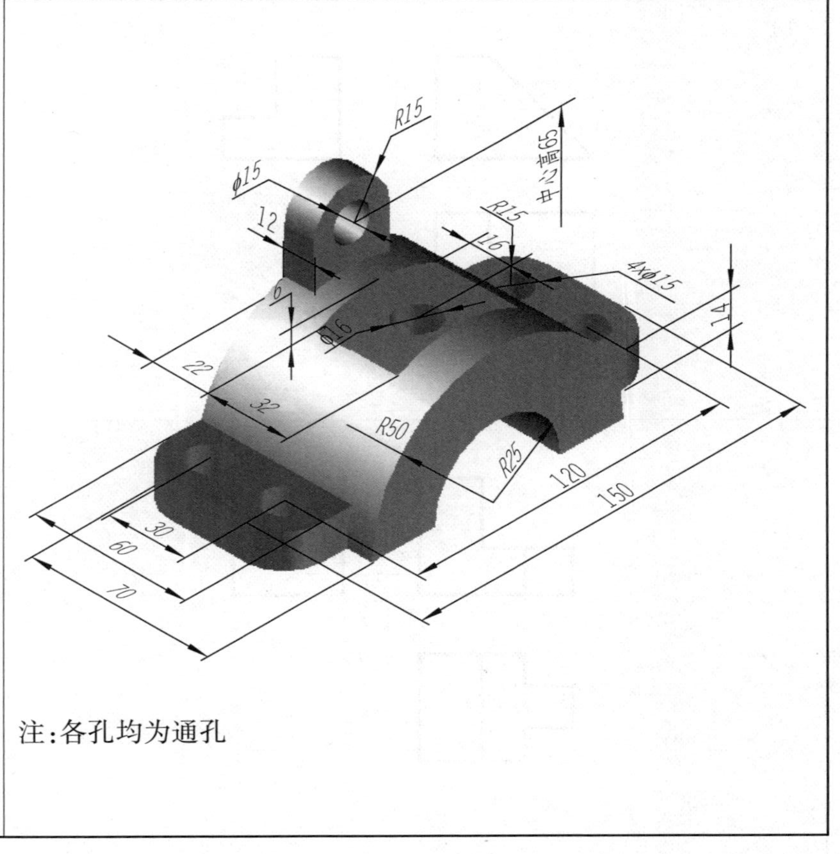

注:各孔均为通孔

班级__________ 姓名__________ 学号__________

3-3　识读组合体视图，补全视图中所缺的图线

练习册答案

（1）

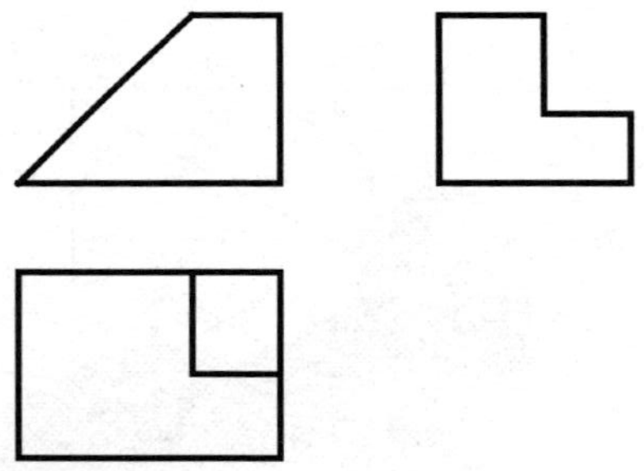

（2）

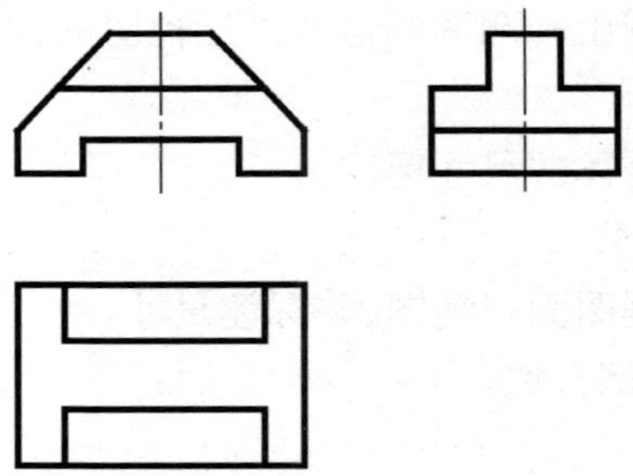

（3）

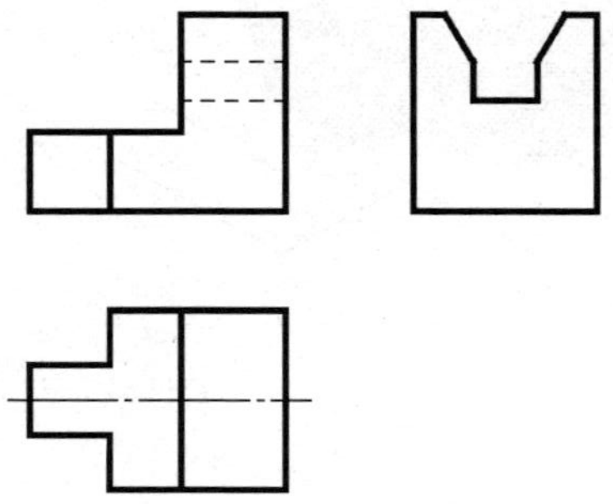

（4）

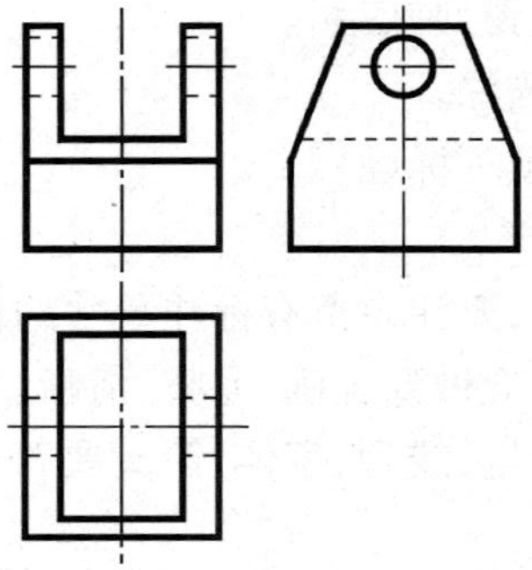

班级________　　姓名________　　学号________

3-4 识读组合体视图，补全视图中所缺的图线

(1)

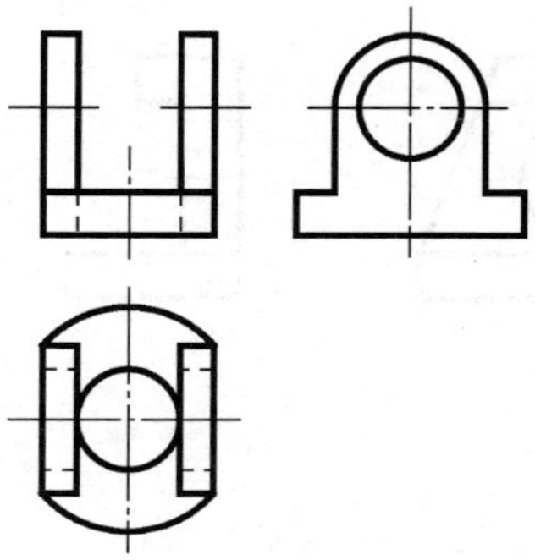

(2)

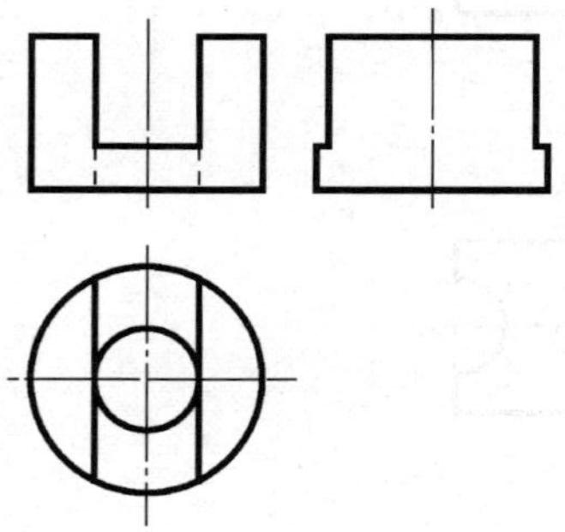

(3)

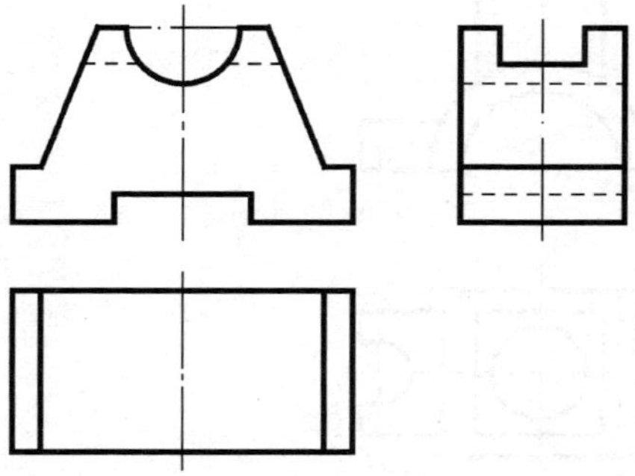

(4)

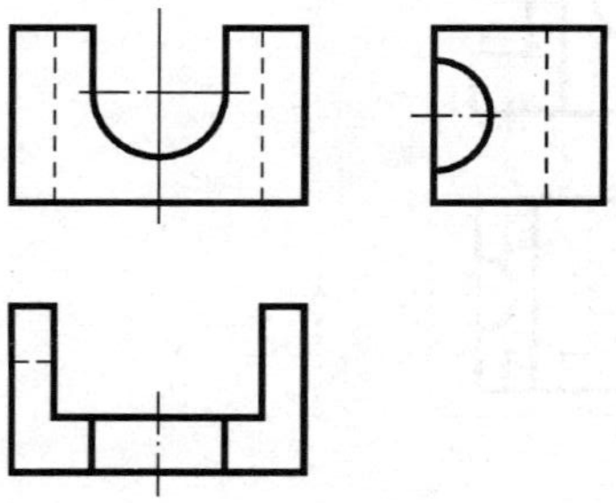

班级__________ 姓名__________ 学号__________

3-5 识读组合体视图，由两视图补画第三视图

(1)	(2)
(3)	(4)

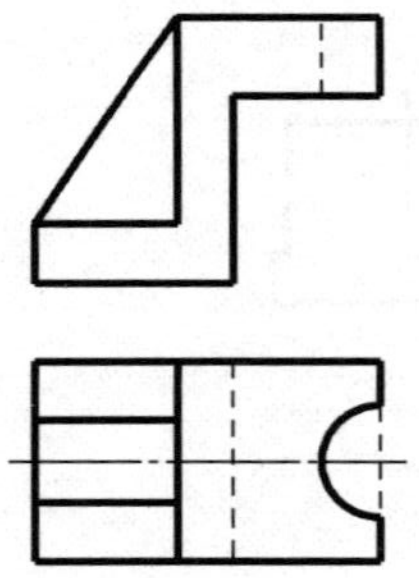

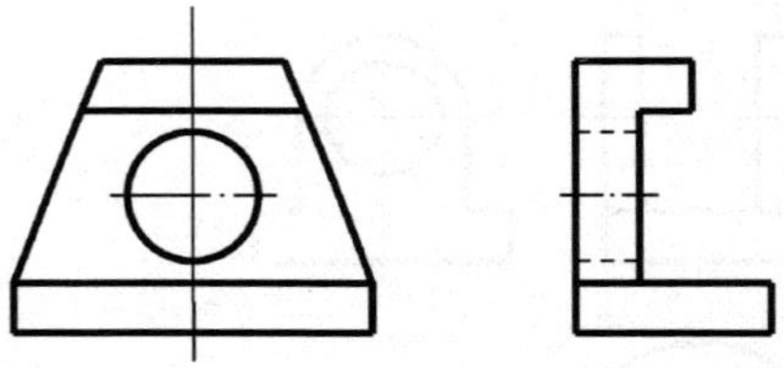

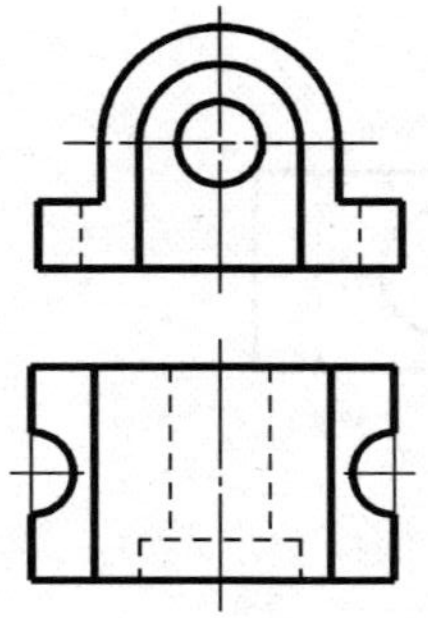

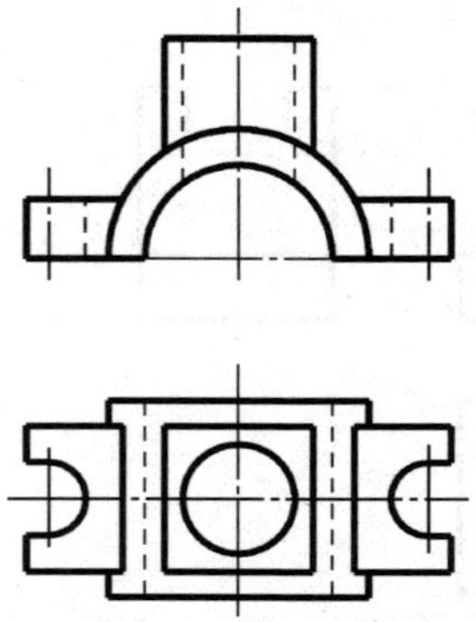

班级__________　　　　姓名__________　　　　学号__________

3-6 识读组合体视图，由两视图补画第三视图

练习册答案

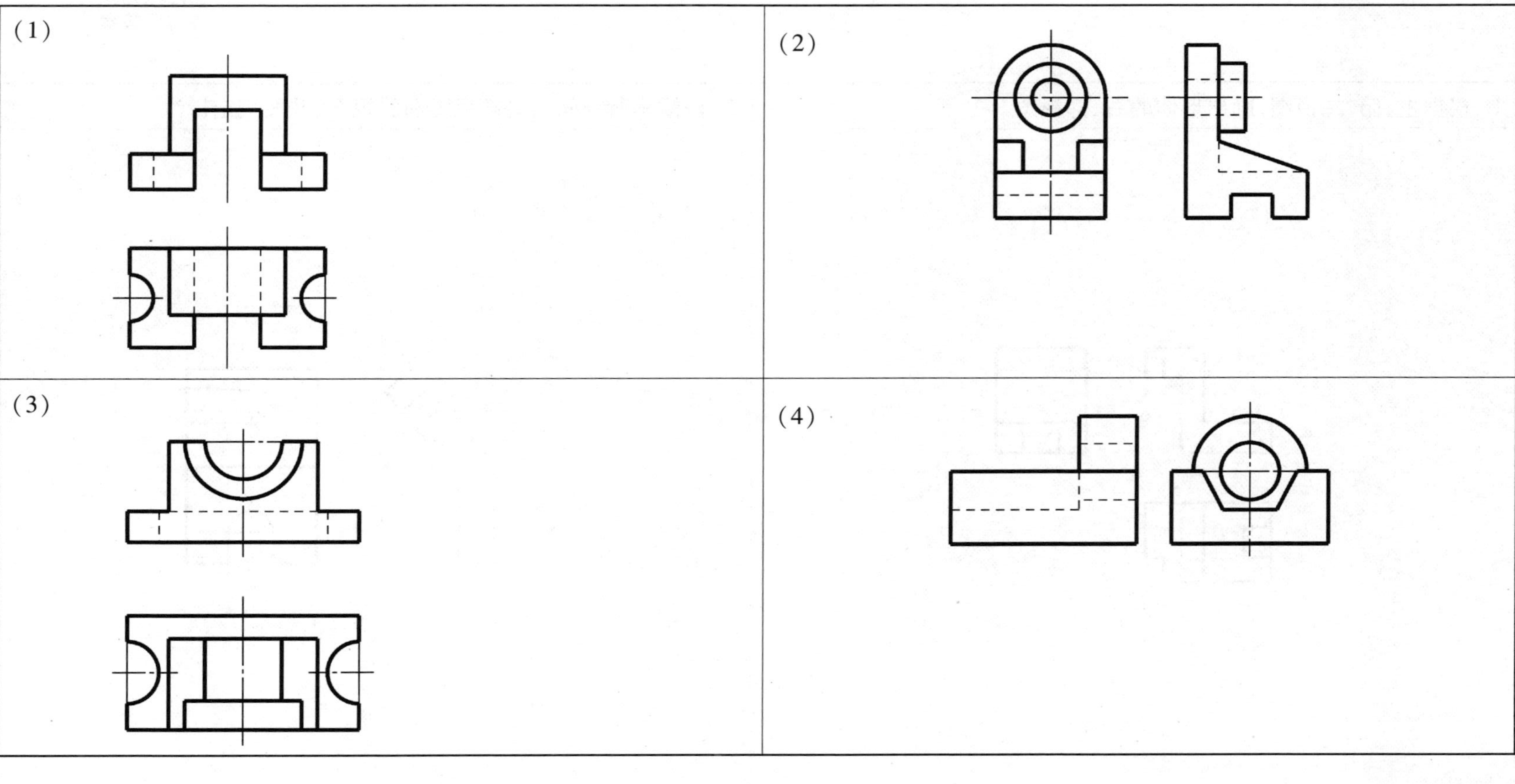

（冯刚利）

班级________ 姓名________ 学号________

第四章　机件的表达方法

4-1　基本视图和向视图

1. 根据主、俯、左视图，画出形体的右、仰视图	2. 按箭头所指画出局部视图和斜视图，并按规定标注
	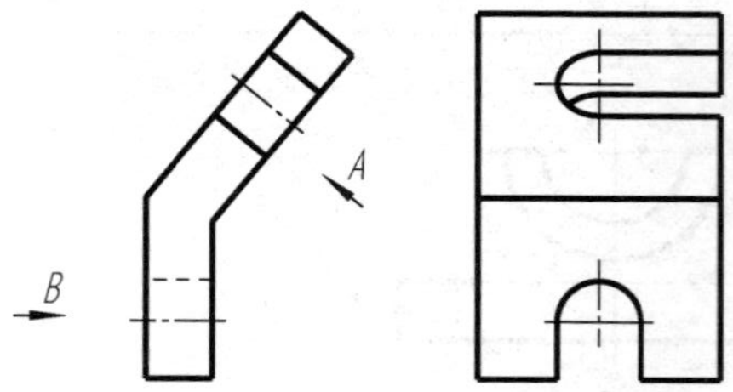 A B

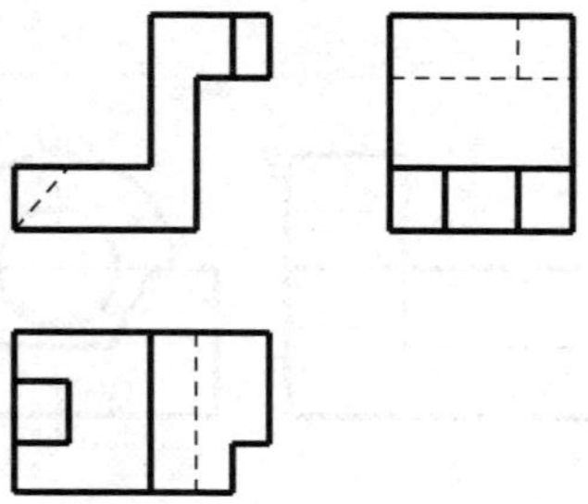

班级__________　　姓名__________　　学号__________

4-2　剖视图

将形体的主视图改画成剖视图，画在下面的线框内

(1)

(2)

班级__________　　姓名__________　　学号__________

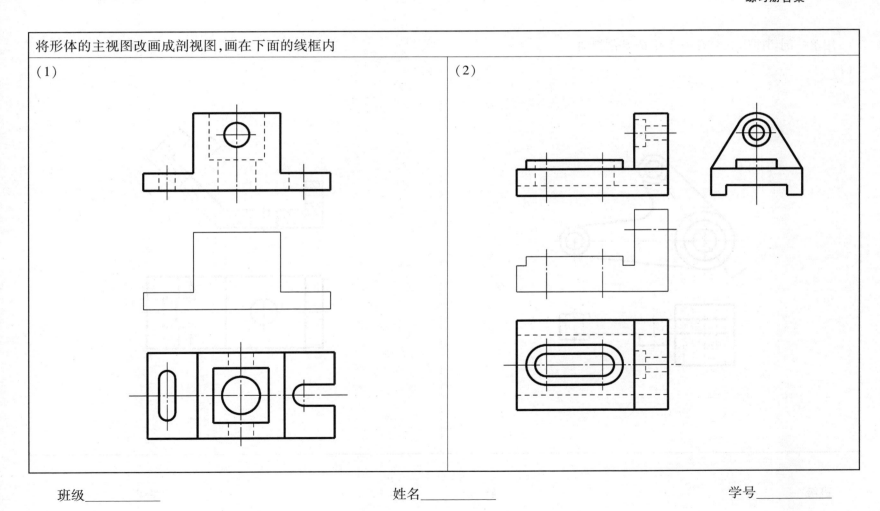

4-3 剖切面

练习册答案

1. 用单一剖切面作机件的 $A-A$ 和 $B-B$ 剖视图

(1)　　(2)

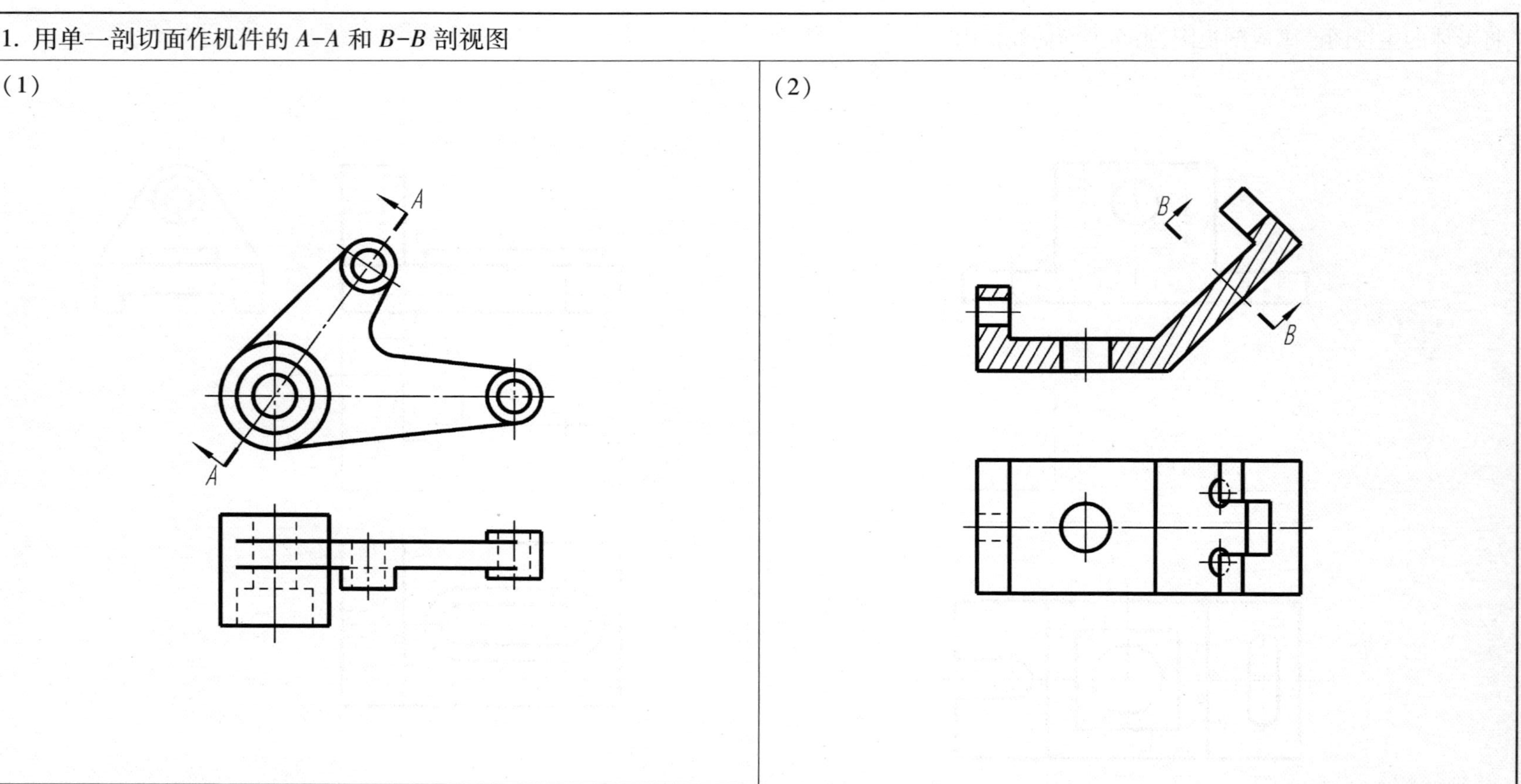

班级________　　姓名________　　学号________

练习册答案

2. 用几个相互平行的剖切面,将形体的主视图改画成剖视图,并按规定标注

(1)　　(2)

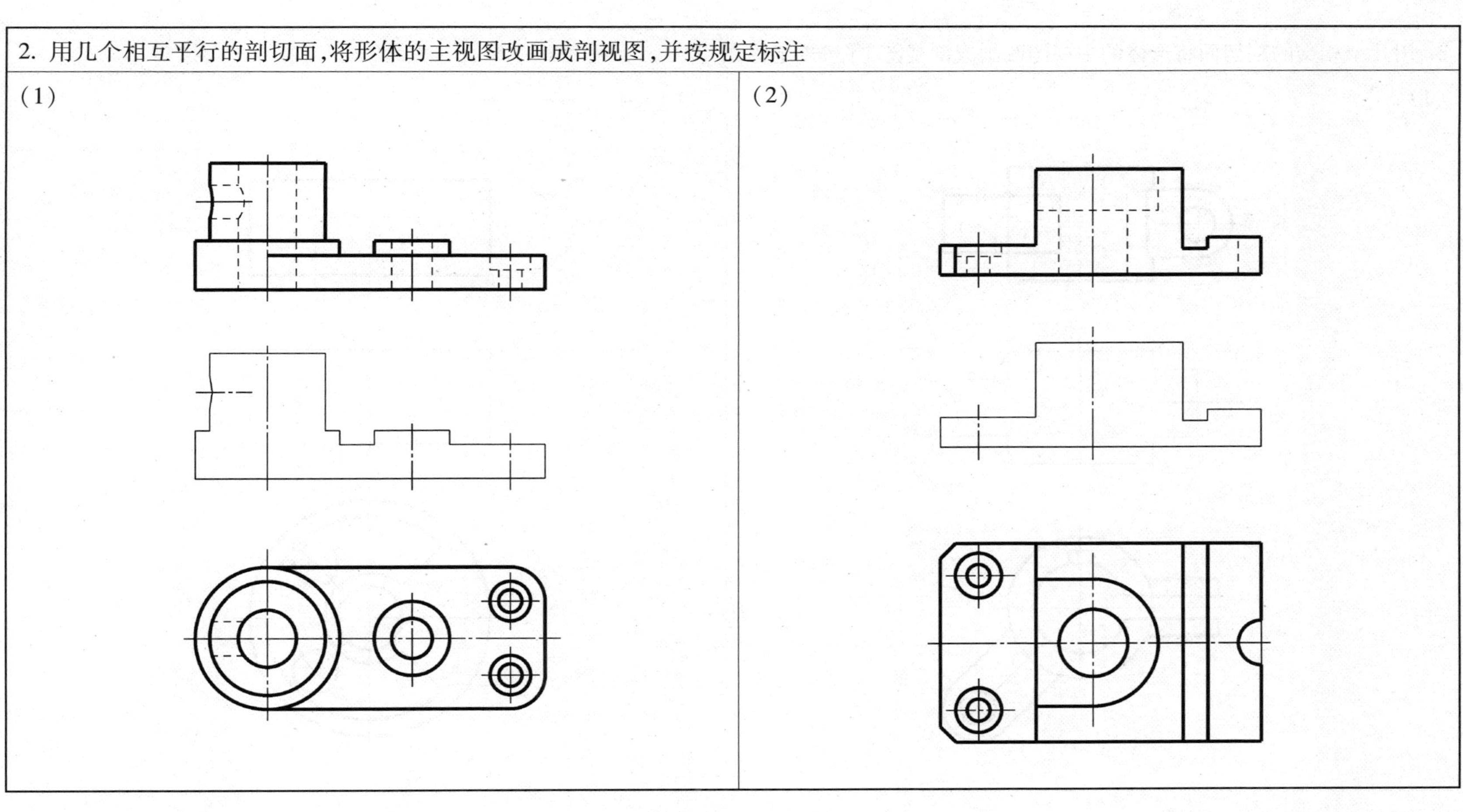

班级________　　姓名________　　学号________

3. 用几个相交的剖切面将形体的主视图改画成剖视图,并按规定标注

(1)

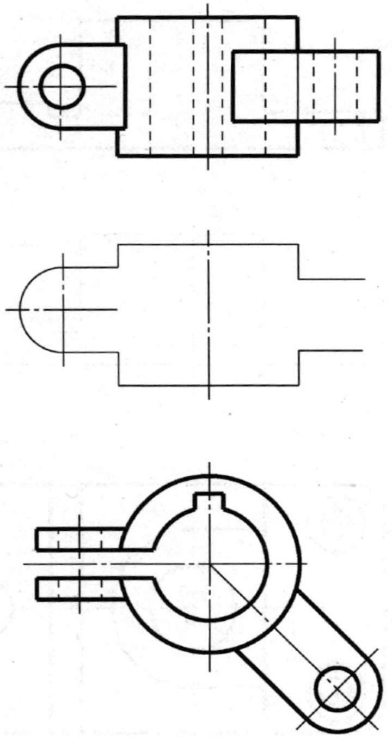

(2)

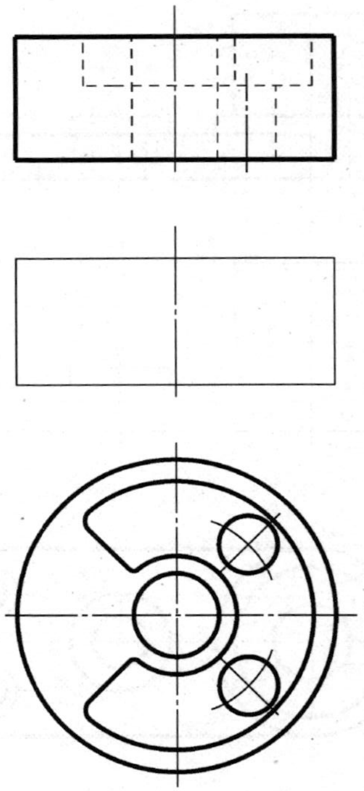

班级__________　　姓名__________　　学号__________

4-4 全剖、半剖、局部剖视图

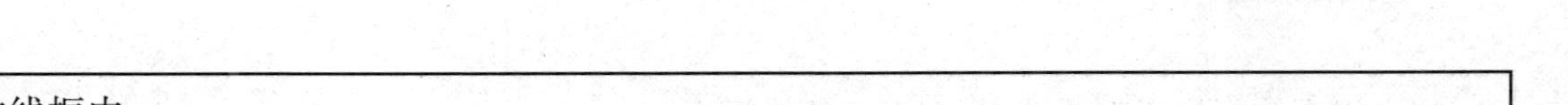

1. 将形体的主视图改画成全剖视图，画在下面的线框内

（1）

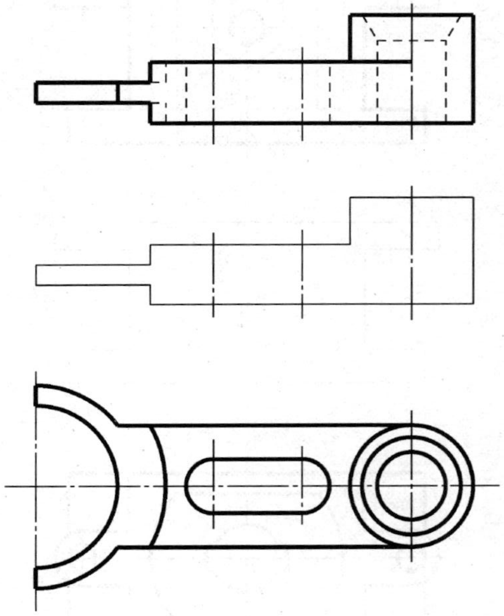

（2）

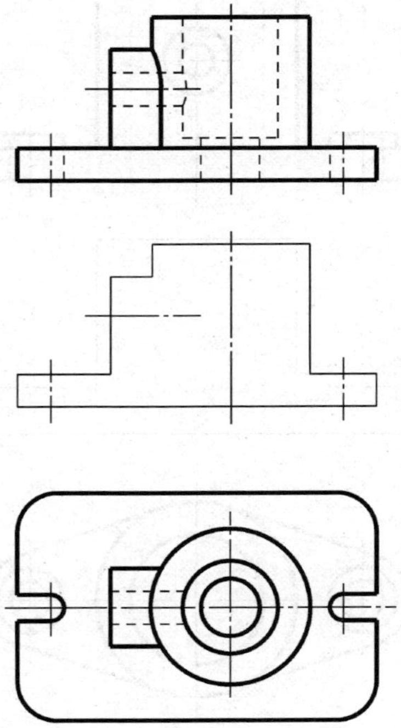

班级__________ 姓名__________ 学号__________

4-4 全剖、半剖、局部剖视图(续)

2. 将主视图改画为半剖视图,画在下面的线框内

(1)

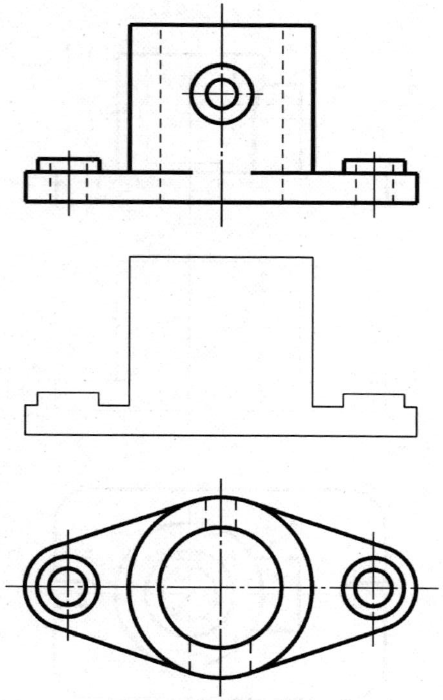

(2)

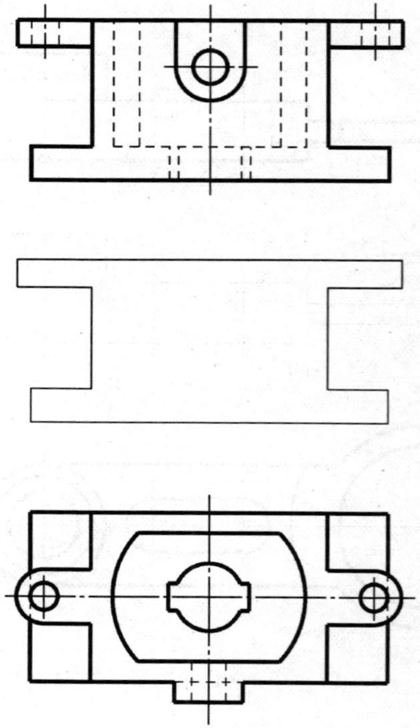

班级________　　姓名________　　学号________

4-4 全剖、半剖、局部剖视图(续)

3. 将主、俯视图画成局部剖视图

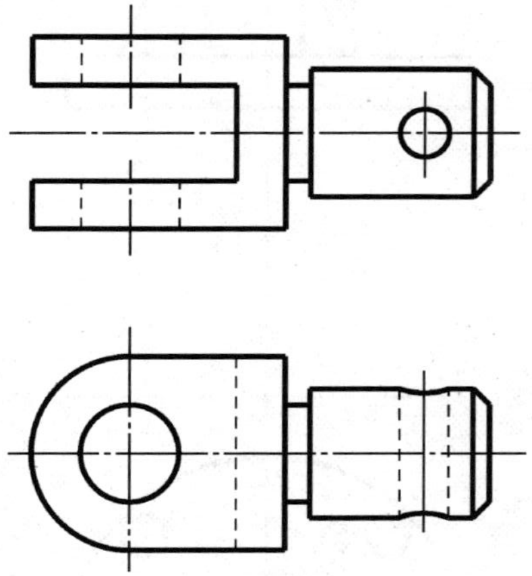

4. 将形体的主、俯视图画成局部剖视图(画在右侧)

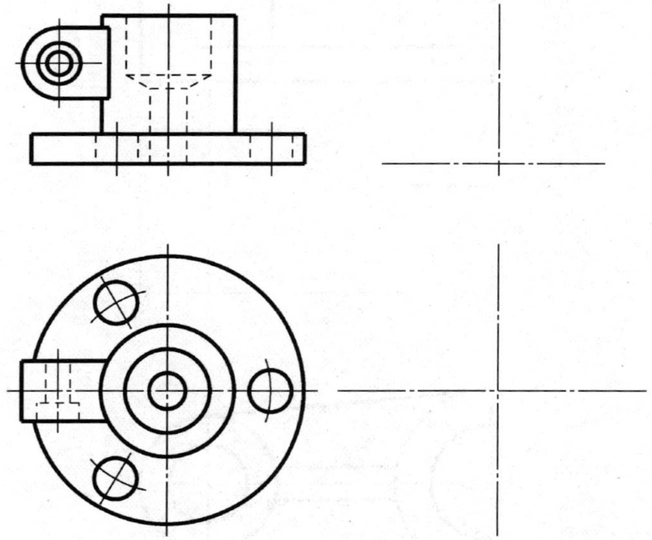

班级__________ 姓名__________ 学号__________

4-5　剖视图的规定画法

ER-4-9练习册答案

练习册答案

将形体的主视图改画成剖视图	
（1）	（2）

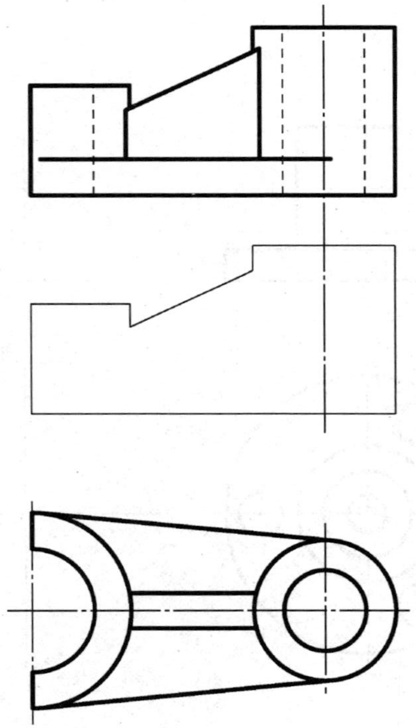

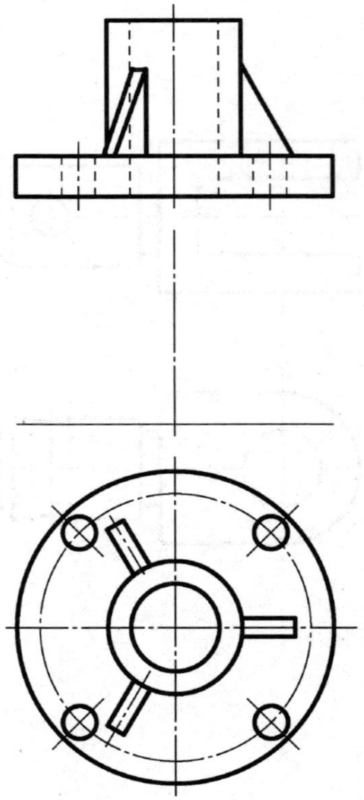

班级__________　　姓名__________　　学号__________

4-6 断面图

ER-4-10练习册答案

练习册答案

在指定的位置作移出断面图(键槽深度为 4mm)

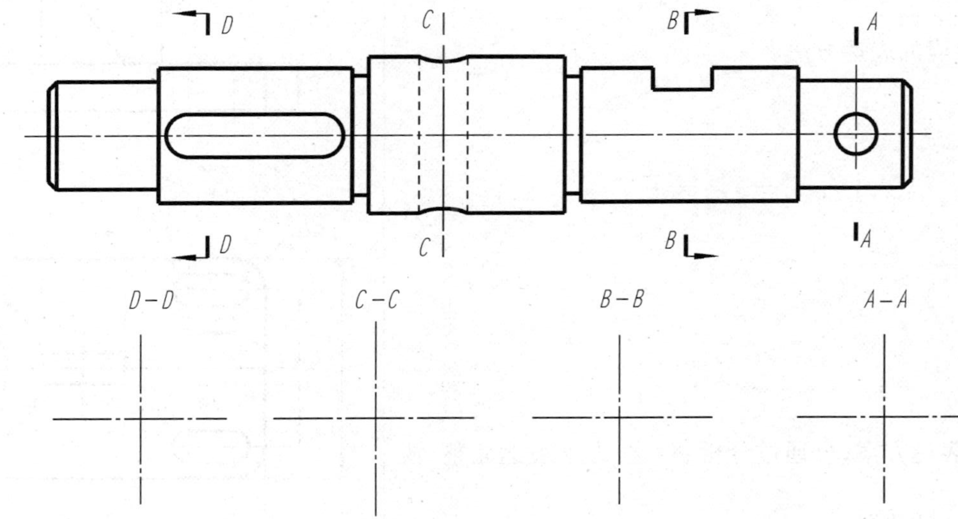

班级________ 姓名________ 学号________

4-7 综合训练：表达方法综合运用

练习册答案

作业指导

一、作业目的

（1）进一步练习剖视图的画法和标注。

（2）培养根据机件的形状特点选择表达方法的能力。

（3）培养绘图和读图技能。

二、内容与要求

（1）根据右边视图，选择恰当的表达方法。

（2）绘图、标注尺寸。

（3）A3 图幅、比例自定。

三、作图步骤

（1）读图，想象机件的形状。

（2）选择表达方案。

（3）画底稿。

（4）画剖面线，标注尺寸。

（5）检查、修改图形。

（6）描深，填写标题栏。

四、注意事项

（1）一个机件可以有几种表达方案，可通过分析、对比，力求表达完整、清晰、简洁。

（2）图形间应留出标注尺寸的位置。

（3）剖视图应按相应的剖切方法直接画出，不必先作视图再改画。

（4）剖面线的方向和间隔应一致。

（5）所注尺寸应根据表达方案合理配置，不一定照搬原视图中的模式。

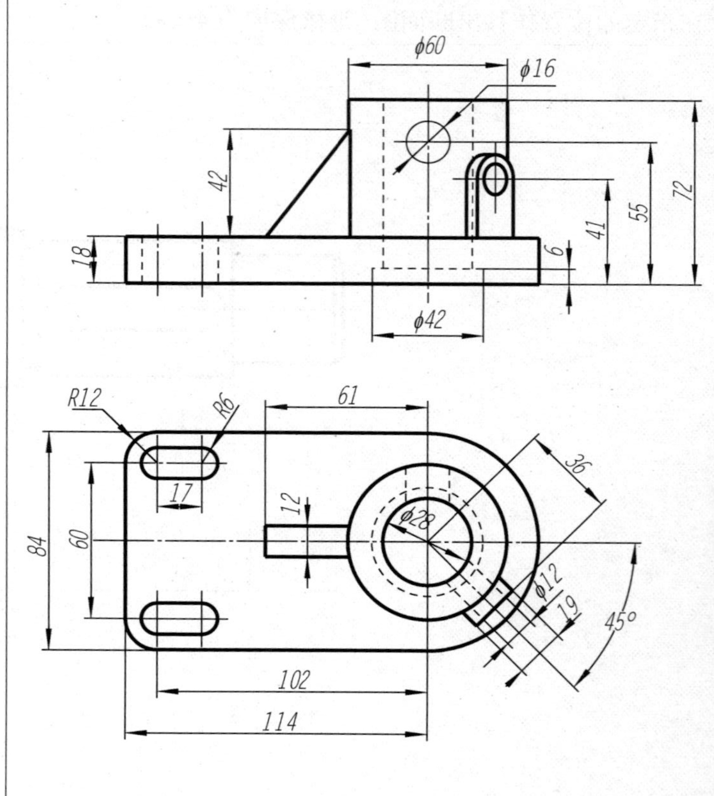

（孙安荣）

班级________ 姓名________ 学号________

第五章　标准件和常用件

5-1　螺纹的画法

分析螺纹及螺纹连接图中的错误，在指定位置画出正确图形

（1）

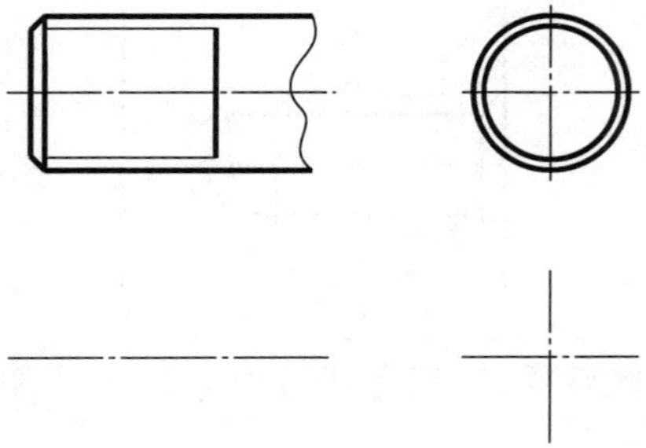

（2）

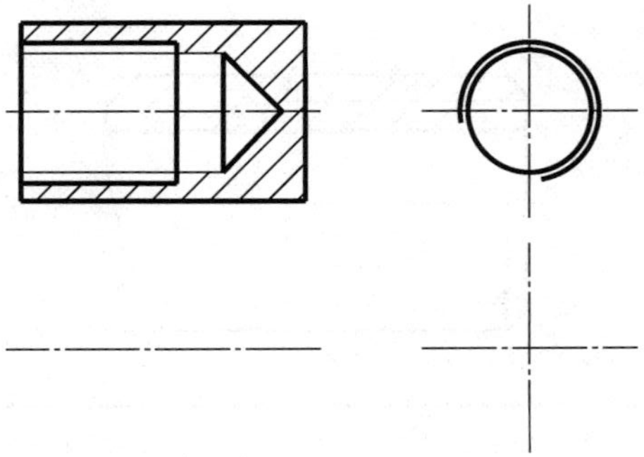

（3）

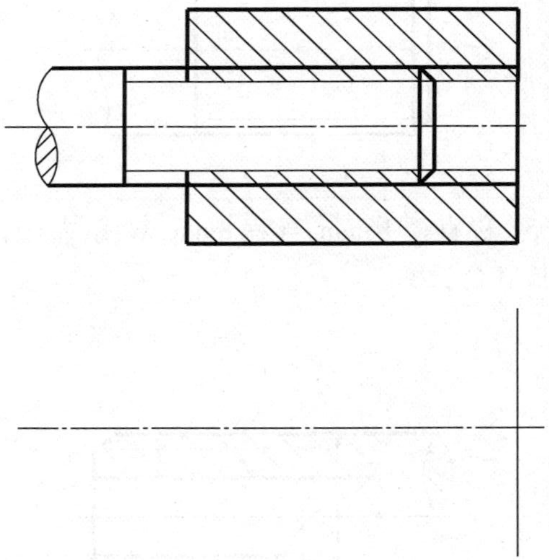

班级＿＿＿＿＿　　姓名＿＿＿＿＿　　学号＿＿＿＿＿

5-2 螺纹的标注

根据给定的要素在图中标注螺纹	
(1)粗牙普通螺纹，公称直径 16mm，右旋，中径和顶径公差带均为 6*g*，中等旋合长度。	(2)细牙普通螺纹，公称直径 10mm，螺距 1mm，右旋，中径和顶径公差带均为 6H，中等旋合长度。
(3)梯形螺纹，公称直径 16mm，导程 8mm，双线，左旋，中径公差带代号为 8e，长旋合长度。	(4)非螺纹密封的管螺纹，尺寸代号为 1/2，公差等级为 A 级，右旋。

班级________ 姓名________ 学号________

5-3 螺栓连接图

分析螺栓连接图中的错误,将正确的连接图画在右面

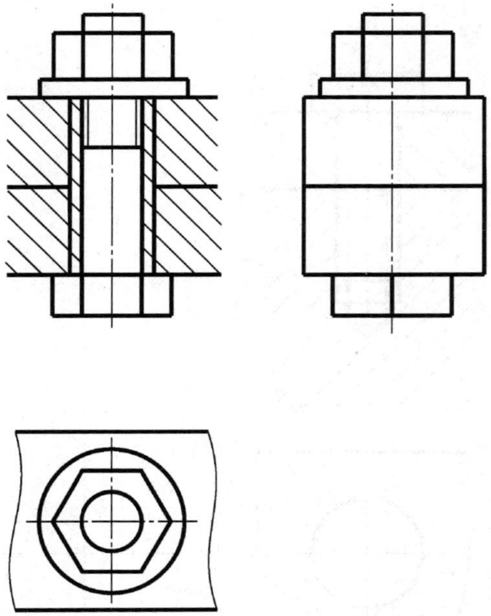

班级__________ 姓名__________ 学号__________

5-4　螺柱、螺钉连接图

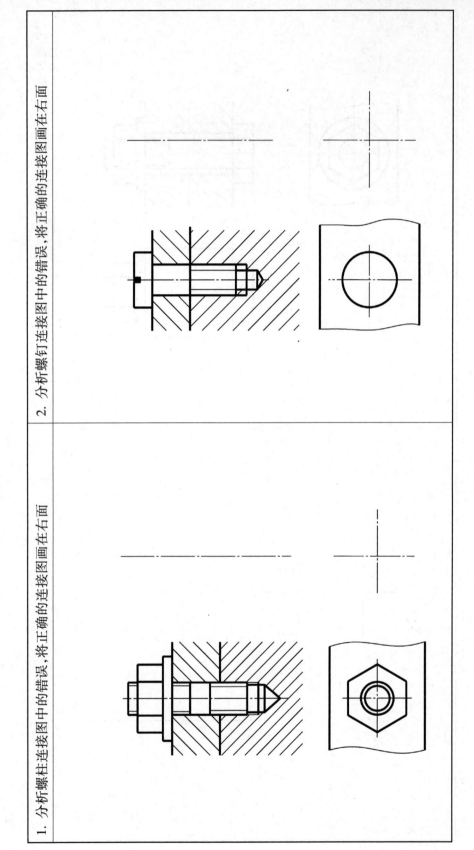

1. 分析螺柱连接图中的错误，将正确的连接图画在右面	2. 分析螺钉连接图中的错误，将正确的连接图画在右面

班级__________　　姓名__________　　学号__________

5-5 键连接图

练习册答案

已知齿轮和轴用 A 型普通平键连接，轴的直径 15mm，键的长度 16mm。查表确定键与键槽的有关尺寸，补全下列各视图和 $A-A$ 断面图。

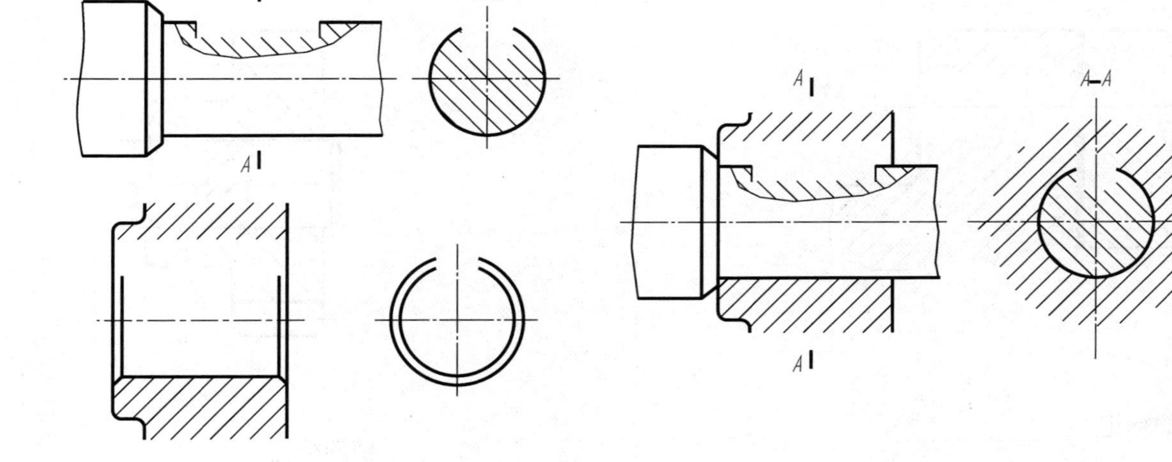

班级__________ 姓名__________ 学号__________

5-6 销连接图

1. 用公称直径 $d=8$mm 的 A 型圆柱销连接，画全销连接的剖视图，并写出销的标记。	2. 用公称直径 $d=6$mm 的 A 型圆锥销连接，画全销连接的剖视图，并写出销的标记。
销的标记__________	销的标记__________

班级________ 姓名________ 学号________

5-7 齿轮

ER-5-7练习册答案

练习册答案

补全直齿圆柱齿轮的两视图，并标注尺寸。已知齿轮的模数 $m=3\text{mm}$，齿数 $z=24$

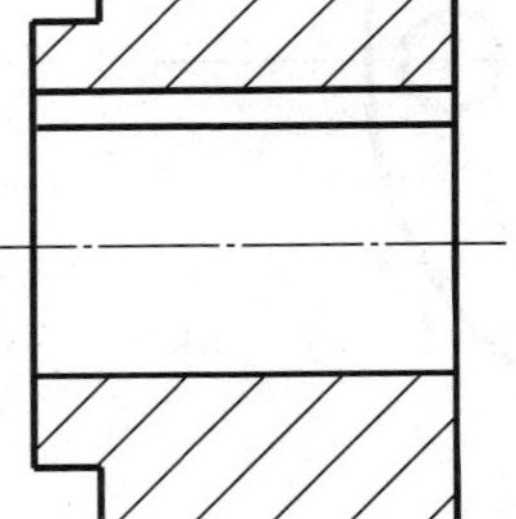

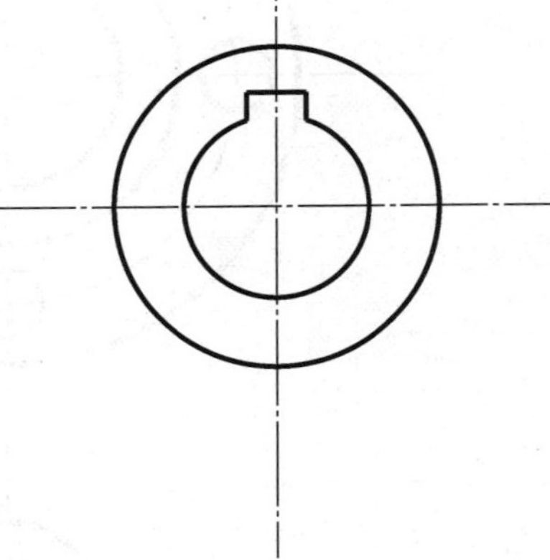

班级__________ 姓名__________ 学号__________

5-8　齿轮啮合

完成一对直齿圆柱齿轮的啮合图。已知两齿轮的模数 $m=3\text{mm}$，大齿轮齿数 $Z_1=23$、小齿轮齿数 $Z_2=11$，试计算其主要尺寸并填在表中

a	
d_1	
d_{a1}	
d_{f1}	
d_2	
d_{a2}	
d_{f2}	

班级＿＿＿＿＿　　姓名＿＿＿＿＿　　学号＿＿＿＿＿

5-9 滚动轴承

用特征画法，按 1∶1 的比例，在齿轮轴的 $\Phi30$ 处画 6206 深沟球轴承一对

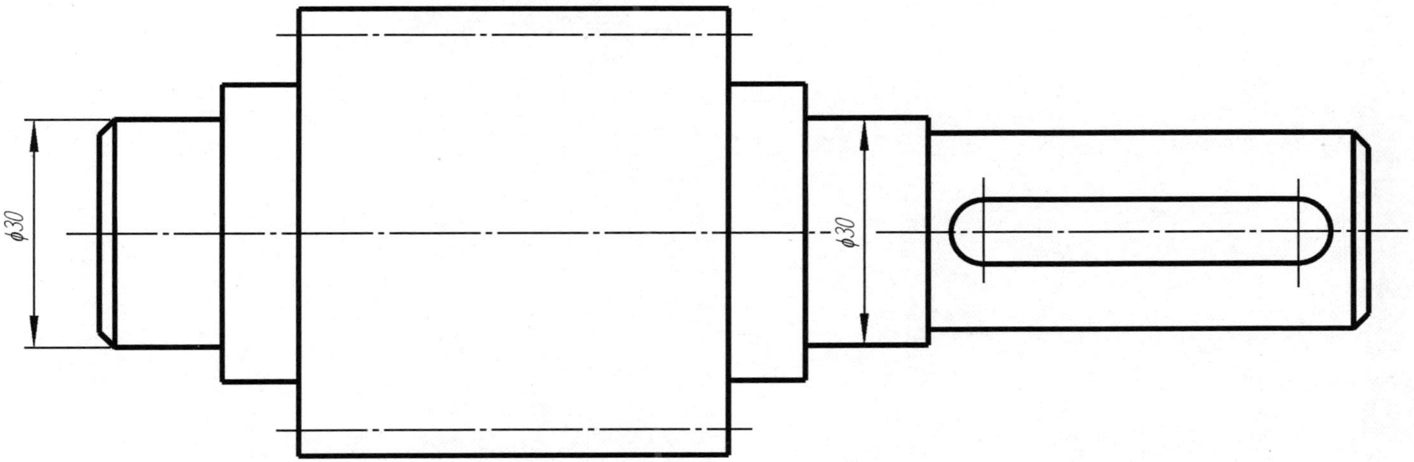

$\phi30$

$\phi30$

（李长航）

班级＿＿＿＿＿＿　　姓名＿＿＿＿＿＿　　学号＿＿＿＿＿＿

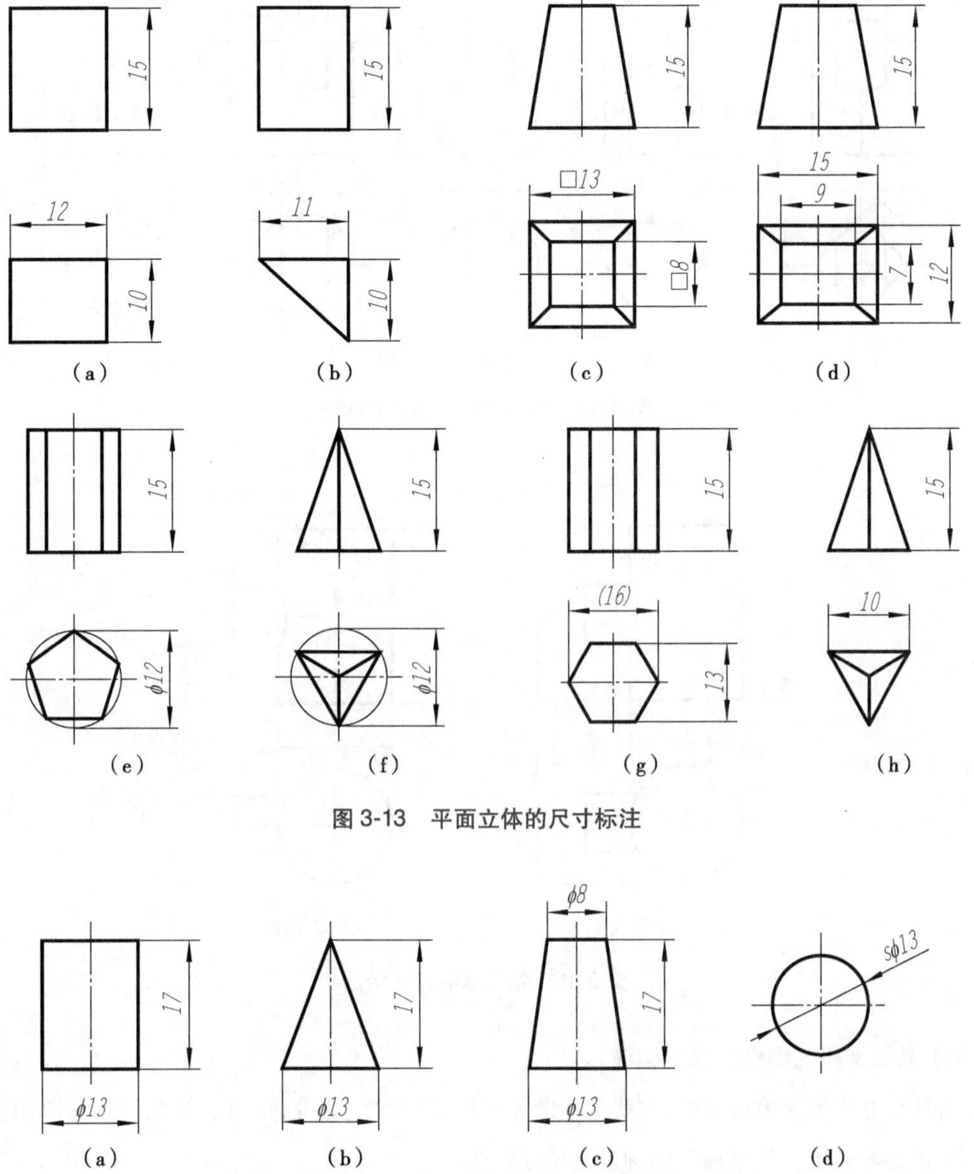

图 3-13 平面立体的尺寸标注

图 3-14 回转体的尺寸标注

(三) 带切口形体的尺寸标注

带切口的立体应标注基本形体的大小尺寸,还要在反映切口特征的视图上标注出确定截平面位置的尺寸,如图 3-15(a)~(e)所示。

当基本体与截平面的相对位置确定后,截交线的形状也随之确定,故不必再标注截交线的形状尺寸(图中打×号的是多余尺寸)。

(四) 相贯体的尺寸标注

两形体相贯时,应标注两基本形体的大小及相互位置尺寸,而不标注相贯线的尺寸,如图 3-16 所示。

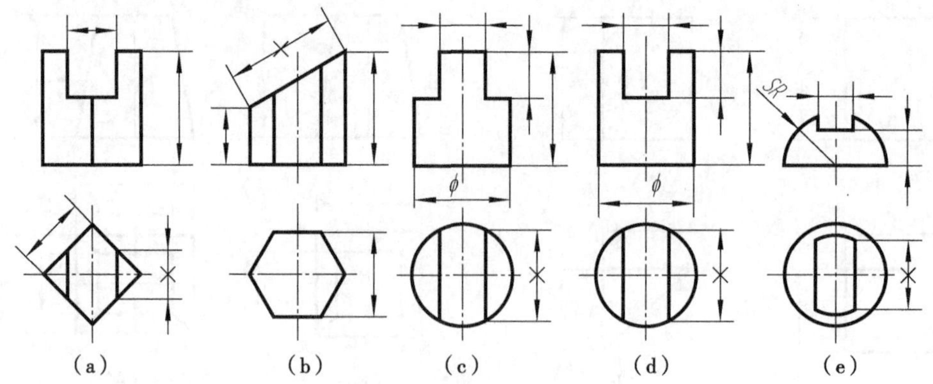

图 3-15 带切口形体的尺寸标注

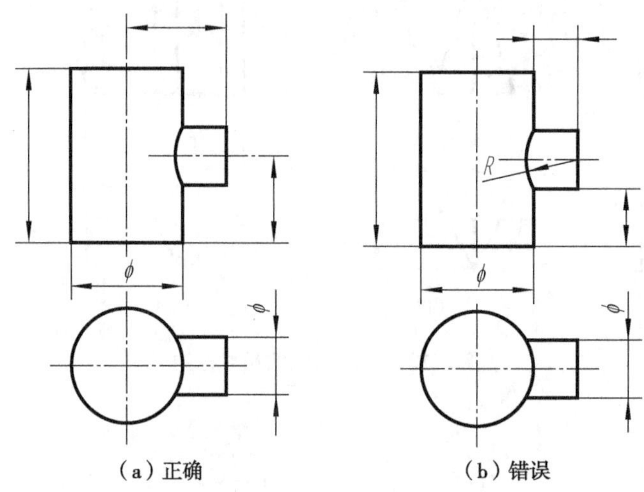

(a) 正确　　(b) 错误

图 3-16 相贯体的尺寸标注

(五)常见结构的图例及尺寸标注

组合体由基本形体组合而成,这些基本形体可以是柱、锥、球等,也可以是它们的简单组合。图 3-17 所示的是零件上常见结构的图例及其尺寸标注。

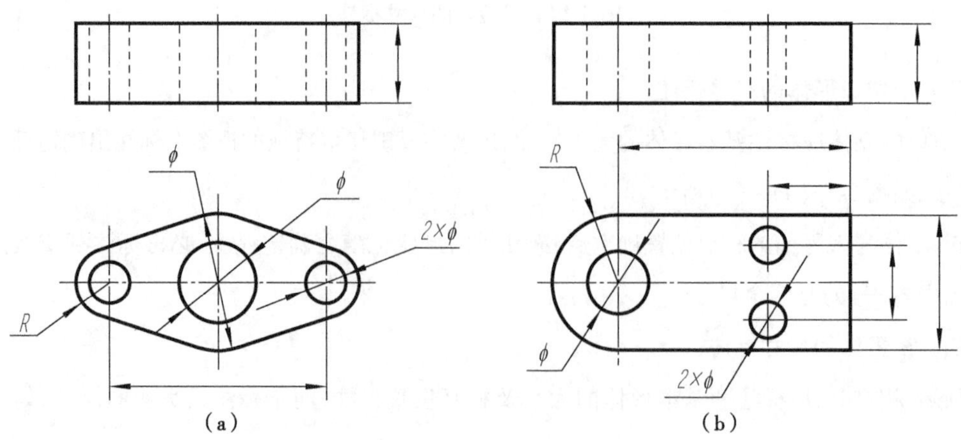

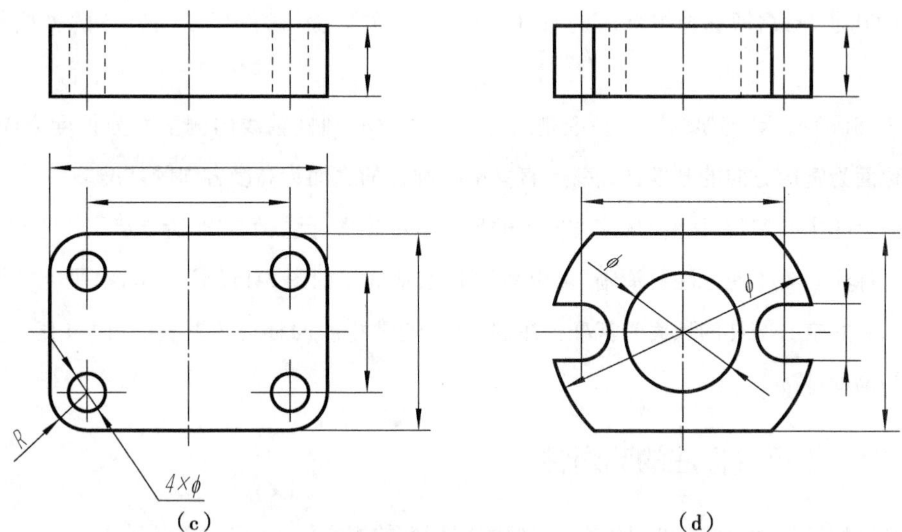

图 3-17 常见结构的图例及其尺寸标注

二、组合体的尺寸种类

课堂活动

分析支架的定形尺寸、定位尺寸，指出尺寸基准。

(一) 定形尺寸

确定组合体各组成部分形状大小的尺寸称为定形尺寸。

如图 3-18(b)所示,确定直立空心圆柱的大小,应标注外径 ϕ72、孔径 ϕ40 和高度 90 三个定形尺寸。底板、肋板和水平空心圆柱的定形尺寸如图 3-18(b)所示。

(二) 定位尺寸

确定组合体各组成部分之间相对位置的尺寸称为定位尺寸。

如图 3-18(d)所示,直立空心圆柱与底板、肋板之间在左右方向的定位尺寸应标注 80 和 56;水平空心圆柱与直立空心圆柱应标注在上下方向的定位尺寸 38,前后方向的定位尺寸 48。

(三) 总体尺寸

确定组合体外形总长、总宽、总高的尺寸称为总体尺寸。

一般情况下,总体尺寸应直接注出,但当组合体的端部为回转面结构时,通常仅注出回转面的圆心或轴线的定位尺寸,而总体尺寸由此定位尺寸和相关的直径(或半径)间接计算得到。如图 3-18(d)的总长、总宽尺寸未直接注出。

三、尺寸基准

所谓尺寸基准,就是标注定位尺寸的起点。

标注定位尺寸时,需要选取尺寸基准。由于组合体有长、宽、高三个方向的尺寸,每一个方向至少要有一个尺寸基准,以便从基准出发确定各部分形体间的定位尺寸。关于基准的确定,一般与作图时的基准一致,即选择组合体的对称平面、较大的底面、端面以及回转体的轴线等作为尺寸基准。

如图 3-18(c)所示,支架的尺寸基准是以通过直立空心圆柱轴线的侧平面为长度方向的基准;以前后对称面为宽度方向的基准;以底板、直立空心圆柱的底面为高度方向的基准。

各方向上的主要定位尺寸应从该方向上的尺寸基准出发标注,但并非所有定位尺寸都必须以同一基准进行标注。为了使标注更清晰,可以另选其他基准。如图 3-18(d)所示,水平空心圆柱在高度方向是以直立空心圆柱的顶面为基准标注的,这时通常将底面称为主要基准,而将直立空心圆柱的顶面称为辅助基准。

四、组合体尺寸标注的清晰性

为保证所标注尺寸的清晰性,除严格按照国家标准的规定外,还需注意以下几点:

1. 形体的定形尺寸应尽量标注在反映该形体形状特征明显的视图上;定位尺寸应力求标注在反映形体间位置明显的视图上。同一形体的定形尺寸和定位尺寸应尽量集中标注,以方便看图时查找。如图 3-18(d)中,底板的多数尺寸集中在俯视图上。

2. 回转体的直径尺寸,特别是多个同圆心的直径尺寸,一般应注在非圆视图上,但半径尺寸必须标注在投影为圆弧的视图上。

3. 应将多数尺寸布置在视图外面,个别较小的尺寸宜注在视图内部。与两视图有关的尺寸,最好注在两视图之间。

4. 尽量避免在虚线上标注尺寸。

5. 内形尺寸与外形尺寸最好分别注在视图的两侧。

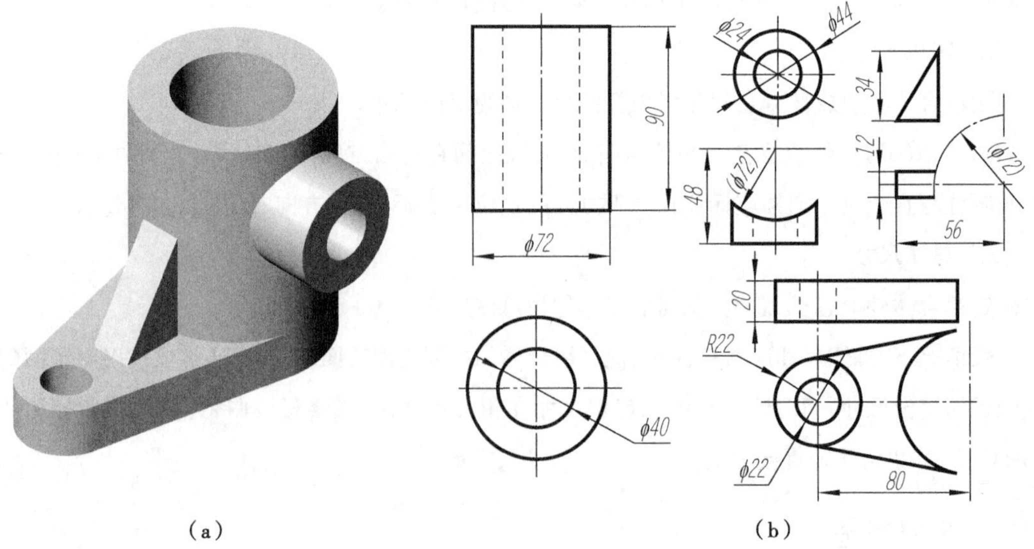

(a)　　(b)

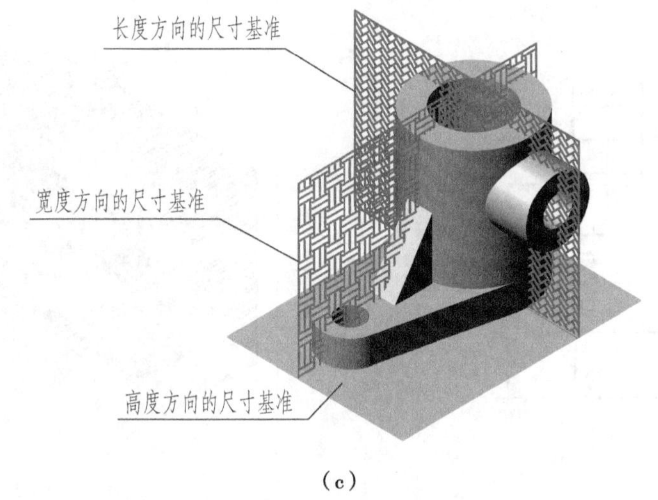

(c)

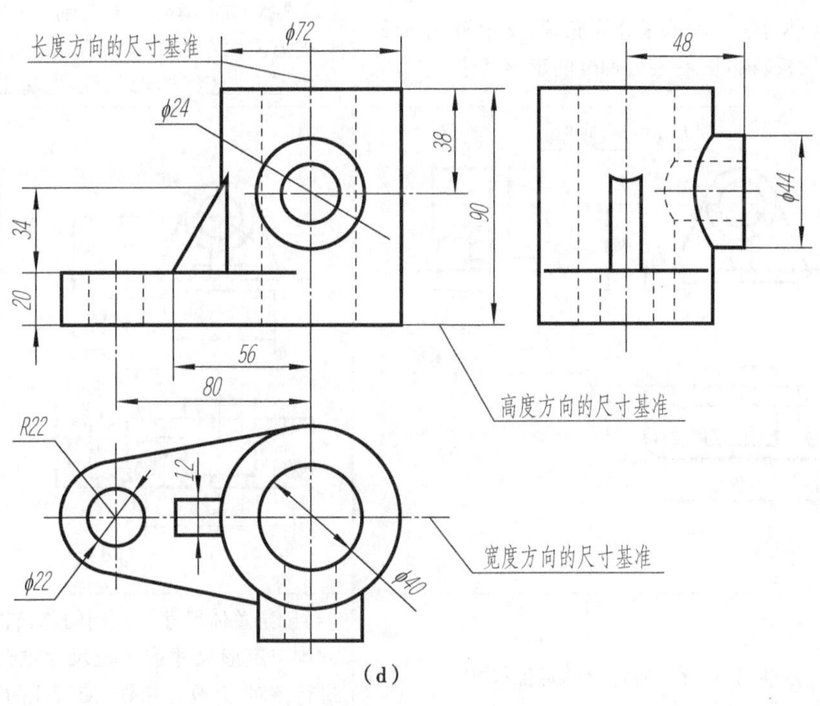

(d)

图 3-18 支架的尺寸分析

五、标注组合体尺寸的方法和步骤

形体分析法也是组合体尺寸标注的基本方法。标注尺寸时，首先运用形体分析法确定每一形体的定形尺寸，再选择尺寸基准并从基准出发确定每一形体的定位尺寸；然后逐一地将各形体的定形、定位尺寸清晰地标注在视图上；最后进行检查、补漏、改错及调整。具体方法和步骤参见表 3-1。

表 3-1 轴承座尺寸标注示例

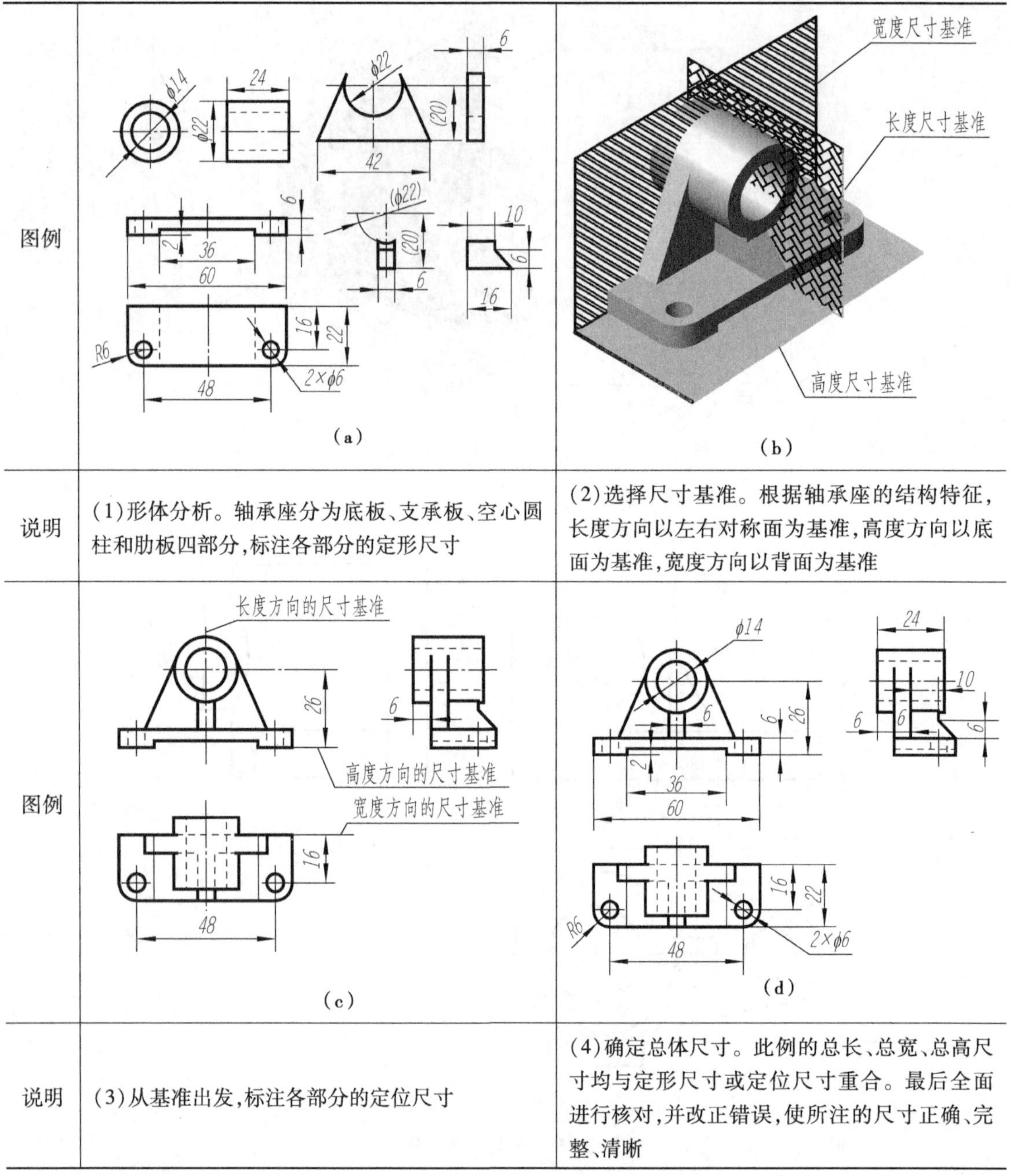

图例	(a)	(b)
说明	(1)形体分析。轴承座分为底板、支承板、空心圆柱和肋板四部分,标注各部分的定形尺寸	(2)选择尺寸基准。根据轴承座的结构特征,长度方向以左右对称面为基准,高度方向以底面为基准,宽度方向以背面为基准
图例	(c)	(d)
说明	(3)从基准出发,标注各部分的定位尺寸	(4)确定总体尺寸。此例的总长、总宽、总高尺寸均与定形尺寸或定位尺寸重合。最后全面进行核对,并改正错误,使所注的尺寸正确、完整、清晰

点滴积累

1. 组合体的尺寸分为定形尺寸、定位尺寸、总体尺寸。
2. 组合体尺寸标准的基本要求是正确、完整、清晰。

目标检测

1. 如图 3-19 所示,指出视图中重复或多余的尺寸(打×),并标注遗漏的尺寸(不标注数字)。

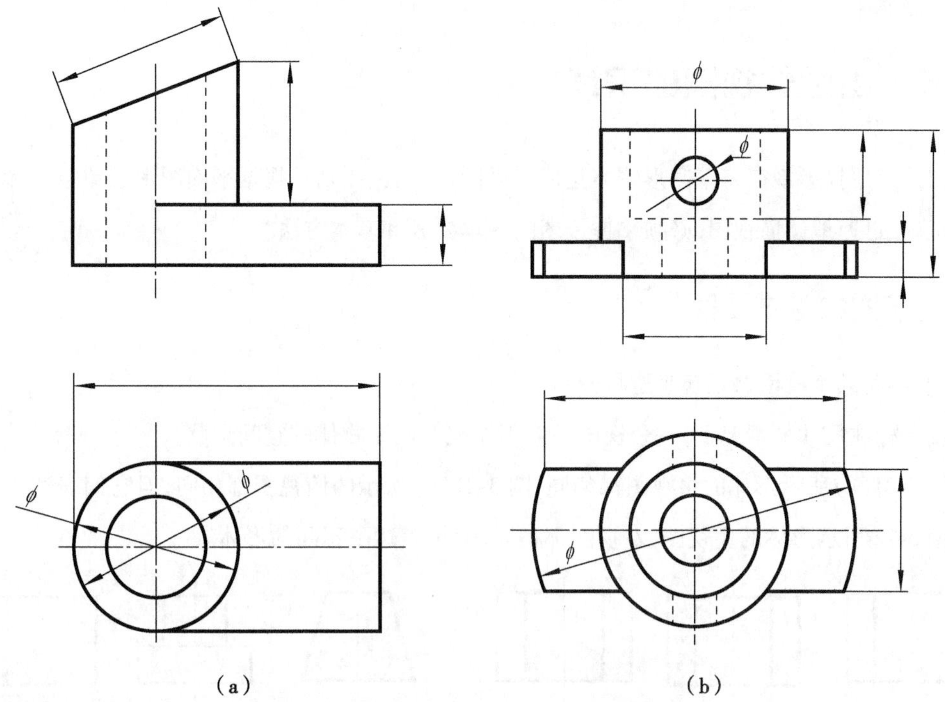

图 3-19 指出重复或多余的尺寸,标注遗漏的尺寸

2. 如图 3-20 所示,标注组合体的尺寸(尺寸大小直接量取,取整数)。

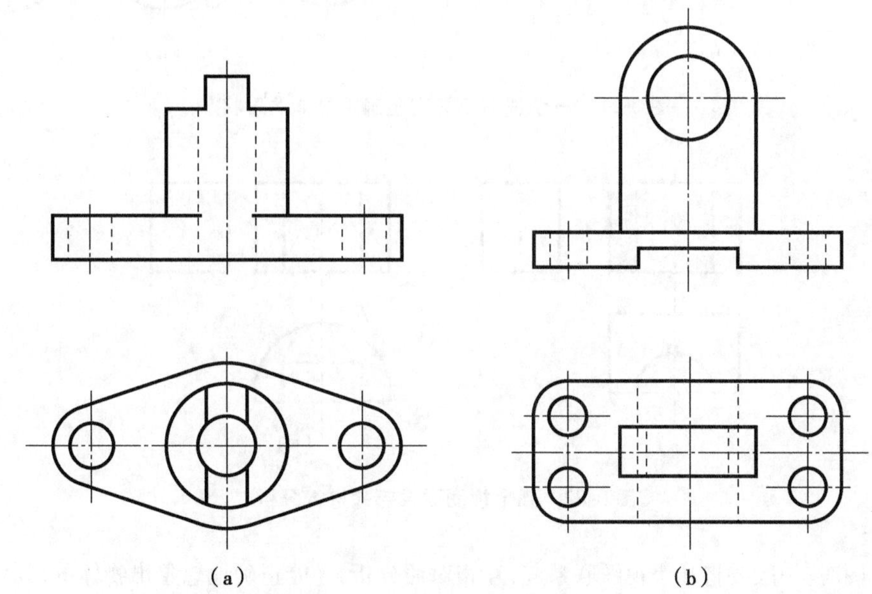

图 3-20 标注组合体的尺寸

扫一扫,知答案

第四节 组合体视图的识读

画图是运用投影规律将空间形体表达成平面图形，而读图则是根据平面图形想象空间形体的形状。要正确、迅速地读懂视图，必须掌握读图的基本要领和基本方法。

一、读图的基本要领

(一) 要将几个视图联系起来进行分析

在没有标注尺寸的情况下，一个视图一般不能完全确定物体的空间形状。

如图 3-21(a)所示形体的主视图都相同，图 3-21(b)所示的俯视图都相同，但它们表达了不同的形体。图 3-22 所示形体的主视图、左视图都相同，但也表达了不同的形体。

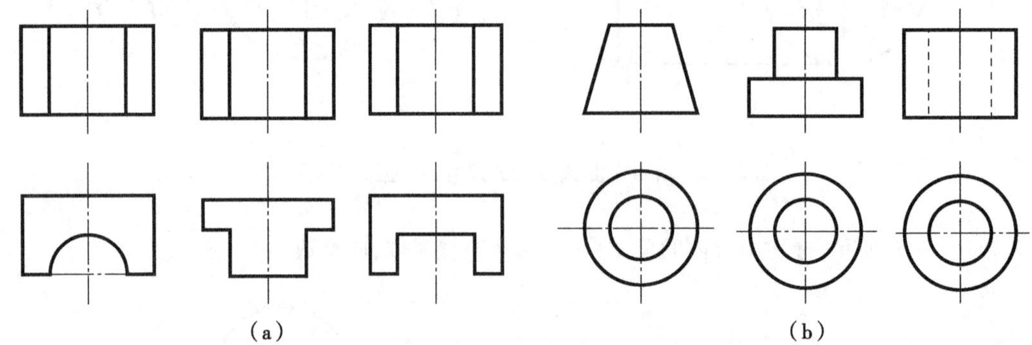

图 3-21 一个视图不能完全确定物体的形状

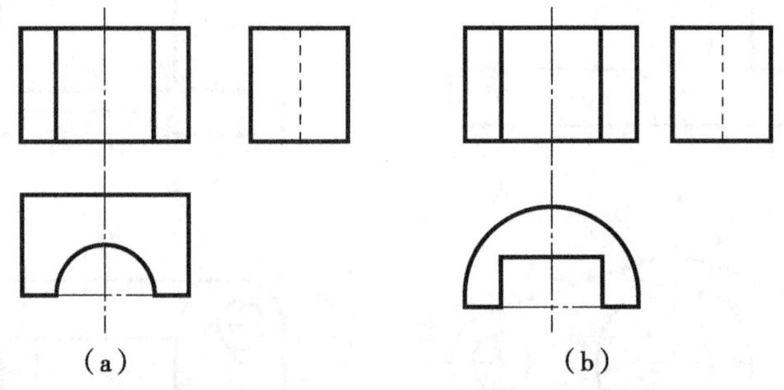

图 3-22 几个视图联系起来进行分析

因此读图时，一般要将几个视图联系起，互相对照分析，才能正确地想象出物体的形状。

(二) 要善于抓住特征视图

能充分表达形体的形状特征的视图称为形状特征视图。

能充分表达各形体之间相互位置关系的视图称为位置特征视图。

一般主视图能较多地反映组合体的整体特征，所以读图时常从主视图入手。但是，由于组合体的组成方式不同，形体不同部分的形状特征及相对位置特征并非均集中在主视图或某一个视图上，有时是分散于各个视图上。

如图 3-23 所示，支架由四个基本形体叠加而成，主视图反映形体 A、B 的形状特征，俯视图反映

形体 D 的形状特征，左视图反映形体 C 的形状特征。

如图 3-24 所示，主视图中的圆和矩形线框反映了形体的形状特征，它们表示的结构可能是孔，也可能是向前的凸台，左视图反映了其位置特征。

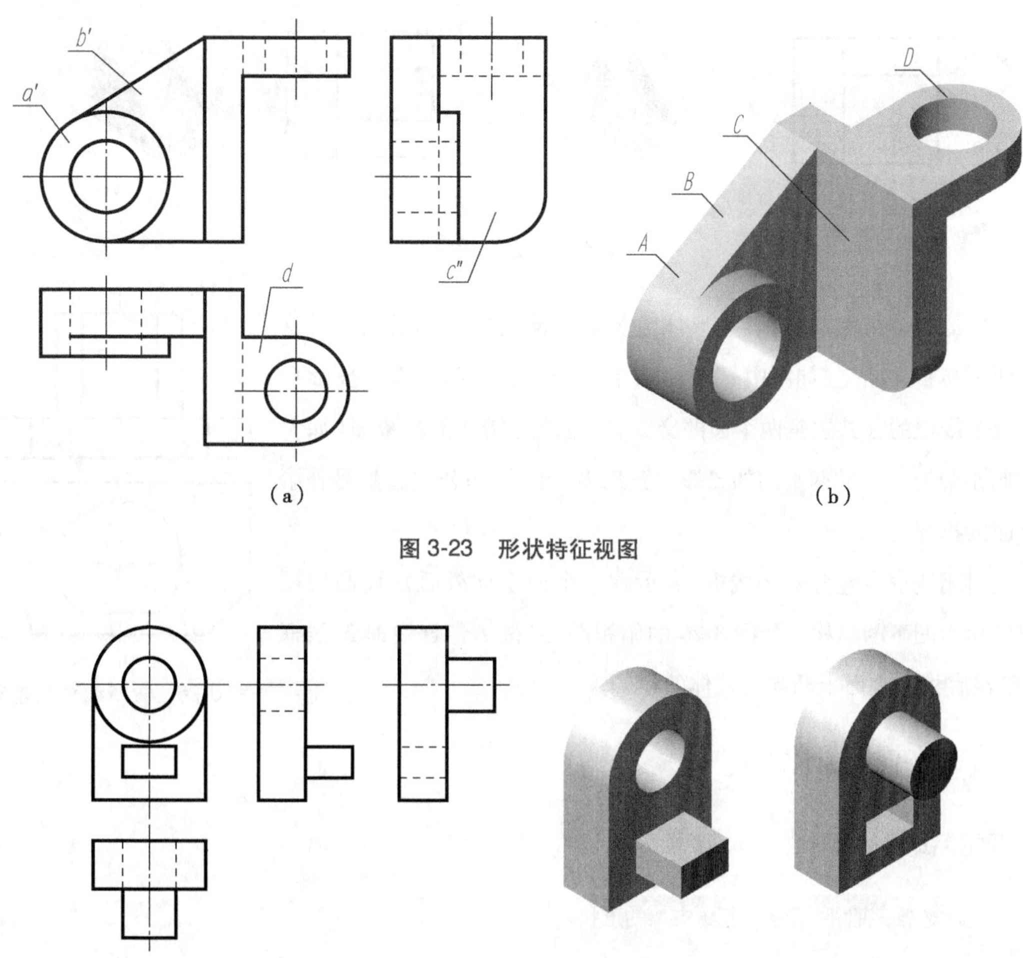

（a） （b）

图 3-23 形状特征视图

（a） （b）

图 3-24 位置特征视图

因此读图时要善于抓住特征视图，从特征视图入手，再配合其他视图，就能较快地将物体的整体结构形状想象出来。

（三）要注意分析可见性

读图时，遇到组合体视图中有虚线，要对照投影关系，分析可见性，判断形体表面之间的相互位置。

如图 3-25(a)的主视图中，三角肋板与底板及侧立板的连接线是实线，说明它们的前面不平齐，因此三角肋板是在底板的中间。而图 3-25(b)的主视图中，三角肋板与底板及侧立板的连接线是虚线，说明它们的前面平齐，因此依据俯视图和左视图，可以断定三角肋板前、后各有一块。

（四）要善于从线框入手分析形体的表面

视图中的一个封闭线框，一般是形体上的一个面（平面或曲面）的投影。如图 3-26 中 a'、b'和 d'线框为平面的投影，线框 c'为曲面的投影。

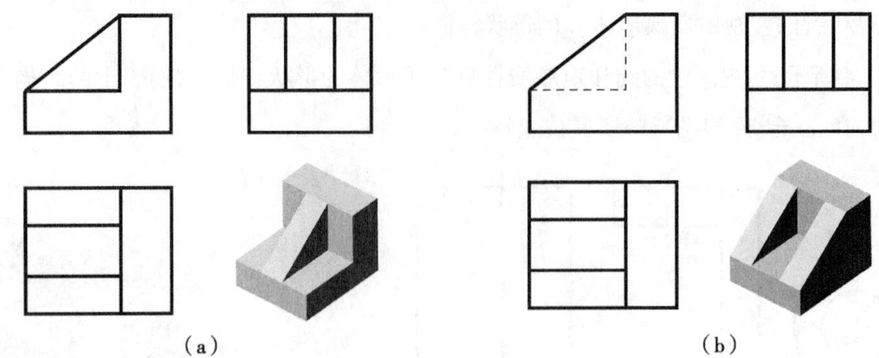

(a)　　(b)

图 3-25 可见性分析

相邻的两个封闭线框,表示形体上位置不同的两个面的投影。这两个面可能直接相交(如图中 a'和 b'、b'和 c'都是相交两表面的投影),这时两个线框的公共边是两个面的交线;也可能是错开的两个面(如 b'和 d'则是前后平行的两平面的投影),这时两个线框的公共边是另外第三个面的投影。

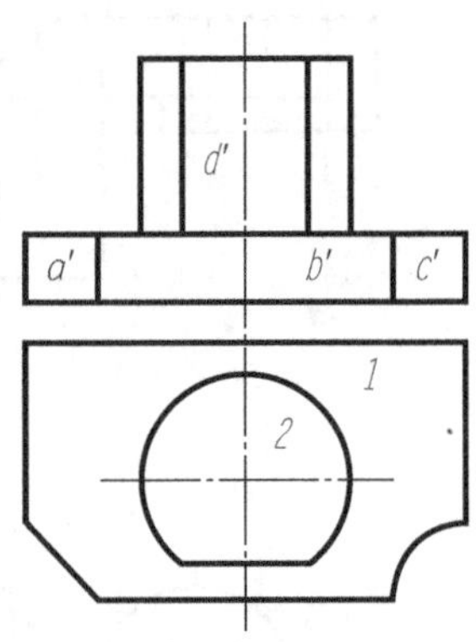

图 3-26 分析线框的含义

大封闭线框内包含着小线框,表示在一个面上向外叠加而凸出或向内挖切而凹下的结构。如图 3-26 的俯视图,线框 *1* 包含线框 *2*,线框 *2* 表示在底板上表面上凸起的柱体的投影。

二、读图的基本方法

▶▶ 课堂活动

识读支架三视图，分析、想象支架的形状。

(一) 形体分析法

形体分析法是读组合体视图的基本方法。用形体分析法读图,首先从特征视图入手,将形体的视图分解为几个部分(封闭线框);再运用投影规律分析每一部分的空间形状、各部分的相互位置及组合关系;最后综合起来想象整体形状。下面以图 3-27 为例来说明具体的读图步骤与方法。

1. 看视图,分线框 先从反映轴承座形状特征较多的主视图入手,将轴承座分为四个线框,其中线框 $2'$为左、右两个完全相同的三角形,因此可归纳为三个线框,分别代表 *Ⅰ*、*Ⅱ*、*Ⅲ* 三个基本形体,如图 3-27(a)所示。

2. 对投影,想形状 根据投影关系分别找到 $1'$、$2'$、$3'$在俯、左视图上的对应投影,分析、确定各线框所表示的形体的形状。

轴承座主视图反映了形体 *Ⅰ* 的特征,从主视图出发,结合俯、左视图可知,形体 *Ⅰ* 是一个上部带半圆槽的长方体。同样,主视图也反映了形体 *Ⅱ* 的特征,从主视图出发,结合俯、左视图可知,形体 *Ⅱ* 是两个三角形肋板。形体 *Ⅲ* 的特征在左视图上得到反映,结合主、俯视图可知形体 *Ⅲ* 为一块直角弯板，板上有两个圆孔。

3. 综合起来想整体 确定了各线框所表示的形体的形状后，再分析各形体的相对位置和组合形式，综合想象出整体形状。

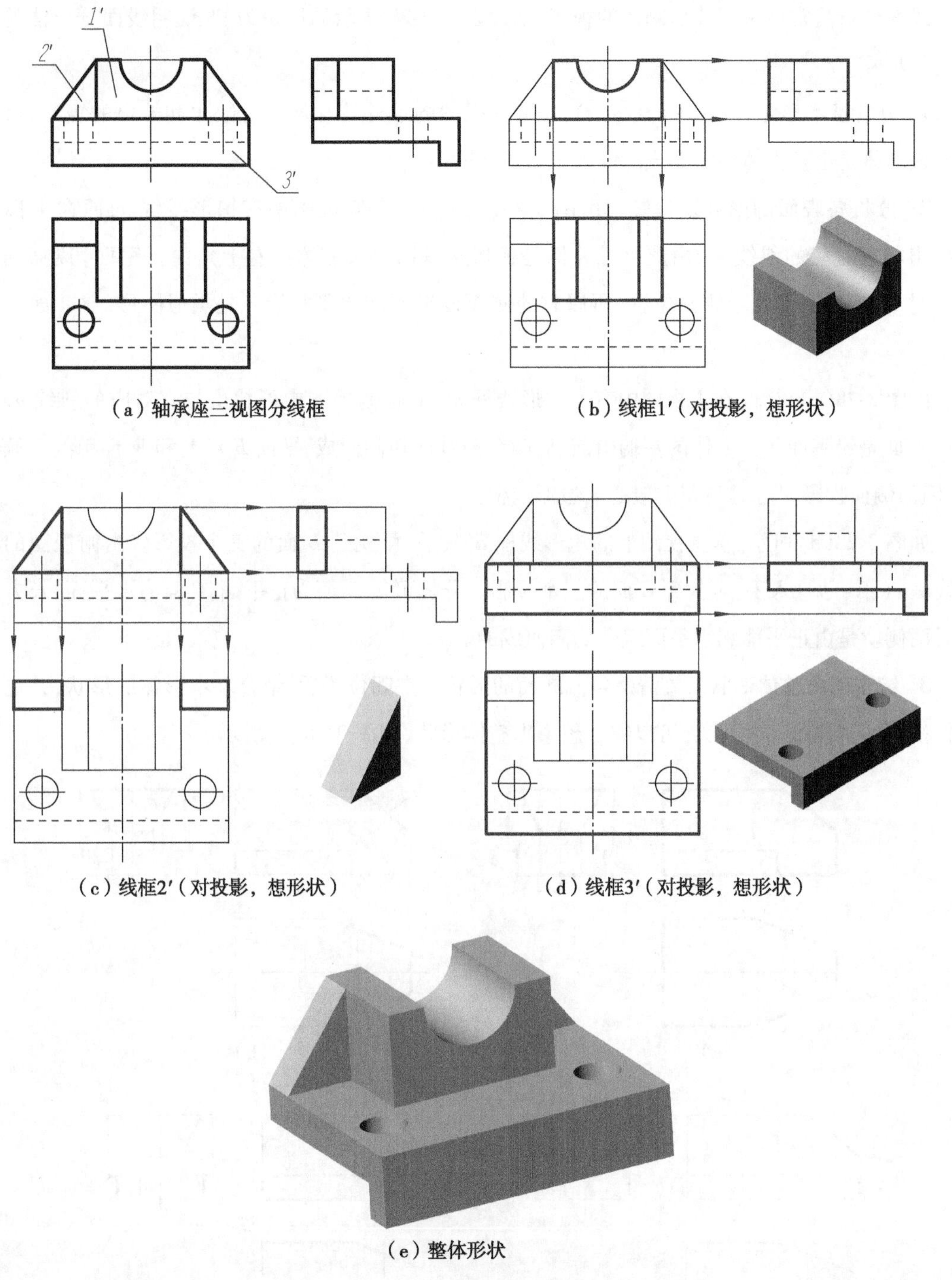

（a）轴承座三视图分线框

（b）线框1′（对投影，想形状）

（c）线框2′（对投影，想形状）

（d）线框3′（对投影，想形状）

（e）整体形状

图 3-27 形体分析法读图

（二）线面分析法

形体分析法是从“体”的角度出发，将组合体分解为若干个基本形体，以此为出发点进行读图。而组合体也可以看成是由若干个“面”围成的，构成形体的各个表面，不论其形状如何，它们的投影如果不具有积聚性，则是一个封闭线框。

线面分析法是从“面”的角度出发，将视图中的一个线框看作是物体上的一个面（平面或曲面）的投影，利用投影规律，分析各个面的形状及位置，从而想象出物体的整体形状。

线面分析法常用来阅读切割体的视图，下面以图 3-28 所示的压块为例，说明线面分析法的读图方法与步骤。

1. 分析基本形体 根据图 3-28(a)，压块三视图的最外轮廓均是有缺角和缺口的矩形，可初步认定该形体是由长方体切割而成的。

2. 分析各表面的形状及位置 由图 3-28(b)可知，在俯视图中有梯形线框 a，而在主视图中可找出与它对应的斜线 a'，由此可见 A 面是梯形正垂面。长方体的左上角由正垂面切割而成，平面 A 对 W 和 H 面都处于倾斜位置，所以它的侧面投影 a''和水平投影 a 是类似图形，比 A 面的实形缩小。

由图 3-28(c)可知，在主视图中有七边形线框 b'，而在俯视图中可找出与它对应的斜线 b，由此可见 B 面是铅垂面。长方体的左端由前、后两个铅垂面切割而成，平面 B 对 V 和 W 面都处于倾斜位置，因而侧面投影 b''也是与 b'类似的七边形线框。

如图 3-28(d)所示，从主视图上的矩形线框 d'入手，可找到 D 面的三个投影。由俯视图的四边形线框 c（不可见）入手，可找到 C 面的三个投影。分析可知 D 面为正平面，C 面为水平面，长方体的前后两侧就是由正平面和水平面组合切割而成的。

3. 综合想象整体形状 搞清楚各截断面的形状和空间位置后，结合基本形体的形状，并进一步分析视图中其他线框的含义，可以综合想象出整体形状，如图 3-28(e)所示。

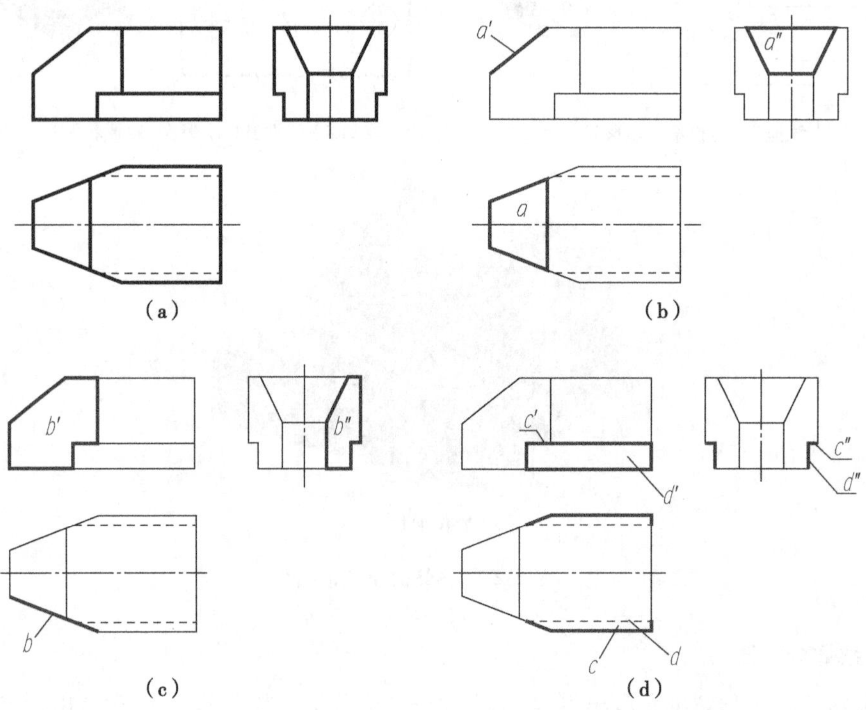

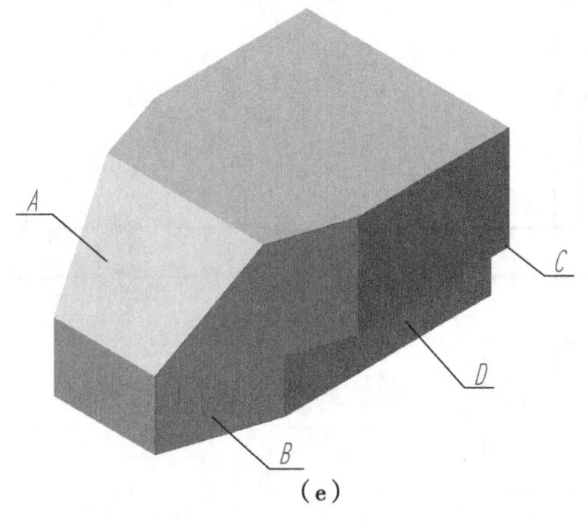

(e)

图 3-28 线面分析法读图

(三) 两种读图方法的关系

读图时,形体分析法一般适用于以叠加为主要组合方式的组合体,线面分析法适用于切割型组合体。对综合型组合体,当一些局部结构较复杂时,常常是两种方法并用,以形体分析法为主明确主体,用线面分析法为辅辨别细节,综合起来想象出整体结构形状。

实例训练 >

【例 3-4-1】 已知组合体的主视图和俯视图,如图 3-29(a)所示,补画左视图。

1. 分析 补画视图将读图与画图结合起来,是培养和检验读图能力的一种有效方法。可分两步进行:①根据已知视图运用形体分析法或线面分析法基本分析出形体的形状;②根据想象的形状并依据"三等"关系进行作图,同时进一步完善形体的形象。

运用形体分析法分析主、俯视图,可知该组合体由底板和两块立板叠加而成,底板和两块立板又各有挖切,如图 3-29(b)所示。

2. 作图步骤 如图 3-29(c)所示。按照形体分析法,逐一画出每一部分,最后检查、描深,完成左视图。

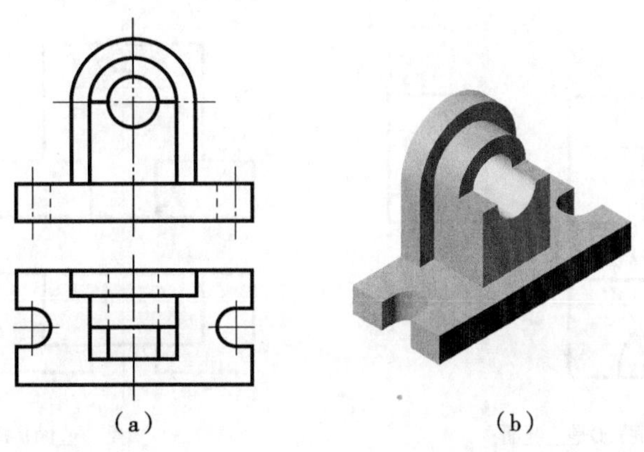
(a) (b)

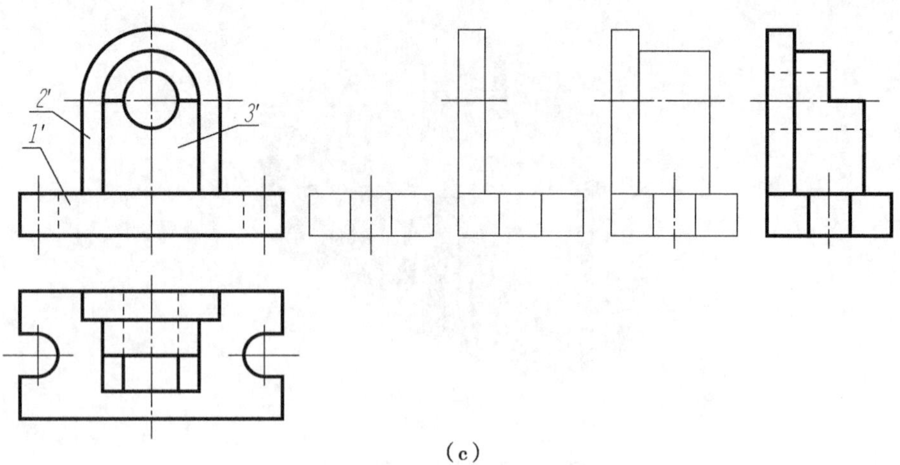

（c）

图 3-29 由已知两视图补画第三视图

点滴积累

1. 识读组合体视图的方法有形体分析法和线面分析法。
2. “形体分析法”适用于以叠加为主要组合方式的组合体。“线面分析法”适用于切割型组合体。 对综合型组合体，当局部结构较复杂时，常常是两种方法并用，以“形体分析法”明确主体，用“线面分析法”辨别细节。
3. 识读组合体的一般步骤包括抓特征分解形体，对投影确定形状，线面分析攻难点，综合起来想整体。

目标检测

1. 如图 3-30 所示，判断图中所指的线框是什么面（如正平面、侧垂面、圆柱面等），并比较相对位置。

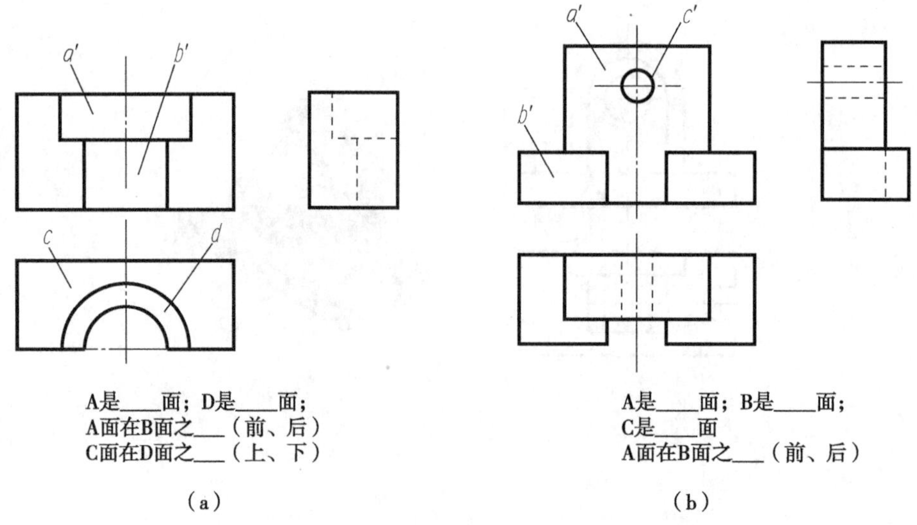

a'
b'
c
d
A是____面；D是____面；
A面在B面之____（前、后）
C面在D面之____（上、下）
（a）
a'
c'
b'
A是____面；B是____面；
C是____面
A面在B面之____（前、后）
（b）

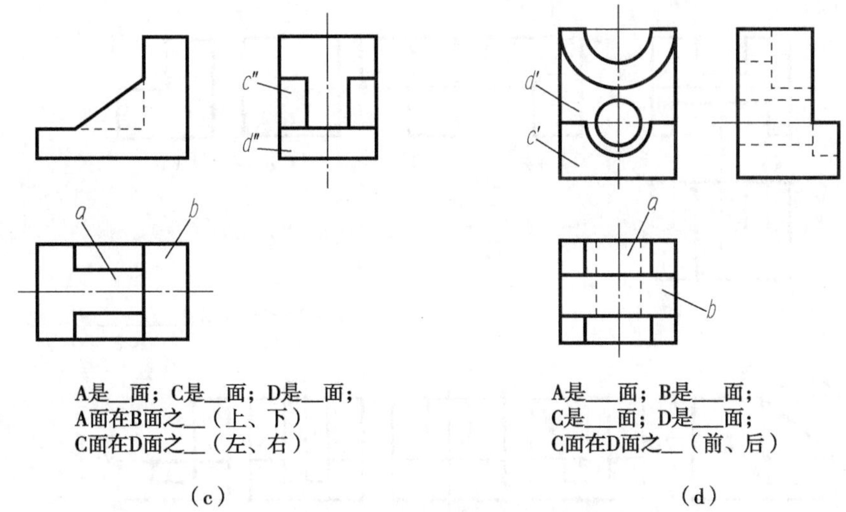

c″
d″
a
b
A是__面；C是__面；D是__面；
A面在B面之__（上、下）
C面在D面之__（左、右）
（c）
d′
c′
a
b
A是___面；B是___面；
C是___面；D是___面；
C面在D面之__（前、后）
（d）

图 3-30 判断图中的各线框是什么面，并比较相对位置

2. 如图 3-31 所示，已知形体的两个视图，选择正确的第三视图。

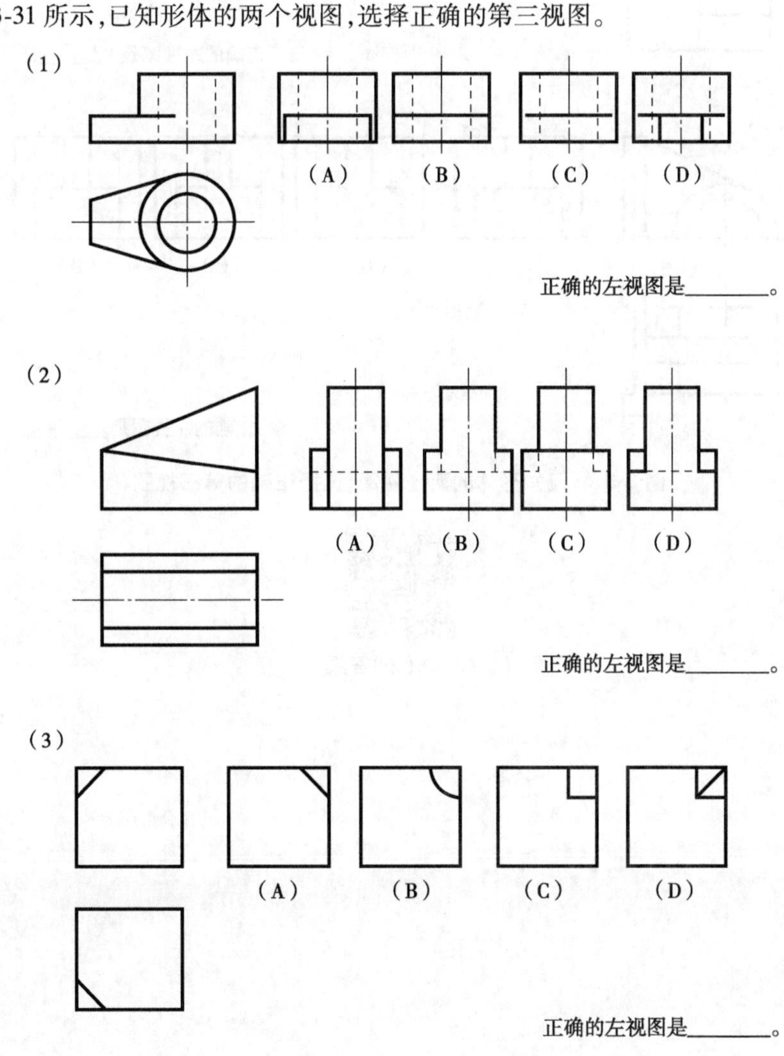

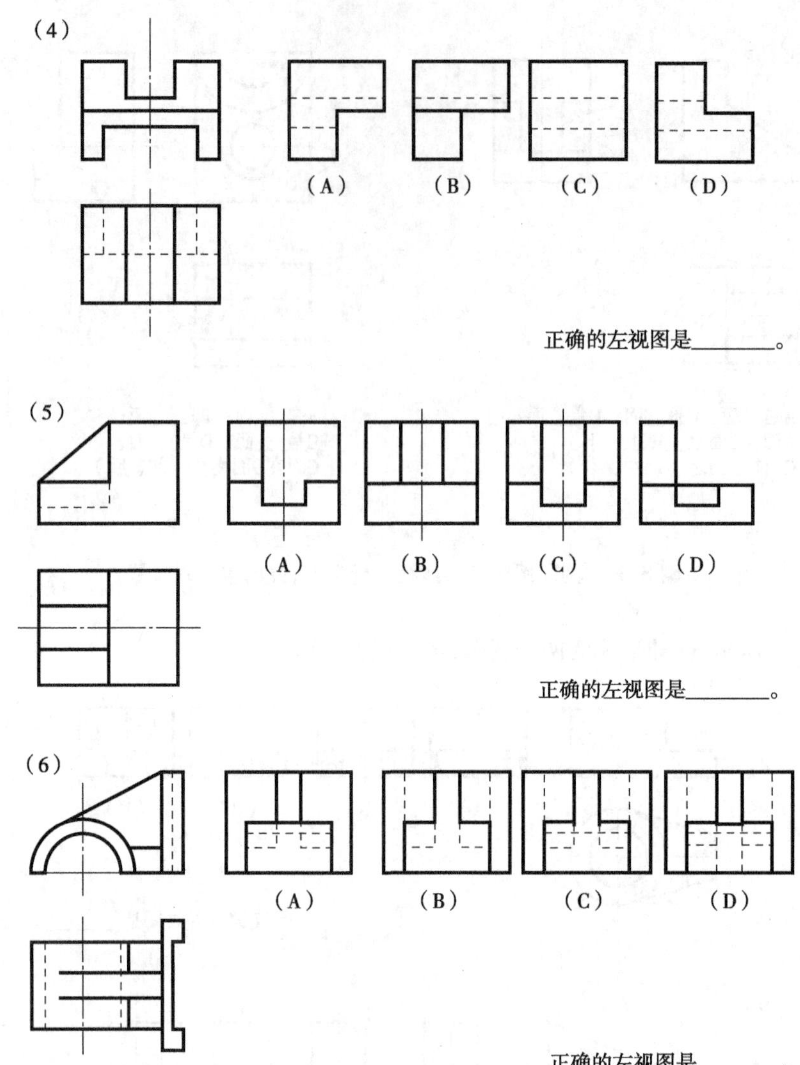

图 3-31 已知形体的两个视图,选择正确的第三视图

扫一扫,知答案

(冯刚利)

第四章

机件的表达方法

本章导言

在工程实际中，机件的结构形状多种多样，对于结构形状复杂的机件，仅用三视图往往难以表达清楚它们的内、外结构。因此，为了完整、清晰、简洁地表达出它们的结构形状，国家标准规定了视图、剖视图、断面图等多种表达方法。

第一节　视图

视图（GB/T 17451—1998）用于表达机件的外部结构形状。一般只画机件的可见部分，必要时才画不可见部分。视图有基本视图、向视图、局部视图和斜视图。

一、基本视图

机件向基本投影面投射所得的视图称为基本视图。

（一）基本视图的形成

在原有三个投影面 V、H、W 面的基础上再增加三个互相垂直的投影面，构成一个正六面体，正六面体的六个侧面即为基本投影面。将机件置于六面体中，分别向六个基本投影面投射，得到六个基本视图。如图 4-1 所示。

六个基本视图中，除主、俯、左视图外，还有后视图——自后向前投射所得；仰视图——自下向上投射所得；右视图——自右向左投射所得。

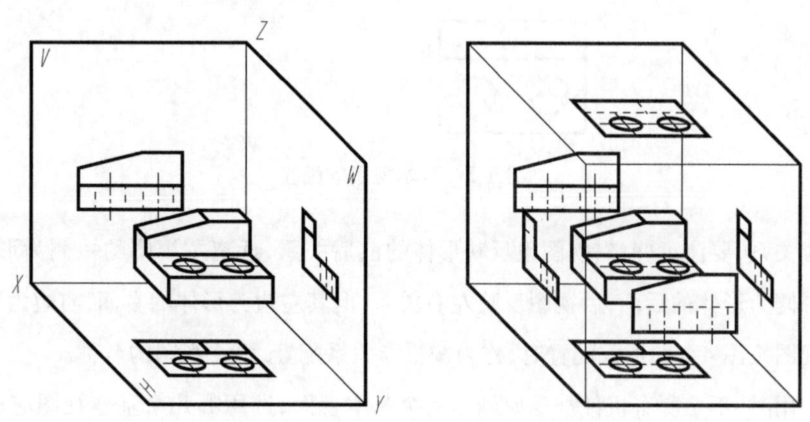

图 4-1　基本投影面和基本视图

（二）基本视图的配置

基本投影面的展开方法如图 4-2 所示，展开后的六个基本视图其配置关系如图 4-3 所示。六个基本视图仍遵循“三等”规律，即主、俯、仰、后视图等长，主、左、右、后视图等高，俯、左、仰、右视图等宽。

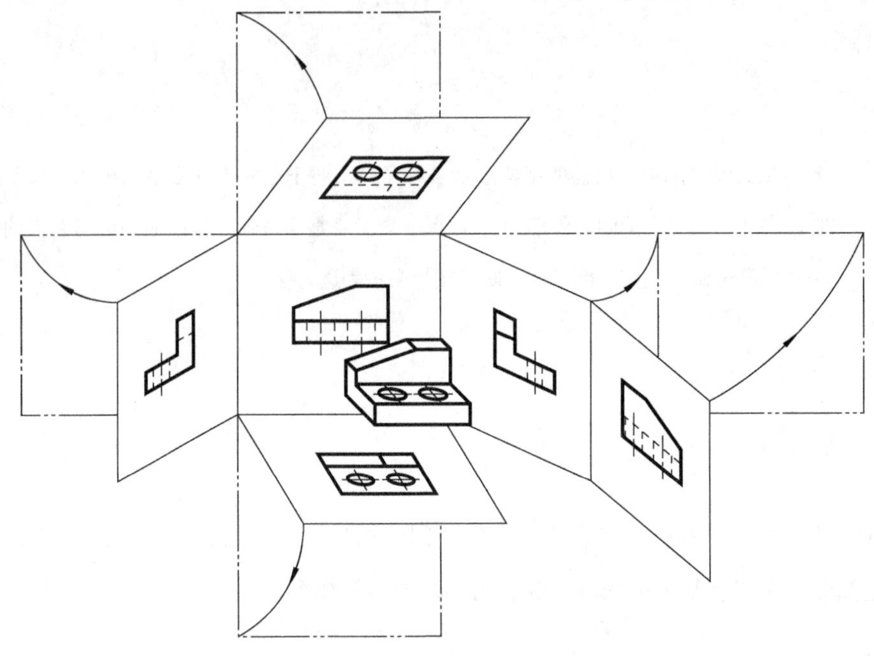

图 4-2　基本投影面的展开

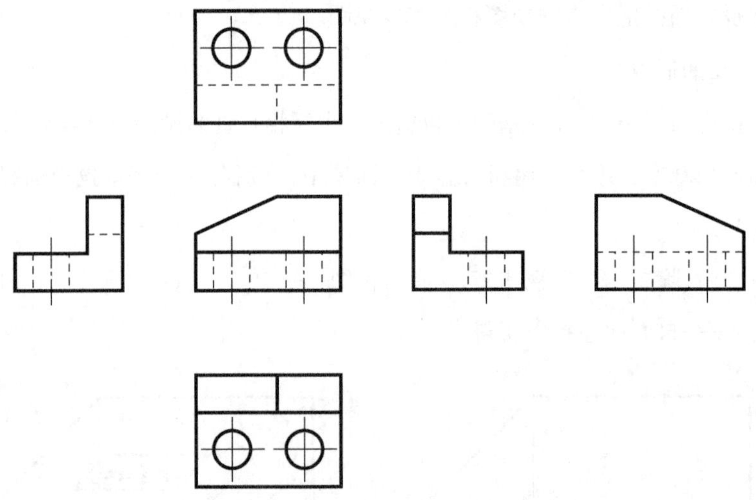

图 4-3　基本视图的配置

对于方位关系，要注意仰、右视图也反映形体的前后关系，远离主视图的一侧为形体的前面，靠近主视图的一侧为形体的后面；后视图反映左右关系，但其左边为形体的右面，右边为形体的左面。

当基本视图按图 4-3 的形式配置时，称为按投影关系配置，不注视图的名称。

在实际应用时，不是所有机件都需要画出六个基本视图，选用哪几个基本视图应根据机件的结构特点和复杂程度来确定。

二、向视图

向视图是指可自由配置的基本视图。

(一) 向视图的形成

在实际绘图中,为了使图样布局合理,国家标准规定了视图可以不按图 4-3 配置,即可以自由配置。如图 4-4 所示,机件的右视图、仰视图和后视图没有按投影关系配置而成为向视图。

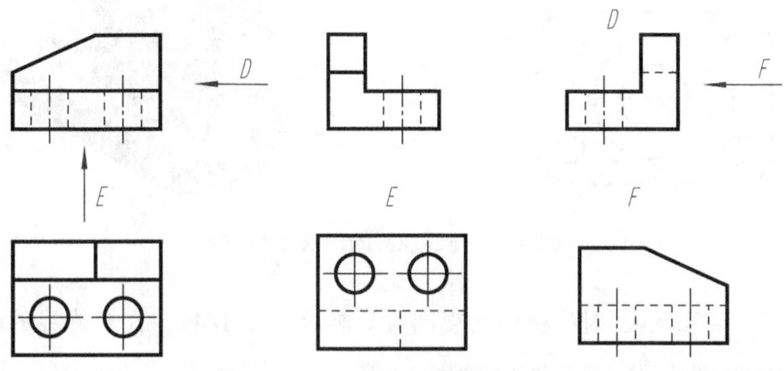

图 4-4　向视图的配置和标注

(二) 向视图的标注

向视图必须标注。通常在其上方用大写的拉丁字母标注视图的名称,在相应视图附近用箭头指明投射方向,并标注相同的字母,如图 4-4 所示。

由此可见,向视图是基本视图的另一种表现形式,它们的主要区别在于视图的配置与标注。基本视图要按投影关系配置,不需任何标注。而向视图的配置是随意的,可根据图样中的图形布置情况灵活配置,但必须标注。

课堂活动

说明向视图与基本视图的区别。

三、局部视图

将机件的某一部分向基本投影面投射所得的视图称为局部视图。局部视图是基本视图的一部分,用于表达局部非倾斜结构的外形。

(一) 局部视图的画法

如图 4-5 所示,主、俯视图没有将圆筒左侧凸台和右侧凹槽的形状表达清楚。若画左视图和右视图,则圆柱部分和底座的表达是重复的。因此,可只将凸台及开槽处的局部结构分别向基本投影面投射,即得两个局部视图。

局部视图的断裂处边界线应以波浪线表示,如图 4-5 右侧凹槽的局部视图。

波浪线表示实体自然断裂的边界投影,不能穿过孔洞,不能画到轮廓线以外。

当局部结构完整、外轮廓线呈封闭状态时,波浪线可省略,如图 4-5 左侧凸台的局部视图。

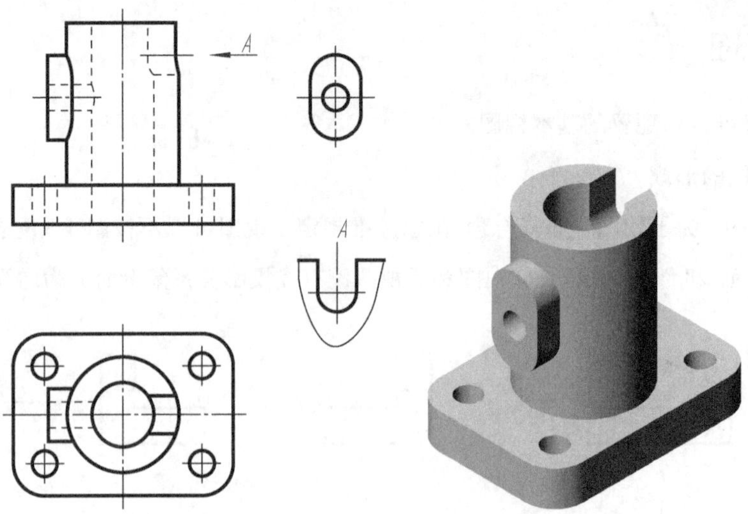

图 4-5　局部视图的画法和标注

为了节省绘图时间和图幅，对称机件的视图可只画一半或 1/4，并在对称线的两端各画两条与其垂直的平行细实线，即按局部视图绘制，如图 4-6 所示。

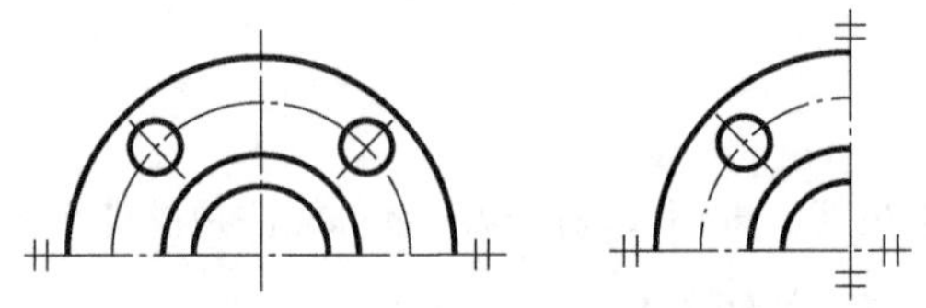

图 4-6　对称机件的局部视图

（二）局部视图的配置与标注

局部视图可按向视图的形式自由配置，但必须标注，标注形式与向视图相同，如图 4-5 中右侧凹槽的“A”局部视图；局部视图也可按基本视图的形式配置（按投影关系配置），此时可省略标注，如图 4-5 中左侧凸台的局部视图。

四、斜视图

机件向不平行于基本投影面的平面投射所得的视图称为斜视图。

（一）斜视图的形成

如图 4-7 所示，机件右侧的倾斜结构在各基本投影面上都不能反映实形，为了表达该部分的实形，用一个平行于倾斜结构的正垂面作为辅助投影面，将倾斜结构向辅助投影面投射，所得的视图即为斜视图。

如图 4-8 所示，在主视图的基础上，采用斜视图表达了其倾斜部分的实形，同时采用局部视图代替俯视图，避免了倾斜结构的复杂投影，表达方案更简洁、清晰。

斜视图断裂边界的画法与局部视图相同。

（二）斜视图的配置与标注

斜视图通常可按投影关系配置，如图 4-8(a)所示；也可按向视图的配置形式自由配置，如图 4-8

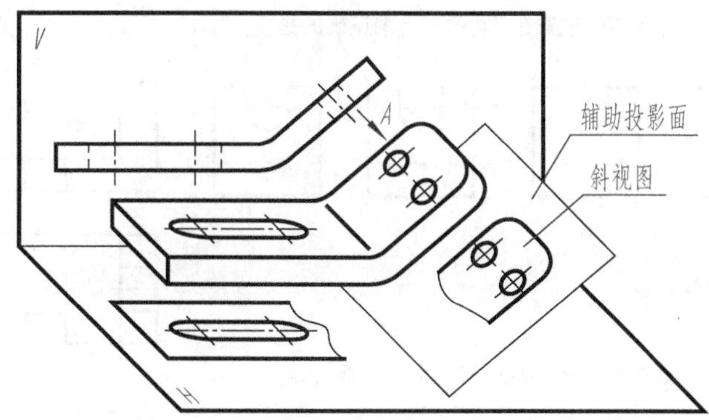

图 4-7　斜视图的形成

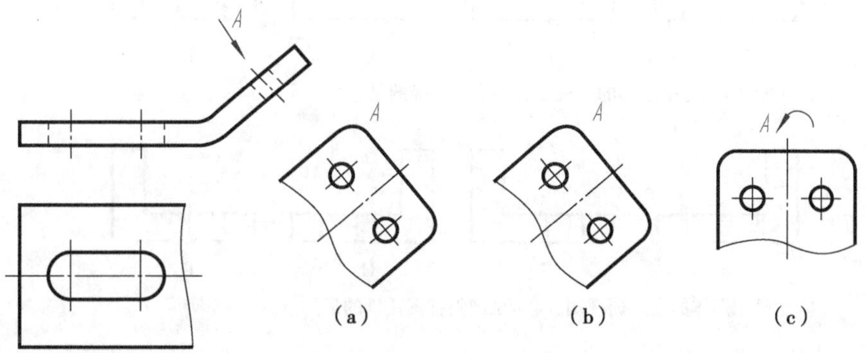

图 4-8　斜视图的画法、配置和标注

(b)所示；必要时，也允许将斜视图旋转配置(将图形转正)，如图 4-8(c)所示。无论哪种配置形式的斜视图，都必须按图 4-8 所示完整标注。

标注时需注意表示视图名称的大写拉丁字母应水平注写在视图上方，字头向上。

旋转配置时须画出旋转符号，字母应靠近旋转符号的箭头端，箭头所示方向与实际旋转方向一致，如图 4-8(c)所示。旋转符号的画法如图 4-9 所示。

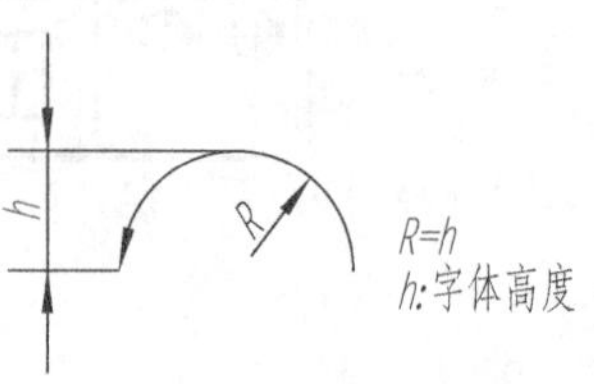

图 4-9　旋转符号

课堂活动

分析局部视图与斜视图的区别。

点滴积累

1. 视图用于表达机件的外形。
2. 视图有基本视图、向视图、局部视图、斜视图。

目标检测

1. 看图单项选择题(图 4-10)

（1）右面是某形体的三视图，它的右视图正确的是____。

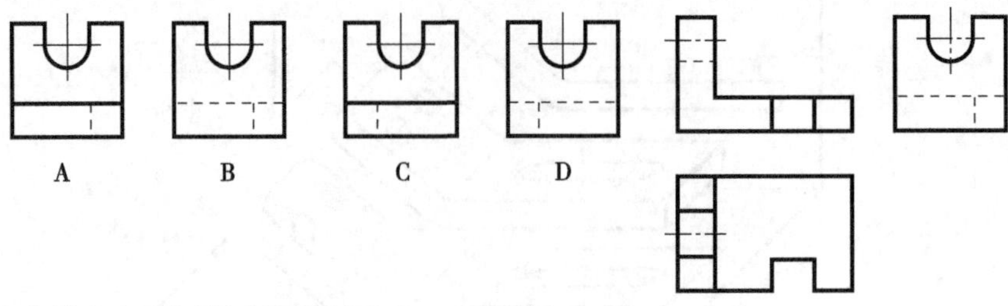

（2）第（1）题中形体的仰视图有四个，正确的是____。

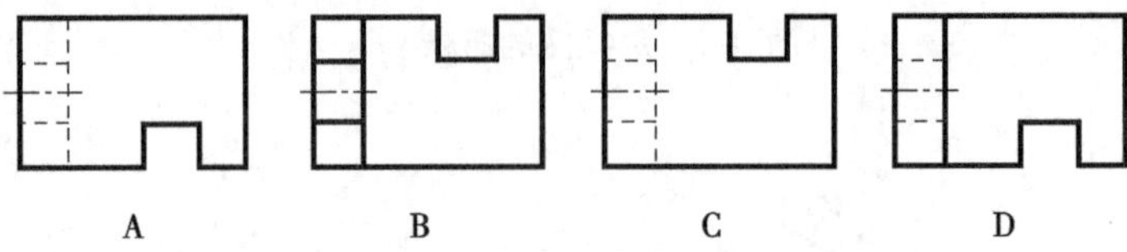

（3）第（1）题中形体的后视图有四个，正确的是____。

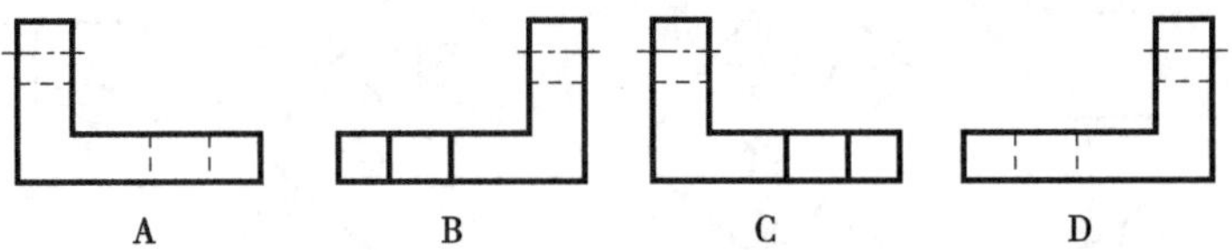

（4）已知形体的主、俯视图，它的A向斜视图正确的是____。

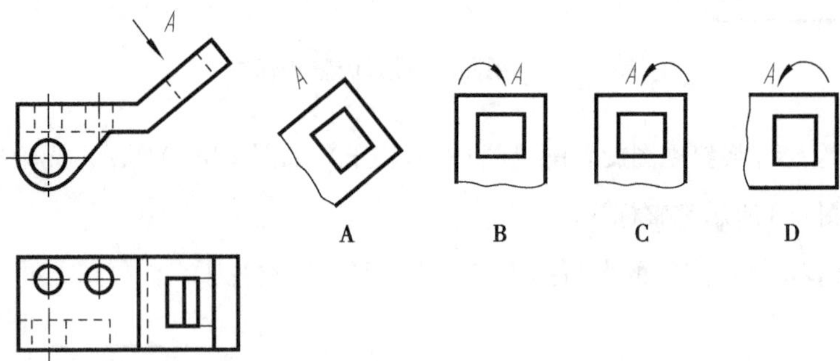

图 4-10　选择正确的视图

2. 如图 4-11 所示，找出右、后、仰三个视图，并按向视图的规定标注。

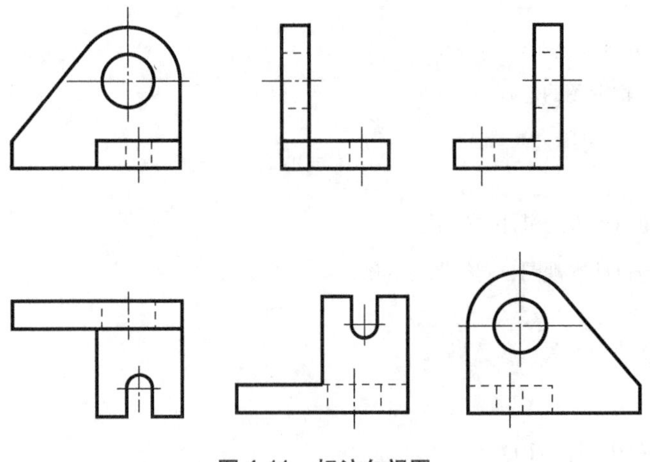

图 4-11　标注向视图

3. 如图 4-12 所示，按箭头所指找出局部视图和斜视图，并按规定标注。

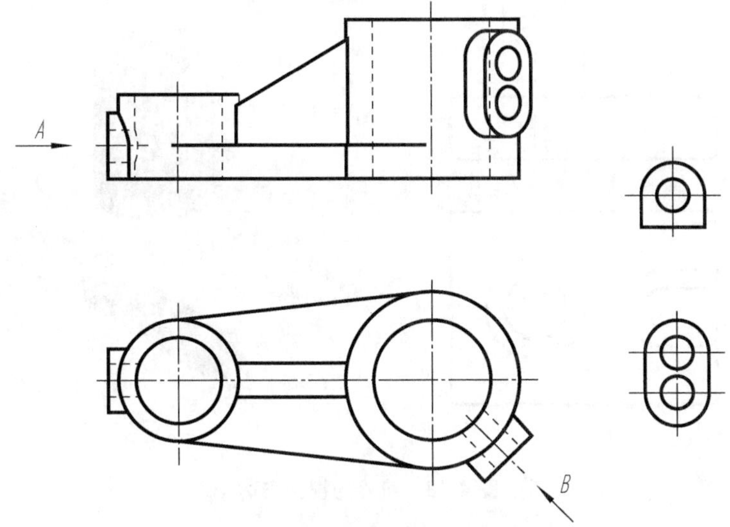

图 4-12　标注局部视图和斜视图

扫一扫，知答案

第二节　剖视图

视图主要用于表达机件的外部形状，机件的内部结构在视图中一般为虚线，当内部结构较复杂时，视图上就会出现很多虚线，这给读图、画图及标注尺寸带来不便，为了清晰地表达机件的内部结构形状，国家标准规定了剖视图的画法。因此，剖视图主要用于表达机件的内部结构形状。

一、剖视图的概念

(一) 剖视图的形成

假想用剖切面剖开机件，将处于观察者和剖切面之间的部分移去，而将其余部分向投影面投射所得的图形称为剖视图，可简称为剖视。

如图 4-13 所示的机件，若采用视图表达，则其上的孔、槽结构在主视图中均为虚线。而采用剖视的方法，如图 4-14 所示，孔和槽由不可见变为可见，视图中的虚线在剖视图中变为实线，表达更清晰。

(二) 剖面区域表示法

假想用剖切面剖开机件时，剖切面与实体的接触部分称为剖面区域。画剖视图时，为区分机件上的实体与空腔部分，通常在剖面区域内画出剖面符号。机件材料不同，剖面符号也不同。国家标准规定了各种材料的剖面符号，如表 4-1 所示。

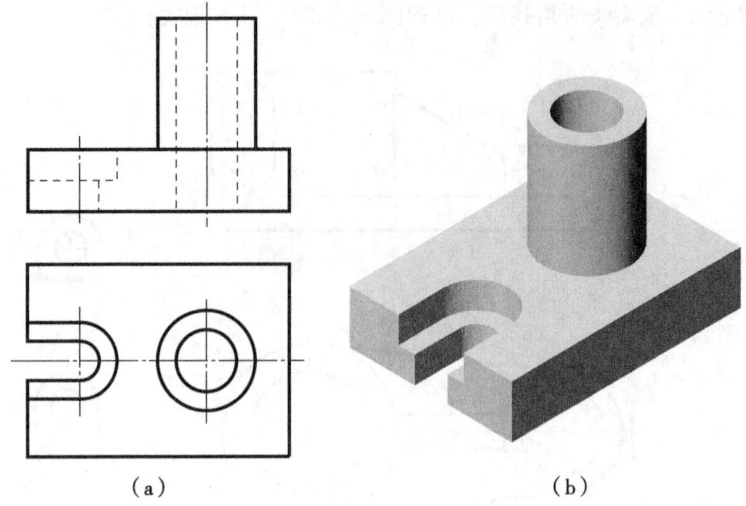

(a) (b)

图 4-13 机件的视图表达

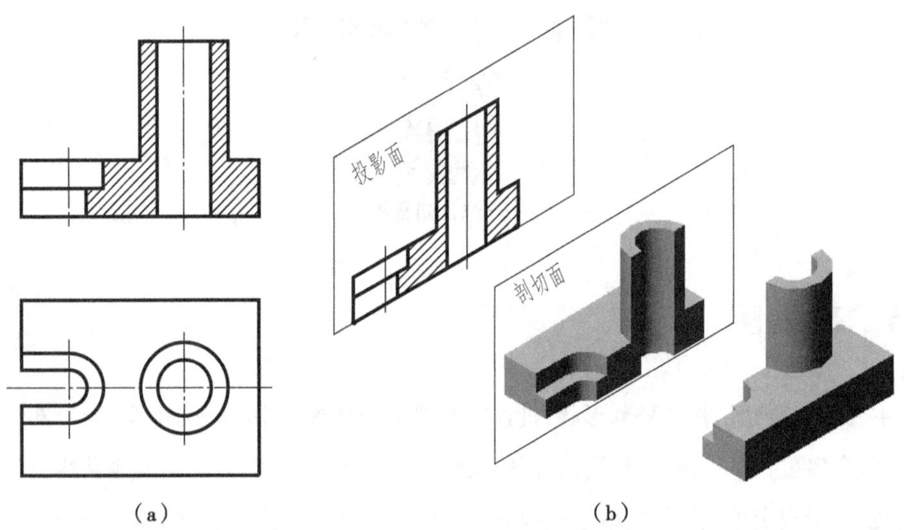

(a) (b)

图 4-14 机件的剖视图表达

表 4-1 剖面符号

材料	符号	材料	符号	材料	符号
金属材料（已有规定剖面符号者除外）		砖		木材 纵剖面	
非金属材料（已有规定剖面符号者除外）		混凝土		木材 横剖面	
玻璃及供观察用的其他透明材料		钢筋混凝土		液体	
转子、电枢、变压器和电抗器等的迭钢片		基础周围的泥土		木质胶合板（不分层数）	

续表

线圈绕组元件	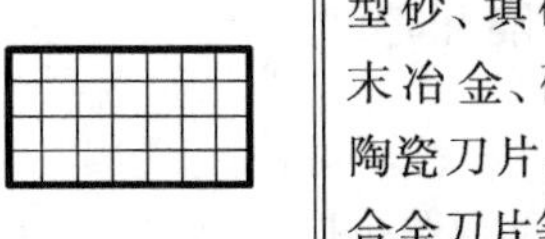	型砂、填砂、粉末冶金、砂轮、陶瓷刀片、硬质合金刀片等		格网（筛网、过滤网等）	

金属材料的剖面符号称为剖面线。当不需要表示材料类别时，可采用剖面线表示剖面区域。剖面线是一组等间隔的平行细实线，一般与主要轮廓或剖面区域的对称线呈 45°。同一机件的各个视图中的剖面线方向与间隔必须一致。

当机件的主要轮廓线与水平呈 45°时，可将剖面线画成与水平呈 30°或 60°的平行线，但其倾斜方向与间隔仍应与其他视图的剖面线一致。如图 4-15 所示。

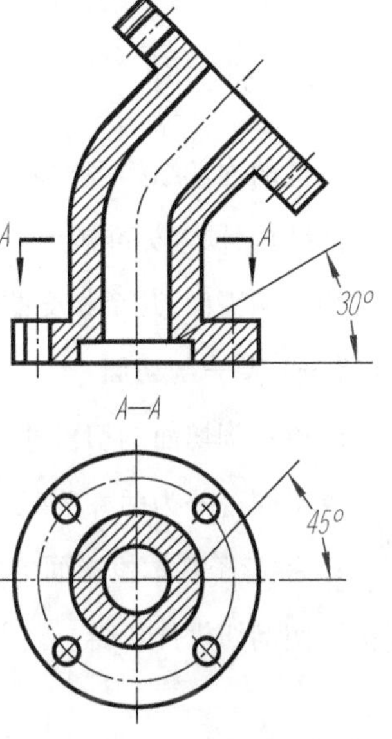

图 4-15　剖面线的画法

（三）画剖视图要注意的问题

1. 选择剖切面的位置时，应通过要表达的内部结构的轴线或对称平面。剖切面可以是平面，也可以是曲面（圆柱面），还可以是多个面的组合。但应用最多的是平行于基本投影面的剖切面。

2. 剖切是假想的，当一个视图画成剖视后，其他视图仍应完整画出。

3. 作图时须分清机件的移去部分和剩余部分，仅画剩余部分；还须分清机件被剖切部位的实体部分和空腔部分，剖面线画在实体部分，即剖面区域内。

4. 剖视图是机件被剖切后剩余部分的完整投影，剖切面后的可见轮廓线应全部画出，不得遗漏，如图 4-16 所示。剖切面后的不可见轮廓若已在其他视图中表达清楚，应省略虚线。

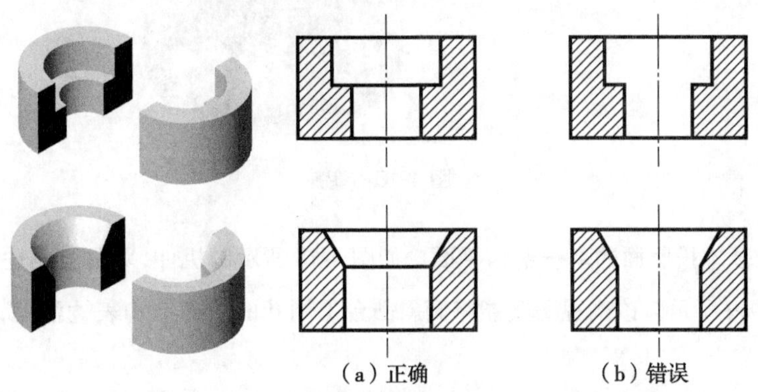

图 4-16　不要漏画剖切面后的可见轮廓线

（四）剖视图的标注

画剖视图时，应标注剖视图的名称、剖切面的剖切位置、剖切后的投射方向。

剖视图的名称用大写拉丁字母“×-×”注写在剖视图上方。在相应视图上用剖切符号（粗短画，长度约为 $6d$，d 为粗实线宽度）表示剖切位置，并在剖切符号附近注写与剖视图名称相同的大写拉丁字母，在剖切符号的起、止处垂直于剖切符号画出箭头表示投射方向。如图 4-17 所示。

当剖视图按投影关系配置，中间又没有其他图形隔开时，可省略箭头。

单一剖切平面通过机件的对称面或基本对称面，且剖视图按投影关系配置，中间又没有其他图形隔开时，不必标注，如图 4-14 所示。

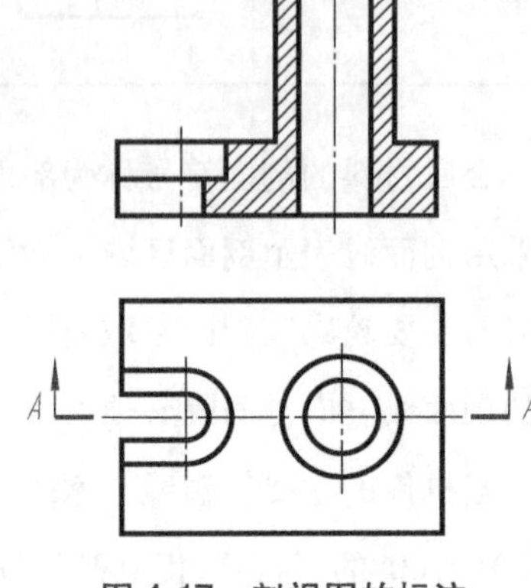

图 4-17　剖视图的标注

二、剖切面

机件的内部结构多种多样，为了在一个剖视图中表达尽量多的内部结构，国家标准规定了三种剖切面形式：单一剖切面、几个平行的剖切平面、几个相交的剖切平面。

（一）单一剖切面

用单一剖切面剖切机件时，可用平面剖切，也可用柱面剖切。一般单一剖切平面使用较多，按平面位置不同可分为两种情况。

1. 平行于基本投影面的单一剖切平面　前面所介绍的剖视图都是用平行于基本投影面的单一剖切平面剖切机件所得。

图 4-18　弯头

2. 不平行于基本投影面的单一剖切平面　如图 4-18 所示的机件，采用了正垂面剖切，得到 *A*—*A* 剖视图，如图 4-19 所示。该剖视图既能将倾斜凸台上圆孔的内部结构表达清楚，又能反映顶部方法兰的实形。

当机件有倾斜的内部结构要表达时，宜采用不平行于基本投影面的单一剖切平面。

画这种剖视图时，必须标注剖视图的名称、剖切位置、投射方向。

采用不平行于基本投影面的剖切平面剖切得到的剖视图，其配置与斜视图相同。应尽量配置在投射方向上，如图 4-19(a)所示；也可配置在其他位置，如图 4-19(b)所示；还可将剖视图转正，但应标注旋转符号，如图 4-19(c)所示。

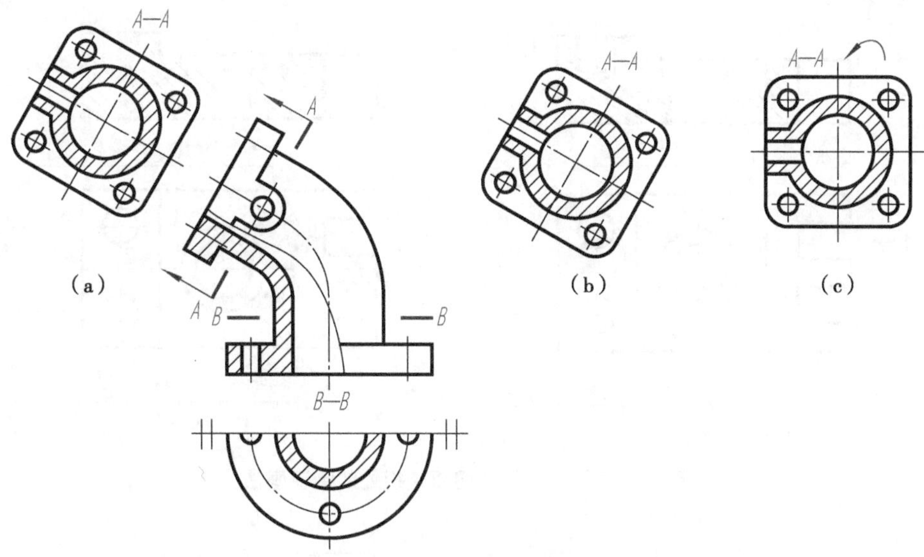

图 4-19　不平行于基本投影面的单一剖切面

(二) 几个平行的剖切平面

如图 4-20 所示机件的内部结构,如果用单一剖切平面在机件的对称面处剖开,只能剖到中间的沉孔。若采用三个互相平行的剖切平面将其剖开,则可同时剖到方槽、沉孔、圆孔。

当机件的内部结构处在几个相互平行的平面上时,可采用几个互相平行的剖切面。

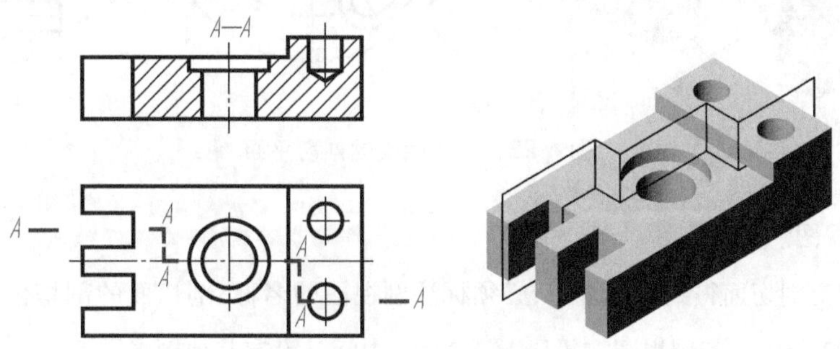

图 4-20　几个平行的剖切平面

采用几个平行的剖切平面得到的剖视图,必须标注剖视图的名称和剖切面的剖切位置,若剖视图按投影关系配置,中间又没有其他图形隔开时,允许省略表示投射方向的箭头。如图 4-20 所示。

对于几个平行的剖切平面的转折,应注意转折平面应与剖切平面垂直;在剖视图中不应画出转折平面的投影;不应在图形的轮廓线处转折;应避免不完整的要素。如图 4-21 所示。

(三) 几个相交的剖切平面

当机件上的内部结构不在同一平面,且机件整体或局部具有较明显的回转轴线时,可采用几个相交的剖切平面剖开机件。剖切平面的交线应与机件的回转轴线重合并垂直于某一基本投影面。

采用这种方法画剖视图时,先假想按剖切位置剖开机件,然后将被倾斜剖切平面剖开的结构及其有关部分绕机件的回转轴线旋转到与选定的投影面平行再进行投射,即“先剖、后转、再投射”。

如图 4-22 所示的机件,需剖切的内部结构有三组孔。剖开机件时,采用了相交的侧平面和正垂面作为剖切面,两剖切平面相交于大圆柱孔的轴线。剖开后将倾斜部分绕轴线旋转至与侧面平行后

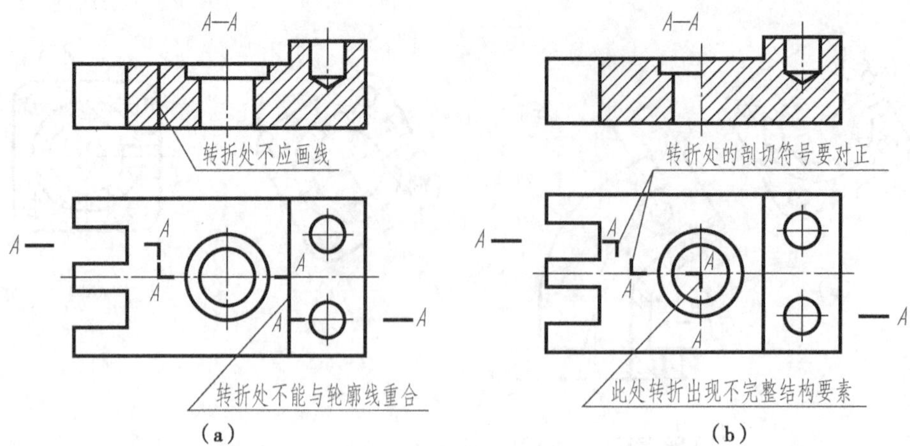

图 4-21　几个平行剖切面转折处的错误画法

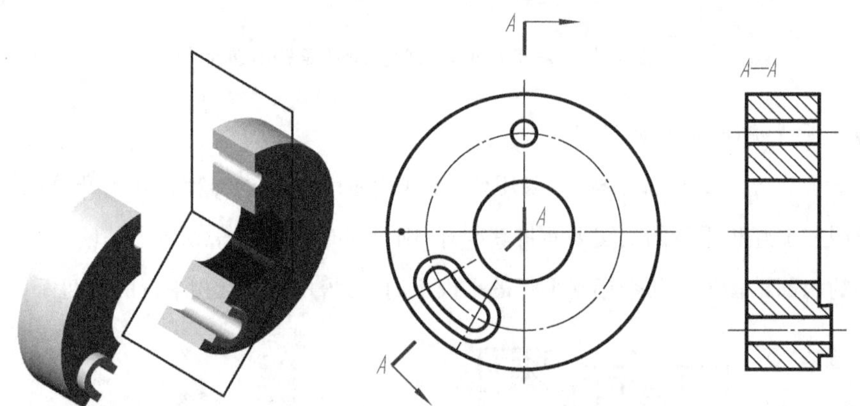

图 4-22　几个相交的剖切平面

再投射，得到剖视图。

采用几个相交剖切面得到的剖视图，必须标注剖视图的名称、剖切面的剖切位置及剖切后的投射方向，如图 4-22 所示。若剖视图按投影关系配置，中间又没有其他图形隔开时，允许省略箭头。

图 4-23 为平行剖切面、相交剖切面的应用示例。

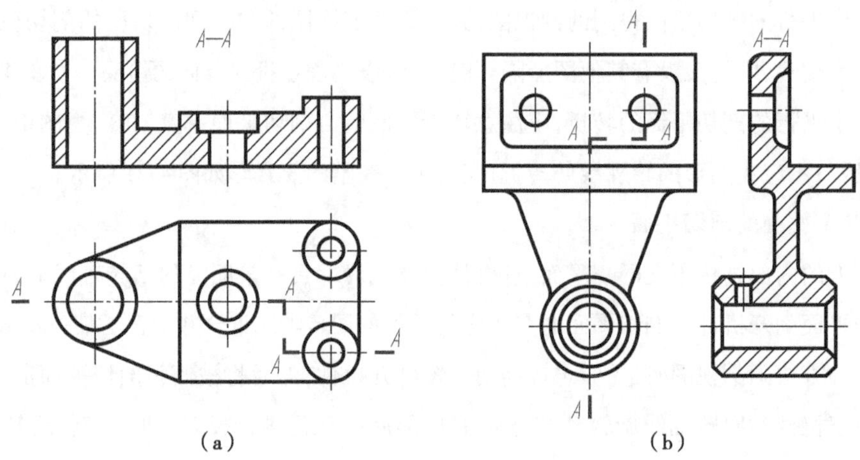

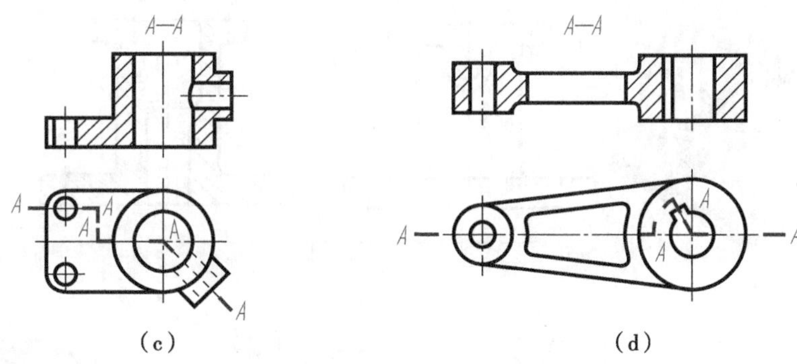

(c)　　　　　　　　(d)

图 4-23　平行剖切面、相交剖切面应用示例

三、剖视图的种类

课堂活动

剖视图有几种？ 每种剖视图适用于哪些类型的机件？

按剖切面剖开机件的范围不同，剖视图可分为全剖视图、半剖视图和局部剖视图。

（一）全剖视图

用剖切面完全剖开机件所得的剖视图称为全剖视图。前面各例中的剖视图均为全剖视图。

全剖视图主要用于表达机件的内部结构形状，当机件的外部形状简单、内部形状相对复杂，或者其外部形状已通过其他视图表达清楚时，可采用全剖视图。

（二）半剖视图

当机件具有对称平面时，在对称平面所垂直的投影面上投射所得的图形，可以对称中心线为界，一半画成剖视图，另一半画成视图，这种剖视图称为半剖视图。

半剖视图适用于内、外形状均需表达的对称机件或基本对称的机件。

如图 4-24(a)所示，由于机件左右对称，主视图可画成半剖视图，即以左右对称线为界，一半画成剖视图(表达内部结构)，另一半画成视图(表达外形)。这样用一个图形同时将这一方向上机件的内、外结构形状表达清楚，减少了视图数量，便于画图和读图。由于机件前后也基本对称，俯视图以前后对称线为界也画成了半剖视图，如图 4-24(b)所示。

半剖视图的画法可以认为是将同一投影面上的基本视图和全剖视图各取一半拼合而成的，如图 4-24(a)所示。

半剖视图的标注方法与全剖视图相同。

画半剖视图需注意下面几点：

(1)半剖视图中，视图与剖视图的分界线应为细点画线而不应画成粗实线。

(2)由于图形对称，剖视图中已表达清楚的内部结构的虚线在视图中不应再画出。

(3)有时机件虽然对称，但在对称面上其外形或内部结构有轮廓线时，不宜画半剖视图，如图 4-26所示。

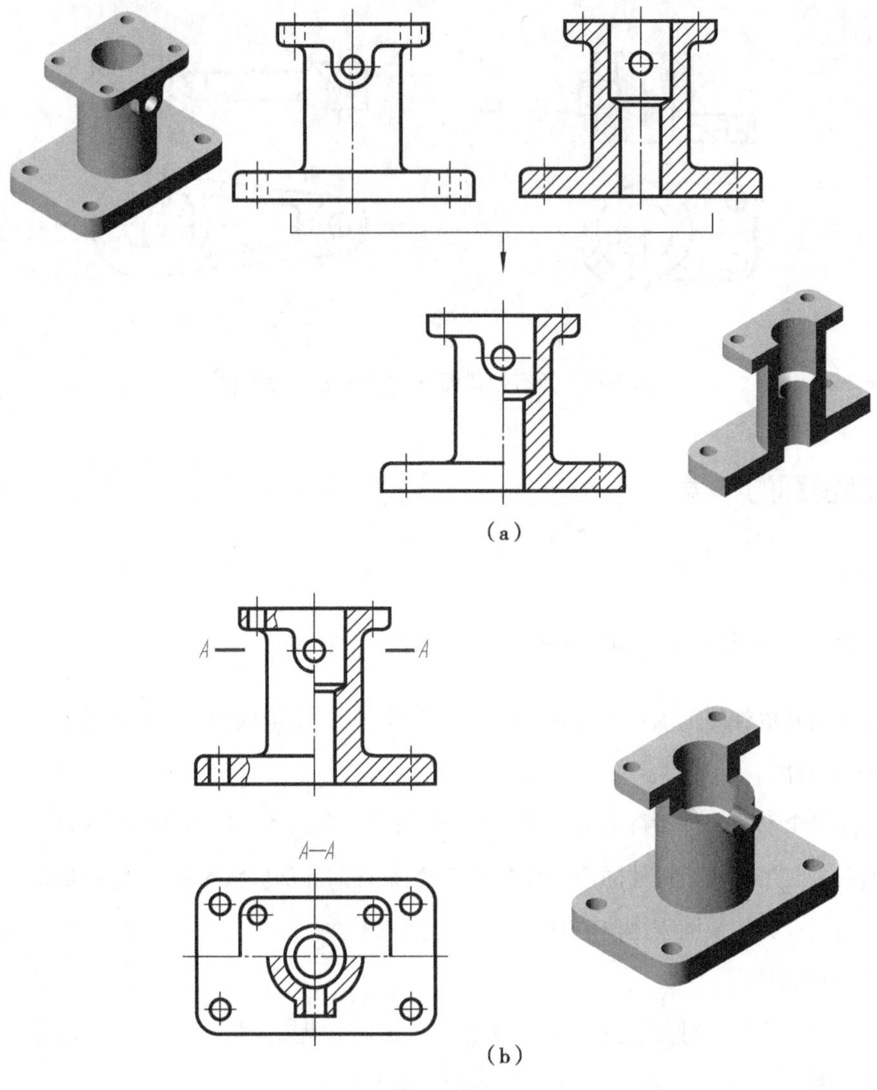

图 4-24 半剖视图

(三) 局部剖视图

用剖切面局部地剖开机件所得的剖视图称为局部剖视图,如图 4-25 所示。

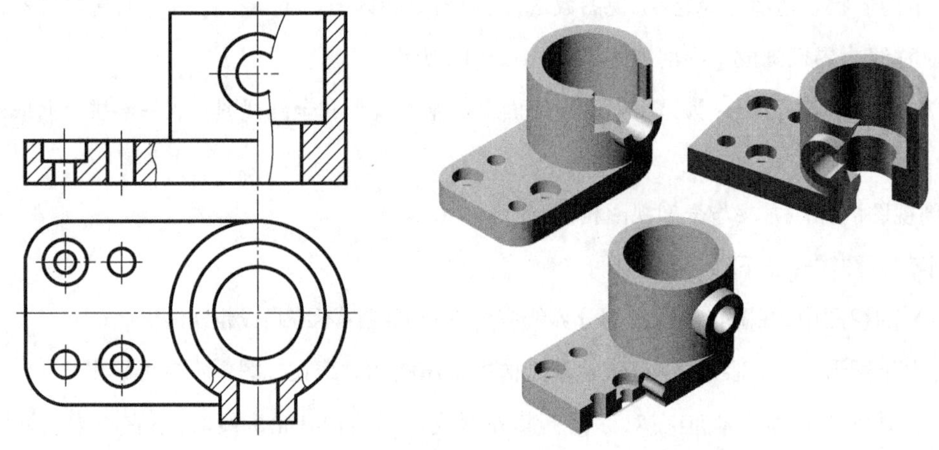

图 4-25 局部剖视图(一)

采用单一剖切平面，剖切位置明显的局部剖视图一般不予标注。必要时，可按全剖视图的标注方法标注。

局部剖视图也是一种内、外结构形状兼顾的剖视图，但它不受机件是否对称的限制，其剖切位置和剖切范围可根据表达需要确定，是一种比较灵活的表达方法。一般适用于以下情况：

(1)内、外结构形状均需要表达的不对称机件，如图 4-25 所示。

(2)机件只有局部的内部结构需要表达，不必或不宜画全剖视图时，可采用局部剖视图。如图 4-24(b)所示的半剖视图中，大部分内部结构已由主、俯视图的半剖视图表达清楚，顶面凸台及底座上的孔即可用局部剖视图来表达。

(3)对称机件因图形的对称中心线与轮廓线重合，不宜采用半剖视图时，如图 4-26 所示。

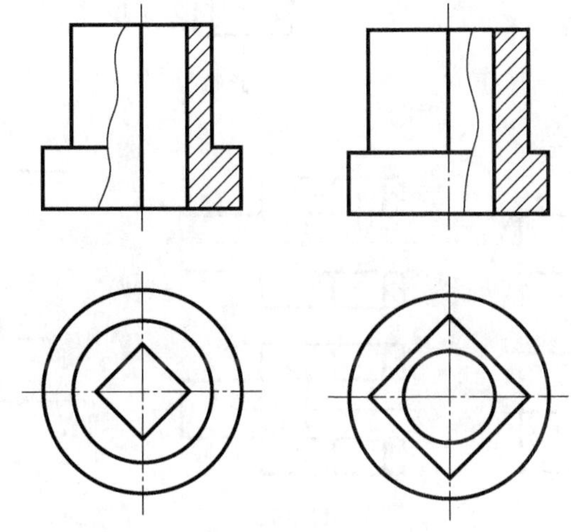

图 4-26　局部剖视图(二)

画局部剖视图需注意下面几点：

(1)局部剖视与视图用波浪线(或双折线)分界，波浪线表示机件实体断裂面的投影，不能超出图形轮廓线；不能穿越剖切平面和观察者之间的通孔、通槽；不能和图形上的其他图线重合。如图 4-27所示。

(2)当被剖切的局部结构为回转体时，允许将该结构的轴线作为局部剖视与视图的分界线。如图 4-28 所示的主视图。

四、画剖视图的其他规定

1. 对于机件的肋板、轮辐及薄壁等结构，如按纵向剖切，这些结构的剖面区域内不画剖面线，而用粗实线将它和相邻部分分开，如图 4-29 所示的主视图。但当这些结构被横向剖切时，仍应按正常画法绘制，如图 4-29 所示的 *A—A* 剖视图。

2. 对于回转体机件上均匀分布的肋板、轮辐、孔等结构，若其不处于剖切平面上时，可将这些结构旋转到剖切平面上画出，如图 4-30 所示。

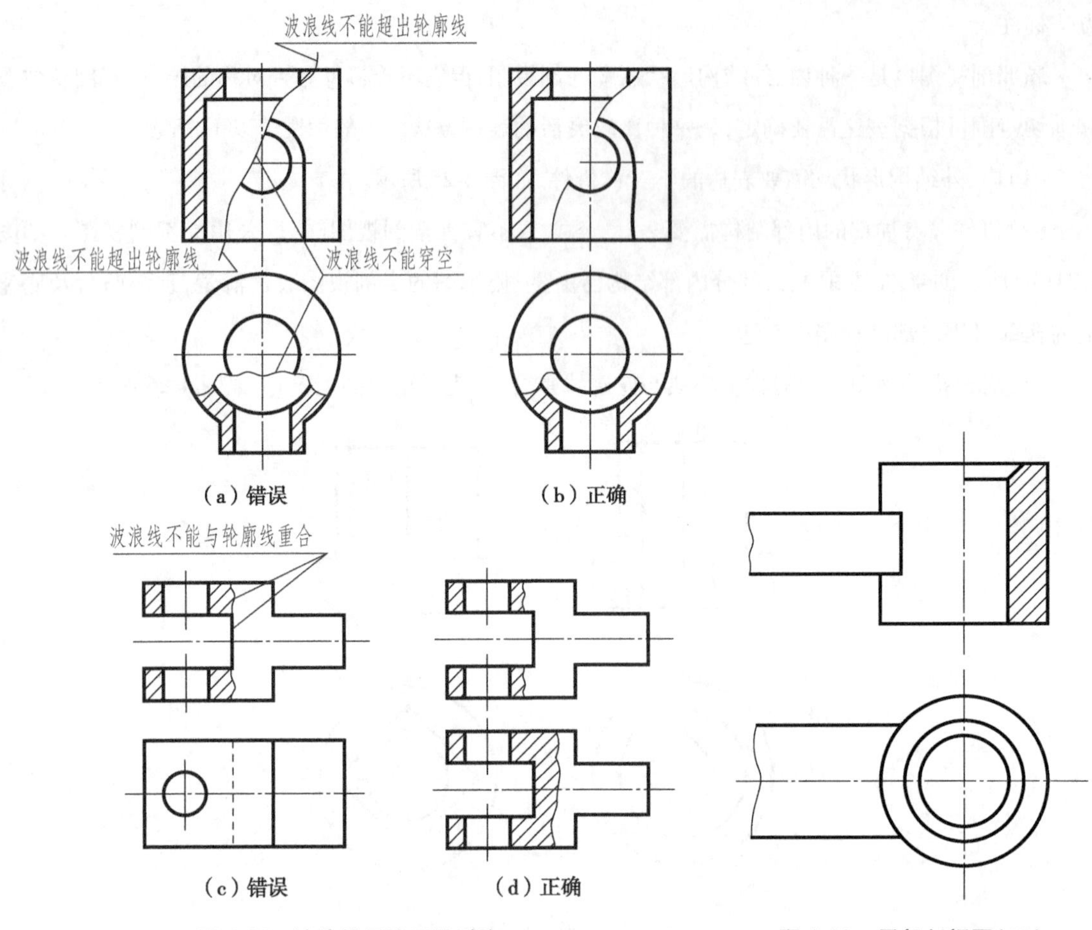

图 4-27　波浪线画法正误对比

图 4-28　局部剖视图(三)

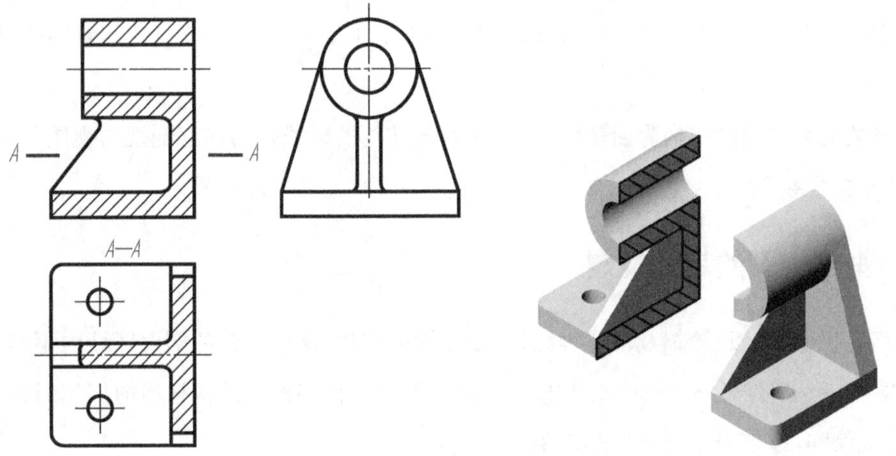

图 4-29　肋板的剖切画法

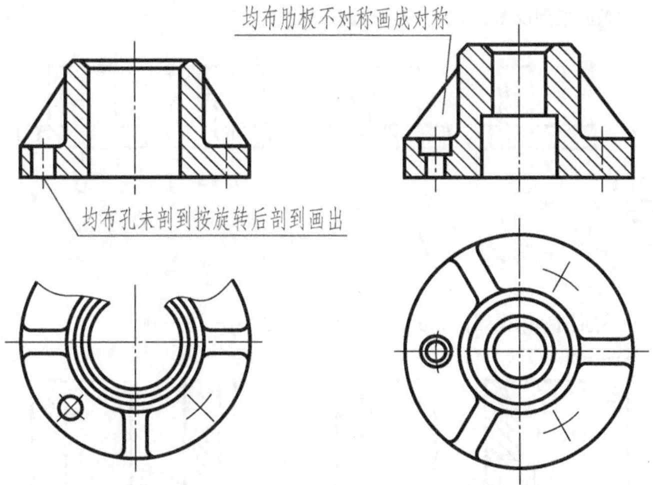

图 4-30　回转体机件上均匀分布的肋板、孔的剖切画法

点滴积累

1. 剖视图用于表达机件的内部结构。
2. 按机件被剖开的范围不同，剖视图分为三种，即全剖视图、半剖视图、局部剖视图。
3. 画剖视图时选用的三种剖切面有单一剖切面、几个平行的剖切面、几个相交的剖切面。

目标检测

1. 看图单项选择题(图 4-31)

（1）下面剖视图中，剖面线画法正确的是_____。

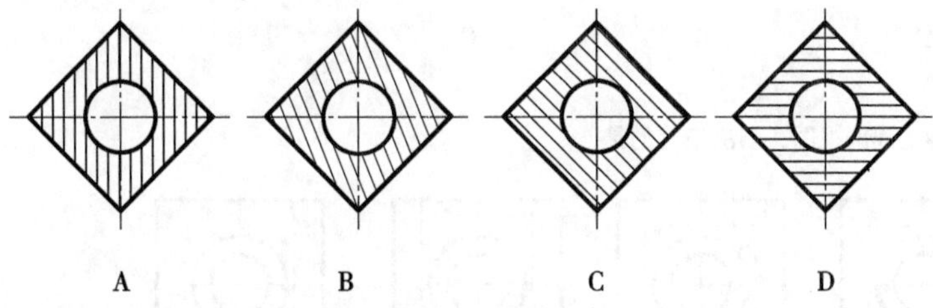

（2）将主视图改画成全剖视图，画法正确且最佳的的是_____。

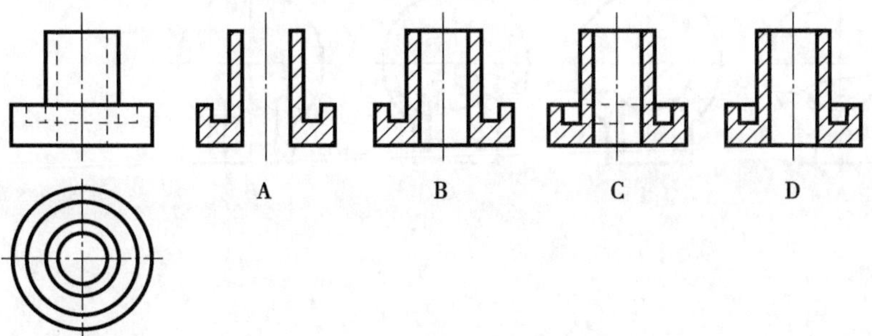

（3）将主视图改画成半剖视图，画法正确且最佳的是_____。

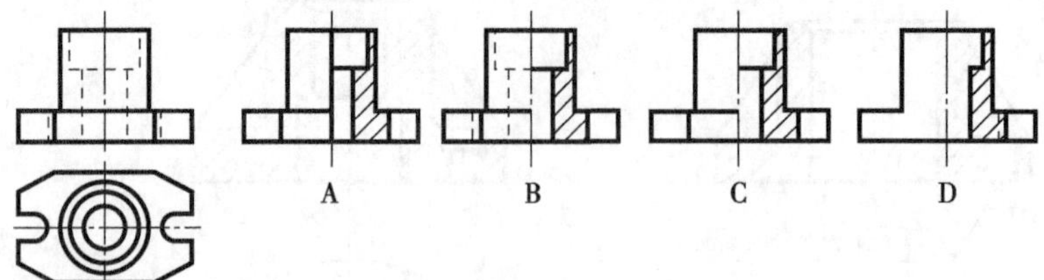

（4）已知形体的主视图和俯视图，关于它的四种不同的半剖视左视图，画法是正确的是_____。

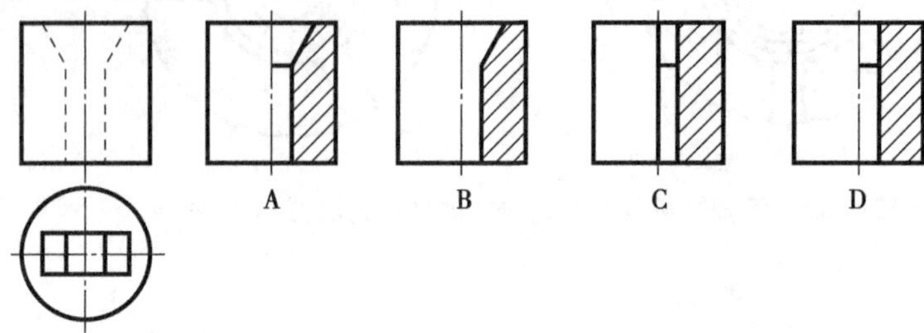

（5）下面四种局部剖视图，画法正确且最佳的是_____。

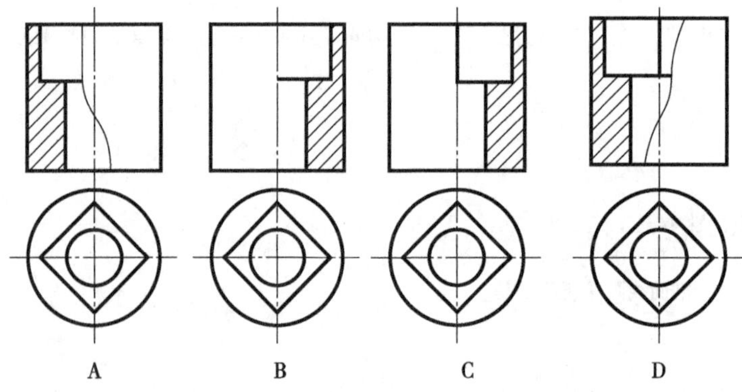

（6）下面四种局部剖视图，画法正确的是_____。

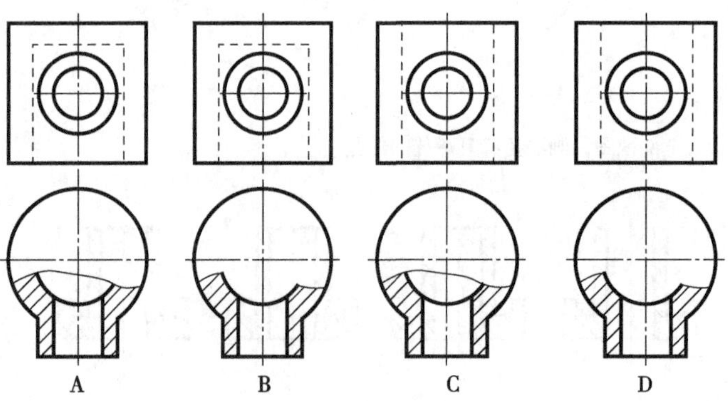

（7）下面四种剖视图，画法及标注均正确的是_____。

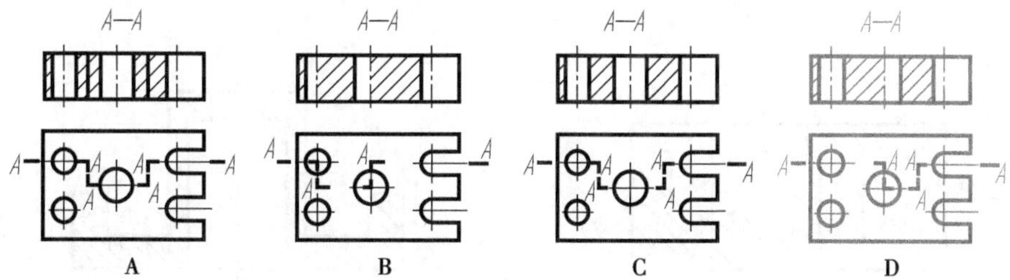

（8）下面四种剖视图，画法及标注均正确的是_____。

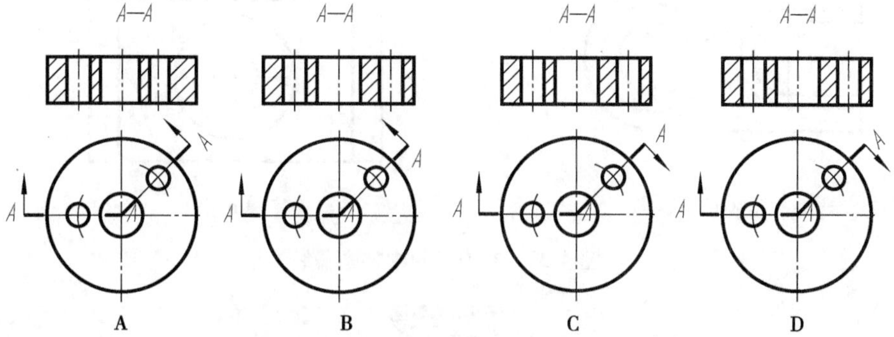

（9）下面的剖视图，画法及标注均正确的是_____。

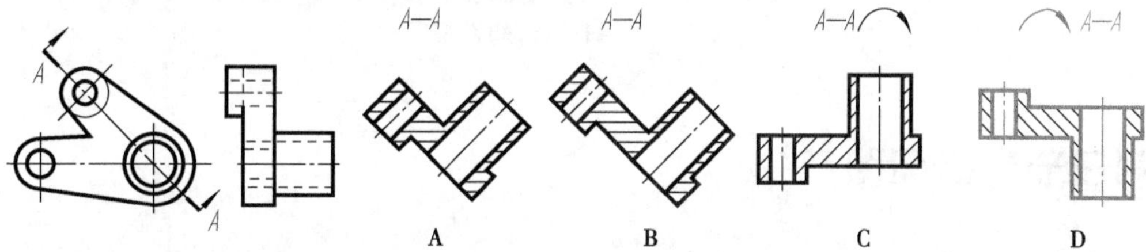

（10）已知形体的主、俯视图，关于它的四种主视图的全剖视，画法正确且最佳的是_____。

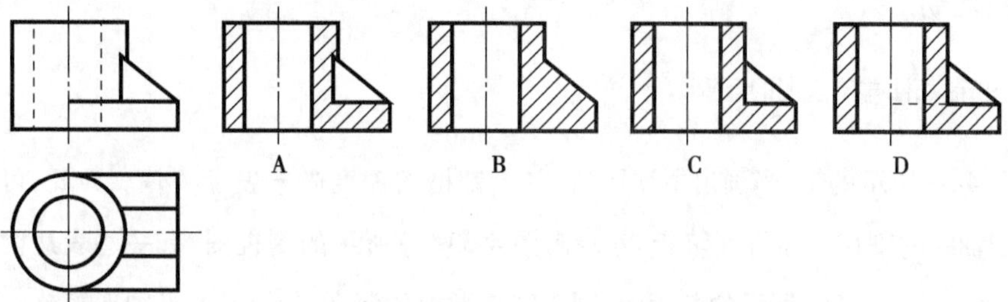

（11）已知形体的主、俯视图，关于它的四种俯视图的全剖视，画法正确的是_____。

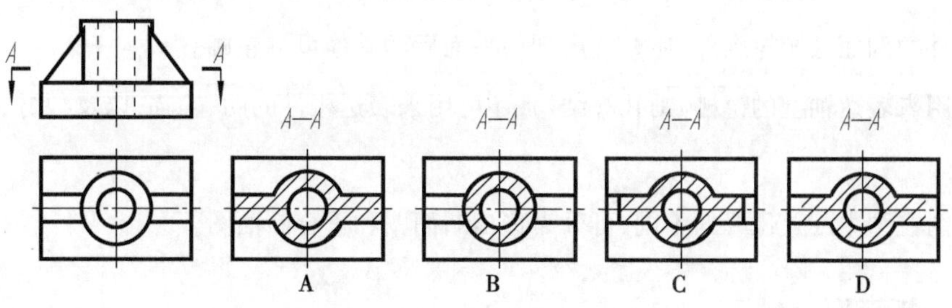

图 4-31　选择正确的剖视图

2. 如图 4-32 所示，在剖视图中补画漏线。

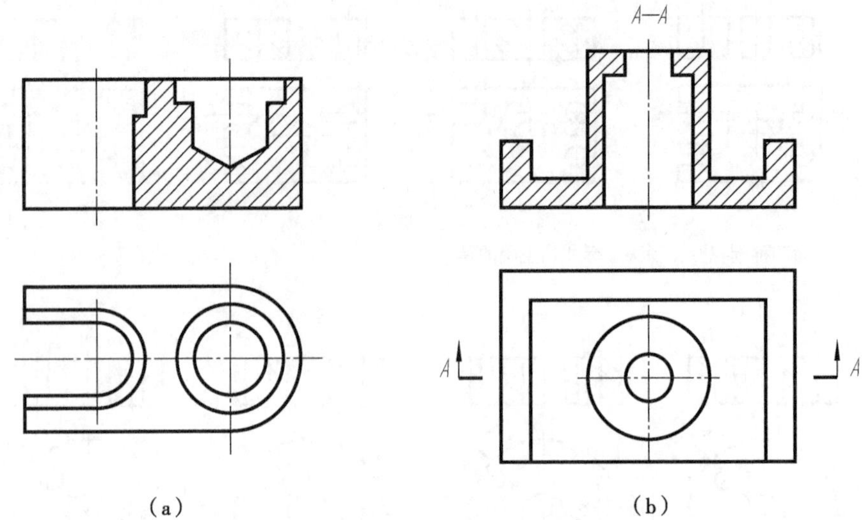

图 4-32　在剖视图中补画漏线

扫一扫，知答案

第三节　断面图

假想用剖切面将机件的某处切断，仅画出该剖切面与机件接触部分的图形称为断面图。

▶ 课堂活动

分析断面图与剖视图的区别。

如图 4-33 所示的轴，当画出主视图后，其上键槽的深度尚未表示清楚。为此，可假想在键槽处用垂直于轴线的剖切平面将轴切断，若画出图 4-33（a）所示的剖视图，有一些表达内容和主视图相重复；若画出图 4-33（b）所示的断面图，则既能将键槽的深度表示清楚，且图形简单、清晰。

对比剖视图和断面图可以看出，它们的主要区别在于断面图仅画出机件的剖面区域轮廓，而剖视图除画出机件的剖面区域轮廓外，还要画出剖切平面后的其他可见轮廓。

断面图常用来表达轴上的键槽、销孔等结构，还可用来表达机件的肋、轮辐，以及型材、杆件的断面实形。

根据断面图在图中放置位置的不同，可分为移出断面图和重合断面图。

一、移出断面图

画在视图轮廓之外的断面图称为移出断面图。

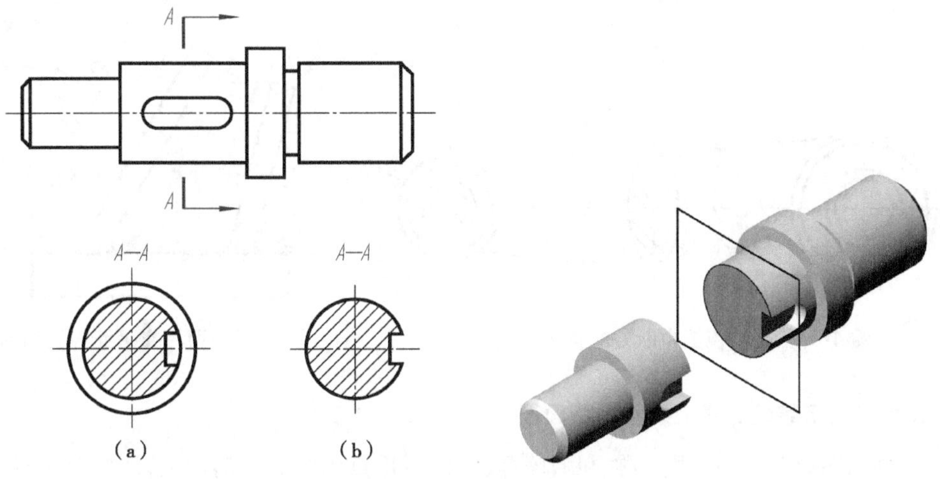

图 4-33　断面图的概念

（一）移出断面图的画法与配置

1. 移出断面图的轮廓线用粗实线绘制。

2. 应尽量配置在剖切线的延长线上，如图 4-34(b)、(c)所示；也可配置在其他适当的位置，如图 4-34(a)、(d)所示；当断面图形对称时，也可画在视图的中断处，如图 4-35 所示。

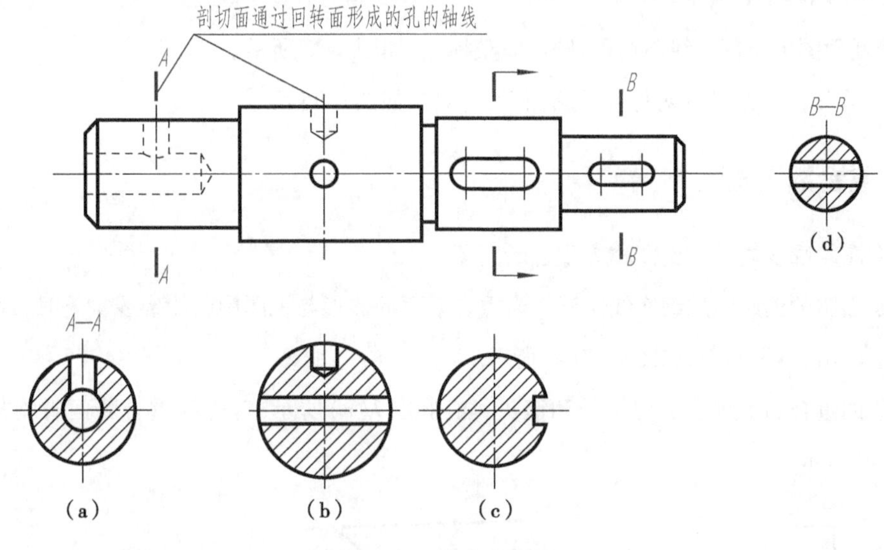

图 4-34　移出断面图

3. 当剖切平面通过回转面形成的孔或凹坑的轴线时，则这些结构按剖视图要求绘制，如图 4-34(a)、(b)所示，图中应将孔（或坑）口画成封闭。

4. 当剖切平面通过非圆孔，会导致出现完全分离的两个断面时，这些结构应按剖视图要求绘制，如图 4-34(d)所示。

5. 剖切面一般垂直于被剖切部分的可见轮廓线，对图 4-36 中的肋板结构，可采用两个相交的剖切平面剖切得出移出断面，这时断面图中间一般应断开。

（二）移出断面图的标注

移出断面图的一般标注方法和剖视图相同。对不同配置的断面图，有时可省略某些标注。

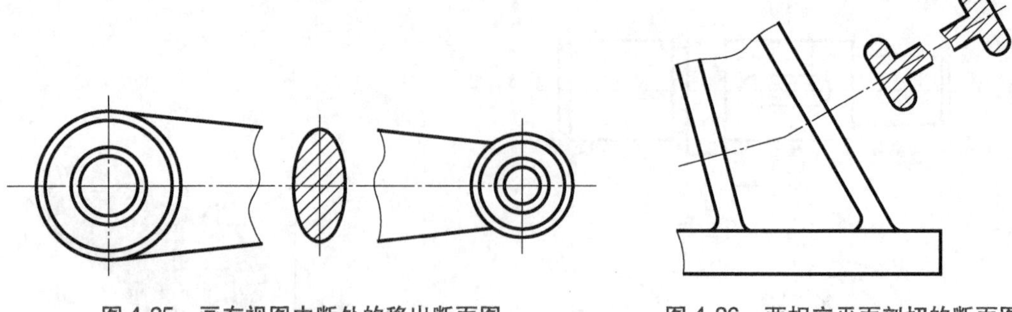

图 4-35 画在视图中断处的移出断面图　　图 4-36 两相交平面剖切的断面图

1. 配置在剖切线延长线上的移出断面图

(1)若断面图形关于剖切线对称,可省略标注,但需用点画线表明剖切位置,如图 4-34(b)和图 4-36 所示。

(2)若断面图形关于剖切线不对称,应标注剖切符号和箭头,可省略字母,如图 4-34(c)所示。

2. 按投影关系配置的移出断面图可省略箭头,如图 4-34(d)所示。

3. 配置在其他位置的移出断面图

(1)若断面图关于剖切线对称,可省略箭头,但需标注剖切符号、字母,并在断面图上方标注名称“*X*-*X*”,如图 4-34(a)所示。

(2)若断面图关于剖切线不对称,则需完整标注,如图 4-33 所示。

4. 配置在视图中断处的对称移出断面不必标注,如图 4-35 所示。

二、重合断面图

画在视图轮廓线内的断面图称为重合断面图。

重合断面图的轮廓线用细实线绘制。当重合断面的图形与视图中的轮廓线重叠时,视图中的轮廓线应连续画出,不可间断,如图 4-37(a)所示。

不对称的重合断面标注剖切符号和箭头,如图 4-37(a)所示;对称的重合断面省略标注,如图 4-37(b)、(c)所示。

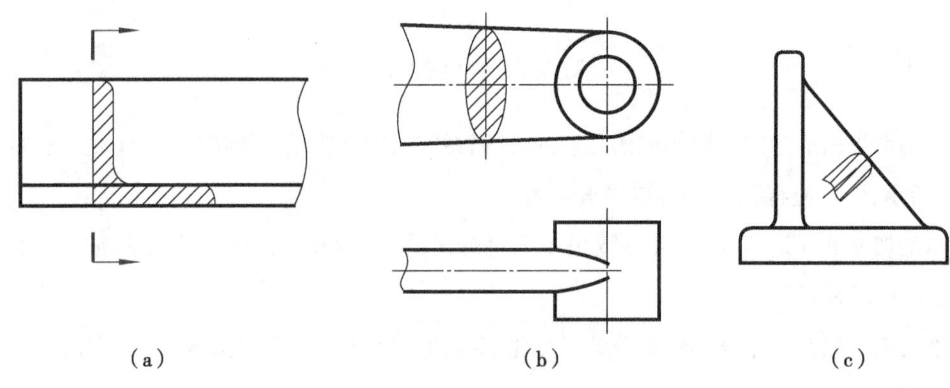

图 4-37 重合断面图

点滴积累

1. 断面图用于表达机件的断面形状。
2. 按绘图位置不同，分为移出断面图和重合断面图。

目标检测

看图选择题(图 4-38)：

（1）关于下面四种不同的移出断面图，画法正确的是_____。

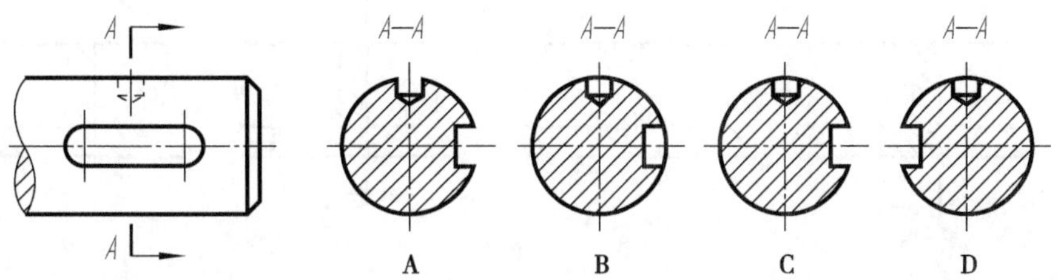

（2）关于下面四种不同的移出断面图，画法正确的是_____。

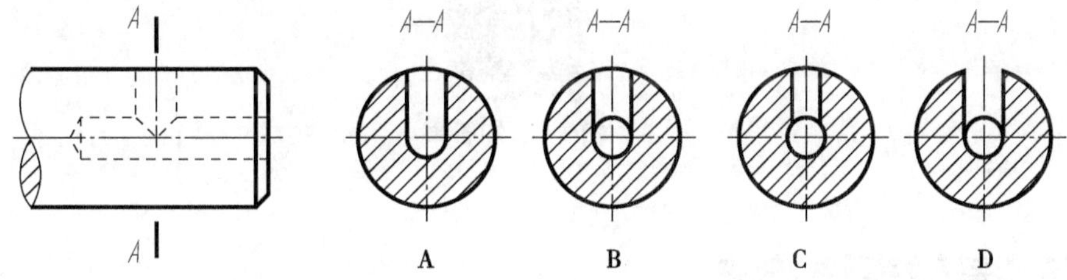

（3）关于下面四种不同的移出断面图，画法正确的是_____。

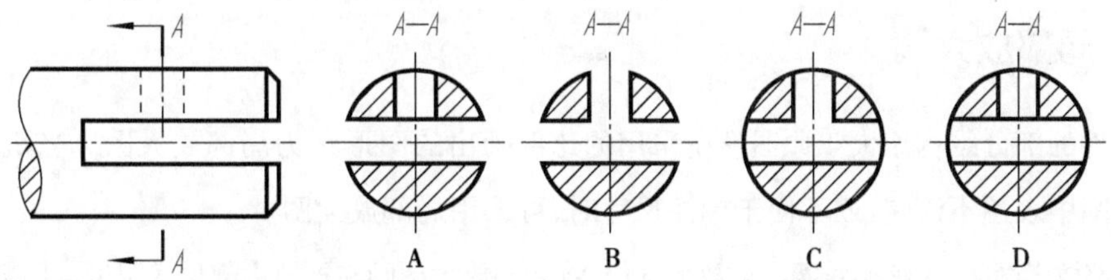

（4）下图中正确的*A*—*A*断面图是_____。

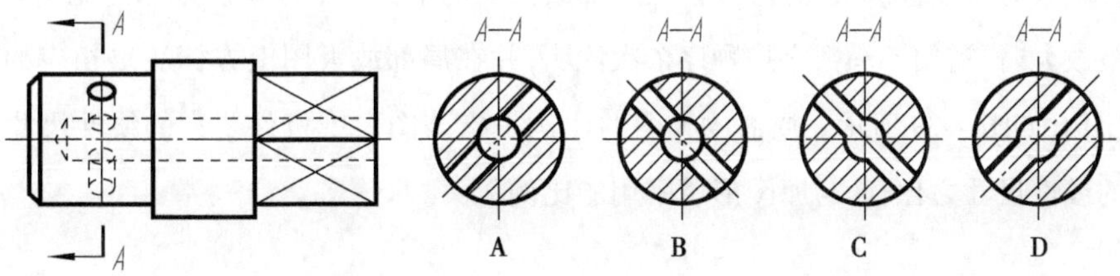

（5）下图中正确的*A—A*断面图是______。

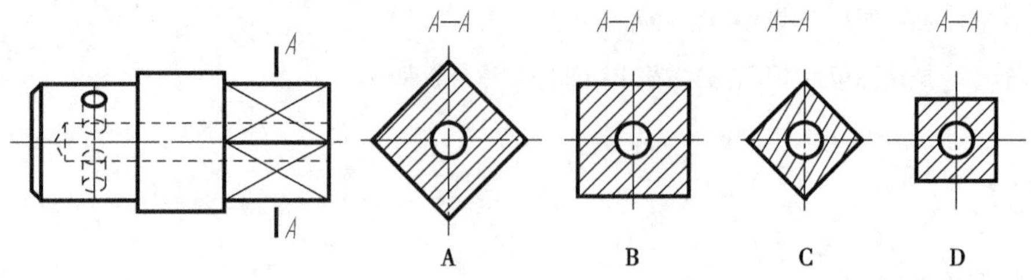

（6）下面的重合断面图，画法及标注正确的是______。

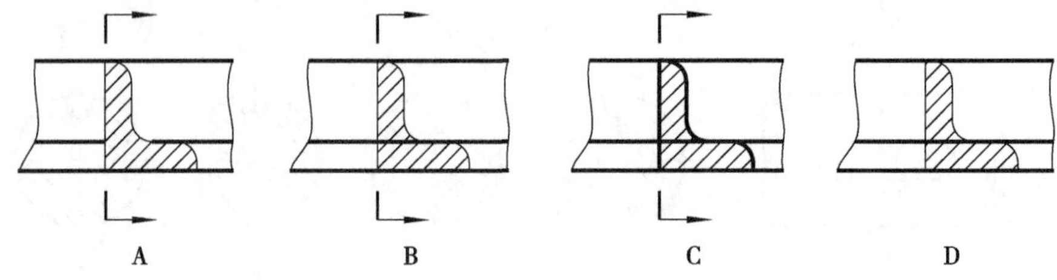

图 4-38　选择正确的断面图

扫一扫，知答案

第四节　其他表达方法

一、局部放大图

将机件的部分结构用大于原图形所采用的比例画出的图形称为局部放大图。当机件上的细小结构在视图中表达不清楚，或不便于标注尺寸时，可采用局部放大图。

画局部放大图时，用细实线圈出被放大部位，将局部放大图画在被放大部位的附近。局部放大图可以画成视图、剖视图或断面图，它与被放大部分在原图所采用的表达方法无关。如图 4-39 所示。

当机件上只有一处被放大的部位时，在局部放大图的上方只需注明所采用的比例。当同一机件上有几处被放大时，需用罗马数字按顺序依次注明，并在局部放大图上方标注出相应的罗马数字和所采用的比例，如图 4-39 所示。局部放大图的比例是指该图形中机件要素的线性尺寸与实际机件相应要素的线性尺寸之比，而与原图形所采用的比例无关。

二、简化画法

为方便读图和绘图，GB/T 16675. 1—1996 规定了视图、剖视图、断面图及局部放大图中的简化画法。常用的几种如下：

1. 机件上对称结构的局部视图，可按图 4-40 所示的方法绘制。

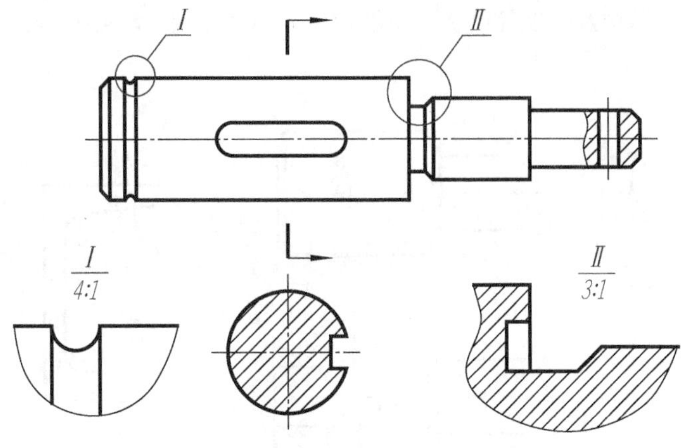

图 4-39　局部放大图

2. 当回转体机件上的平面在图形中不能充分表达时，可用两条相交的细实线表示这些平面。如图 4-41 所示。

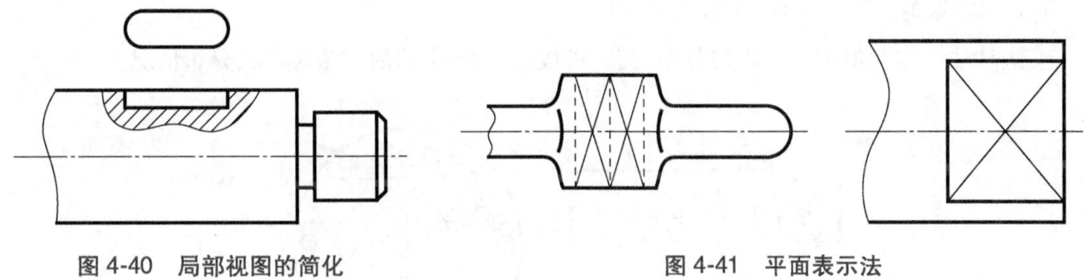

图 4-40　局部视图的简化　　图 4-41　平面表示法

3. 当机件具有若干相同的结构（齿、槽等），并按一定规律分布时，只需画出几个完整的结构，其余用细实线连接，在图中必须注明该结构的总数，如图 4-42 所示。

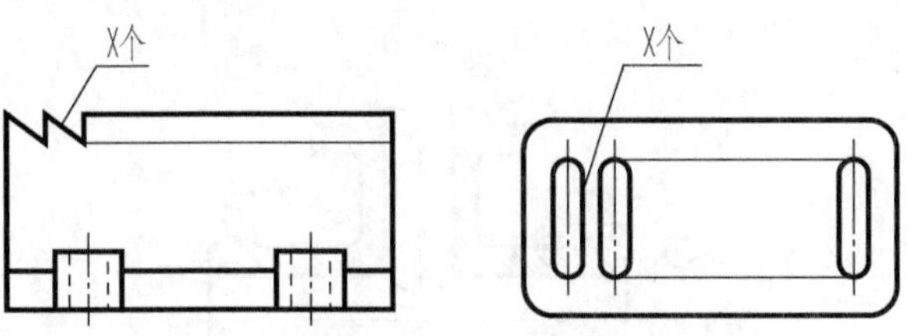

图 4-42　按规律分布的相同结构简化画法

4. 较长的机件（轴、杆、型材、连杆等）沿长度方向的形状一致或按一定规律变化时，可断开后缩短绘制，如图 4-43 所示。

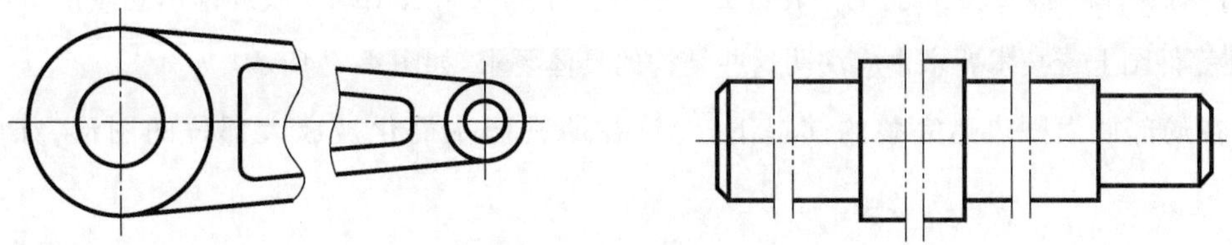

图 4-43　较长机件的断开画法

5. 当机件上较小的结构及斜度等已在一个图形中表达清楚时，其他图形可简化或省略，如图 4-44 所示。

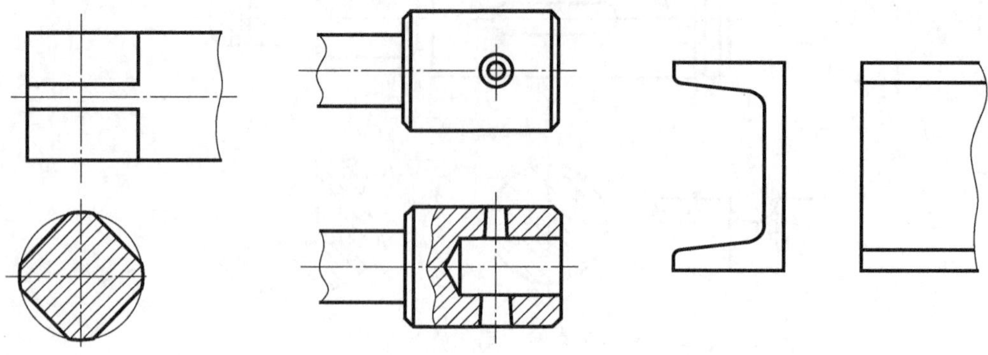

图 4-44　较小结构及斜度的简化画法

6. 若干直径相同且呈规律分布的孔（圆孔、螺孔、沉孔等）可以仅画出一个或少量几个，其余只需用细点画线表示其中心位置，如图 4-45 所示。

7. 圆柱法兰和类似零件上均匀分布的孔，可按图 4-46 所示的方法表示其分布情况。

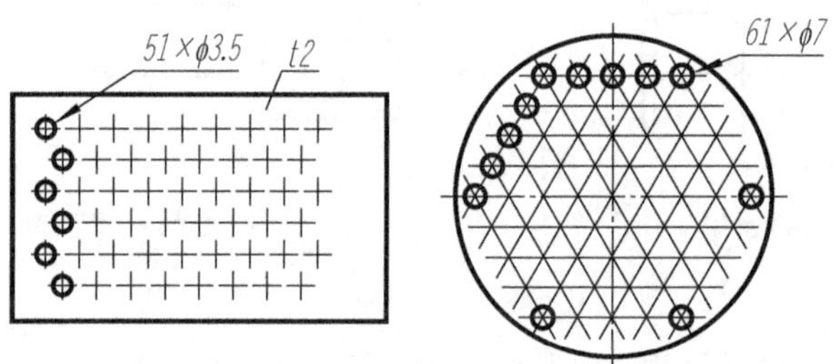

图 4-45　直径相同且呈规律分布的孔的简化画法

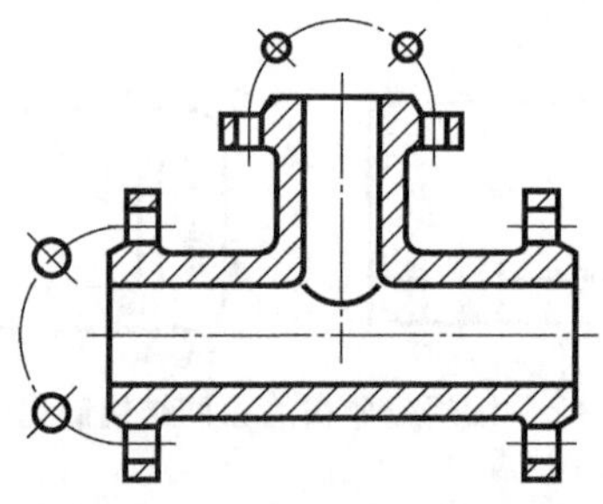

图 4-46　法兰均匀分布的孔的简化画法

8. 网状物、编制物或机件上的滚花部分一般可在轮廓线附近用细实线局部示意画出，也可省略不画，在零件图上或技术要求中应注明这些结构的具体要求，如图 4-47 所示。

9. 在局部放大图表达完整的前提下，允许在原视图中简化被放大部位的图形，如图 4-48 所示。

10. 与投影面的倾斜角度小于或等于 30°的圆或圆弧，其投影可用圆或圆弧代替，如图 4-49 所示。

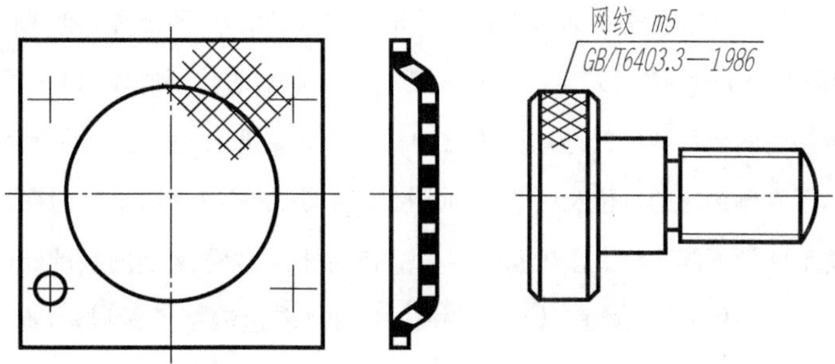

图 4-47　网状物及滚花的简化画法

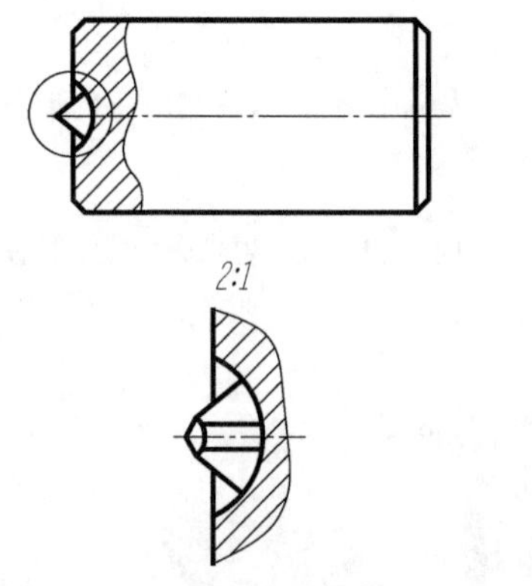

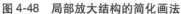

图 4-48　局部放大结构的简化画法

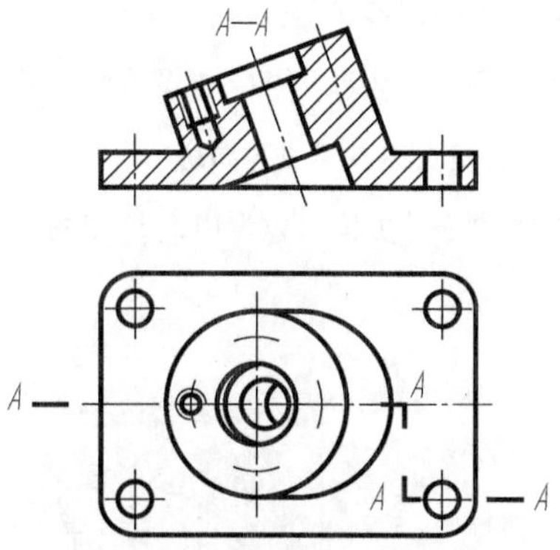

图 4-49　倾斜圆的简化画法

点滴积累

1. 局部放大图用于表达机件上的细小结构。
2. 绘制机件的视图、剖视图、断面图时，国家标准规定了简化画法。

第五节　表达方法综合运用

表达机件时，应根据机件的结构特点，灵活运用前面介绍的各种画法，在完整、清晰地表达机件各部分形状及其相对位置的前提下，力求制图简便。应使所画出的每个视图、剖视图或断面图等都有明确的表达目的，尽量避免不必要的重复表达。尽量避免使用虚线表达机件的轮廓。

同一机件可以有几种表达方案，应在熟练运用各种表达方法的前提下，通过分析、对比，确定较好的表达方案。

实例训练

【例 4-5-1】 如图 4-50(a)所示的阀体，选合适的表达方法表示其结构形状。

1. 分析　表达方案的选择通常在形体分析的基础上进行。阀体可看成由五部分组成：主体为阶梯形圆柱体，内腔为阶梯孔；上、下分别有圆形和方形法兰；左侧为带有腰圆形法兰的接管，接管下部有肋板支承。

2. 选表达方案　首先选择主视图，使主视图表达形体特征最清楚，再选择其他视图。

图 4-50(b)是该机件的一种表达方案。主视图采用了全剖视，表达了阀体内腔的结构形状、上部法兰的连接孔结构、左侧接管的形状和位置；俯视图作了 *A—A* 半剖视，既表达了上、下法兰的形状及法兰上连接孔的分布，也表达了左侧接管的方位及法兰上的连接孔结构；左视图采用了半剖视，表达左侧法兰的形状、阀体内腔的结构形状及下部法兰上连接孔的结构(局部剖视)；为了表达肋板的断面形状，在主视图中采用了重合断面图。此表达方案已将阀体的内、外结构全部表达清楚了，但是否有更为简练的表达方案呢？

图 4-50(b)中，左视图主要用于表达左侧接管法兰的形状和阀体下部法兰上的连接孔，左视图半剖对于阀体内腔的结构形状是重复表达。

如果采用图 4-50(c)，将主视图改画为两处局部剖视，并用一个局部视图表示左侧法兰的形状，就可省略左视图，使表达方案更为简练。

比较两种表达方案可以看出，(c)图的表达方案不仅表达完整，而且更简洁、清晰，作图更简便，是较好的表达方案。

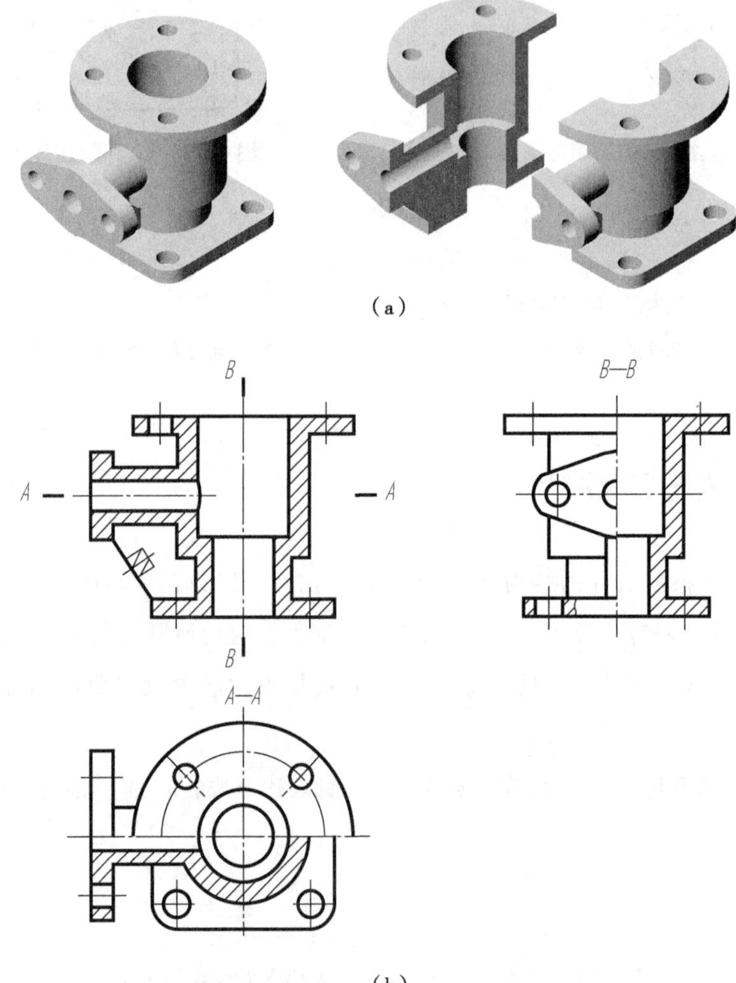

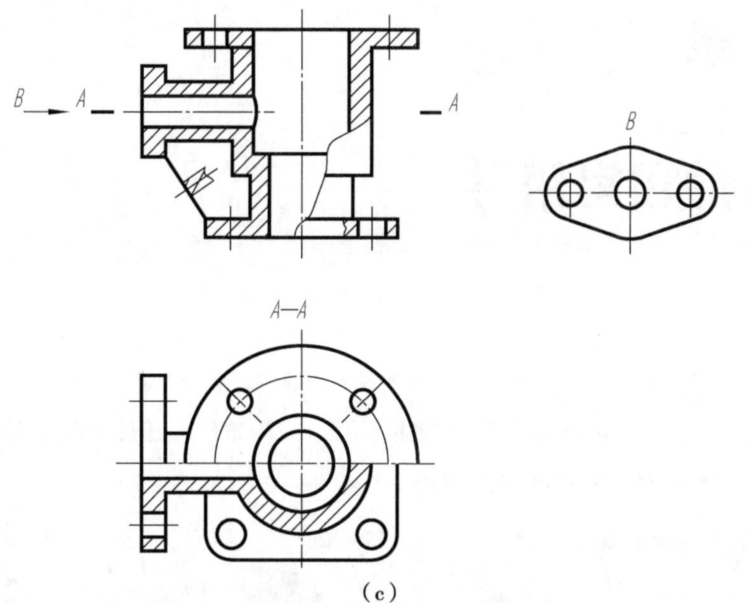

(c)

图 4-50　表达方法综合运用举例

点滴积累

1. 表达机件可以有不同的方案，要根据机件的结构特点，通过分析、对比，选出更合适的表达方案。
2. 好的方案应该是完整、清晰地表达机件；绘图简便。

（孙安荣）

第五章

标准件和常用件

本章导言

在机器和设备中，被广泛应用的螺栓、螺钉、螺母、垫圈、键、销、滚动轴承等机件（图 5-1），其结构形状和尺寸都已标准化，称为标准件。 还有些零件，如齿轮、弹簧等，它们的部分参数已标准化，称为常用件。

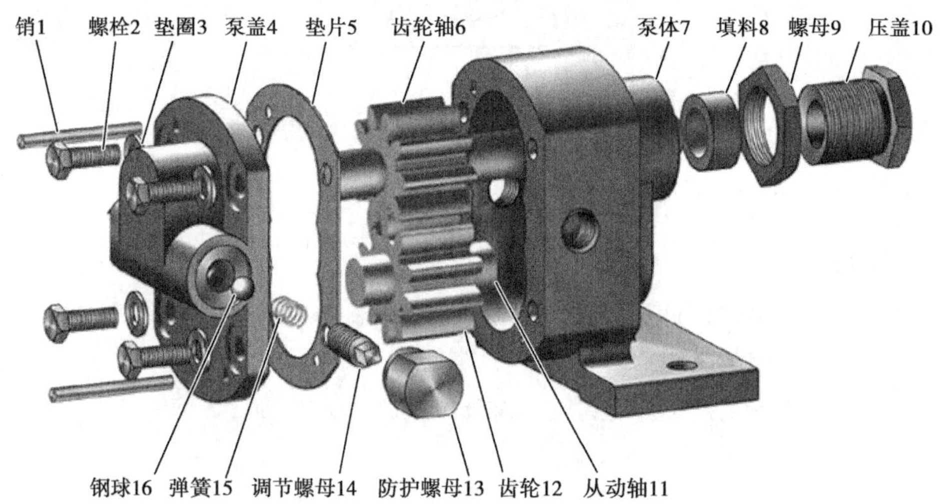

图 5-1　齿轮泵分解图

国家标准还规定了标准件以及常用件中标准结构要素的画法，在制图过程中，应按规定画法绘制标准件和标准结构要素。 本章将分别介绍螺纹、螺纹紧固件、键、销、齿轮和滚动轴承的规定画法、代号及标注方法。

第一节　螺纹和螺纹紧固件

一、螺纹

（一）螺纹的形成

在圆柱（或圆锥）表面上沿着螺旋线形成的，具有相同断面形状的连续凸起和沟槽称为螺纹。凸起的实体部分又称为牙。

本节主要讨论在圆柱面上形成的螺纹。在圆柱外表面上形成的螺纹叫做外螺纹，如图 5-2（a）所示；在圆柱内表面上形成的螺纹叫做内螺纹，如图 5-2（b）所示。

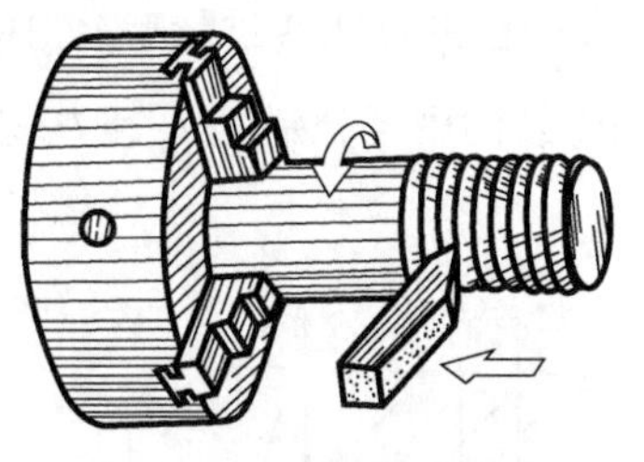

（a）车削外螺纹　　（b）车削内螺纹

图 5-2　螺纹的加工

在车床上车削螺纹是常见的一种加工方法。如图 5-2 所示为在车床上加工内、外螺纹的示意图，工件做等速旋转运动，刀具沿工件轴向做等速直线移动，其合成运动就在工件表面上车制出螺纹。还可以用板牙或丝锥等手工工具加工直径较小的螺纹，俗称套扣或攻丝，如图 5-3 所示。

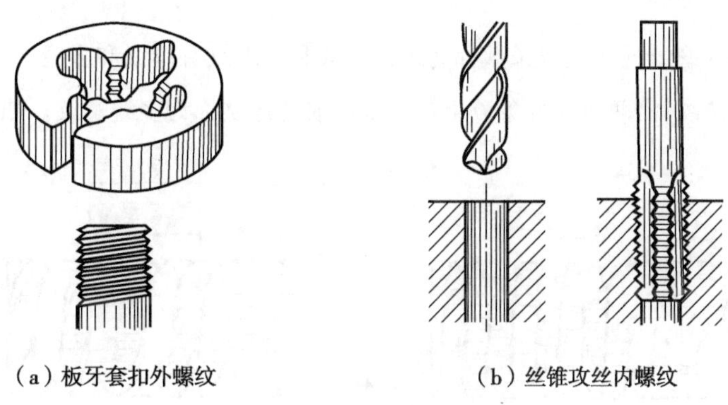

（a）板牙套扣外螺纹　　（b）丝锥攻丝内螺纹

图 5-3　加工小直径螺纹

（二）螺纹的要素

螺纹的结构尺寸是由牙型、直径、螺距、线数和旋向等要素决定的。

1. 牙型　螺纹的牙型是指在通过螺纹轴线的断面上，螺纹的轮廓形状。常用的牙型有三角形、梯形、锯齿形，如图 5-4 所示。不同牙型的螺纹用途不同，见表 5-1。

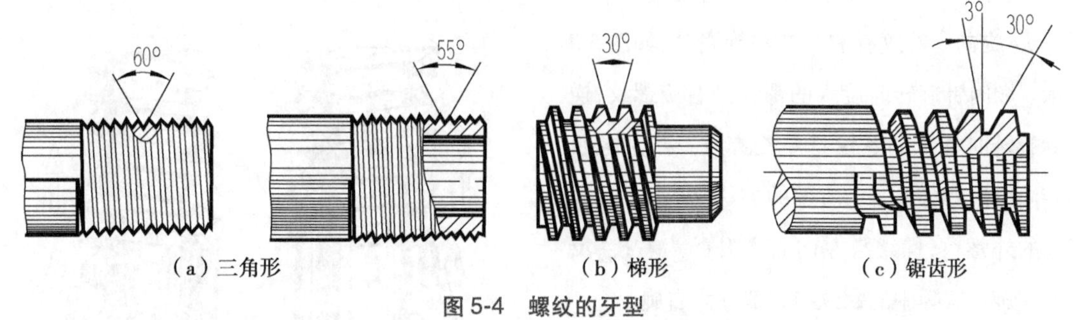

（a）三角形　　（b）梯形　　（c）锯齿形

图 5-4　螺纹的牙型

2. 直径　螺纹的直径有大径、中径和小径之分，如图 5-5 所示。

（1）大径（d、D）：与外螺纹牙顶或内螺纹牙底相重合的假想圆柱面的直径称为大径。外螺纹和内螺纹的大径分别用 d 和 D 表示。

（2）小径（d_1、D_1）：与外螺纹牙底或内螺纹牙顶相重合的假想圆柱面的直径称为螺纹的小径。外螺纹和内螺纹的小径分别用 d_1 和 D_1 表示。

(3)中径(d_2、D_2):在大径和小径之间有一假想圆柱面,该圆柱的母线通过牙型上沟槽和凸起宽度相等的地方,此假想圆柱面的直径称为中径。外螺纹和内螺纹的中径分别用 d_2 和 D_2 表示。

螺纹的公称直径一般指螺纹大径的基本尺寸。

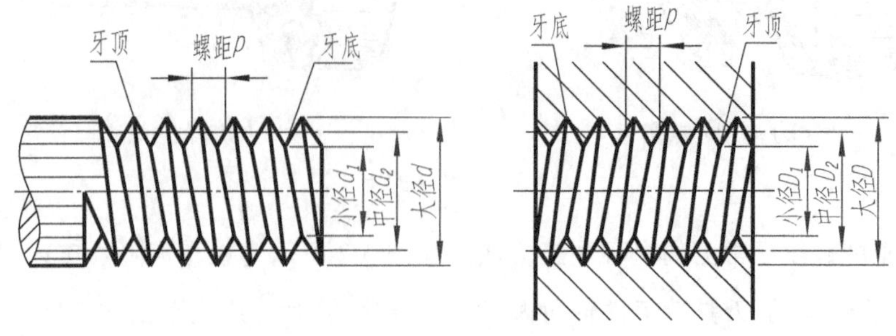

图 5-5　螺纹的直径

3. 线数 n　形成螺纹的螺旋线条数称为螺纹的线数。螺纹有单线和多线之分,沿一条螺旋线形成的螺纹称为单线螺纹;沿两条或两条以上螺旋线形成的螺纹称为多线螺纹。如图 5-6 所示。

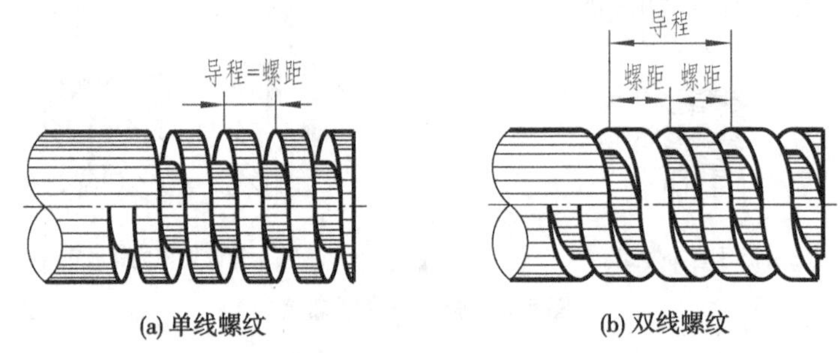

(a) 单线螺纹　　(b) 双线螺纹

图 5-6　螺纹的线数、螺距与导程

4. 螺距(P)和导程(S)　螺纹相邻两牙在中径线上对应两点间的轴向距离称为螺距(P)。同一条螺旋线上的相邻两牙在中径线上对应两点间的轴向距离称为导程(S)。对于单线螺纹,螺距=导程;对于多线螺纹,导程=线数×螺距。

5. 旋向　螺纹有右旋与左旋之分,如图 5-7 所示。顺时针旋转时旋入的螺纹是右旋螺纹;逆时针旋转时旋入的螺纹是左旋螺纹。判别螺纹的旋向可采用如图 5-7 所示的方法,即面对轴线竖直的外螺纹,螺纹自左向右上升的为右旋,反之为左旋。实际中的螺纹绝大部分为右旋。

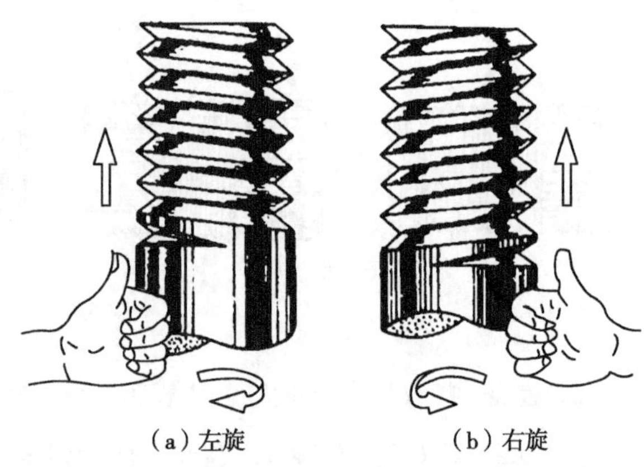

(a) 左旋　　(b) 右旋

图 5-7　螺纹的旋向

内、外螺纹总是成对配合使用。当上述五项基本要素完全相同时,内、外螺纹才能互相旋合,正常使用。

(三) 螺纹的规定画法

国家标准 GB/T 4459. 1—1995 中统一规定了螺纹的画法,螺纹的结构要素均已标准化,故绘图时不必画出螺纹的真实形状。

基本规定包括：

(1)牙顶圆的投影用粗实线表示。

(2)牙底圆的投影用细实线表示，在垂直于螺纹轴线的投影面的视图中，表示牙底圆的细实线只画约 3/4 圈。

(3)螺纹终止线画垂直于轴线的粗实线。

(4)在剖视图或断面图中，剖面线一律画到粗实线。

▶▶ 课堂活动

根据螺纹画法的基本规定，分析外螺纹及内螺纹的画法。

1. 外螺纹的画法　如图 5-8 所示。

(1)外螺纹的大径用粗实线表示，小径用细实线表示(可近似地画成大径的 0.85 倍)。

(2)在平行于螺纹轴线的投影面的视图中，螺纹终止线用粗实线表示，螺纹牙底线在倒角和倒圆部分也要画出；在垂直于螺纹轴线的投影面的视图中，表示牙底的细实线只画约 3/4 圈，螺杆端面的倒角圆省略不画。如图 5-8(a)所示。

(3)螺尾一般不画，当需要表示螺尾时，表示螺尾部分牙底的细实线应画成与轴线呈 30°的夹角。如图 5-8(b)所示。

(4)当外螺纹被剖切时，被剖切部分的螺纹终止线只画到小径处，中间是断开的；剖面线画到粗实线处。如图 5-8(c)所示。

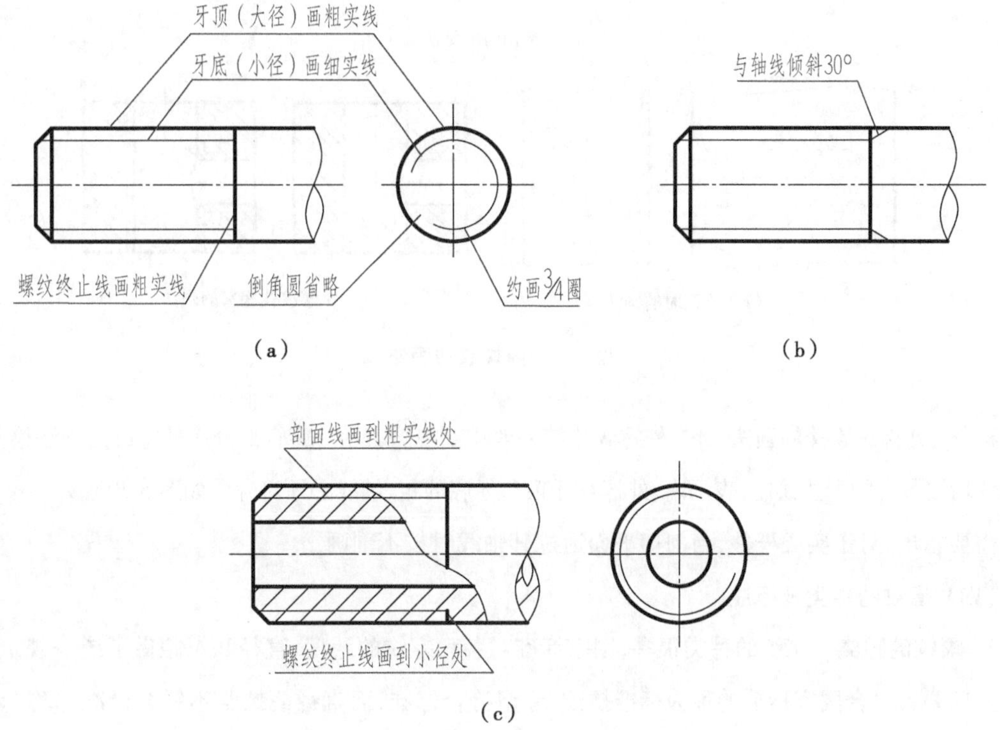

图 5-8　外螺纹的画法

2. 内螺纹的画法　如图 5-9 所示。

(1)在平行于螺纹轴线的投影面的视图中,内螺纹一般采用剖视画法。大径用细实线绘制,小径用粗实线绘制(约等于大径的 0.85 倍),螺纹终止线用粗实线绘制,螺尾一般不表示。剖面线画到表示牙顶的粗实线处。

(2)在垂直于螺纹轴线的投影面上的视图中,表示牙底的细实线圆(大径)只画约 3/4 圈,倒角圆不画。

(3)不通的盲孔是先钻孔后攻丝形成的,因此一般应将钻孔深度与螺纹部分的深度分别画出,底部的锥顶角应画成 120°。如图 5-9(a)所示。

(4)如果不剖切,内螺纹的大径、小径、螺纹终止线都画虚线。如图 5-9(b)所示。

(5)螺纹孔相贯的画法如图 5-9(c)所示。

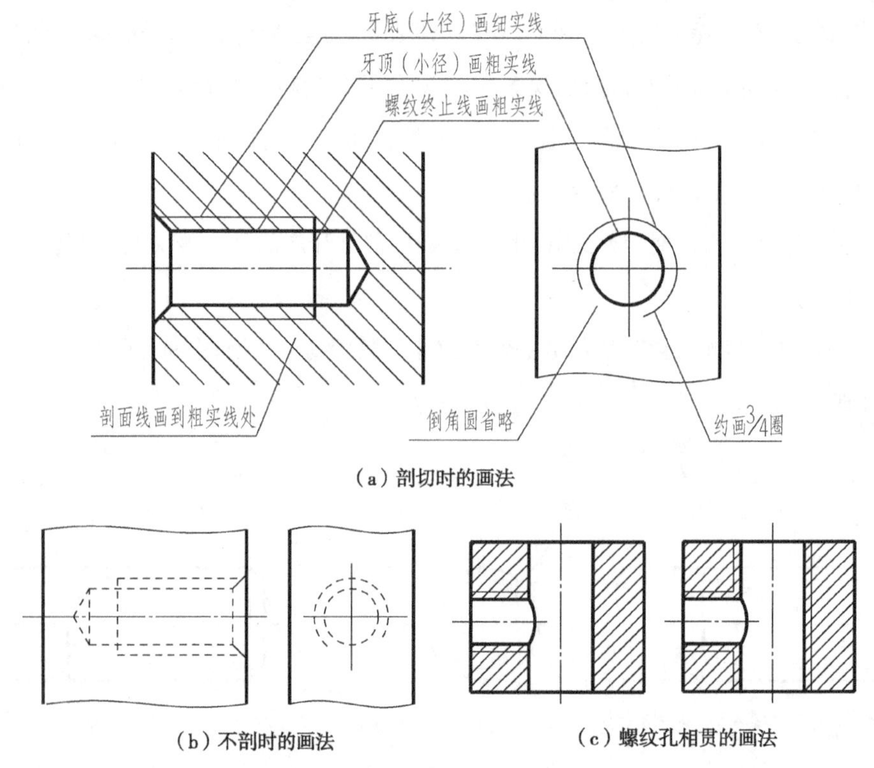

(a)剖切时的画法

(b)不剖时的画法　　(c)螺纹孔相贯的画法

图 5-9　内螺纹的画法

3. 内、外螺纹连接的画法　内、外螺纹连接一般用剖视图表示。旋合部分按外螺纹的画法绘制,其余部分均按各自的画法绘制,表示内、外螺纹牙顶和牙底的粗、细线必须对齐。如图 5-10 所示。

需要指出,对于实心杆件,当剖切平面通过其轴线时按不剖画。

(四)螺纹的种类及标注

1. 螺纹的种类　螺纹的种类很多,国家标准对各种螺纹的牙型、直径和螺距做了统一规定。凡是这三项要素符合国家标准的称为标准螺纹;牙型符合标准,而直径或螺距不符合标准的称为特殊螺纹;牙型不符合标准的,如方牙(矩形牙型)螺纹,称为非标准螺纹。标准螺纹按用途分为连接螺纹和传动螺纹,常见标准螺纹的种类见表 5-1。

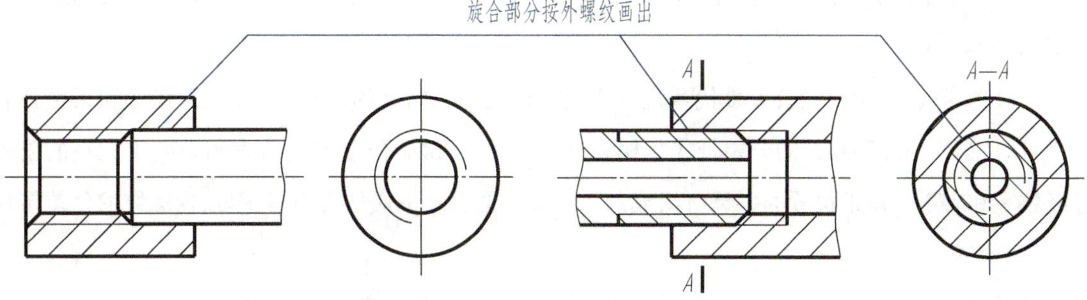

图 5-10　内、外螺纹连接的画法

表 5-1　常见标准螺纹的种类

螺纹种类				特征代号	牙型放大图	用途
连接螺纹	普通螺纹	粗牙		M	60°	最常用的连接螺纹
		细牙				用于细小的精密或薄壁零件
	管螺纹	非螺纹密封		G	55°	广泛用于管道连接
		用螺纹密封	圆锥外螺纹	R		用于高温、高压系统和润滑系统的管子、管接头、阀门等螺纹连接附件
			圆锥内螺纹	Rc		
			圆柱内螺纹	Rp		
传动螺纹	梯形螺纹			Tr	30°	用于传递动力，如各种机床的丝杠
	锯齿形螺纹			B	3° 30°	只能传递单方向的动力

2. 标准螺纹的规定标注　螺纹的规定画法不能反映螺纹的种类和螺纹各要素，因此在螺纹图样上应按照国家标准规定的格式和代号进行标注。

课堂活动

识读表 5-2、表 5-3 和表 5-4 中螺纹的标注，说明螺纹的种类及螺纹各要素。

（1）普通螺纹的标注：普通螺纹的完整标记由螺纹的特征代号、尺寸代号、公差带代号、旋合长度代号、旋向代号组成。

1）特征代号：普通螺纹的特征代号为 M。

2）尺寸代号：普通螺纹的尺寸代号为“公称直径×螺距”。公称直径指螺纹的大径。某一公称直径的粗牙普通螺纹只有一个确定的螺距，因此粗牙普通螺纹不标注螺距；而某一公称直径的细牙普通螺纹有几个不同的螺距供选择，因此细牙普通螺纹必须标注螺距。此外，多线普通螺纹的螺距和导程都必须标出。

3）公差带代号：螺纹的公差带代号是用来说明螺纹加工精度的，由中径公差带代号和顶径公差带代号组成，当中径和顶径的公差带代号相同时，则只注一次。公差带是由表示公差带大小的公差等级数字和表示公差带位置的字母所组成的。外螺纹的公差带代号为小写字母，内螺纹的公差带代号为大写字母。

内、外螺纹旋合时，其公差带代号用分数表示，分子为内螺纹的公差带代号，分母为外螺纹的公差带代号。例如 M20×2-6H/6g。

4）旋合长度代号：旋合长度是指内、外螺纹旋合在一起的有效长度。普通螺纹的旋合长度分为三组，分别称为短、中等和长旋合长度，代号分别为 S、N 和 L。相应的长度可根据螺纹的公称直径及螺距从标准中查出。中等旋合长度最常用，代号 N 在标记中省略。

5）旋向代号：普通螺纹的旋向有右旋和左旋，右旋螺纹不标注旋向，左旋螺纹应注出旋向“LH”。

普通螺纹的标注示例见表 5-2。

表 5-2　普通螺纹的标注示例

标记示例	标注示例	标记说明
M20-5g6g-S	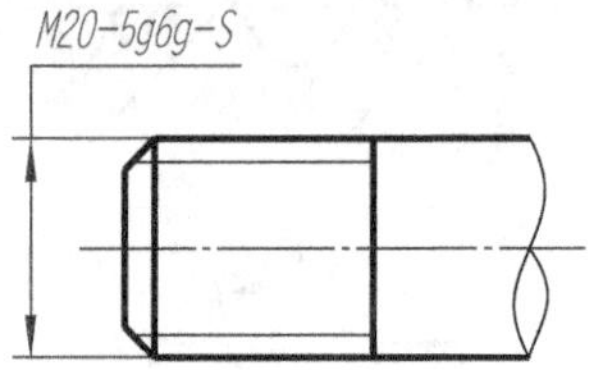 M20-5g6g-S	公称直径为 20mm 的粗牙普通螺纹，螺距为 2. 5mm，中径和顶径的公差带代号分别为 5g 和 6g，短旋合长度，右旋
M10×1-6H-LH	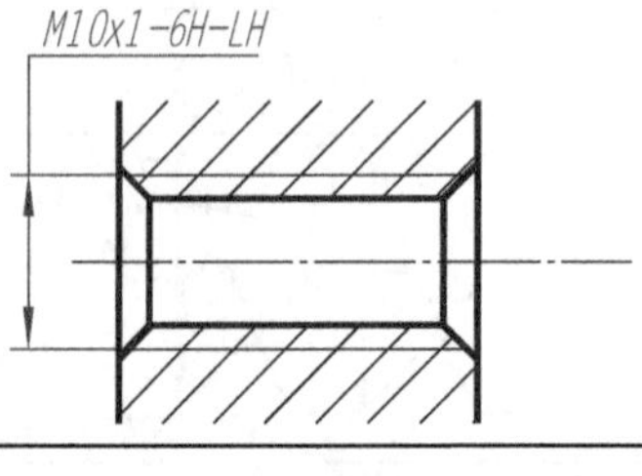 M10x1-6H-LH	公称直径为 10mm 的细牙普通螺纹，螺距为 1mm，中径和顶径的公差带代号均为 6H，中等旋合长度，左旋。

（2）梯形和锯齿形螺纹的标注：完整标记由螺纹的特征代号、尺寸代号、公差带代号、旋合长度代号组成。

1）特征代号：梯形螺纹的特征代号为 Tr，锯齿形螺纹的特征代号为 B。

2）尺寸代号：公称直径×导程（*P* 螺距）旋向。

公称直径为螺纹大径的基本尺寸。对于单线螺纹，螺距 = 导程，只注写一次。左旋螺纹应标注“LH”，右旋螺纹不标注旋向。

3）公差带代号：只标注螺纹中径的公差带代号。

4）旋合长度代号：旋合长度分为正常组和加长组，其代号分别用 N 和 L 表示。当旋合长度为正常组时，代号 N 省略。

梯形螺纹和锯齿形螺纹的标注示例见表 5-3。

表 5-3　梯形螺纹和锯齿形螺纹的标注示例

标记示例	标注示例	标记说明
Tr40×14(P7)LH-7H	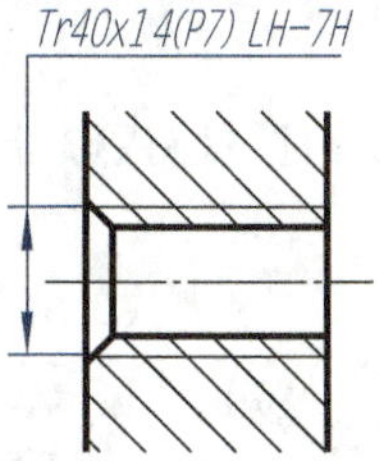 Tr40x14(P7) LH-7H	梯形螺纹，公称直径为 40mm，双线，螺距为 7mm，左旋，中径公差带为 7H，中等旋合长度
B40×7LH-8c-L	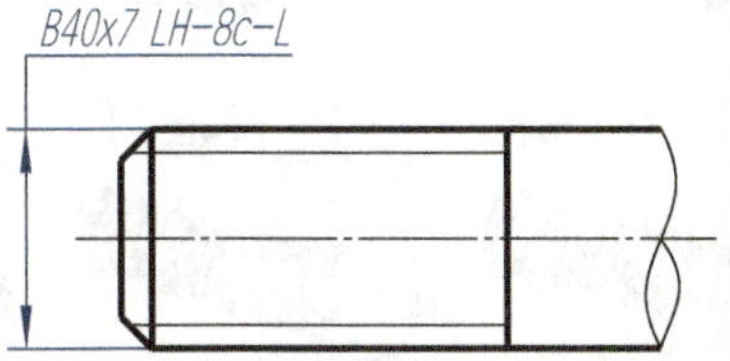 B40x7 LH-8c-L	锯齿形螺纹，公称直径为 40mm，单线，螺距为 7mm，左旋，中径公差带为 8c，长旋合长度

（3）管螺纹的标注：管螺纹有用螺纹密封的管螺纹和非螺纹密封的密封管螺纹两种。

1）非螺纹密封的管螺纹的标记：螺纹的特征代号、尺寸代号、公差等级代号、旋向。

非螺纹密封的管螺纹的特征代号为 G，其外螺纹的公差等级分 A、B 两级，而内螺纹只有一种等级，故内螺纹不标记公差等级代号。

2）用螺纹密封的管螺纹的标记：螺纹的特征代号、尺寸代号、旋向。

用螺纹密封的管螺纹是一种螺纹副本身具有密封性的管螺纹，分为圆锥外螺纹（R）、圆锥内螺纹（RC）、圆柱内螺纹（RP）。用螺纹密封的管螺纹，其内、外螺纹只有一种公差带，所以不标注公差等级代号。

管螺纹的标注用指引线由螺纹的大径线引出。其尺寸代号不是指螺纹的大径，而是指带外螺纹管子的内孔直径（通径）。螺纹的大、小径数值可根据尺寸代号在有关标准中（本书附录附表 3）查到。

管螺纹的标注示例见表 5-4。

表 5-4　管螺纹的标注示例

标记示例	标注示例	标记说明
G1/2A-LH G1/2-LH	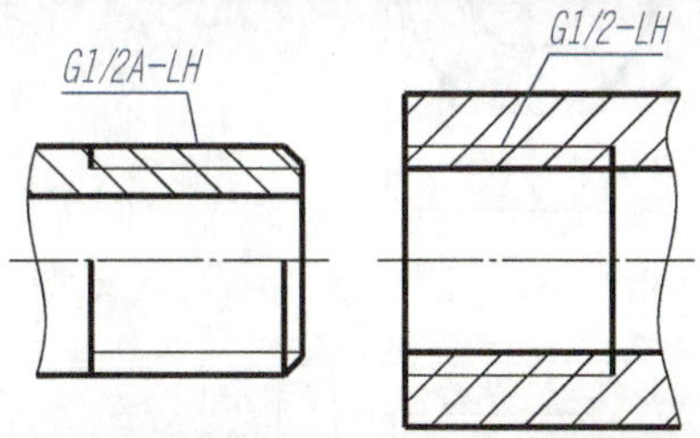 G1/2A-LH　G1/2-LH	非螺纹密封的管螺纹，尺寸代号为 1/2，外螺纹公差等级为 A 级，内螺纹不标注公差等级，左旋
R1/2 RC1/2	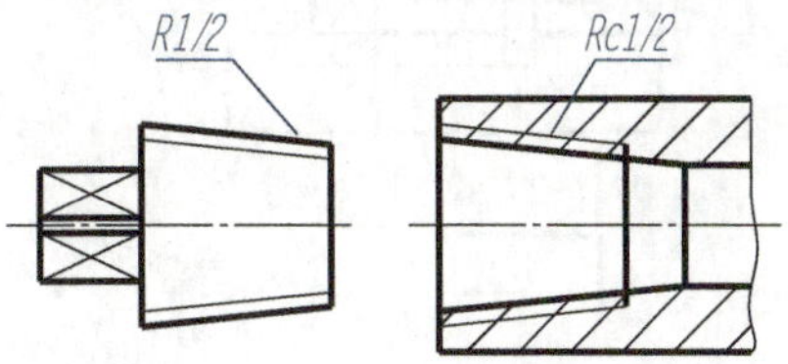 R1/2　Rc1/2	用螺纹密封的圆锥外螺纹及圆锥内螺纹，尺寸代号为 1/2，右旋

二、螺纹紧固件

（一）螺纹紧固件的种类及其标记

螺纹紧固件的种类很多，常用的有螺栓、双头螺柱、螺钉、螺母和垫圈等，其中每一种又有若干不同的类别，如图 5-11 所示。

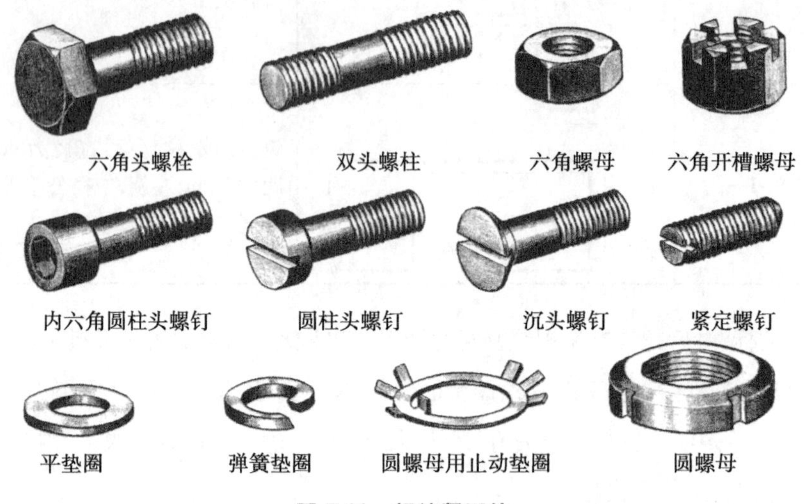

图 5-11　螺纹紧固件

螺纹紧固件都是标准件，一般由专门的工厂加工制造，因此在机械设计时，不需要单独绘制它们的零件图，而是根据设计需要按相应的国家标准进行选取。如图 5-12 所示为螺栓、螺母、垫圈和螺钉头部等的比例画法。

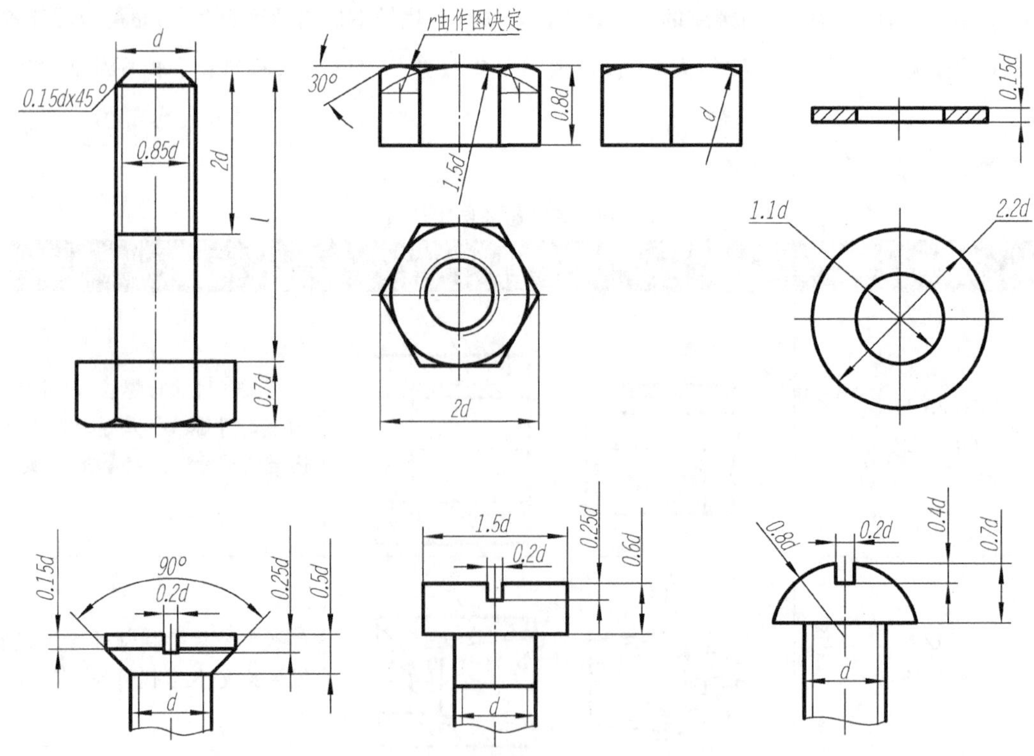

图 5-12　单个螺纹紧固件的比例画法

表 5-5 列出常用螺纹紧固件的简图和标记。

表 5-5　螺纹紧固件及其标记示例

名称及标准编号	简图	规定标记示例
六角头螺栓 GB/T 5782—2000	M12　50	螺栓 GB/T 5782—2000　M12×50 螺纹规格 d = 12mm、公称长度 l = 80mm、性能等级为 8.8 级、表面氧化、A 级的六角头螺栓
双头螺柱 GB/T 897～900—1988	M10　50	双头螺柱 GB/T 897—1988　M10×50 两端均为粗牙普通螺纹，d = 10mm、公称长度 l = 50mm、性能等级为 4.8 级、B 型的双头螺柱
开槽盘头螺钉 GB/T 67—2000	M10　45	螺钉 GB/T 67—2000　M10×45 螺纹规格 d = 10mm、公称长度 l = 45mm、性能等级为 4.8 级、不经表面处理的开槽盘头螺钉
开槽沉头螺钉 GB/T 68—2000	M12　50	螺钉 GB/T 68—2000　M12×50 螺纹规格 d = 12mm、公称长度 l = 50mm、性能等级为 4.8 级、不经表面处理的 A 级开槽沉头螺钉
Ⅰ型六角螺母 A 和 B 级 GB/T 6170—2000	M12	螺母 GB/T 6170—2000　M12 螺纹规格 D = 12mm、性能等级为 8 级、不经表面处理、A 级的Ⅰ型六角螺母
平垫圈-A 级 GB/T 97.1—2002 平垫圈倒角型-A 级 GB/T 97.2—2002	ϕ17	垫圈 GB/T 97.1—2002　　16 公称尺寸为 16mm、不经表面处理的平垫圈
弹簧垫圈 GB/T 93—1987	ϕ16.5	垫圈 GB/T 93—1987　　16 公称尺寸为 16mm、材料为 65Mn、表面氧化的标准弹簧垫圈

（二）螺纹紧固件的连接图画法

螺纹紧固件的连接形式有螺栓连接、螺柱连接和螺钉连接。

在画螺纹紧固件的连接图时，应遵循装配图的规定画法：①两零件接触表面画一条线，不接触表面画两条线；②相邻的不同零件的剖面线方向应相反，或者方向一致、间隔不等；③对于紧固件和实心零件，若剖切平面通过它们的基本轴线时，则这些零件按不剖绘制。

1. 螺栓连接　螺栓连接由螺栓、螺母、垫圈组成，如图 5-13(a)所示。一般适用于两个不太厚并允许钻成通孔的零件的连接。将螺栓穿过通孔后套上垫圈，拧紧螺母。通孔直径 d_0 一般取 1.1d(d 为螺栓公称直径)。图 5-13(b)为螺栓连接装配图。

画螺纹连接装配图时，各连接件的尺寸可根据其标记查表得到。但为提高作图效率，通常采用近似画法，即根据公称尺寸（螺纹的大径 d）按比例大致确定其他各尺寸，而不必查表。螺栓连接中螺栓、螺母、垫圈的尺寸与螺纹大径之间的近似比例关系见图 5-12(a)、(b)、(c)。

螺栓长度 l 应按下式估算：$l=\delta_1+\delta_2+h+m+a$。

a 为螺栓末端伸出螺母外的长度，一般取 0.3～0.5d。估算出螺栓长度，再从相应的螺栓公称长度系列中选取与估算值相近的标准值。

为简化作图，装配图中的倒角可省略不画，图 5-14 为螺栓连接装配图的简化画法。

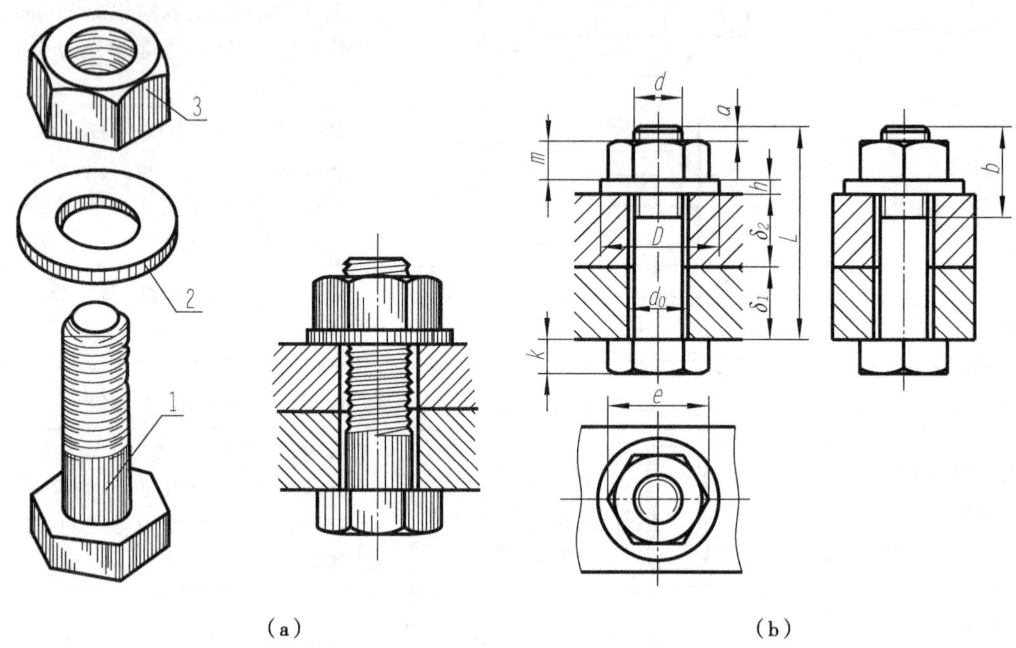

（a）　　　　　　（b）

图 5-13　螺栓连接的画法

1. 螺栓；2. 垫圈；3. 螺母

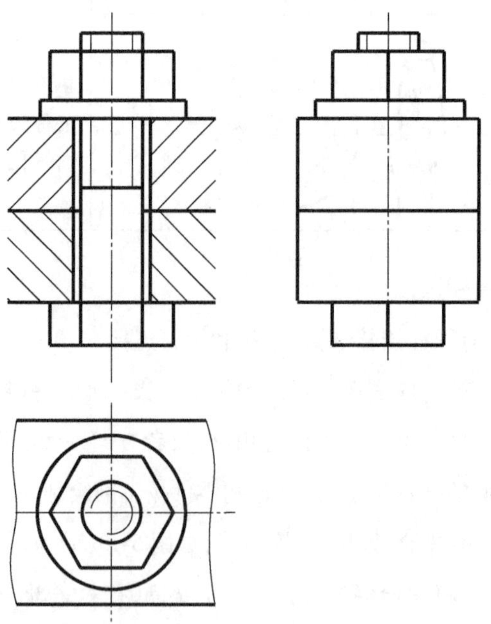

图 5-14　螺栓连接的简化画法

2. 双头螺柱连接　双头螺柱连接由螺柱、螺母、垫圈组成，如图 5-15(a)所示。当被连接件之一较厚，不适于钻成通孔或不能钻成通孔时，常采用双头螺柱连接。双头螺柱两端均制有螺纹，一端直接旋入较厚的被连接件的螺孔内(称为旋入端)，另一端则穿过较薄零件的光孔，套上垫圈，用螺母旋紧(称紧固端)。

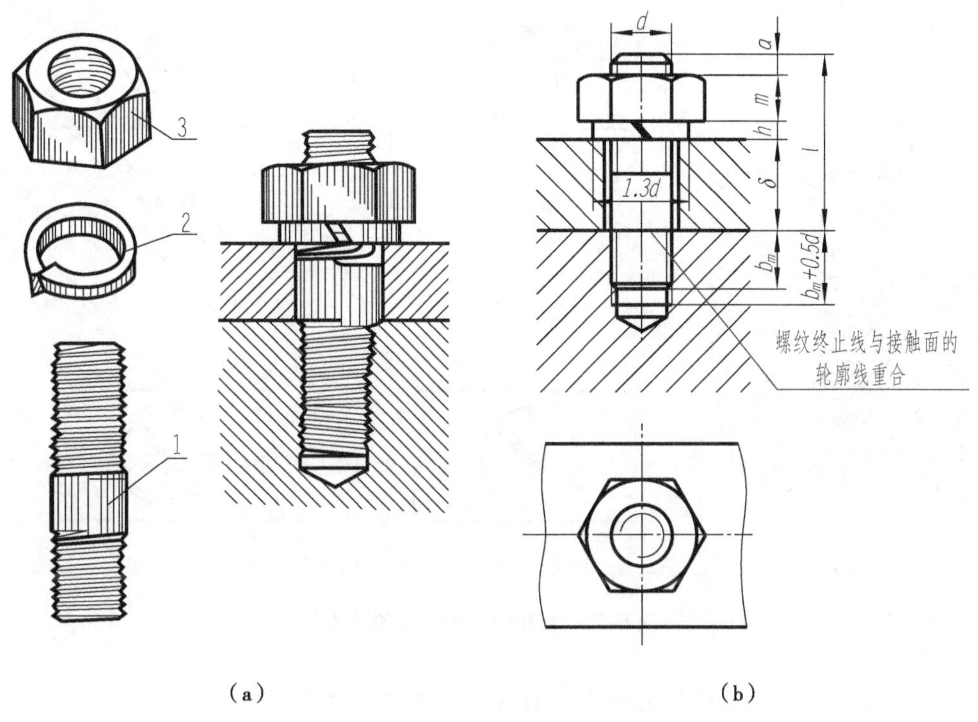

图 5-15　双头螺柱连接的画法

1. 双头螺柱；2. 弹簧垫圈；3. 螺母

图 5-15(b)所示为双头螺柱连接的装配图。画图时应注意下列几点：

(1)双头螺柱的旋入端长度 b_m 与被连接零件的材料有关，有四种不同的规格，对应有四种国标代号：

GB 897—1988　$b_m=1d$，用于钢和青铜；

GB 898—1988　$b_m=1.25d$，用于铸铁；

GB 899—1988　$b_m=1.5d$，用于铸铁或铝合金；

GB 900—1988　$b_m=2d$，用于铝合金。

(2)双头螺柱旋入端应完全拧入零件的螺纹孔中，画图时，螺纹终止线与两零件接触面的轮廓线重合。

(3)为确保旋入端全部旋入，机件上的螺孔的螺纹深度应大于旋入端的螺纹长度 b_m。在画图时，螺孔的螺纹深度可按 $b_m+0.5d$ 画出；钻孔深度可按 b_m+d 画出。

(4)双头螺柱的公称长度(l)按下式估算后取标准值。

$$l=\delta+h+m+(0.3\sim0.5)d$$

在装配图中，螺柱连接也可采用图 5-16 所示的简化画法。

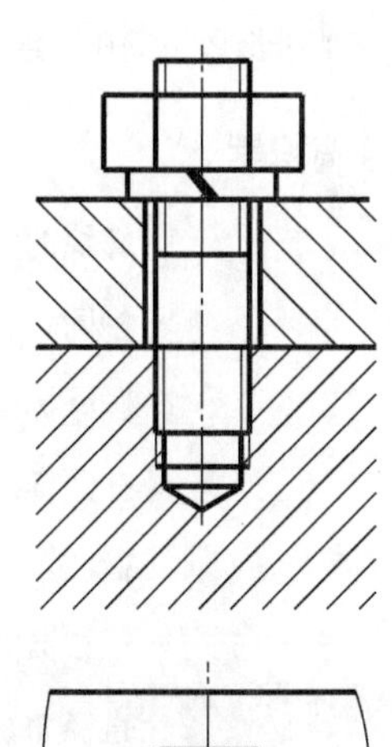

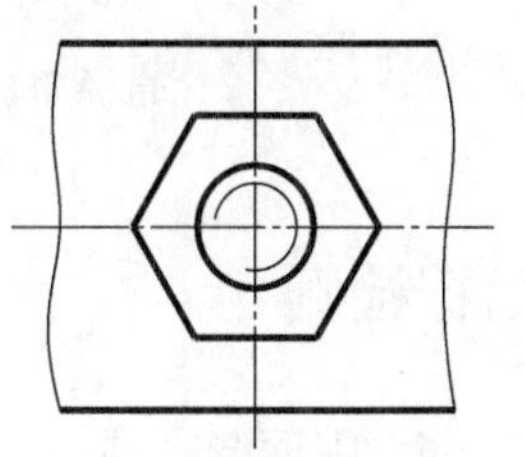

图 5-16　螺柱连接的简化画法

3. 螺钉连接　螺钉连接主要用于受力不大并不经常拆卸的地方。在较厚的机件上加工出螺孔，在另一连接件上加工成通孔，用螺钉穿过通孔直接拧入螺孔即可实现连接。如图 5-17(a)所示。

螺钉的种类很多，图 5-17(b)所示的是常用螺钉连接装配图的比例画法。画图时应注意下列几点：

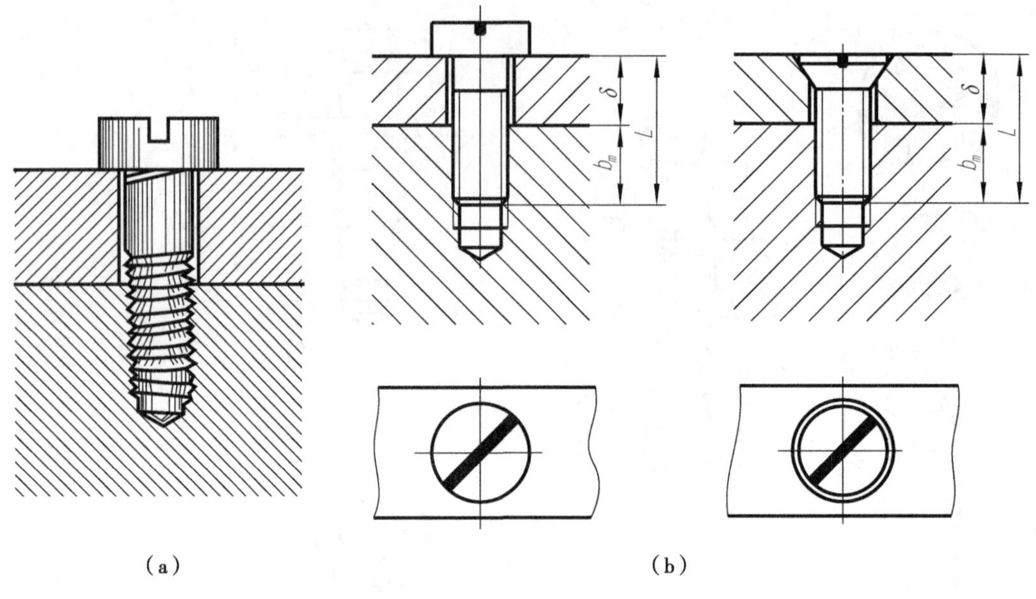

图 5-17　常见螺钉装配图的画法

(1)螺钉上的螺纹终止线应高于两零件的接触面轮廓线，以保证连接可靠。

(2)螺钉头部的一字槽在平行于螺钉轴线的投影面的视图中放正画出；在垂直于螺钉轴线的投影面的视图中，画成从左下向右上与中心线呈 45°。装配图中，螺钉头部的一字槽允许涂黑表示。

(3)螺钉的有效长度 l 应先按下式估算后取标准值：$l=\delta+b_m$。

旋入长度 b_m 由被连接零件的材料而定，与确定螺柱旋入端长度的方法相同。

点滴积累

1. 螺纹的要素有牙型、直径、线数、螺距和导程、旋向。内、外螺纹旋合时，以上各要素均相同。
2. 国家标准对外螺纹、内螺纹、螺纹旋合有规定画法。
3. 在图样上，要表示标准螺纹的种类及螺纹各要素，应按照国家标准规定的代号及格式进行标注。
4. 螺纹紧固件的连接形式有螺栓连接、螺柱连接、螺钉连接。画连接图时，常以螺纹的公称直径为基本参数确定其他各部分的尺寸大小，采用简化画法绘图。

目标检测

1. 单项选择题

(1)螺纹的公称直径一般指(　　)的基本尺寸

A. 螺纹外径　　B. 螺纹内径　　C. 螺纹大径　　D. 螺纹小径

(2)外螺纹的大径用(　　)绘制，小径用(　　)绘制

A. 细实线　　B. 粗实线　　C. 细点画线　　D. 虚线

(3)剖视图中，内螺纹的大径用(　　)绘制，小径用(　　)绘制

A. 细实线　　B. 粗实线　　C. 细点画线　　D. 虚线

(4)可见螺纹的螺纹终止线用(　　)绘制

A. 细实线　　B. 粗实线　　C. 细点画线　　D. 虚线

(5)M16-6g 表示(　　)螺纹

A. 梯形螺纹　　B. 细牙普通螺纹　　C. 粗牙普通螺纹　　D. 锯齿形螺纹

(6)已知双线螺纹，螺距为 1，则它的导程为(　　)

A. 3　　B. 4　　C. 1　　D. 2

(7)已知普通螺纹的公称直径 $d=12$、螺距 $p=1.75$、右旋、中径公差带为 5h、顶径公差带为 6h、旋合长度为 N。下面四种螺纹标记中，正确的是(　　)

A. M12×1.75-5h6h　　B. M12×1.75-5h6h-N　　C. M12-5h6h　　D. M12-6h5h-N

(8)螺纹标记 G1/2 中，关于 1/2 的正确解释是(　　)

A. 管螺纹大径　　B. 管螺纹小径　　C. 管子外径　　D. 管螺纹尺寸代号

2. 已知下列螺纹标记，试识别其意义并填表。

螺纹标记	螺纹种类	公称直径	螺距	导程	线数	旋向	公差带代号	旋合长度
M20-5g6g								
M20×1.5-6H-LH								
Tr20×8(P4)-7H								

螺纹标记	螺纹种类	尺寸代号	大径	小径	螺距	公差等级代号	旋向
G1/2							
R3/4-LH							

扫一扫，知答案

第二节　键连接和销连接

一、键连接

（一）键的形式和规定标记

键通常用来连接轴及轴上的转动零件，如齿轮、皮带轮等，起传递扭矩的作用，如图 5-18 所示。

课堂活动

图 5-18（a）中，用键连接轴和带轮，分析键的长、宽、高尺寸与轴上键槽及轮毂上键槽的长、宽、深尺寸之间的关系。

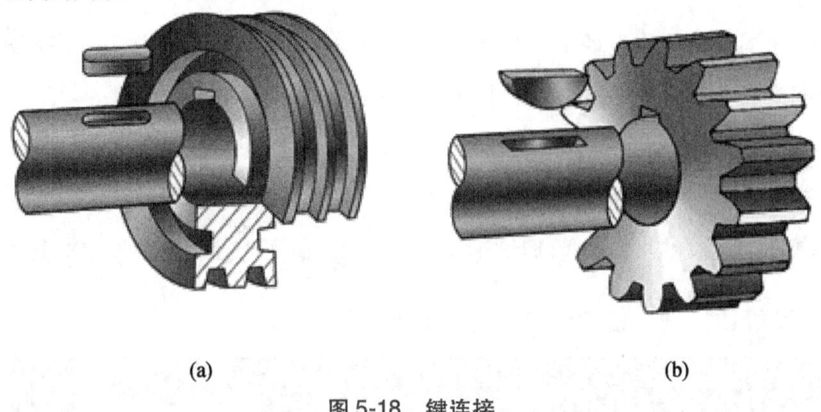

(a)　　(b)

图 5-18　键连接

键是标准件，常用的键有普通平键、半圆键和钩头楔键，它们的型式和标记如表 5-6 所示。普通平键分为 A（圆头）、B（方头）、C（单圆头）三种型式。

表 5-6　常用键的型式及标记示例

名称	图例	规定标记
普通平键（A 型）		键 GB/T 1095—2003 18×11×100 表示圆头普通平键（A 字可不写） $b=18, h=11, l=100$
半圆键		键 GB/T 1099. 1—2003 6×10×25 表示半圆键 $b=6, h=10, d_1=25$

续表

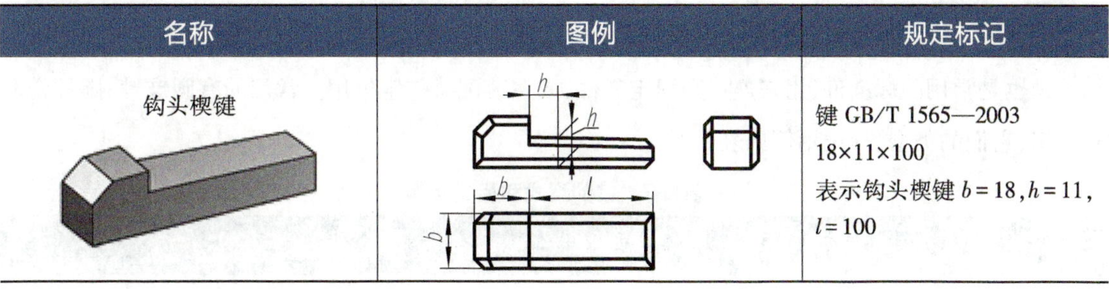

名称	图例	规定标记
钩头楔键		键 GB/T 1565—2003 18×11×100 表示钩头楔键 $b=18,h=11,l=100$

（二）键连接的画法

普通平键和半圆键的两个侧面是工作面，在装配图中键与键槽侧面之间不留间隙，画成一条线；而键的顶面是非工作面，它与轮毂的键槽顶面之间有间隙，应画两条线。如图 5-19 和图 5-20 所示。

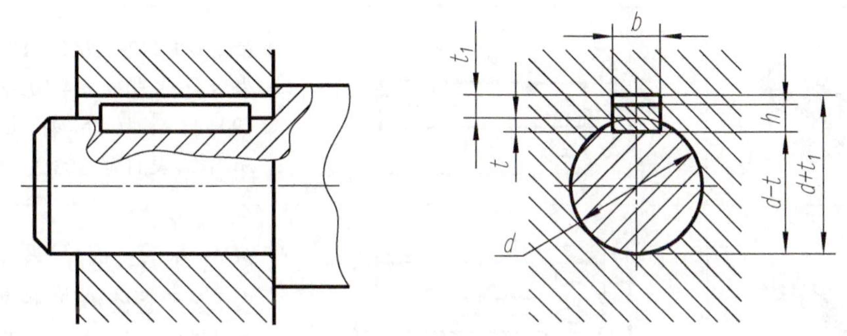

图 5-19　普通平键的连接图

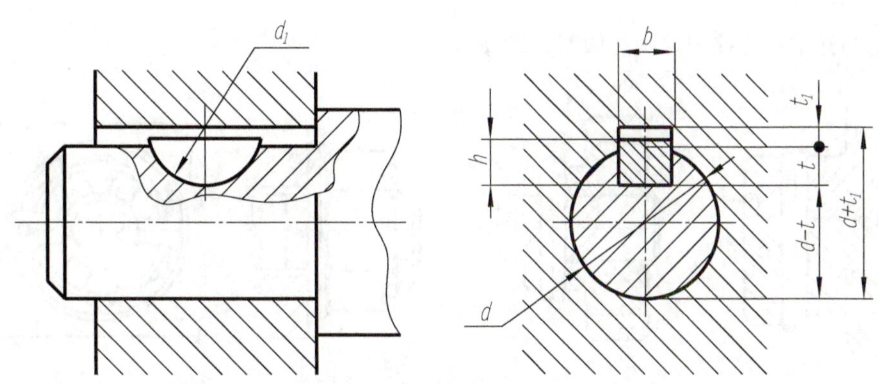

图 5-20　半圆键连接图

钩头楔键的上顶面有 1∶100 的斜度，装配时将键沿轴向嵌入键槽内，键的顶面和底面同为工作面，与槽顶和槽底没有间隙，键的侧面与键槽侧面也是接触面。其装配图的画法如图 5-21 所示。

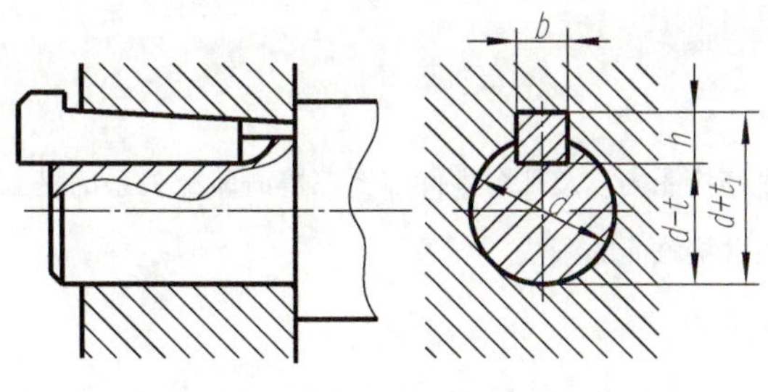

图 5-21　钩头楔键连接

二、销连接

销也是常用的标准件，用来连接和固定零件，或在装配时作定位用。常用的有圆锥销、圆柱销和开口销，它们的类型、标记示例见表 5-7。

表 5-7　销的型式和标记示例

名称及标准号	图例	标记示例
圆柱销	≈15°　d　c　c　l	销 GB/T 119.1—2000　6×30 表示公称直径 $d=6$，公称长度 $l=30$，材料为钢，不淬火，不经表面处理的圆柱销
圆锥销	1:50　d　R_1　R_2　a　a　l	销 GB/T 117—2000　10×100 表示公称直径 $d=10$，公称长度 $l=100$，材料为 35 钢，热处理 28～38HRC，表面氧化的 A 型圆锥销
开口销	b　l　a　c　d	销 GB/T 91—2000　5×50 表示公称直径 $d=5$，长度 $l=50$，材料为低碳钢，不经表面处理的开口销

圆柱销和圆锥销连接图的画法如图 5-22 所示。

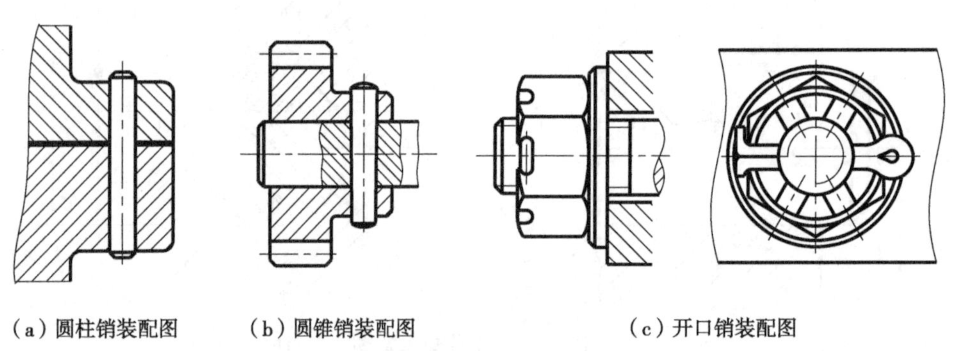

（a）圆柱销装配图　（b）圆锥销装配图　（c）开口销装配图

图 5-22　销连接图画法

用销连接和定位的两个零件上的销孔是装配在一起加工的。圆锥销孔以小端直径为公称直径。

点滴积累

键连接图及销连接图均涉及几个零件，要在搞清装配关系的基础上理解连接图的画法，尤其注意接触面或非接触面的画法。

第三节　齿轮

齿轮传动是机械传动中广泛应用的传动方式。它用以传递动力和运动，并具有改变转速和转向的作用。依据两啮合齿轮轴线在空间的相对位置不同，常见的齿轮传动可分为下列三种形式（图 5-23）。

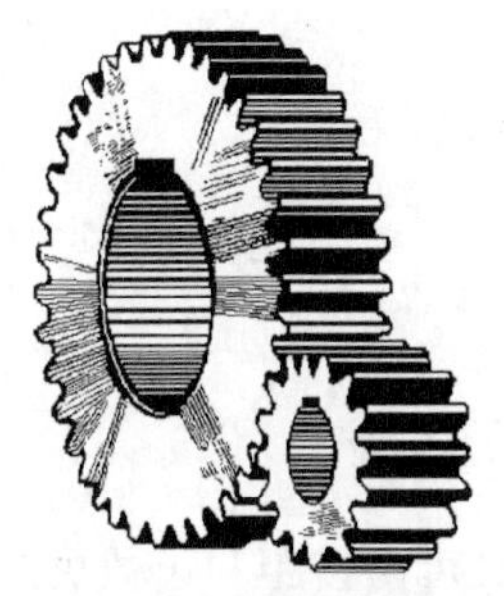

（a）圆柱齿轮传动

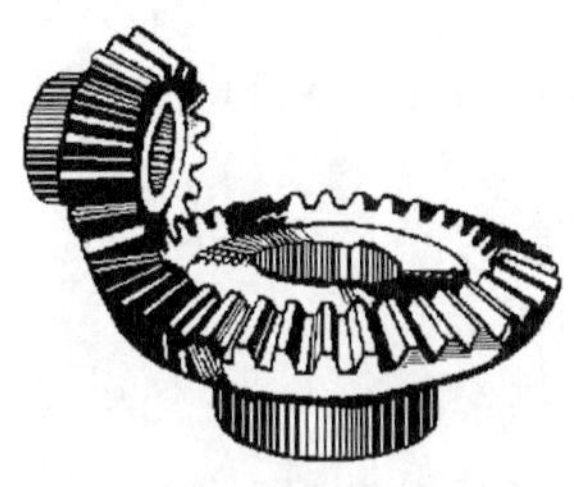

（b）圆锥齿轮传动

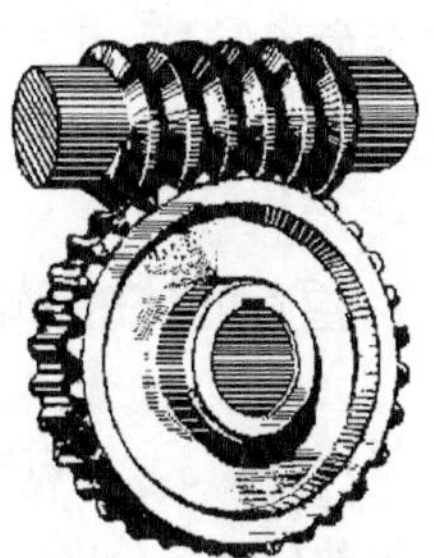

（c）蜗杆蜗轮传动

图 5-23　齿轮传动分类

（1）圆柱齿轮：用于两轴平行时的传动。

（2）圆锥齿轮：用于两轴相交时的传动。

（3）蜗杆蜗轮：用于两垂直交叉轴的传动。

本节介绍具有渐开线齿形的标准直齿圆柱齿轮的有关知识与规定画法。

一、直齿圆柱齿轮各部分名称和尺寸代号

直齿圆柱齿轮各部分名称和尺寸代号如图 5-24 所示。

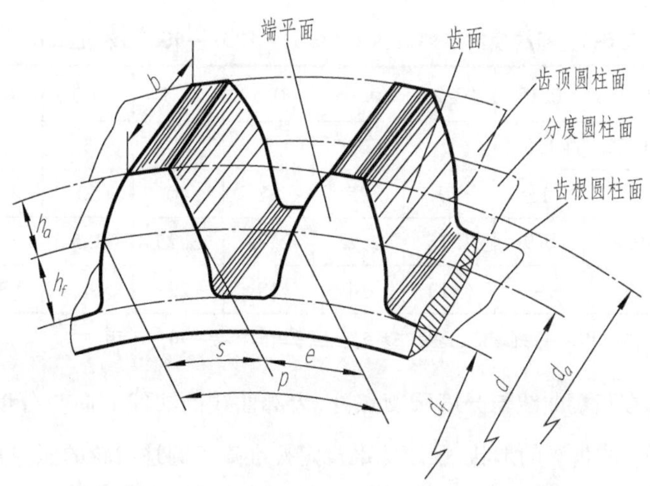

图 5-24　直齿圆柱齿轮各部分名称和尺寸代号

1. 齿顶圆（d_a）　通过各轮齿顶部的圆。

2. 齿根圆（d_f）　通过各轮齿根部的圆。

3. 分度圆(*d*)　是计算齿轮尺寸的基准圆,也是分齿的圆。

4. 齿厚(*s*)　一个齿的两侧齿廓之间的分度圆弧长。

5. 槽宽(*e*)　一个齿槽的两侧齿廓之间的分度圆弧长。

6. 齿距(*p*)　相邻两齿的同侧齿廓之间的分度圆弧长,$p=s+e$。

7. 齿根高(h_f)　齿根圆与分度圆之间的径向距离。

8. 齿顶高(h_a)　齿顶圆与分度圆之间的径向距离。

9. 全齿高(*h*)　齿顶圆和齿根圆之间的径向距离,$h=h_a+h_f$。

10. 齿宽(*b*)　齿轮轮齿的宽度(沿齿轮轴线方向度量)。

二、直齿圆柱齿轮的基本参数

1. 齿数(*z*)　一个齿轮的轮齿个数。

2. 模数(*m*)　分度圆的周长一方面由分度圆直径决定,另一方面又可由齿距和齿数决定,因此有 $\pi d=pz$。

据此可得到分度圆直径:$d=\frac{p}{\pi}z$。

式中,π 是一个无理数,为了计算方便,取 $m=\frac{p}{\pi}$。

定义 m 为模数。

显然,模数大小与齿距成正比,也就与轮齿的大小成正比。模数越大,轮齿就越大。两齿轮啮合,轮齿的大小必须相同,因而模数必须相等。

模数是设计、制造齿轮的一个重要参数,单位为 mm。为了统一齿轮的规格,提高标准化、系列化程度,便于加工,国家标准对齿轮的模数已做了统一规定,见表 5-8。

表 5-8　标准模数系列表(摘自 GB/T 1357—1987,单位:mm)

第一系列	0.1	0.12	0.15	0.2	0.25	0.3	0.4	0.5	0.6	0.8
	1	1.25	1.5	2	2.5	3	4	5	6	8
	10	12	16	20	25	32	40	50		
第二系列	0.35	0.7	0.9	1.75	2.25	2.75	(3.25)	3.5	(3.75)	4.5	5.5
	(6.5)	7	9	(11)	14	18	22	28	(30)	36	45

注:选用模数时,应优先采用第一系列,其次是第二系列。括号内的模数尽可能不用

3. 压力角(α)　在齿廓曲线与分度圆交点处,齿廓曲线的法线方向与分度圆切线方向所夹的锐角。压力角决定渐开线齿廓的形状,国家标准规定标准直齿圆柱齿轮的压力角为 20°。

三、标准直齿圆柱齿轮尺寸计算

对于标准齿轮,规定:

$h_a=m$

$h_f = 1.25m$

于是，可由 m、z 计算齿轮的各部分尺寸：

$d = mz$

$d_a = d+2h_a = mz+2m = m(z+2)$

$d_f = d-2h_f = mz-2.5m = m(z-2.5)$

两个标准齿轮啮合时，两齿轮的分度圆相切，并且 m 相等。如果两齿轮的分度圆直径分别为 d_1、d_2，齿数分别为 z_1、z_2，则两齿轮的中心距（a）为：

$a = (d_1+d_2)/2 = m(z_1+z_2)/2$

四、直齿圆柱齿轮的规定画法

国家标准 GB/T 4459.2—1998 对齿轮的画法做了以下规定：①齿顶圆和齿顶线用粗实线绘制；②分度圆和分度线用细点画线绘制；③齿根圆和齿根线用细实线绘制，也可省略不画。在剖视图中，当剖切平面通过齿轮轴线时，轮齿一律按不剖绘制，齿根线用粗实线绘制，不能省略。

单个齿轮的画法如图 5-25 所示。

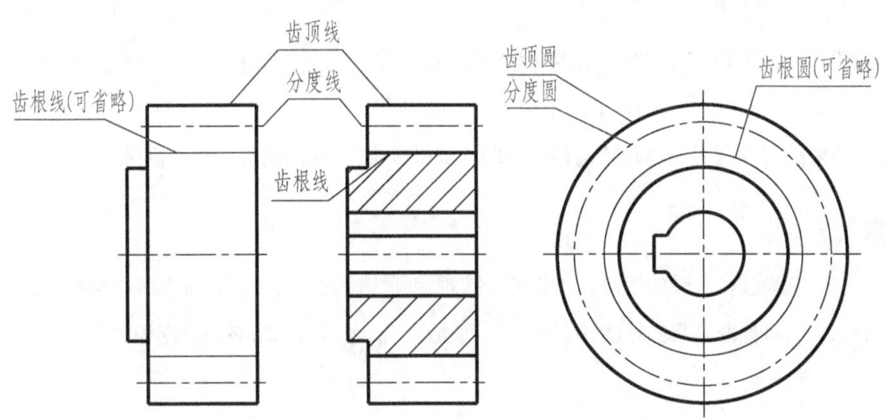

图 5-25　直齿圆柱齿轮的画法

齿轮啮合的画法如图 5-26 所示。两标准齿轮相互啮合时，它们的分度圆相切、分度线重合，此时分度圆又称节圆。啮合部分的规定画法如下：

在平行于齿轮轴线的投影面的视图上，当剖切平面通过两齿轮轴线时，啮合区内将一个齿轮的轮齿用粗实线绘制，另一个齿轮的轮齿被遮的部分用虚线绘制，虚线也可省略不画，如图 5-26（a）所示。当不采用剖视时，啮合区内的齿顶线和齿根线不需画出，节线用粗实线绘制，如图 5-26（c）所示。

在垂直于圆柱齿轮轴线的投影面的视图上，啮合区内的齿顶圆仍用粗实线画出，如图 5-26（b）所示；也可省略不画，如图 5-26（d）所示。

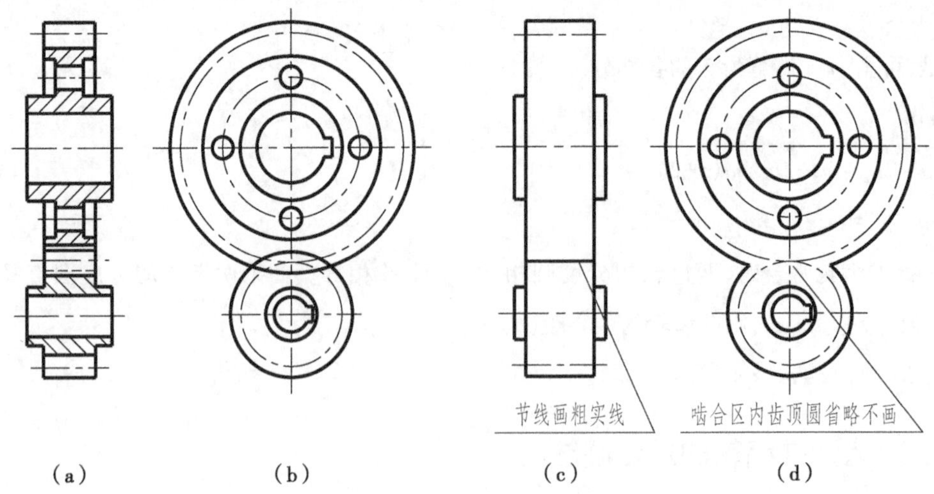

图 5-26　直齿圆柱齿轮啮合的画法

课堂活动

图 5-26 中，相互啮合的两标准直齿圆柱齿轮，模数 $m=2$，齿数 $z_1=30$、$z_2=15$。试分析以下问题：

（1）两齿轮的中心距是多少？

（2）两齿轮的齿顶圆、分度圆、齿根圆直径各是多少？

（3）在图 5-26（a）中，啮合区的虚线是哪个齿轮的线？

（4）一齿轮的齿顶与另一齿轮的齿根之间的间隙是多少？此间隙称为径向间隙。

点滴积累

1. 直齿圆柱齿轮的画法为轮齿部分按规定画法绘制，其余部分按实际结构绘制。
2. 一对标准直齿圆柱齿轮要实现正确啮合，模数和压力角必须分别相等。

目标检测

填空题

(1)常用的齿轮传动形式有__________、__________、__________。

(2)已知直齿圆柱齿轮的模数 $m=2.5$mm、齿数 $z=25$，则齿轮的分度圆直径为______，齿顶圆直径为______，齿根圆直径为______。

(3)模数是齿轮的标准化参数，其单位是______；模数决定齿的大小，标准直齿圆柱齿轮的模数是 m，则齿顶高是______，齿根高是____，齿高是______。

(4)绘制圆柱齿轮时，齿顶圆、齿顶线用________绘制，分度圆、分度线用______绘制，齿根圆、齿根线在视图中用______绘制(也可以省略不画)，齿根圆、齿根线在剖视图中用________绘制。

(5)两个标准直齿圆柱齿轮啮合，其模数______；画啮合图时，在投影是圆的视图上，两齿轮的分度圆______。

扫一扫,知答案

第四节　滚动轴承

滚动轴承是标准组件,其作用是支承旋转轴及轴上的机件,具有结构紧凑、摩擦力小等特点,在机械中被广泛应用。

一、滚动轴承的结构和类型

滚动轴承的种类很多,但其结构大体相同,一般由四部分组成,如图 5-27 所示。

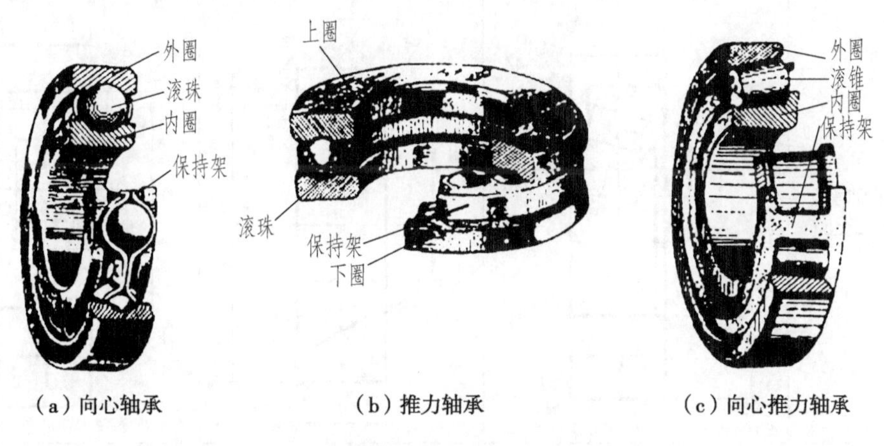

图 5-27　滚动轴承的结构

外圈——装在机体或轴承座内,一般固定不动。

内圈——套在轴上,随轴一起转动。

滚动体——装在内、外圈之间的滚道中,滚动体有球形、圆柱形或圆锥形。

保持架——用以均匀分隔滚动体,防止它们相互之间摩擦和碰撞。

滚动轴承的类型按承受载荷的方向可分为三类:向心轴承——主要承受径向载荷;推力轴承——主要承受轴向载荷;向心推力轴承——同时承受轴向和径向载荷。

二、滚动轴承的画法

表 5-9 为常见的深沟球轴承、圆锥滚子轴承和推力球轴承(本书附录附表 14)的规定画法、特征画法及通用画法。

当不需要表示滚动轴承的外形轮廓、载荷特性、结构特征时采用通用画法。在需要较形象地表示滚动轴承的结构特征时采用特征画法。在滚动轴承的产品图样、样本、标准、用户手册和使用说明中可采用规定画法。

在装配图中应采用通用画法或特征画法，但在同一图样中一般只采用其中一种画法。

表 5-9　常用滚动轴承的画法

名称和标准号	规定画法	特征画法	通用画法
深沟球轴承 GB/T 275—1994	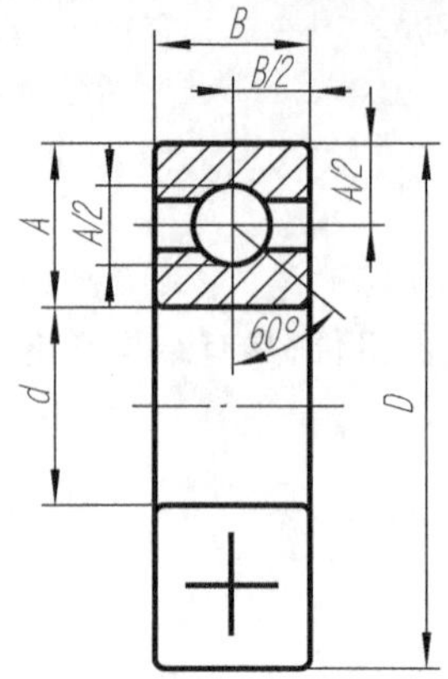 B, B/2, A/2, A, A/2, 60°, d, D	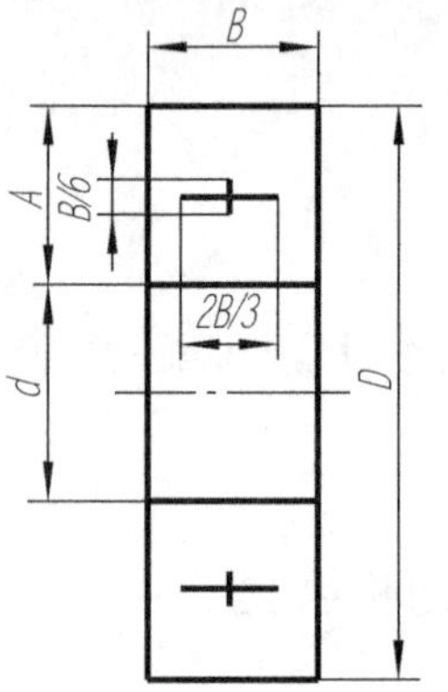 B, B/6, A, 2B/3, d, D	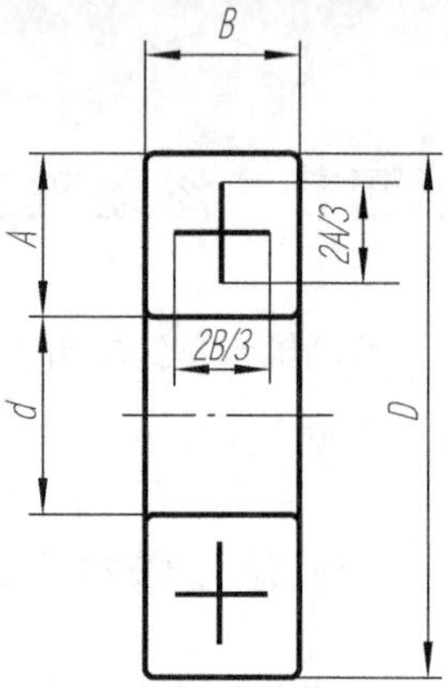 B, A, 2A/3, 2B/3, d, D
圆锥滚子轴承 GB/T 297—1994	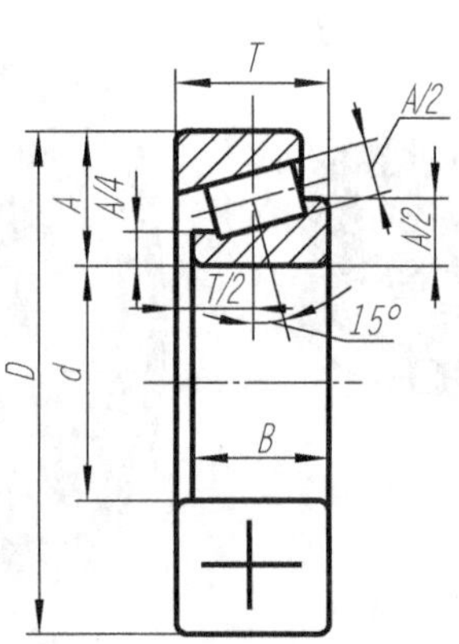 T, A/2, A, A/4, A/2, T/2, 15°, D, d, B	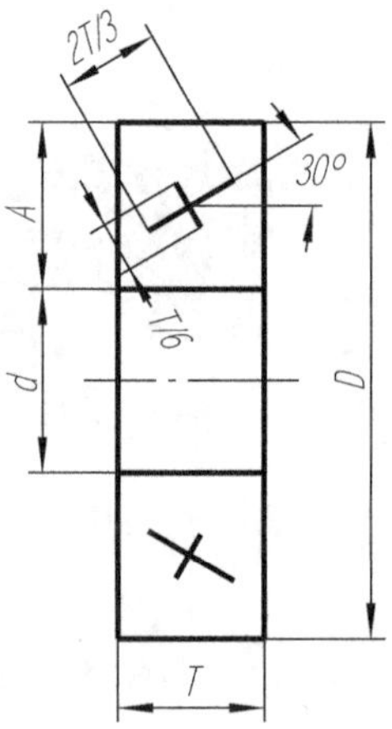 2T/3, 30°, A, T/6, d, D, T	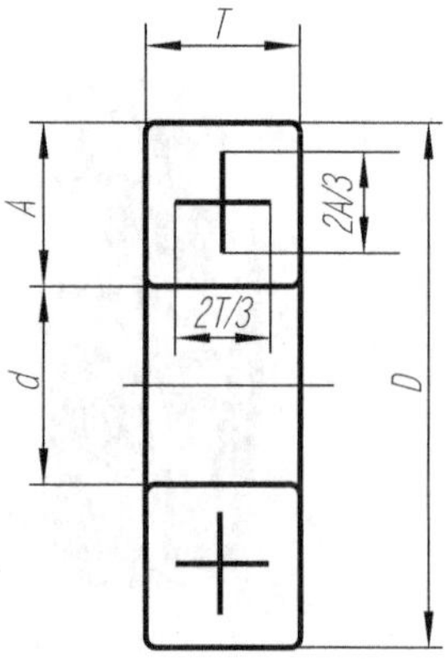 T, A, 2A/3, 2T/3, d, D
推力球轴承 GB/T 301—1994	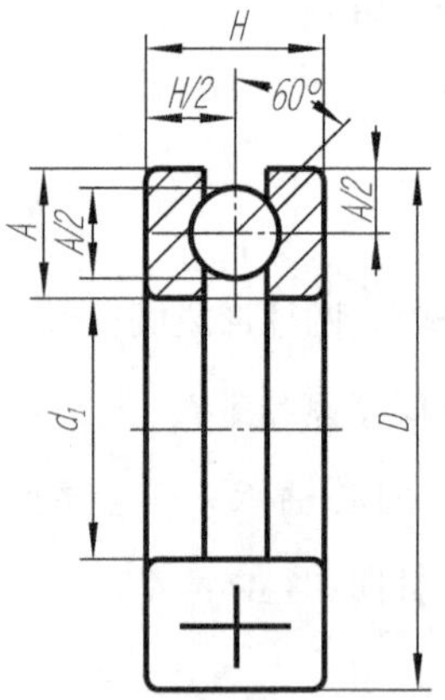 H, H/2, 60°, A, A/2, A/2, d_1, D	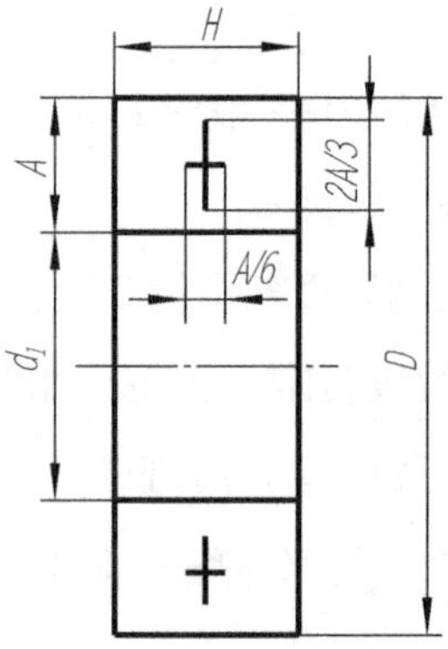 H, A, 2A/3, A/6, d_1, D	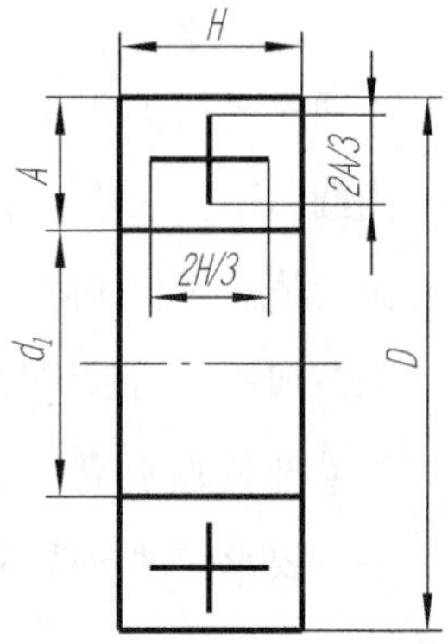 H, A, 2A/3, 2H/3, d_1, D

三、滚动轴承的代号

滚动轴承的结构、尺寸、公差等级和技术性能等特征可用代号表示，滚动轴承的代号由前置代号、基本代号和后置代号组成。

（一）基本代号

基本代号由轴承类型代号、尺寸系列代号和内径代号三部分构成。它表示轴承的基本类型、结构和尺寸大小，是滚动轴承代号的基础。

1. 类型代号　用数字或字母表示，其含义见表 5-10。

表 5-10　滚动轴承类型代号

轴承类型名称	类型代号	轴承类型名称	类型代号
双列角接触球轴承	0	深沟球轴承	6
调心球轴承	1	角接触球轴承	7
调心滚子轴承 推力调心滚子轴承	2	推力圆柱滚子轴承	8
圆锥滚子轴承	3	外边无挡圈圆柱滚子轴承 双列圆柱滚子轴承	N NN
双列深沟球轴承	4	圆锥孔外球面球轴承	UK
推力球轴承 双向推力球轴承	5	四点接触球轴承	QJ

2. 尺寸系列代号　由滚动轴承的宽（高）度系列代号和直径系列代号组合而成，用两位阿拉伯数字表示，具体可从国家标准中查取。

3. 内径代号　表示轴承的公称内径，见表 5-11。

表 5-11　滚动轴承内径代号及其示例

轴承公称内径（mm）		内径代号	示例
10 到 17	10	00	深沟球轴承 62 00 d=10mm
	12	01	
	15	02	
	17	03	
20 到 480（22，28，32 除外）		公称内径除以 5 的商数，商数为个位数，需在商数左边加“0”，如 08	调心滚子轴承 232 08 d=40mm
大于和等于 500 以及 22，28，32		用公称内径毫米数直接表示，但在与尺寸系列之间用“/”分开。	调心滚子轴承 230/500 d=500mm 深沟球轴承 62 /22 d=22mm

（二）前置代号和后置代号

前置、后置代号是轴承在结构形状、尺寸、公差、技术要求等有改变时，在其基本代号左、右添加的补充代号。具体内容可查阅有关的国家标准。

（三）滚动轴承标记示例

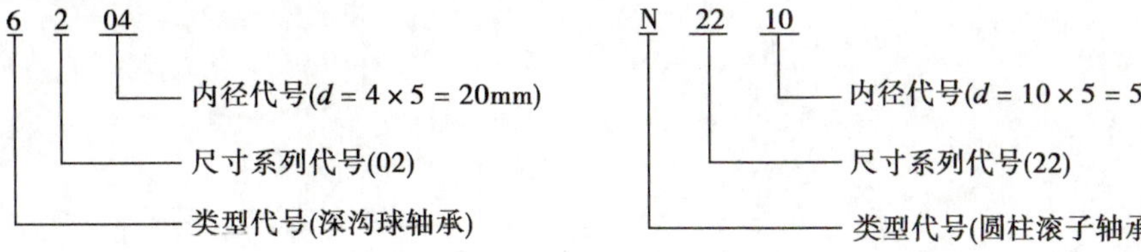

点滴积累

滚动轴承的画法：规定画法比较真实地反映滚动轴承的结构和尺寸；特征画法较形象地表示滚动轴承的结构特征和载荷特性；通用画法示意性地表示滚动轴承。装配图中为简化作图常采用通用画法或特征画法中的一种。

（李长航）

第六章

零件图和装配图

本章导言

任何机器设备都是由若干个零件按一定的装配关系和技术要求组装起来的，从而实现某种特定的功能，因此零件是组成机器设备的基本单元。本章将介绍零件与装配体的关系、零件图与装配图的作用和内容、零件图与装配图的视图选择、零件图与装配图的尺寸标注、机械图样的技术要求、零件图与装配图的识读。

第一节　概述

一、零件与装配体

零件按其获得方式可分为标准件和非标准件。标准件的结构、大小、材料等均已标准化，可通过外购方式获得；非标准件则需要自行设计、绘图和加工。机器、设备往往根据不同的组合要求和工艺条件分成若干个装配单元，称为部件。机器、设备或部件统称为装配体。

零件与装配体是局部与整体的关系。设计时，一般先画出装配图，再根据装配图绘制非标准件的零件图；制造时，先根据零件图加工出成品零件，再根据装配图将各个零件装配成部件（或机器）。装配体的功能是由其组成零件来实现的，每一个零件在装配体中都担当一定的功用。

图 6-1 所示的为滑动轴承的零件与装配体。

二、零件图的作用和内容

表示零件结构、大小及技术要求的图样称为零件图。零件图是制造、检验零件的依据，是生产中的重要技术文件之一。由图 6-2 所示的轴承座零件图可以看出，一张完整的零件图应包括下列基本内容：

（1）一组视图：用一定数量的视图、剖视图、断面图等完整、清晰、简便地表达出零件的结构和形状。

（2）足够的尺寸：正确、完整、清晰、合理地标注出零件在制造、检验中所需的全部尺寸。

（3）必要的技术要求：标注或说明零件在制造和检验中要达到的各项质量要求。如表面结构要求、尺寸公差、几何公差及热处理等。

（4）标题栏：说明零件的名称、材料、数量、比例及责任人签字等。

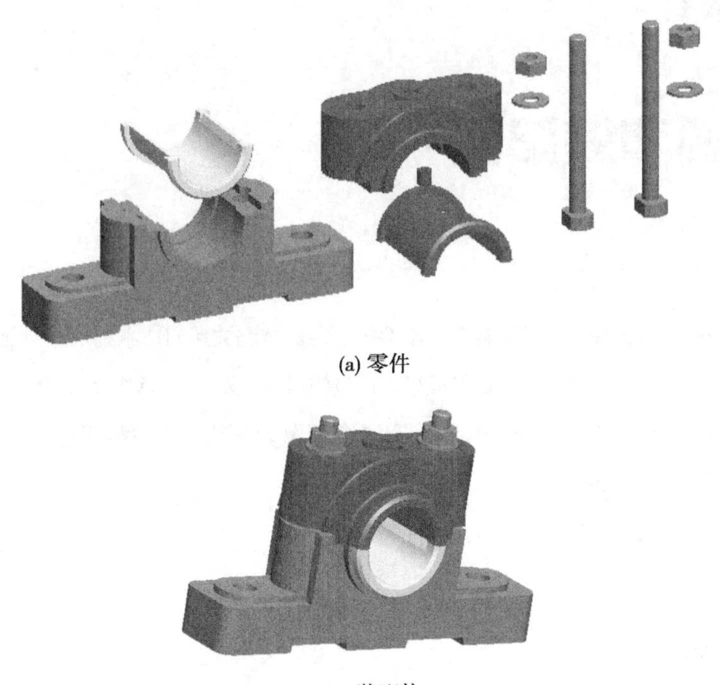

(a) 零件

(b) 装配体

图 6-1　滑动轴承的零件与装配体

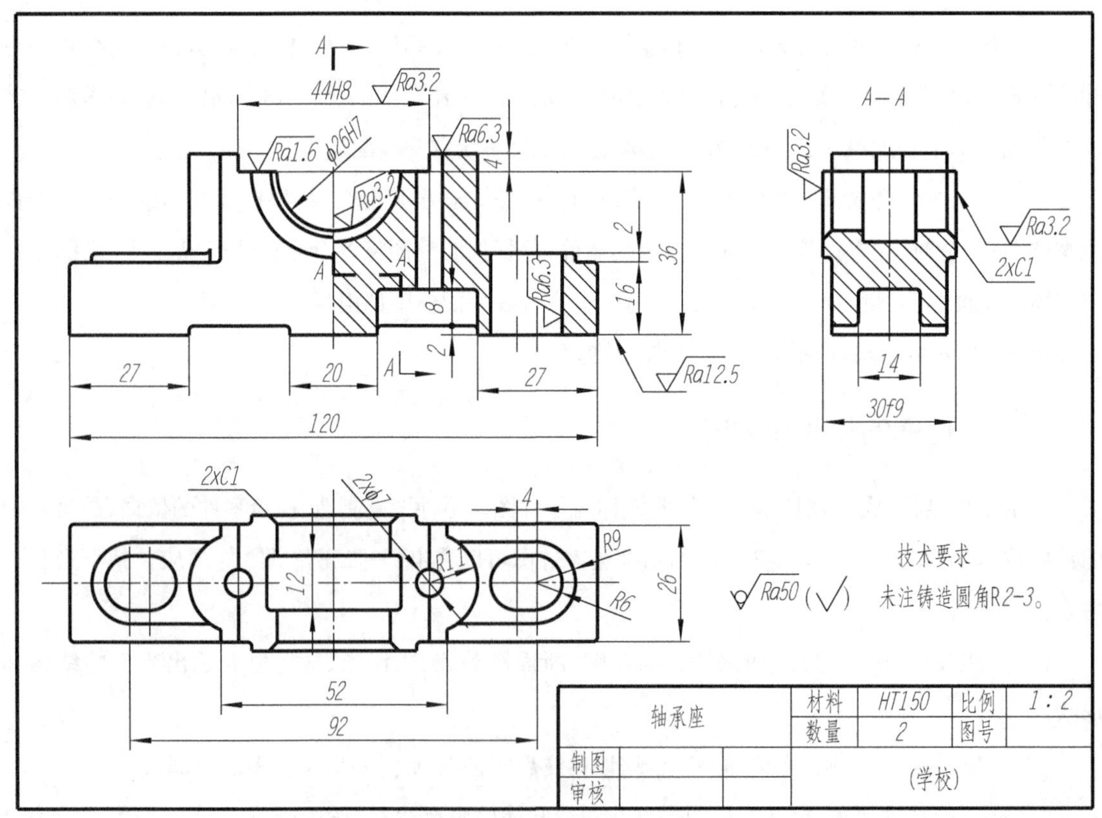

图 6-2　轴承座零件图

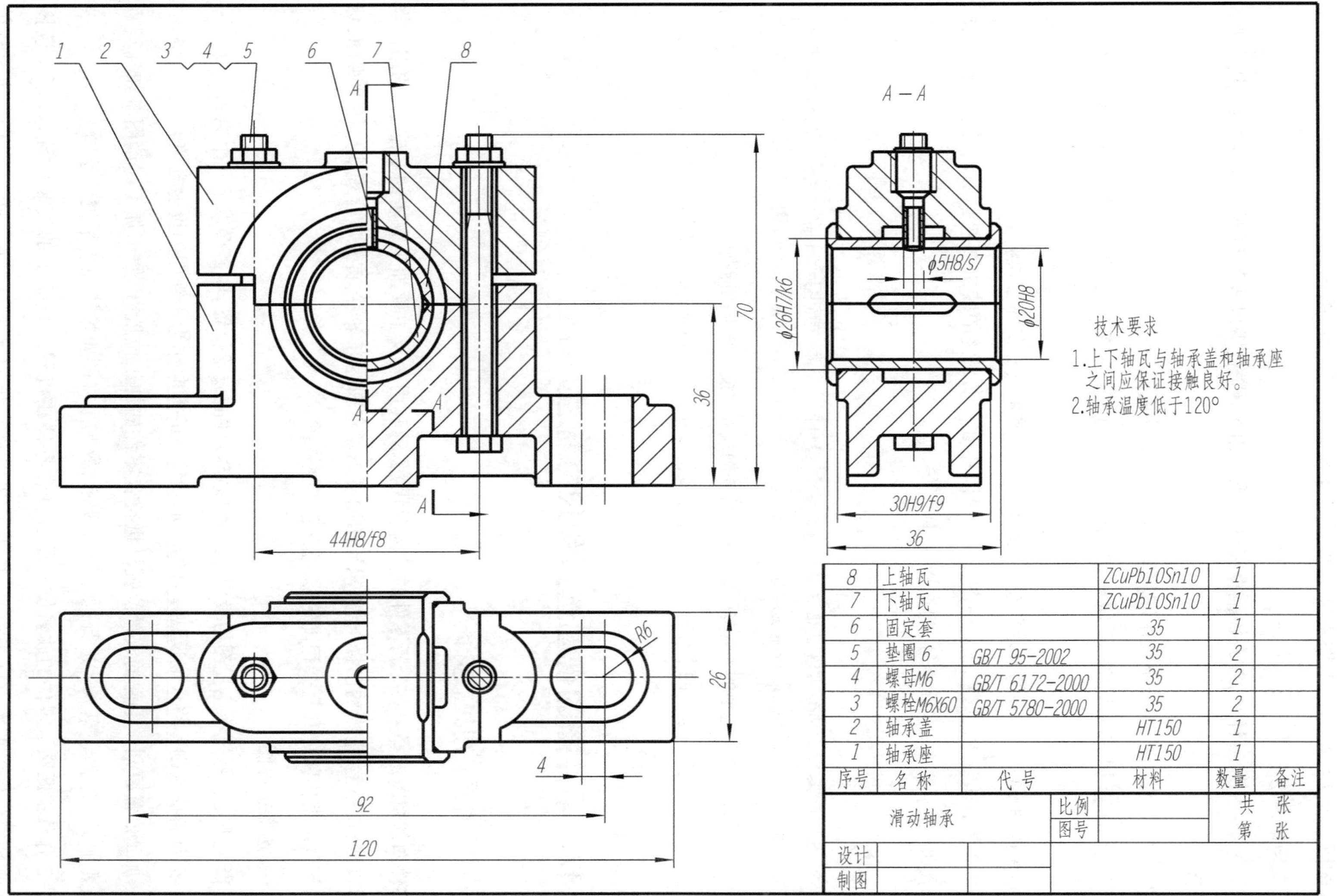
1
2
3
4
5
6
7
8
A
A—A
70
36
44H8/f8
φ26H7/k6
φ5H8/s7
φ20H8
30H9/f9
36
R6
26
4
92
120
技术要求
1.上下轴瓦与轴承盖和轴承座之间应保证接触良好。
2.轴承温度低于120°
8 上轴瓦 ZCuPb10Sn10 1
7 下轴瓦 ZCuPb10Sn10 1
6 固定套 35 1
5 垫圈6 GB/T 95-2002 35 2
4 螺母M6 GB/T 6172-2000 35 2
3 螺栓M6X60 GB/T 5780-2000 35 2
2 轴承盖 HT150 1
1 轴承座 HT150 1
序号 名称 代号 材料 数量 备注
滑动轴承
比例
图号
共 张
第 张
设计
制图

图 6-3　滑动轴承的装配图

三、装配图的作用和内容

装配图是表达装配体的工作原理、装配关系及基本结构形状的图样。

装配图的作用有以下几个方面：

(1)进行装配体设计时，首先要根据设计要求画出装配图，用以表达机器或部件的结构形状和工作原理。

(2)在生产过程中，要根据装配图将零件组装成部件或机器。

(3)使用者要根据装配图，了解机器的性能、结构、传动路线、工作原理、维护、调整和使用方法。

(4)装配图反映设计者的技术思想，因此也是进行技术交流的重要文件。

图 6-3 是滑动轴承的装配图。由图 6-3 中可以看出一张完整的装配图包括的内容有一组视图、必要的尺寸、技术要求、零件序号、明细栏、标题栏等。

点滴积累

1. 零件与装配体是局部与整体的关系。设计时，先画装配图，再画零件图；制造时，先加工零件，再组装机器或部件。
2. 零件图包括的内容有一组视图、足够的尺寸、技术要求和标题栏。
3. 装配图包括的内容有一组视图、必要的尺寸、技术要求、零件序号、明细栏、标题栏等。

第二节　零件图的视图选择和尺寸标注

一、零件图的视图选择

零件图的视图选择要在分析零件的结构形状，了解其用途及主要加工方法的基础上，选用适当的表示方法；在完整、清晰的前提下，力求制图简便。确定表达方案时，首先应合理地选择主视图，然后根据零件的结构特点和复杂程度恰当地确定其他视图。

(一) 选择主视图

选择主视图包括选择主视图的投射方向和确定零件的放置位置，应遵循以下几个原则。

1. 形状特征原则　将最能反映零件结构形状特征的方向作为主视图的投射方向。

2. 加工位置原则　零件的放置位置尽量符合零件的加工位置，以便于加工时读图。如轴类零件的主要加工工序是在车床上进行，如图 6-4 所示，故其主视图应按轴线水平位置绘制。

3. 工作位置原则　零件的放置位置尽量符合零件在机器或设备上的安装位置，以便于读图时将零件和整台机器或设备联系起来，想象其功用及工作情况。如图 6-5 所示的吊钩和汽车前拖钩。

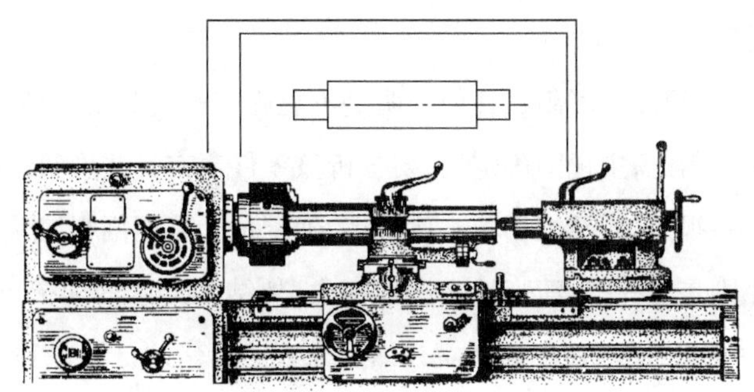

图 6-4　加工位置原则

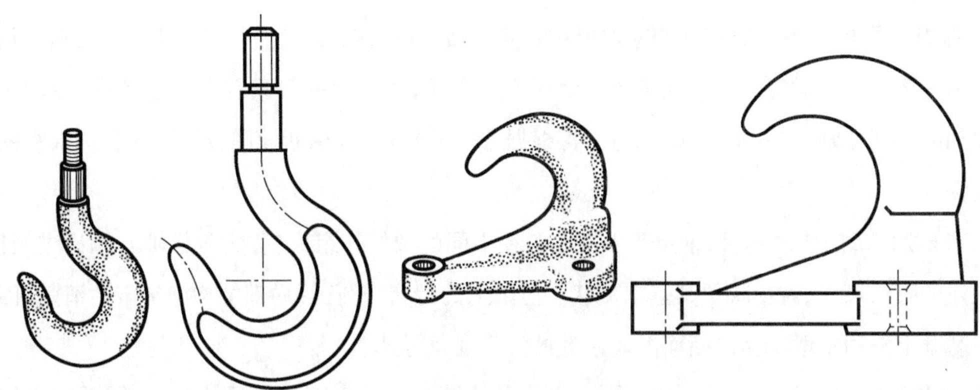

图 6-5　工作位置原则

在确定零件的放置位置时，应根据零件的实际加工位置和工作位置综合考虑。加工位置单一的零件应优先考虑加工位置，如轴套类、轮盘类零件的主要工序是在车床和磨床上加工，主视图一般应符合加工位置。图 6-6(a)所示的轴，按加工位置并反映其轴线方向的形状特征选择主视图。当零件具有多种加工位置时，则主要考虑工作位置，例如壳体、支座类零件的主视图通常按工作位置画出。图 6-6(b)所示的轴承座，是按工作位置并反映结构形状特征选择主视图。对于某些加工位置或工作位置均不确定的零件，应按习惯将零件自然放正。

选择主视图时，还应考虑便于选择其他视图，以便于图面布局。

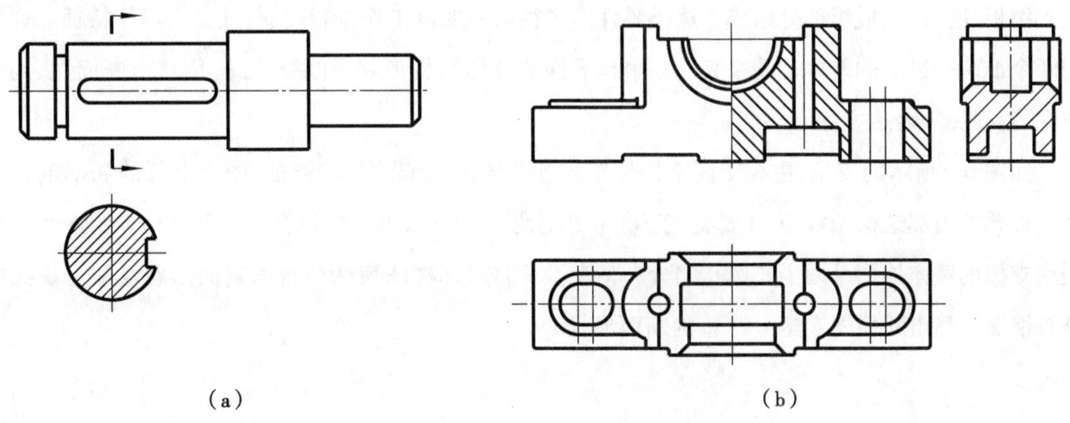

图 6-6　选择主视图和其他视图

（二）选择其他视图

一个零件，仅有一个主视图而不附加任何说明是不能确切表达其结构形状的。零件形状通常需要通过一组视图来表达。因此，主视图确定后，要分析该零件还有哪些形状结构没有表达完全，还需要增加哪些视图。对每一视图，还要根据其表达重点，确定是否采用剖视或其他表达方法。

选择其他视图的原则是在完整、清晰地表达零件内、外结构形状的前提下，尽量简洁，以方便画图和看图。如图 6-6(a)所示，用断面图表达主视图上未表达清楚的键槽；如图 6-6(b)所示，选用俯、左视图进一步表达轴承座的结构形状。

（三）典型零件分析

1. 轴套类零件　轴套类零件的基本形状是同轴回转体，在轴线方向常常有轴肩、倒角、退刀槽、销孔等结构要素。此类零件主要在车床或磨床上加工，因此它们一般只有一个主视图，按加工位置和反映轴向特征原则，将其轴线水平放置，再根据各部分特点，选用断面图、局部剖视、局部视图和局部放大图等。

如图 6-7 所示的传动轴，该轴主要由五段直径不同的圆柱体组成（称为阶梯轴），画出主视图，并结合所注的直径尺寸，就反映了其基本形状。但轴上的键槽、螺孔等局部结构尚未表达清楚，因而在主视图基础上采用了两个移出断面图表达键槽的深度及螺孔。

2. 盘盖类零件　盘盖类零件的结构形状特点是轴向尺寸小而径向尺寸较大，零件的主体大多是由共轴回转体构成的，也有主体形状是矩形和长圆形的，并在径向分布有螺孔、光孔、销孔、轮辐等结构，如各种端盖、带轮、手轮、齿轮等。选择主视图时，一般多将轴线水平放置。盘盖类零件一般选两个基本视图，再选用剖视图、断面图、局部视图及斜视图等表达其内部结构和局部结构。对于结构形状比较简单的轮、盘类零件，有时只需一个基本视图，再配以局部视图或局部放大图等即能将零件的内、外结构形状表达清楚。如图 6-8 所示为带轮的零件图，主视图按轴线水平画出，符合带轮的主要加工位置和工作位置，也反映了形状特征。主视图采用全剖视，基本上将带轮的结构形状表达完整了，只有轴孔上的键槽未表达清楚，故用局部视图表达键槽的形状。

3. 叉架类零件　叉架类零件一般是指支架、拨叉之类的结构较为复杂的零件，大多由圆筒、连接支撑板、肋板、底板等部分组成。这类零件的主视图一般以工作位置安放，并显示形体特征。通常用两个或两个以上的基本视图来表达。根据零件的具体结构形状，往往还要选用移出断面图、局部视图、斜视图等表达方法。

如图 6-9 所示的支架，主视图按工作位置放置并体现支架的形状特征，图中上部的局部剖视表达托板孔的内部结构及板厚，下部的局部剖视表达圆柱内孔及两个螺纹孔的内部结构。俯视图主要表达支架的整体外形及两个长圆孔的分布情况。*A* 向局部视图表达凸台的端面形状及两个螺孔的分布情况。移出断面图表达 U 形板的断面形状。

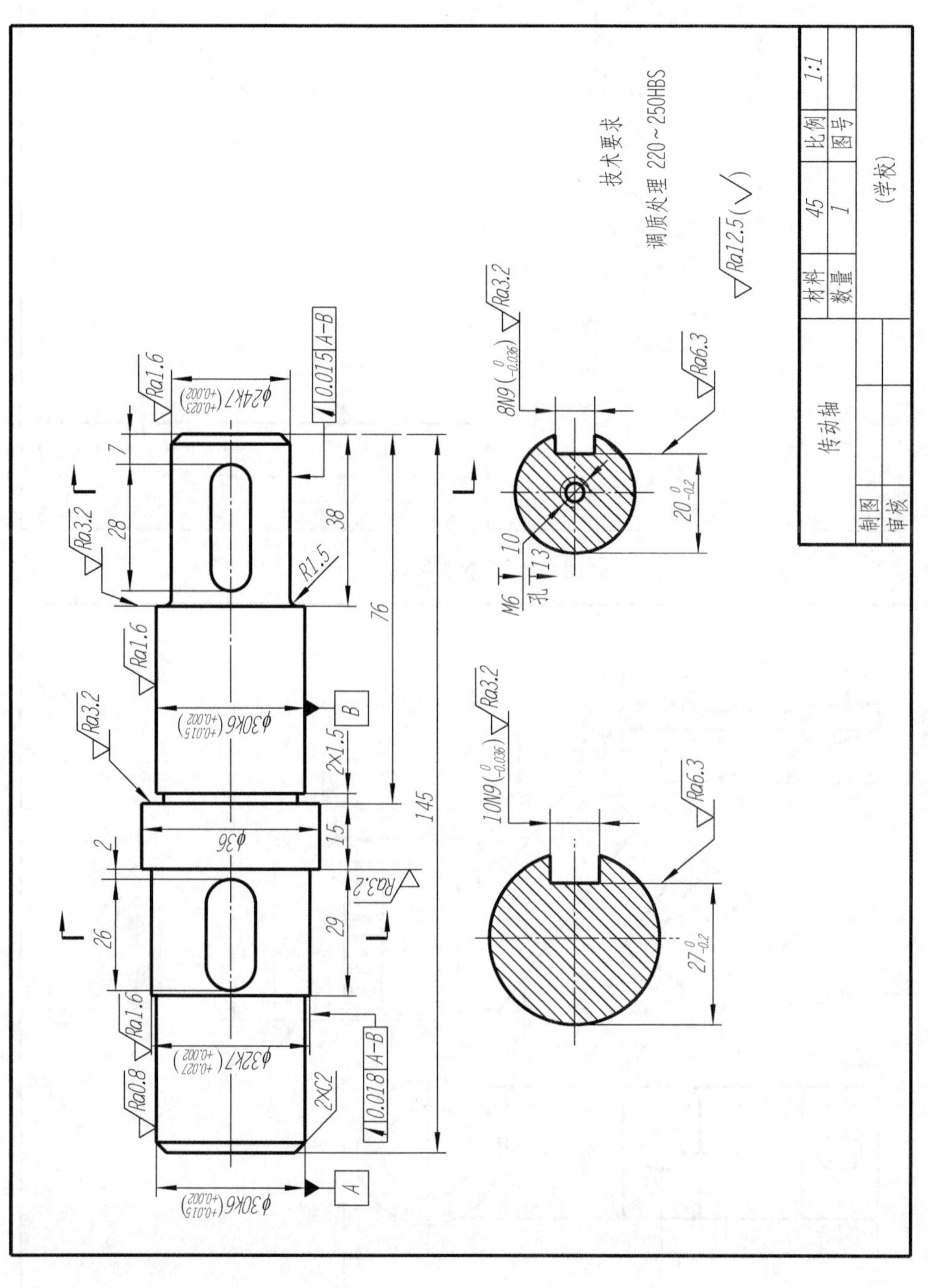
技术要求
调质处理 220~250HBS
Ra12.5 (√)
传动轴
材料
45
比例
1:1
数量
1
图号
制图
审核
(学校)
145
76
38
28
26
29
15
7
2
2X1.5
2XC2
R1.5
φ36
φ30k6 (+0.015 +0.002)
φ32k7 (+0.027 +0.002)
φ24k7 (+0.023 +0.002)
0.015 A−B
0.018 A−B
A
B
Ra0.8
Ra1.6
Ra3.2
Ra6.3
10N9 (0 −0.036)
8N9 (0 −0.036)
27 0 −0.2
20 0 −0.2
M6 ⊤10
孔 ⊤13

图 6-7　轴套类零件

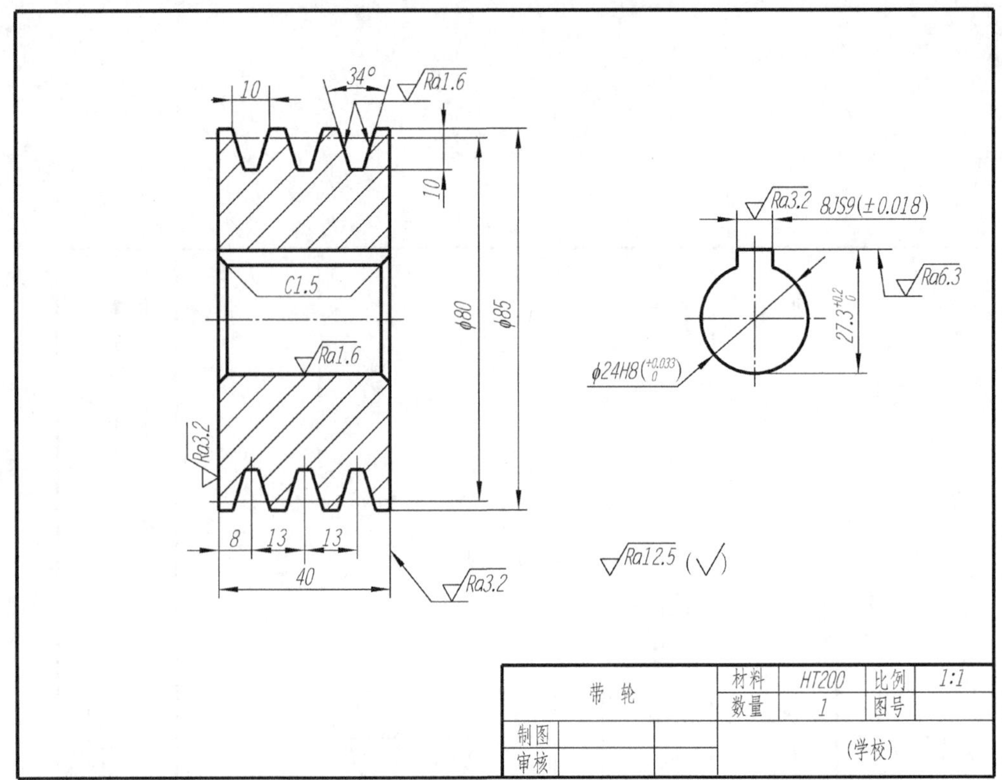

图 6-8　带轮零件图

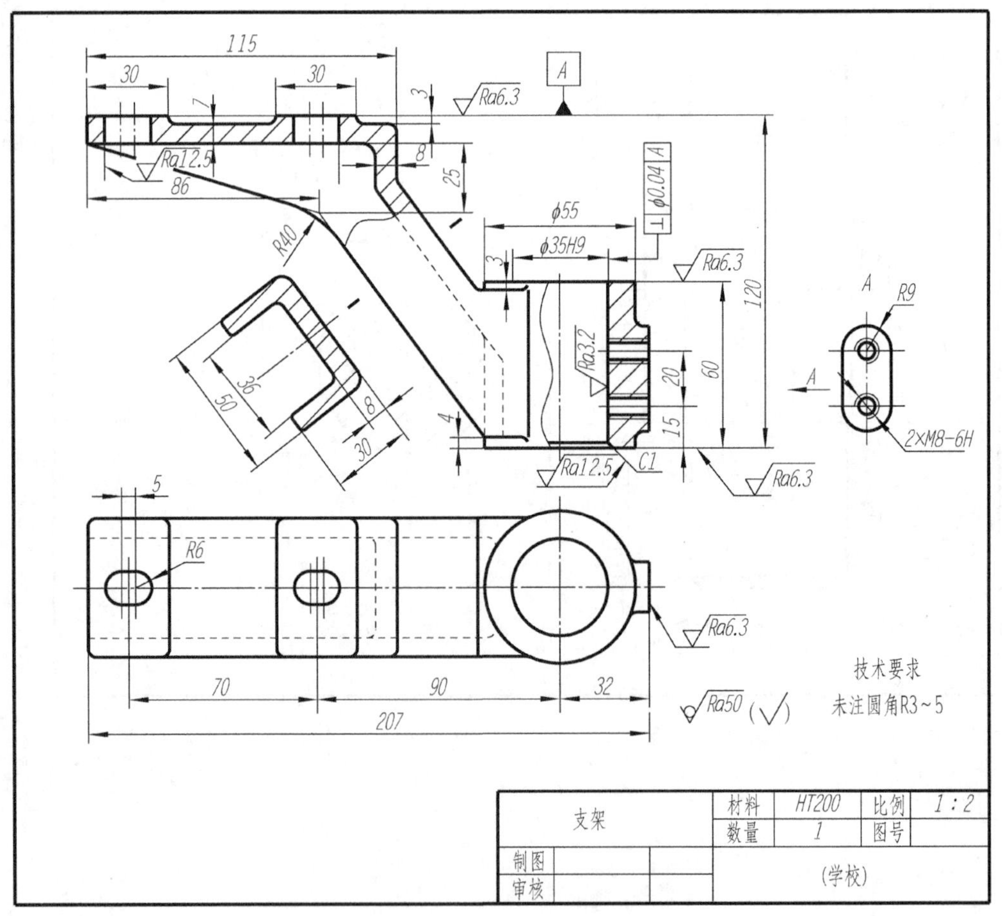

图 6-9　支架零件图

4. 箱体类零件　箱体类零件一般是机器或部件的主体部分，它起着支承、包容其他零件的作用，所以多为中空的壳体，并有轴承孔、凸台、肋板、底板、连接法兰以及箱盖、轴承端盖的连接螺孔等，其结构形状复杂。箱体类零件的加工工序较多，装夹位置又不固定，因此一般按工作位置和特征原则选择主视图，其他视图至少在两个或两个以上。

如图6-2所示的轴承座，主视图按工作位置放置，采用半剖视图，视图表达轴承座的外形，剖视图表达轴承座孔、螺栓孔、底板上的安装孔等内形。选用俯视图表达轴承座的外形，全剖的左视图主要表达轴承座孔的内形。

二、零件图的尺寸标注

零件图中标注的尺寸是加工和检验零件的重要依据。零件图的尺寸标注除了要满足正确、完整、清晰的要求外，还必须使尺寸合理，符合设计、加工、检验和装配的要求。要做到标注尺寸合理，需要较多机械设计和机器制造方面的知识，这里主要介绍一些合理标注尺寸的基本知识。

（一）选尺寸基准

标注或度量尺寸的起点称为尺寸基准。零件的长、宽、高三个方向，每一方向至少应有一个尺寸基准；若有几个尺寸基准，其中必有一个主要基准，其余为辅助基准，如图6-10所示。标注尺寸时要合理地选择尺寸基准，从基准出发标注定位、定形尺寸。选择尺寸基准应考虑零件的结构特点、工作性能和设计要求，以及零件的加工和测量等方面的要求。

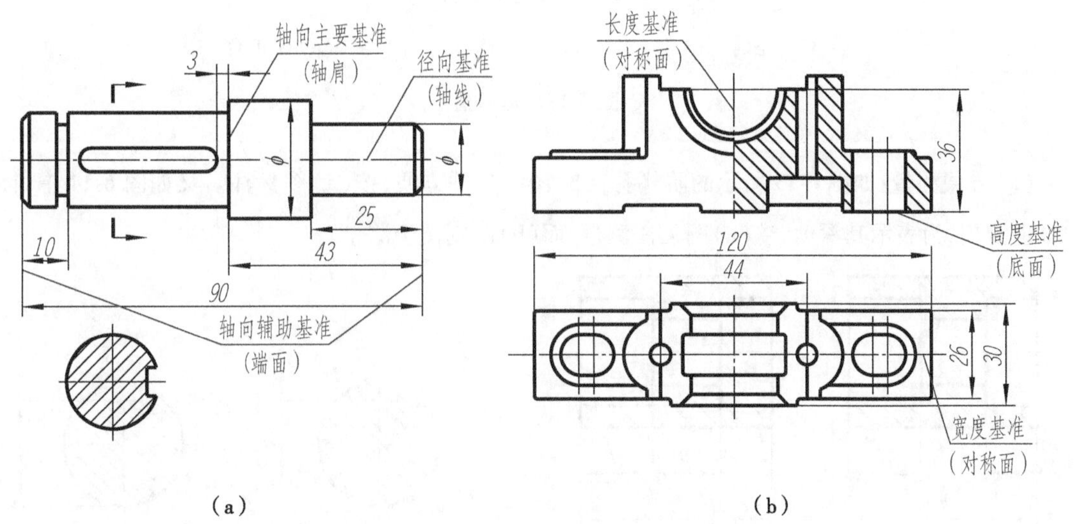

图6-10　尺寸基准

基准面——有底板的安装面、重要的端面、装配结合面、零件的对称平面等。

基准线——有回转体的轴线等。

（二）标注尺寸时应注意的问题

1. 零件的重要尺寸要直接注出　加工好的零件尺寸存在着误差，为了使零件的重要尺寸不受其他尺寸误差的影响，应在零件图中将重要尺寸直接注出。

如图6-11(a)轴承孔的高度36是影响轴承座工作性能的主要尺寸，加工时必须保证其加工精度，所以应直接以底面为基准标注出来，而不能将其代之为图 6-11(b)中的 40 和 4。因为在加工零件过程中，尺寸总会有误差，如果注写 40 和 4，由于每个尺寸都会有误差，两个尺寸加在一起就会有累积误差，不能保证设计要求。

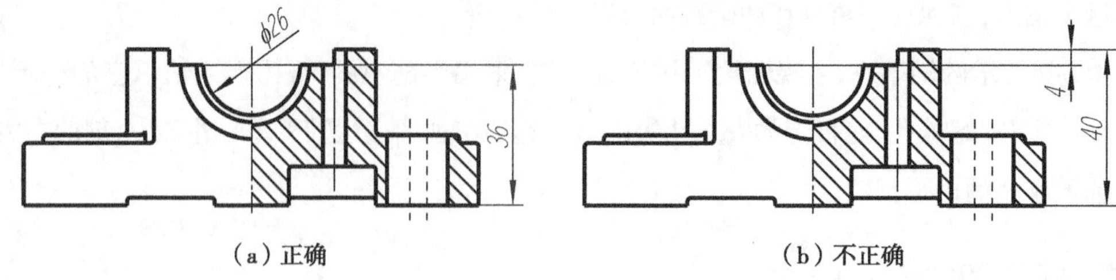

(a) 正确　　(b) 不正确

图 6-11　重要尺寸要直接注出

2. 标注的尺寸要符合工艺要求

(1)考虑加工方法：图 6-11(a)轴承座上的半圆孔是与轴承盖合起来加工的，因此半圆尺寸标注 ϕ 而不注 R。

轴上的退刀槽应直接注出槽宽，以便于选择车刀，如图 6-12(a)所示。

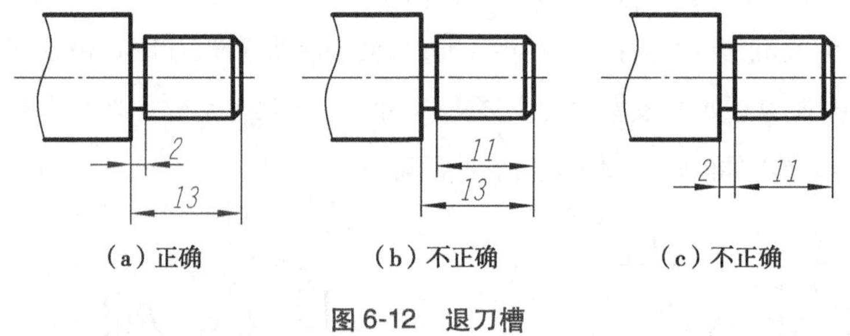

(a) 正确　　(b) 不正确　　(c) 不正确

图 6-12　退刀槽

(2)方便测量：如图 6-13 所示的阶梯孔，(b)图测量不方便，按(a)图标注。又如图 6-14 中所示的轴上键槽，为表示其深度，注(a)图无法测量，而(b)图则便于测量。

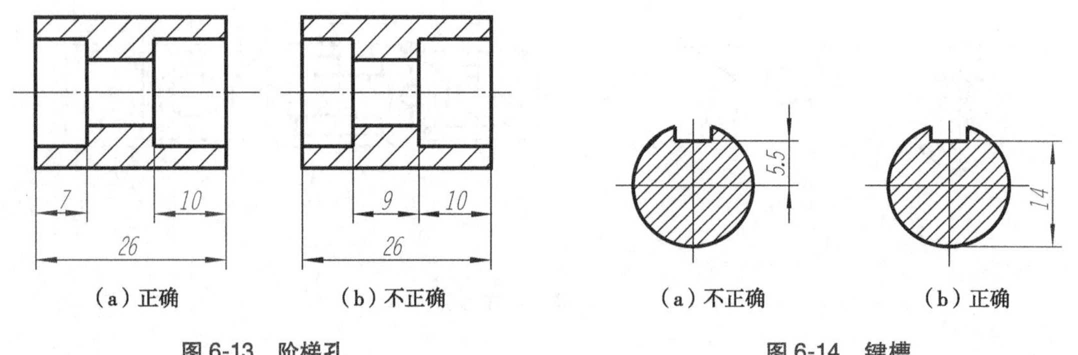

(a) 正确　　(b) 不正确　　(a) 不正确　　(b) 正确

图 6-13　阶梯孔　　图 6-14　键槽

(三) 零件上的常见结构及其尺寸注法

1. 倒角和倒圆　为了去除零件的毛刺、锐边和便于装配，在轴或孔的端部一般都加工成倒角。倒角通常为 45°，必要时可采用 30°或 60°。45°倒角采用“宽度×角度”的形式标注在宽度尺寸线上或从 45°角度线引出标注，如图 6-15(a)～(c)所示；也可用符号“C”表示，如图 6-15(d)所示，“C2”表示 2×45°倒角。但非 45°倒角必须分别直接注出角度和宽度，如图 6-15(e)所示。

为了避免应力集中而产生裂纹,在轴肩处往往加工成圆角过渡的形式,称为倒圆,如图 6-15(f)所示。

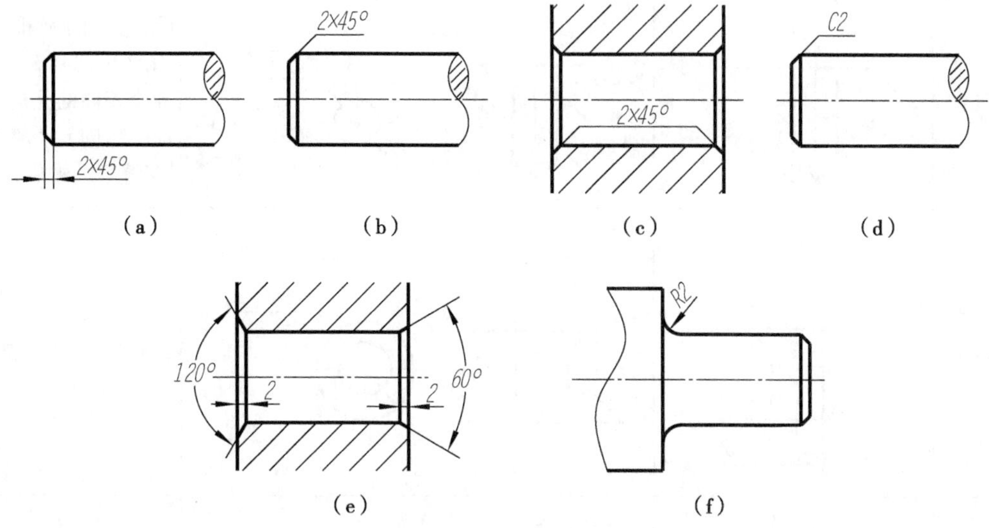

图 6-15　倒角和倒圆

2. 退刀槽　在进行切削加工时,为了便于退出刀具并为了在装配时能与相关零件靠紧,常在待加工表面的台肩处预先加工出退刀槽。

退刀槽一般可按“槽宽×直径”或“槽宽×槽深”的形式标注,如图 6-16 所示。

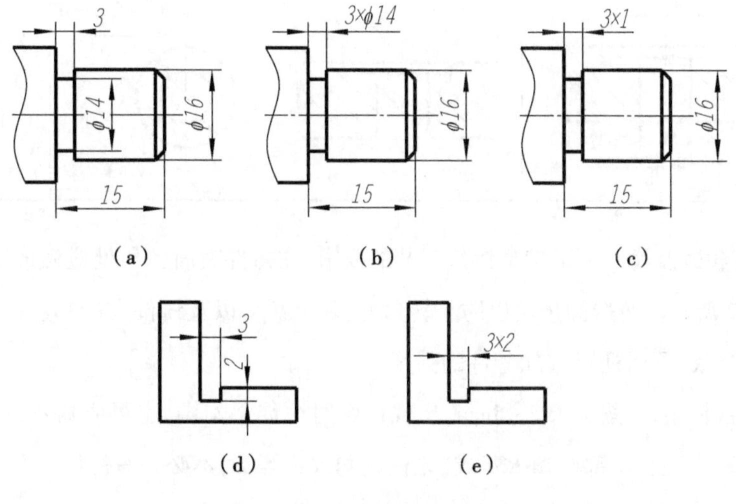

图 6-16　退刀槽

3. 光孔和沉孔　光孔和沉孔在零件图上的尺寸标注分为直接注法和旁注法两种。孔深、沉孔、锪平孔及埋头孔用规定的符号来表示,见表 6-1。

表 6-1　光孔、沉孔的尺寸注法

类型		普通注法	旁注法	说明
光孔		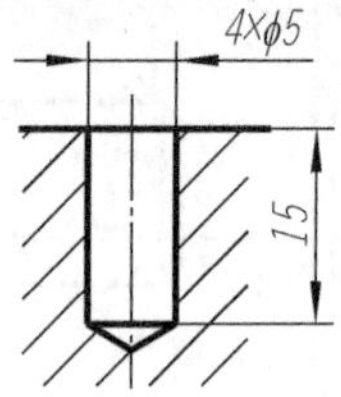 4×φ5 15	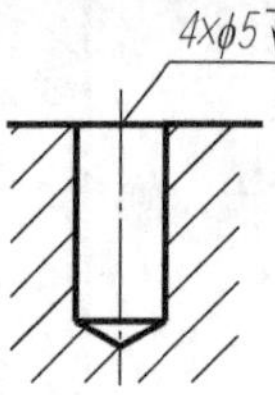 4×φ5↧15 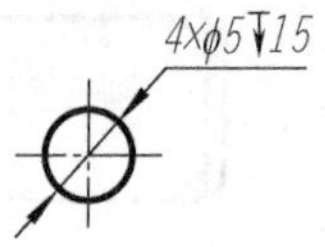 4×φ5↧15	孔底部的圆锥角不用注出，“4×φ5”表示4个相同的孔均匀分布（下同），“↧”为孔深符号
沉孔	埋头孔	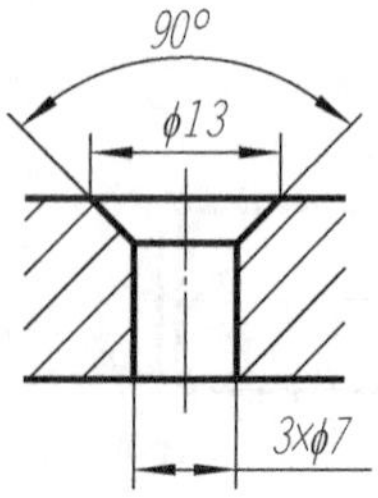 90° φ13 3×φ7	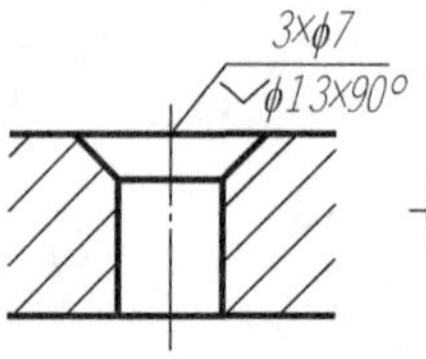 3×φ7 ⌵φ13×90° 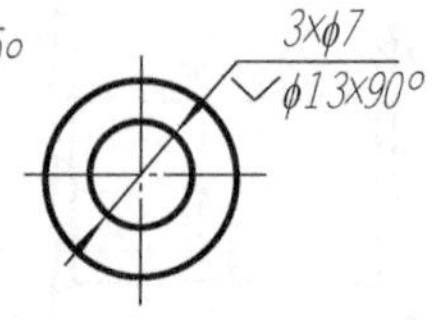 3×φ7 ⌵φ13×90°	“⌵”为埋头孔符号
	沉孔	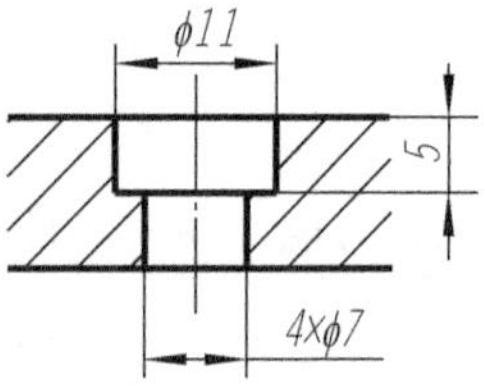 φ11 5 4×φ7	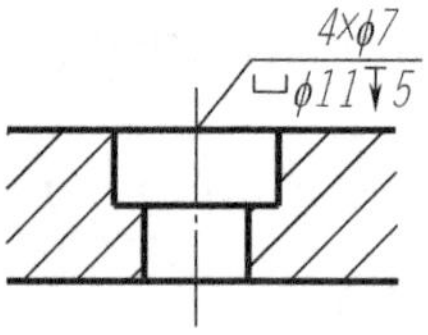 4×φ7 ⌴φ11↧5 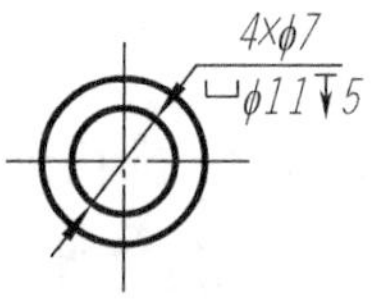 4×φ7 ⌴φ11↧5	“⌴”为沉孔或锪平符号
	锪平孔	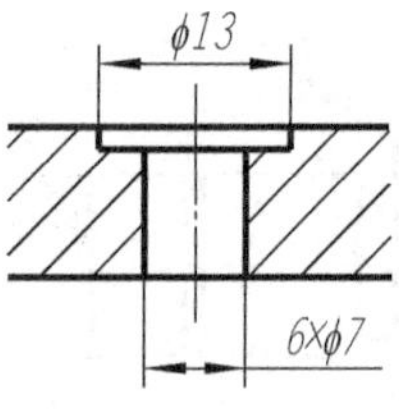 φ13 6×φ7	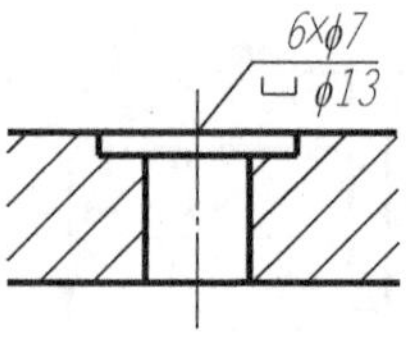 6×φ7 ⌴φ13 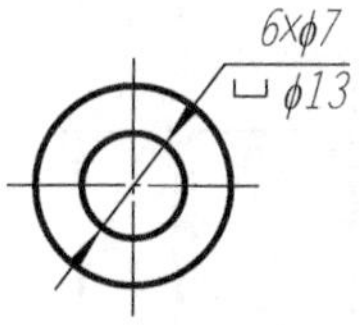 6×φ7 ⌴φ13	锪平深度不需注出，加工时锪平到不存在毛面即可

4. 铸造圆角和过渡线　为了满足铸造工艺的要求，在铸件表面转角处应做成圆角过渡，称为铸造圆角，如图 6-17 所示。铸造圆角用以防止转角处型砂脱落，以及铸件在冷却收缩时产生缩孔或因应力集中而产生裂纹，同时还可增加零件的强度。

圆角尺寸通常较小，一般为 *R* 2～5mm，尺规作图时可徒手勾画，也可省略不画。圆角尺寸常在技术要求中统一说明，如“全部圆角 *R*3”或“未注圆角 *R*4”等，而不必一一注出。

由于铸造圆角的存在，使零件上两表面的交线不太明显了。为了区分不同的表面，规定在相交处用细实线画出理论上的交线，且两端不与轮廓线接触，此线称为过渡线。

图 6-17(a)为二圆柱面相交的过渡线画法。图 6-17(b)为二等径圆柱相交时的过渡线画法。图 6-17(c)中包括了平面与曲面、平面与平面相交以及平面与曲面相切时的过渡线画法。

铸件机械加工后，加工表面处的铸造圆角即被切除，因此画图时须注意，只有两个不加工的铸造表面相交处才有铸造圆角。

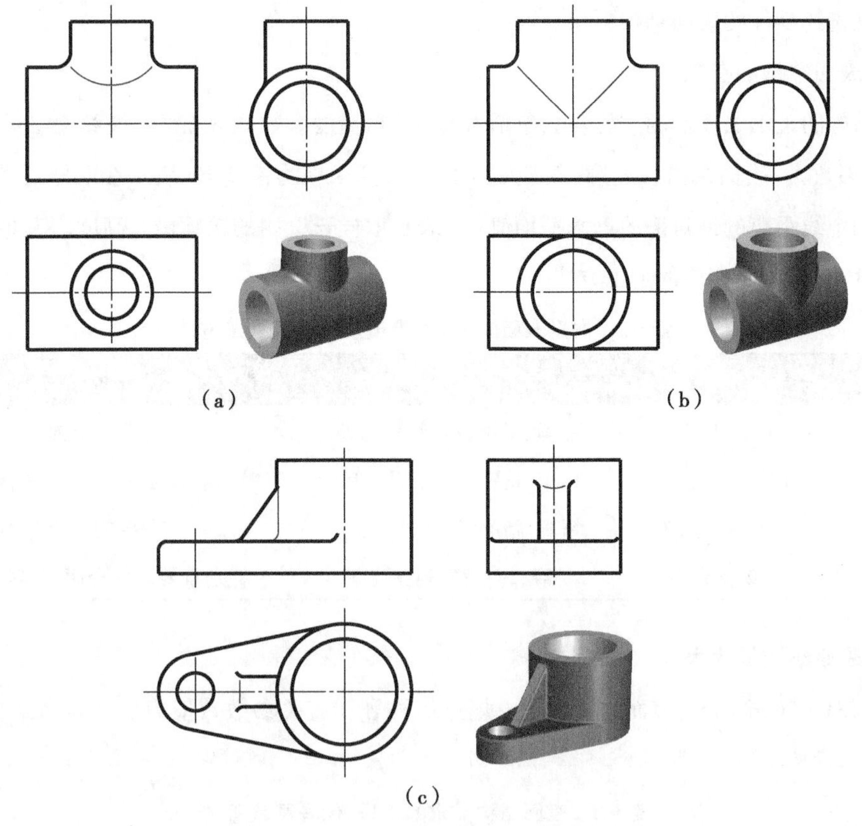

图 6-17　铸造圆角与过渡线

点滴积累

1. 选择零件的主视图要遵循形状特征原则、加工位置原则、工作位置原则。即以"加工位置"或"工作位置"放置零件，以最能反映"形状特征"选择主视图的投射方向。
2. 零件图的尺寸标注要求是正确、完整、清晰、合理。

第三节　机械图样的技术要求

零件图上注写的技术要求一般有表面结构要求、极限与配合、几何公差、热处理和表面处理等方面的内容。这些内容中，有的可用国家标准规定的代（符）号注写在图中，对无法在图中标注的内容，可用简明的文字逐条注写在图纸下方空白处。

一、表面结构

零件在加工过程中，由于刀具在其表面上留有刀痕及切削分离时，表面金属的塑性变形等原因而使零件表面上存在着高低不平的峰和谷。零件加工表面上具有较小间距和峰谷所形成的微观几何形状特性用表面结构要求来限定。它对零件的耐磨性、抗腐蚀性、密封性、抗疲劳性能等都有影响，所以表面结构是衡量零件表面质量的一项技术指标。零件表面结构要求越高，加工成本也越高，因此要合理选择零件的表面结构要求。

（一）表面结构的参数

表面结构的表示法涉及的主要参数包括 R 轮廓（粗糙度参数）、W 轮廓（波纹度参数）和 P 轮廓（原始轮廓参数）。表面结构 R 轮廓（粗糙度参数）中，算术平均偏差 Ra 表示在取样长度内，被测轮廓上各点到中线距离的绝对值的算术平均值；Rz 表示取样长度内的轮廓最大高度。表 6-2 列出了常见表面的 Ra 参考值及相应的加工方法。

表 6-2 常见表面的 Ra 参考值及相应的加工方法

表面特征	Ra 参考值（μm）	加工方法	应用
粗面	100、50、25	粗车、粗铣、粗刨、钻孔等	非接触面
半光面	12.5、6.3、3.2	精车、精铣、精刨、精磨等	一般要求的接触面、要求不高的配合面
光面	1.6、0.8、0.4	精车、精磨、研磨、抛光等	较重要的配合表面
极光面	0.2 及更小	研磨、超精磨、精抛光等	特别重要的配合面、特殊装饰面

（二）表面结构的代号

GB/T 131—2006 规定，表面结构代号由规定的符号和有关参数数值组成。表面结构要求的符号、代号及其意义如表 6-3 所示。

表 6-3 表面结构要求的符号、代号及其意义

符号	意义	代号	意义
√	基本图形符号：表示对表面结构有要求。仅用于简化代号标注，没有补充说明时不能单独使用	√Ra3.2	表示任意加工方法，单项上限值，默认传输带，R 轮廓，算术平均偏差为 3.2μm，默认评定长度，16%规则
	扩展图形符号：基本符号加一短划，表示指定表面是用去除材料的方法获得的。例如车、铣、钻、磨、剪切、抛光、腐蚀、电火花加工、气割等。也称为加工符号	Ra1.6	表示去除材料，单项上限值，默认传输带，R 轮廓，算术平均偏差为 1.6μm，默认评定长度，16%规则
	扩展图形符号：基本符号加一小圆，表示指定表面是用不去除材料的方法获得的。例如铸、锻、冲压变形、热轧、冷轧、粉末冶金等，或者是用于保持原供应状况的表面（包括保持上道工序的状况）。也称为毛坯符号	Rz50	表示不去除材料，单项上限值，默认传输带，R 轮廓，粗糙度最大高度为 50μm，评定长度为 5 个取样长度，16%规则
	完整图形符号：在上述图形符号的长边上加一横线，用于标注表面结构特征的补充要求	0.008-0.8/Ra1.6	表示去除材料，单项上限值，传输带 0.008～0.8mm，R 轮廓，算术平均偏差为 1.6μm，默认评定长度，16%规则

续表

符号	意义	代号	意义
c a e d b	表面结构补充要求的注写： a-注写表面结构的单一要求 b-注写第二个表面结构的要求 c-加工方法、表面处理、涂层或其他加工工艺要求等 d-表面纹理和方向符号 e-加工余量	U Ra max 6.3 L Ra1.6	表示去除材料，双向极限值，默认传输带，R 轮廓，Ra 上限值为 6.3μm，默认评定长度，最大规则；Ra 下限值为 1.6μm，默认评定长度，16%规则

（三）表面结构要求在图样上的标注

在零件图中，表面结构要求代号一般标注在可见轮廓线、尺寸线、尺寸界线或引出线上，其符号的尖端必须从材料外部指向零件表面，代号中的数字及符号方向应与标注尺寸的数字方向相同。表 6-4 中列举了表面结构要求的标注示例。

表 6-4　标注表面结构要求的一般方法

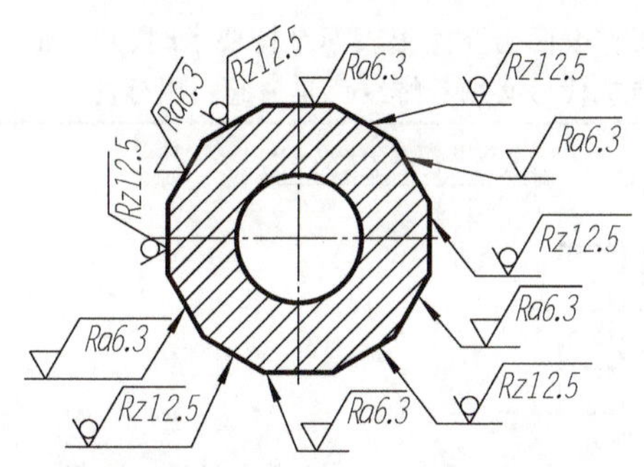 表面结构要求代号中的数字及符号方向应按图中的规定标注	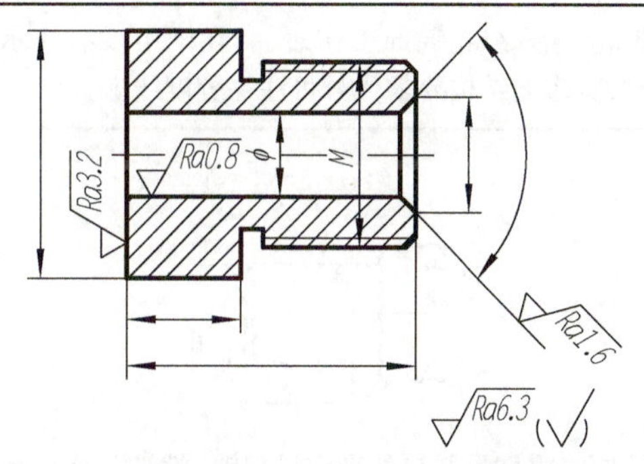 零件的大部分表面具有相同的表面结构要求时，可统一标注在图样的标题栏附近
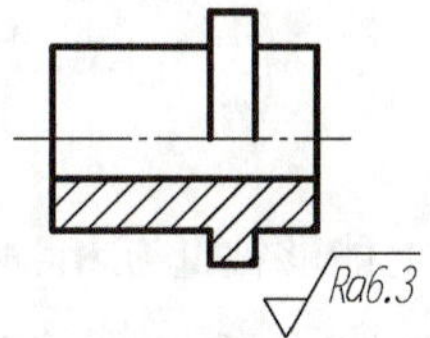 当零件的所有表面都有相同的表面结构要求时，可在图样的标题栏附近统一标注代号	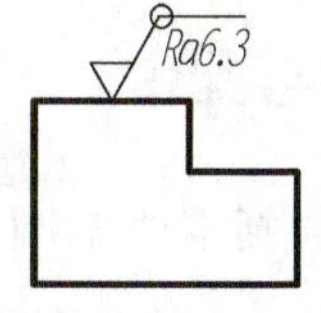 当构成封闭轮廓的各表面有相同的表面结构要求时，可采用上述标注
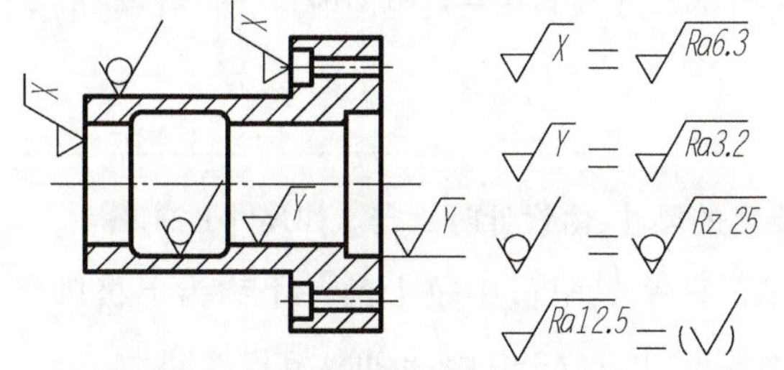 为了简化标注方法，或者标注位置受到限制时，可以标注简化代号	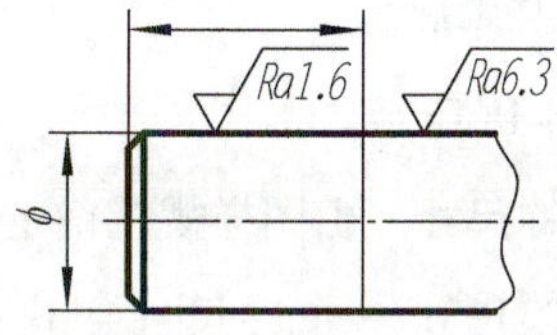 同一表面结构要求不一致时，应该用细实线分界，并注出尺寸与表面结构要求代(符)号

续表

<table>
<tr><td>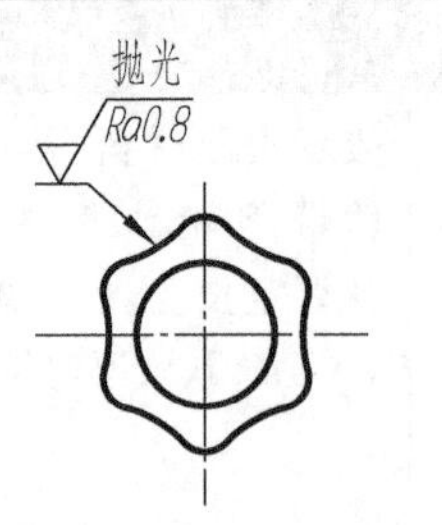

零件上连续表面及重复要素(孔、槽等)的表面,其表面结构要求代(符)号只标注一次</td><td>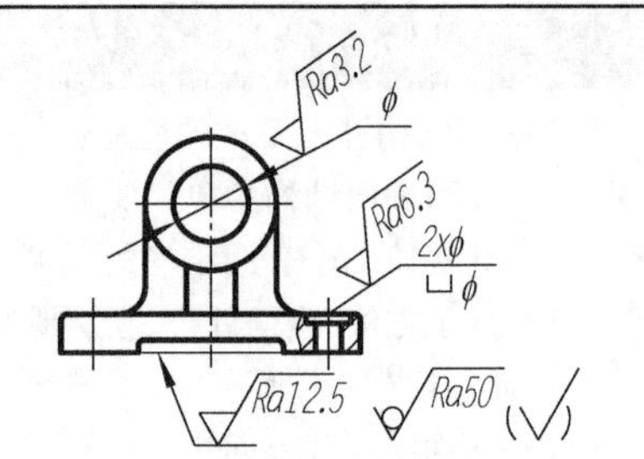

对不连续的同一表面,可用细实线相连,其表面结构要求代(符)号可注一次</td></tr>
<tr><td>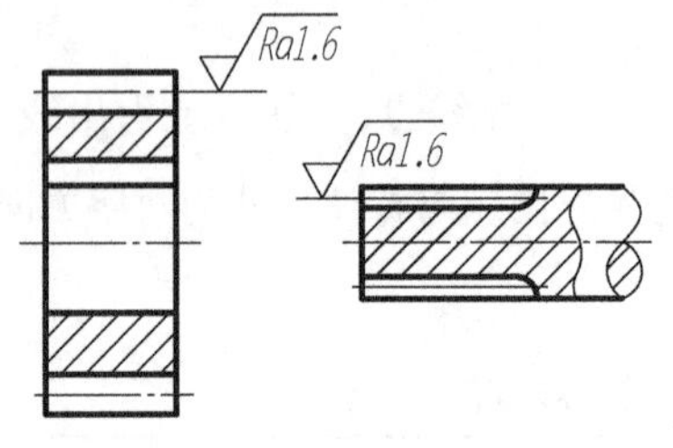

齿轮、渐开线花键的工作表面,在图中没有表示出齿形时,其表面结构要求代号可注在分度线上</td><td>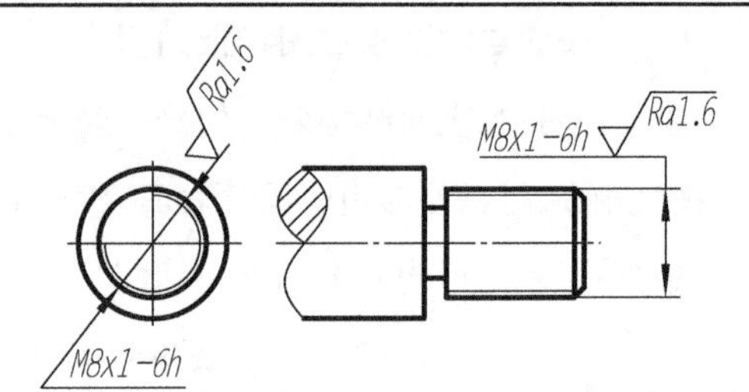

螺纹工作表面需要注出表面结构要求时,其表面结构要求代号必须与螺纹代号一起引出标注</td></tr>
<tr><td colspan="2">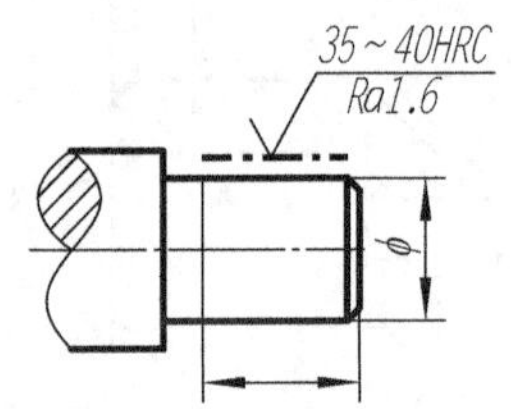

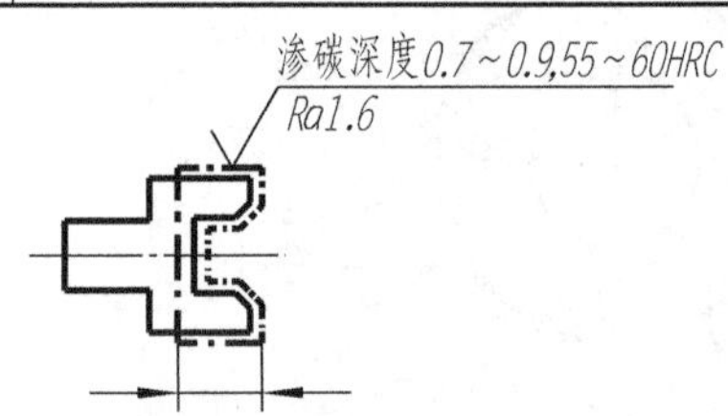

需要将零件局部热处理或局部镀(涂)时,应用粗点画线画出其范围并标注相应尺寸,也可将其加工工艺要求注写在表面结构要求符号内</td></tr>
</table>

二、极限与配合

某一产品(包括零件、部件、构件)与另一产品在尺寸、功能上能够彼此互相替换的性能称为互换性。零件具有互换性,为现代化协作生产、专业化生产、提高劳动生产率提供了重要条件。零件的尺寸是保证零件互换性的重要几何参数,为了使零件具有互换性,并不要求零件的尺寸绝对准确,而是在保证零件的机械性能和互换性的前提下,将零件的尺寸限制在一定范围内。

(一) 基本概念

如图 6-18 所示。

1. 公称尺寸　由图样规范确定的理想形状要素的尺寸,由设计时给定。如尺寸 ϕ24。

2. 极限尺寸　允许尺寸变化的两个界限值。两个界限值中较大的一个称为上极限尺寸 ϕ24. 006,较小的一个称为下极限尺寸 ϕ23. 985。实际尺寸应位于其中,也可达到极限尺寸。

3. 极限偏差　极限尺寸减其公称尺寸所得的代数差。分为上极限偏差和下极限偏差。

上极限偏差=上极限尺寸-公称尺寸=24. 006-24=0. 006

下极限偏差=下极限尺寸-公称尺寸=23. 985-24=-0. 015

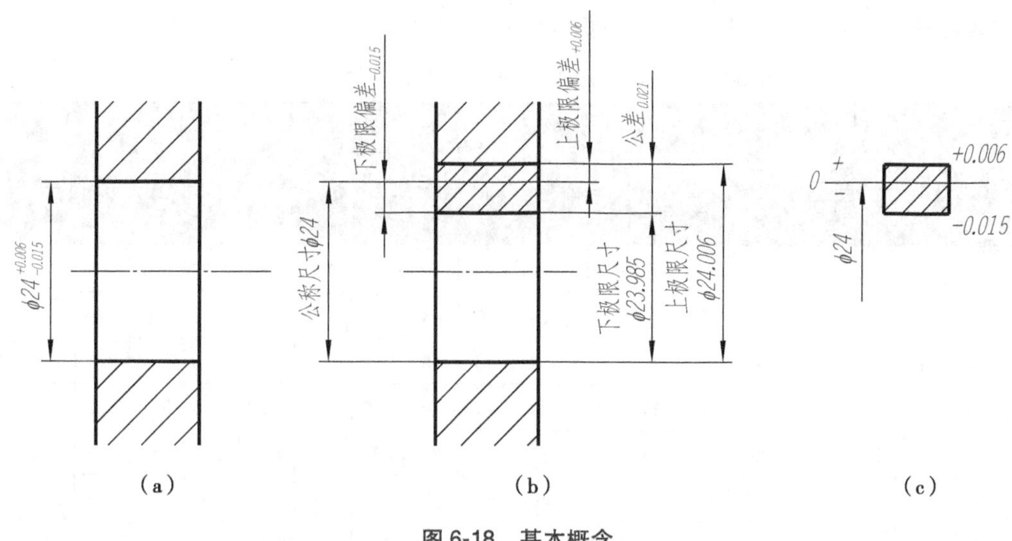

（a）　　（b）　　（c）

图 6-18　基本概念

4. 公差　允许尺寸的变动量。

公差=上极限尺寸-下极限尺寸=24.006-23.985=0.021

公差=上极限偏差-下极限偏差=0.006-(-0.015)=0.021

5. 公差带　为了简化起见，在实用中常不画出孔或轴，而只画出表示公称尺寸的零线和上、下极限偏差，称为公差带图，如图 6-18(c)所示。在公差带图中，由代表上、下极限偏差的两条直线所限定的一个区域称为公差带。公差带包含两个要素：公差带大小和公差带位置。

（二）标准公差与基本偏差

国家标准规定，公差带由标准公差和基本偏差组成。标准公差确定公差带的大小，基本偏差确定公差带的位置。

1. 标准公差　用以确定公差带大小的任一公差。标准公差分 20 个等级，即 IT01、IT0、IT1、IT2、…、IT18。IT01 公差值最小，尺寸精度最高；IT18 公差值最大，尺寸精度最低。

公差值大小还与尺寸大小有关，同一公差等级下，尺寸越大，公差值越大。表 6-5 为摘自 GB/T 1800.1—2009 的标准公差数值，从中可查出某一尺寸、某一公差等级下的标准公差值。如公称尺寸为 24、公差等级为 IT7 的公差值为 0.021mm。

2. 基本偏差　为了确定公差带相对零线的位置，将上、下极限偏差中的某一偏差规定为基本偏差，一般为靠近零线的那个极限偏差。当公差带位于零线上方时，基本偏差为下极限偏差；当公差带位于零线下方时，基本偏差为上极限偏差。如图 6-19 所示，孔和轴的基本偏差系列共有 28 种，它的代号用拉丁字母表示，大写为孔、小写为轴。

3. 公差带代号及极限偏差的确定　公差带代号由其基本偏差代号（字母）和标准公差等级（数字）组成，如 H8、f7。

由公称尺寸和公差带代号可查表确定其极限偏差。教材附录附表 15 和附表 16 摘录了优先及常用轴和孔公差带的极限偏差。

例如由 ϕ20H8 查孔极限偏差表可得，其上极限偏差为+0.033，下极限偏差为 0；由 ϕ20f7 查轴极限偏差表可得，其上极限偏差为-0.020，下极限偏差为-0.041。

表 6-5　标准公差数值（摘自 GB/T 1800.1—2009）

公称尺寸（mm）		标准公差等级																	
		IT1	IT2	IT3	IT4	IT5	IT6	IT7	IT8	IT9	IT10	IT11	IT12	IT13	IT14	IT15	IT16	IT17	IT18
大于	至	μm											mm						
-	3	0.8	1.2	2	3	4	6	10	14	25	40	60	0.1	0.14	0.25	0.4	0.6	1	1.4
3	6	1	1.5	2.5	4	5	8	12	18	30	48	75	0.12	0.18	0.3	0.45	0.75	1.2	1.8
6	10	1	1.5	2.5	4	6	9	15	22	36	58	90	0.15	0.22	0.36	0.58	0.9	1.5	2.2
10	18	1.2	2	3	5	8	11	18	27	43	70	110	0.18	0.27	0.43	0.7	1.1	1.8	2.7
18	30	1.5	2.5	4	6	9	13	21	33	52	84	130	0.21	0.33	0.52	0.84	1.3	2.1	3.3
30	50	1.5	2.5	4	7	11	16	25	49	62	100	160	0.25	0.39	0.62	1	1.6	2.5	3.9
50	80	2	3	5	8	13	19	30	46	74	120	190	0.3	0.46	0.74	1.2	1.9	3	4.6
80	120	2.5	4	6	10	15	22	35	54	87	140	220	0.35	0.54	0.87	1.4	2.2	3.5	5.4
120	180	3.5	5	8	12	18	25	40	63	100	160	250	0.4	0.63	1	1.6	2.5	4	6.3
180	250	4.5	7	10	14	20	29	46	72	115	185	290	0.46	0.72	1.15	1.85	2.6	4.6	7.2
250	315	6	8	12	16	23	32	52	81	130	210	320	0.52	0.81	1.3	2.1	3.2	5.2	8.1
315	400	7	9	13	18	25	36	57	89	140	230	360	0.57	0.89	1.4	2.3	3.6	5.7	8.9
400	500	8	10	15	20	27	40	63	97	155	250	400	0.63	0.97	1.55	2.5	4	6.3	9.7

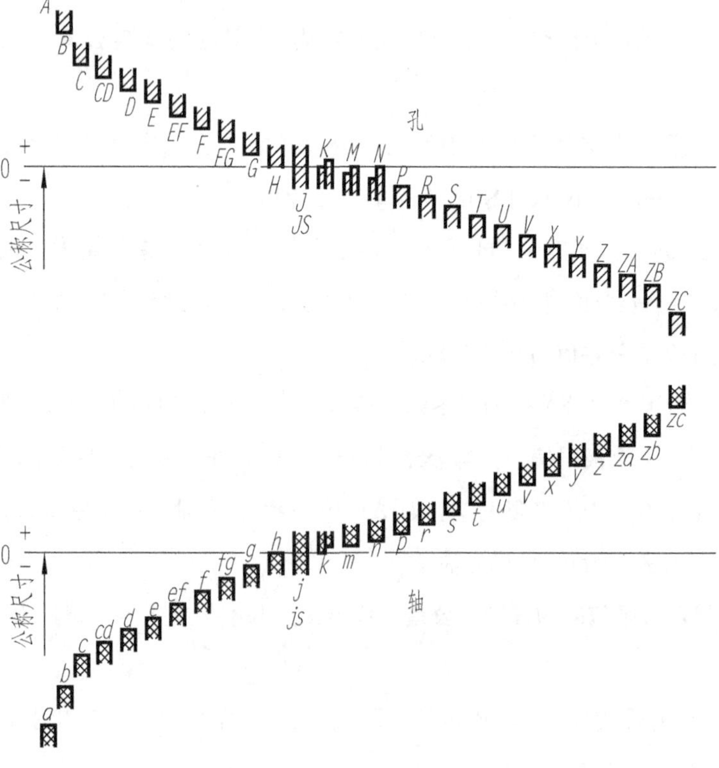

图 6-19　孔和轴的基本偏差系列

（三）配合

公称尺寸相同的，相互结合的孔和轴公差带之间的关系称为配合。孔的尺寸减去相配合的轴的尺寸之差，为正称为间隙，为负称为过盈。

1. 配合种类　根据使用要求不同，国家标准规定配合分三类：间隙配合、过盈配合和过渡配合。

（1）间隙配合：具有间隙（包括最小间隙等于0）的配合。间隙配合中，孔的公差带在轴的公差带之上，如图6-20（a）所示。

（2）过盈配合：具有过盈（包括最小过盈等于0）的配合。过盈配合中，孔的公差带在轴的公差带之下，如图6-20（b）所示。

（3）过渡配合：可能具有间隙或过盈的配合。过渡配合中，孔的公差带与轴的公差带相互交叠，如图6-20（c）所示。

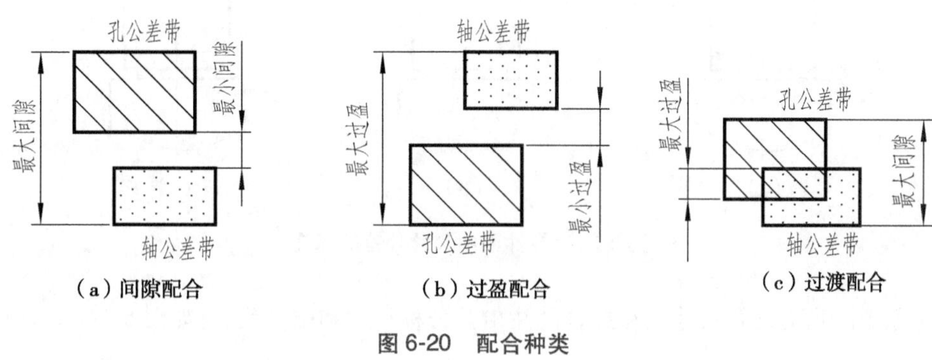

（a）间隙配合　（b）过盈配合　（c）过渡配合

图6-20　配合种类

2. 配合制度　为了便于选择配合，减少零件加工的专用刀具和量具，国家标准对配合规定了两种基准制。

（1）基孔制：基本偏差为一定的孔的公差带，与不同基本偏差的轴的公差带形成各种配合的一种制度。基孔制中选择基本偏差为H，即下极限偏差为0的孔为基准孔。

（2）基轴制：基本偏差为一定的轴的公差带，与不同基本偏差的孔的公差带形成各种配合的一种制度。基轴制中选择基本偏差为h，即上极限偏差为0的轴为基准轴。

在两种基准制中，一般情况下优先选用基孔制。又由于加工孔难于加工轴，所以常将孔的公差等级选得比轴低一级。

3. 配合代号及其识读　配合代号用分数形式表示，分子为孔的公差带代号，分母为轴的公差带代号。标注时，将配合代号注在基本尺寸之后，如 $\phi20\frac{H8}{f7}$、$\phi20\frac{H7}{s6}$、$\phi20\frac{K7}{h6}$，也可以写作 ϕ20H8/f7、ϕ20H7/s6、ϕ20K7/h6。

如果配合代号的分子上孔的基本偏差代号为H，说明孔为基准孔，则为基孔制配合；如果配合代号的分母上轴的基本偏差代号为h，说明轴为基准轴，则为基轴制配合。根据配合代号中孔和轴的公差带代号，分别查出并比较孔和轴的极限偏差，画出公差带图，则可判断配合种类。如上例中 ϕ20H8/f7 为基孔制间隙配合，ϕ20H7/s6 为基孔制过盈配合，ϕ 20K7/h6 为基轴制过渡配合。

（四）极限与配合的标注

在零件图中标注尺寸公差有三种形式，如图 6-21 所示。①只注写公差带代号，如图 6-21（a）所示；②只注写上、下极限偏差数值，字高采用小一号字体，上、下极限偏差的小数点必须对齐，小数点后的位数也必须相等，如图 6-21（b）所示；③既注公差带代号又注上、下极限偏差数值，但极限偏差数值加注括号，如图 6-21（c）所示。

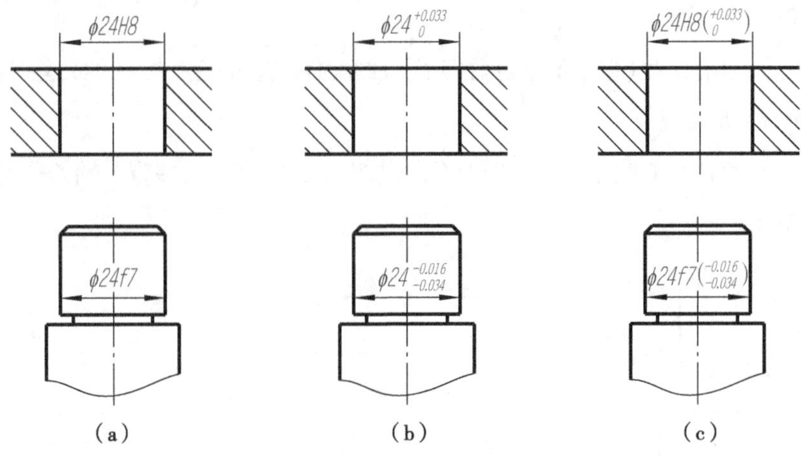

图 6-21　零件图中尺寸公差的标注

在装配图中，所有配合尺寸应在配合处注出其公称尺寸和配合代号，如图 6-22（a）、（b）标注。但与标准件（如滚动轴承）构成的配合，只需注出公称尺寸和非标准件的公差带代号。如图 6-22（c）中滚动轴承的内径与轴之间标注 φ20K6、外径与座体孔之间标注 φ52K7。

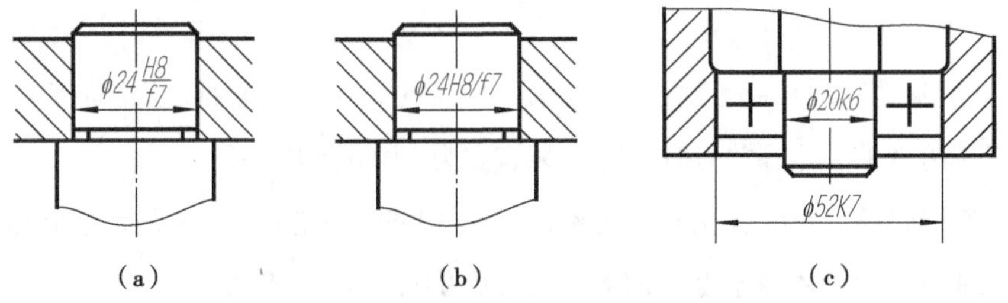

图 6-22　装配图中配合代号的标注

三、几何公差简介

与尺寸误差一样，零件上几何要素（点、线、面）的形状及相互之间的方向、位置和跳动也有误差。要保证零件的互换性，除了保证尺寸精度外，还要控制其形状、方向、位置和跳动的误差。误差范围是用形状、方向、位置和跳动公差（统称为几何公差）加以限制的。

（一）几何公差框格和基准符号

GB/T 1182—2008 规定用公差框格标注几何公差。图 6-23 表示几何公差框格、基准符号的内容。

几何公差特征项目的符号见表 6-6。

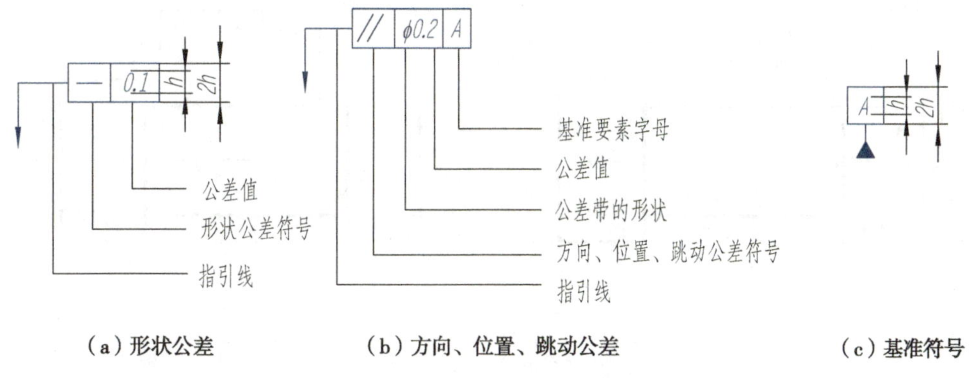

（a）形状公差　　（b）方向、位置、跳动公差　　（c）基准符号

图 6-23　几何公差框格和基准符号

表 6-6　几何公差的几何特征及符号

类型	几何特征	符号	有无基准	类型	几何特征	符号	有无基准	类型	几何特征	符号	有无基准
形状公差	直线度	—	无	位置公差	位置度	⌖	有或无	方向公差	平行度	//	有
									垂直度	⊥	有
	平面度	▱	无		同心度	◎	有		倾斜度	∠	有
	圆度	○	无		同轴度	◎	有		线轮廓度	⌒	有
	圆柱度	⌭	无		对称度	⌯	有		面轮廓度	⌓	有
	线轮廓度	⌒	无		线轮廓度	⌒	有	跳动公差	圆跳动	↗	有
	面轮廓度	⌓	无		面轮廓度	⌓	有		全跳的	⌰	有

（二）标注示例

标注几何公差时，指引线的箭头要指向被测要素的轮廓线或其延长线上；当被测要素是轴线时，指引线的箭头应与该要素尺寸线的箭头对齐。基准要素是轴线时，要将基准符号与该要素的尺寸线对齐。

图 6-24（a）表示 ϕ24 圆柱轴线的直线度公差为 ϕ0. 02。

图 6-24（b）表示 ϕ24 圆柱表面的任意素线的直线度公差为 0. 01。

图 6-24（c）表示被测右端面对于 ϕ24 圆柱轴线的垂直度公差为 0. 02。

图 6-24（d）表示 ϕ14 圆柱孔轴线对于底面的平行度公差为 0. 02。

四、其他技术要求

制造零件的材料应填写在零件图的标题栏中，常用的金属材料和非金属材料及用途参见本书附录附表 17。

热处理是对金属零件按一定要求进行加热、保温及冷却，从而改变金属的内部组织，提高材料机械性能的工艺，如淬火、退火、回火、正火、调质等。表面处理是为了改善零件表面材料性能，提高零件表面硬度、耐磨性、抗蚀性等而采用的加工工艺，如渗碳、表面淬火、表面涂层等。常见热处理及表

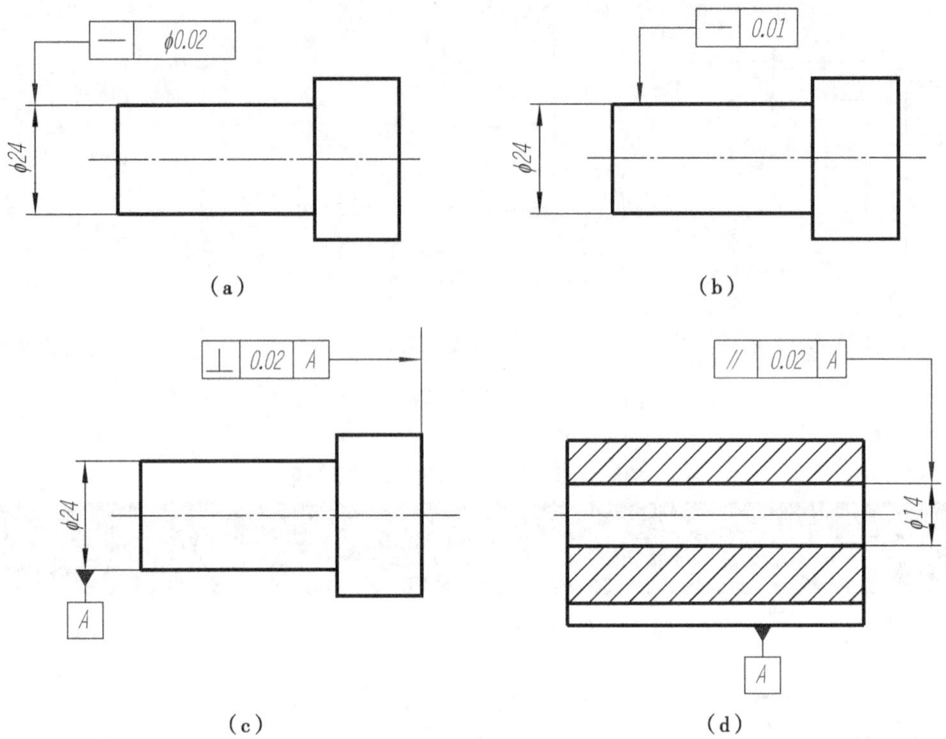

图 6-24　几何公差的标注

面处理的方法和应用参见本书附录附表 18。对零件的热处理及表面处理的方法和要求一般用文字注写在技术要求中。

点滴积累

1. 零件图的技术要求包括表面结构要求、极限与配合、几何公差、热处理及表面处理等。
2. 表面结构要求限制了零件表面的微观几何形状特征，表示了零件表面质量的要求。 尺寸公差限制了零件的尺寸误差，表示了零件尺寸精度的要求。 几何公差对零件上几何要素自身的形状误差及相互之间的方向、位置、跳动误差加以限制，包括形状公差、方向公差、位置公差和跳动公差。
3. 在零件图中，表面结构要求、尺寸公差、几何公差要按国家标准的规定进行标注。

目标检测

1. 图 6-25 中，根据装配图上的配合代号，填写下列内容。

(1)说明 ϕ42H7/p6 的含义：

ϕ42 表示____________；H 表示__________，7 表示__________；p 表示________，6 表示____________。此配合是基____制的________配合。

(2)查表写出 ϕ108H7/f7 配合中的下列数值：

孔：上极限尺寸是________，下极限尺寸是________，上极限偏差是________，下极限偏差是________，公差是________。

轴：上极限尺寸是________，下极限尺寸是________，上极限偏差是________，下极限偏差是________，公差是________。

此配合是基__________制的____________配合。

2. 在图 6-25 中的零件图上分别标注轴、孔的直径尺寸及公差带代号。

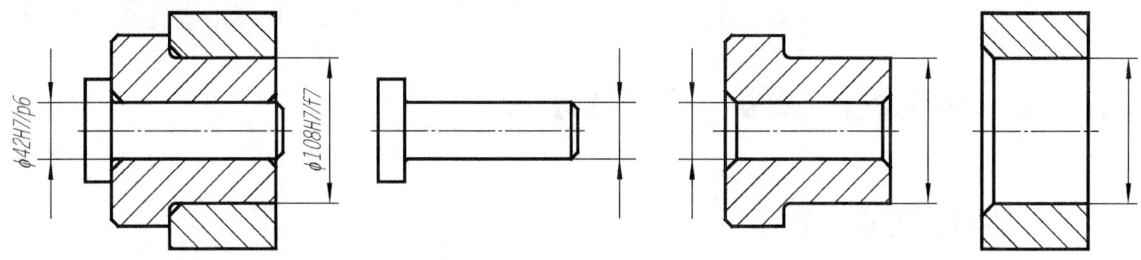

图 6-25　销轴装配图、零件图

3. 如图 6-26 所示，识读表面结构要求并填空。

ϕ120 外圆面的表面结构要求代号为____，ϕ50 孔表面的表面结构要求代号为____，ϕ90 外圆面的表面结构要求代号为____，左端面的表面结构要求代号为____，右端面的表面结构要求代号为____。最光滑的表面是____________。

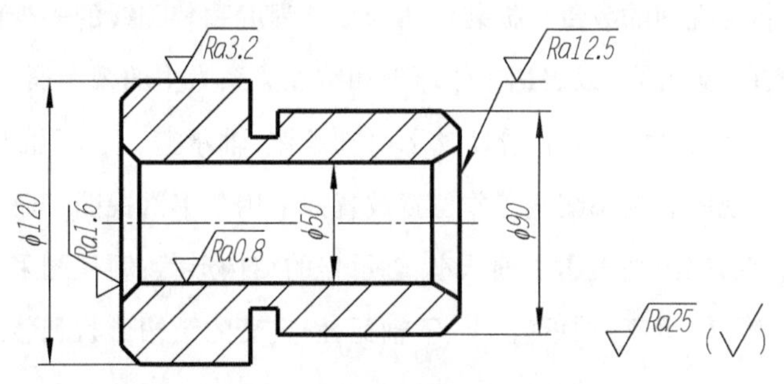

图 6-26　识读表面结构要求

4. 如图 6-27 所示，识读几何公差并填空。

ϕ120f7 外圆面对 ϕ50H8 轴线的________公差为______。

ϕ120f7 轴线对 ϕ50H8 轴线的______公差为______。

右端面的______公差为______。

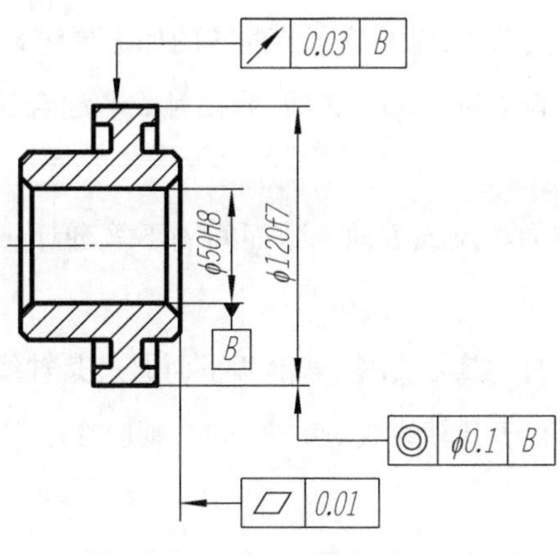

图 6-27　识读几何公差

扫一扫，知答案

第四节　装配图的视图、尺寸及其他

一、装配图的视图选择

（一）装配图主视图的选择

一般按部件的工作位置放置，当工作位置倾斜时应自然放正。选择反映主要或较多装配关系的方向作为主视图的投射方向。

（二）选择其他视图

在主视图的基础上，选用一定数量的其他视图将工作原理、装配关系进一步表达完整，并表达清楚主要零件的结构形状。视图的数量根据装配体的复杂程度和装配线的多少而定。

由于装配体通常有一个外壳，以表达工作原理和装配关系为主的视图通常采用各种剖视。

如图6-3所示滑动轴承的装配图。滑动轴承由轴承座，轴承盖，上、下轴瓦等八种零件组成，该装配图采用了三个基本视图。主视图按工作位置放置并采用了半剖视图，剖视图中表达了螺栓与轴承座、轴承盖的连接关系，视图则表达了轴承座、轴承盖的结构形状；俯视图采用半剖视图，左视图采用全剖视图进一步表达了轴承座，轴承盖，上、下轴瓦，固定套的结构形状和装配关系。

二、装配图的表达方法

零件图中的各种表达方法在装配图中也同样适用。但机器或部件是由若干个零件所组成的，而装配图不仅要表达结构形状，还要表达工作原理、装配关系，因此国家标准对装配图提出了一些规定画法和特殊表达方法。

（一）规定画法

在第五章的螺纹紧固件连接图中，已明确了装配图的如下规定画法：

1. 相邻两零件的接触面和配合面只画一条线；非接触或非配合的表面即便间隙很小，也必须画两条轮廓线。

2. 相邻两零件的剖面线方向相反或方向一致而间隔不等，但同一个零件在各剖视图或断面图中，剖面线的方向与间隔一致。

3. 对紧固件以及轴、连杆、球等实心零件，若剖切平面通过其轴线或对称平面时，则这些零件均按不剖绘制。如果剖切平面垂直于其轴线或对称平面时，则应在断面上画剖面线。

（二）特殊表达方法

1. 沿零件结合面剖切和拆卸画法　在装配图的视图中，可以假想沿某两个零件的结合面进行剖切，此时零件的结合面不画剖面线，但被横向剖切的轴、螺栓或销等要画剖面线。如图 6-3 滑动轴承俯视图的半剖视图就是采用上述表达方法。

当某个或某些零件遮住了需要表达的其他部分时，可将这些零件及其有关的紧固件拆去后绘制。对拆卸画法要在视图上方加注说明“拆去××”。

2. 假想画法　用双点画线假想画出装配体中运动零件的极限位置；也可用双点画线表达与该装配体有关联的其他零部件。如图 6-28 所示。

3. 夸大画法　对于直径或厚度<2mm 的较小零件或较小间隙，如薄垫片、细丝弹簧等，若按它们的尺寸画图难以明显表示时，可不按其比例而采用夸大画法。在剖视图中，细小零件的断面可涂黑表示。如图 6-29 所示。

4. 简化画法　装配图中零件的工艺结构，如圆角、倒角等，允许省略不画；若干个相同的零件组，如螺栓、螺钉的连接等，可详细地画出一组或几组，其余只用轴线或中心线表示其位置。如图 6-29 所示。

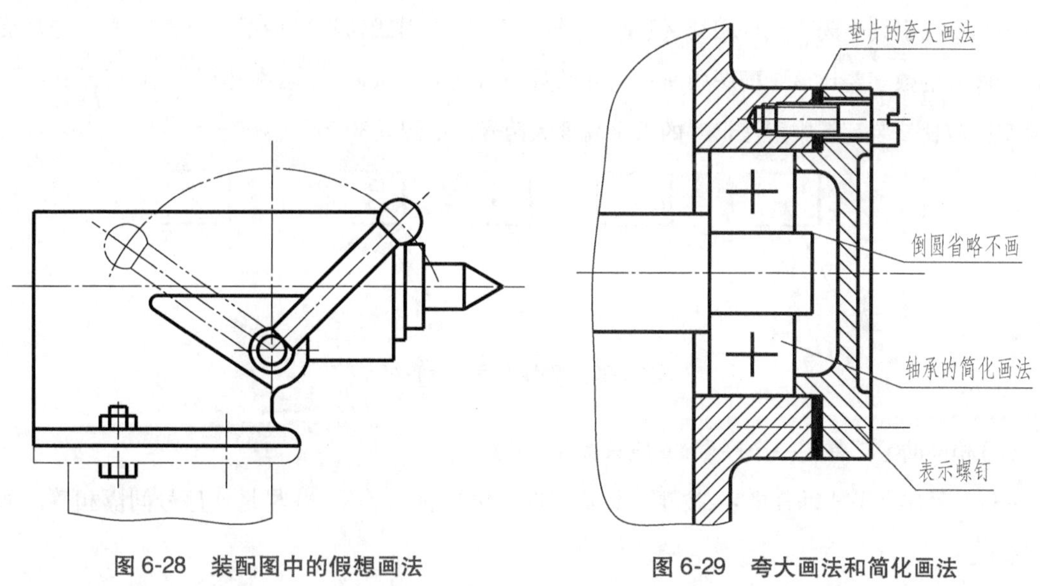

图 6-28　装配图中的假想画法　　图 6-29　夸大画法和简化画法

三、装配图的尺寸及其他

（一）装配图的尺寸

装配图不是制造零件的依据，因此在装配图中不需注出每个零件的全部尺寸，而只需注出装配体的规格特性及装配、检验、安装时所必需的尺寸，一般包括以下几类。

1. 特性尺寸　也称为规格尺寸，它是表示机器或部件的性能、规格和特征的有关尺寸，这些尺寸在设计时就已确定，也是选用机器或部件的依据。如图 6-3 滑动轴承的轴承孔直径 ϕ20H8 为滑动轴承的特性尺寸。

2. 装配尺寸　装配尺寸包括配合尺寸和主要零件间的相对位置尺寸。如图 6-3 中的装配尺寸为 44H8/f8、ϕ26H7/k6、30H9/f9、ϕ5H8/s7。

3. 安装尺寸　安装尺寸是机器或部件安装到基础或其他位置所需的尺寸。如图 6-3 中的安装尺寸为底座的 92、4、$R6$。

4. 外形尺寸　外形尺寸是表示机器或部件的外形轮廓尺寸，即总长、总宽和总高。它是机器或部件在包装、运输、安装和厂房设计所需要的尺寸。如图 6-3 中的外形尺寸为 120、36、70。

5. 其他主要尺寸　在设计中经过计算而确定的尺寸，为主要零件的主要尺寸。如图 6-3 中滑动轴承的中心高 36。

以上五类尺寸之间并不是孤立的，同一尺寸可能有几种含义。有时一张装配图并不完全具备上述五类尺寸，因此对装配图中的尺寸需要具体分析，然后进行标注。

（二）零件序号、明细栏、标题栏

为了便于看图、管理图样或编制其他技术文件，在装配图中必须对每个零件进行编号，并填写明细栏，以说明各零件的名称、数量、材料等。

1. 编注零件序号的一些规定

（1）装配图中的序号由点、指引线、横线（或圆圈）和序号数字四部分组成。指引线、横线都用细实线画出。指引线之间不允许相交，但允许弯折一次，当指引线通过剖面线区域时应避免与剖面线平行。序号的数字要比该装配图中所注尺寸的数字高度大一或两号；若在指引线附近注写序号，则序号字高应比该装配图中所注尺寸的数字高度大两号。如图 6-30 所示。

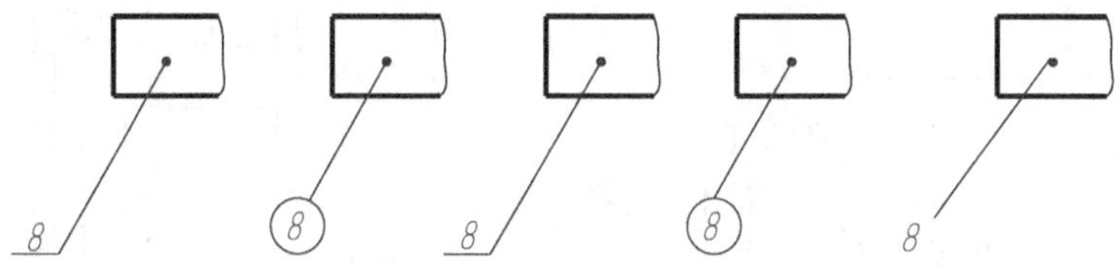

图 6-30　零件序号编写形式

（2）相同的零部件用一个序号，一般只标注一次。

（3）序号应水平或垂直排列，按顺时针或逆时针方向依次编写，并尽量使序号间隔相等。如图 6-3 所示。

（4）对紧固件组或装配关系清楚的零件组，允许采用公共指引线。若指引线所指部分（很薄的零件或涂黑的剖面）内不便画圆点时，可在指引线的末端画出箭头，并指向该部分的轮廓。如图 6-31 所示。

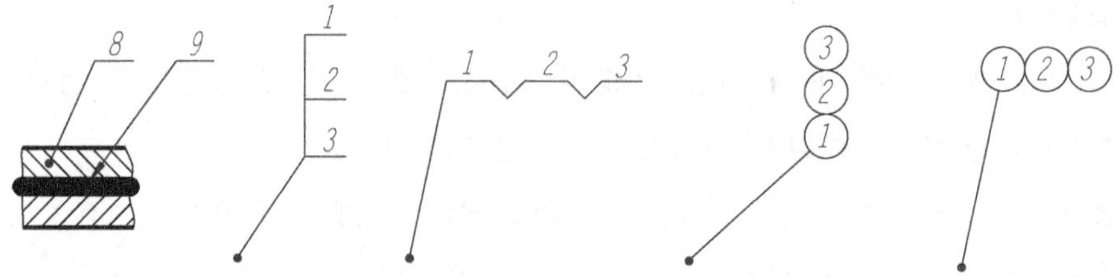

图 6-31　箭头指引线和公共指引线

（5）装配图中的标准化组件，如油杯、滚动轴承、电动机等，可看成一个整体，只编注一个序号。

2. 明细栏和标题栏　明细栏是装配图中全部零件的详细目录。明细栏一般绘制在标题栏上方，按由下而上的顺序填写。其格数应根据需要而定。当由下而上延伸位置不够时，可紧靠在标题栏的左边自下而上延续。

明细栏的内容一般包括图中所编各零、部件的序号、代号、名称、数量、材料和备注等。明细栏中的序号必须与图中所编写的序号一致。对于标准件，在代号一栏要注明标准号，并在名称一栏注出规格尺寸，标准件的材料可不填写。

手工制图作业中，装配图的标题栏和明细栏可采用图1-5(b)所示的格式。

（三）技术要求

说明装配体在装配、检验、调试及使用等方面的要求。一般用文字注写在明细栏上方或图样下方空白处(图6-3)。

点滴积累

1. 装配图主视图的选择　一般按部件的工作位置放置。选择反映主要或较多装配关系的方向作为主视图的投射方向。
2. 装配图常采用的特殊表达方法有拆卸画法、沿接合面剖切的画法、假想画法、夸大画法、简化画法等。
3. 装配图的尺寸一般包括特性尺寸、装配尺寸、安装尺寸、外形尺寸和其他尺寸。

第五节　识读零件图和装配图

一、识读零件图

零件图是制造和检验零件的依据。读零件图的目的是根据零件图了解零件的材料和用途，想象零件的结构形状，了解零件的尺寸和技术要求。读零件图时，应联系零件在机器或部件中的位置、作用、与其他零件的关系，才能理解和读懂零件图。现以图6-32中的泵体为例，说明读零件图的方法和步骤。

1. 看标题栏　从标题栏可知零件的名称是泵体，材料为铸铁、牌号HT200，属于箱体类零件。

2. 分析视图，想象结构形状　泵体零件图采用了两个基本视图和一个局部视图。主视图按工作位置放置，采用局部剖视。视图表达泵体外形及前、后端面上六个螺纹孔、两个销孔的分布情况；剖视图则表达泵体底面安装孔及左、右侧面螺纹孔的结构。左视图采用了两个相交面剖切的全剖视图，表达泵体内腔及前、后端面螺纹孔、销孔的内部结构。局部视图表达底板的形状及安装孔的位置。

从视图分析可知，该泵体主要由长圆形壳体、底板两部分组成，长圆形壳体与底板之间由支承板连接。长圆形壳体左、右两端带有凸台并有螺纹孔；底板为长方形，有两个安装孔，底部开有长形槽。

3. 分析尺寸　泵体长度方向的尺寸基准是泵体的左右对称面，由此注出安装孔的定位尺寸90、左右凸台的间距90等。宽度方向的主要基准是泵体的前后对面，从基准出发标注尺寸33、26。高度方向以泵体底面为主要基准，注出定位尺寸50、70，以ϕ48H7的轴线为辅助基准标注两孔的中心距40±0.012等。

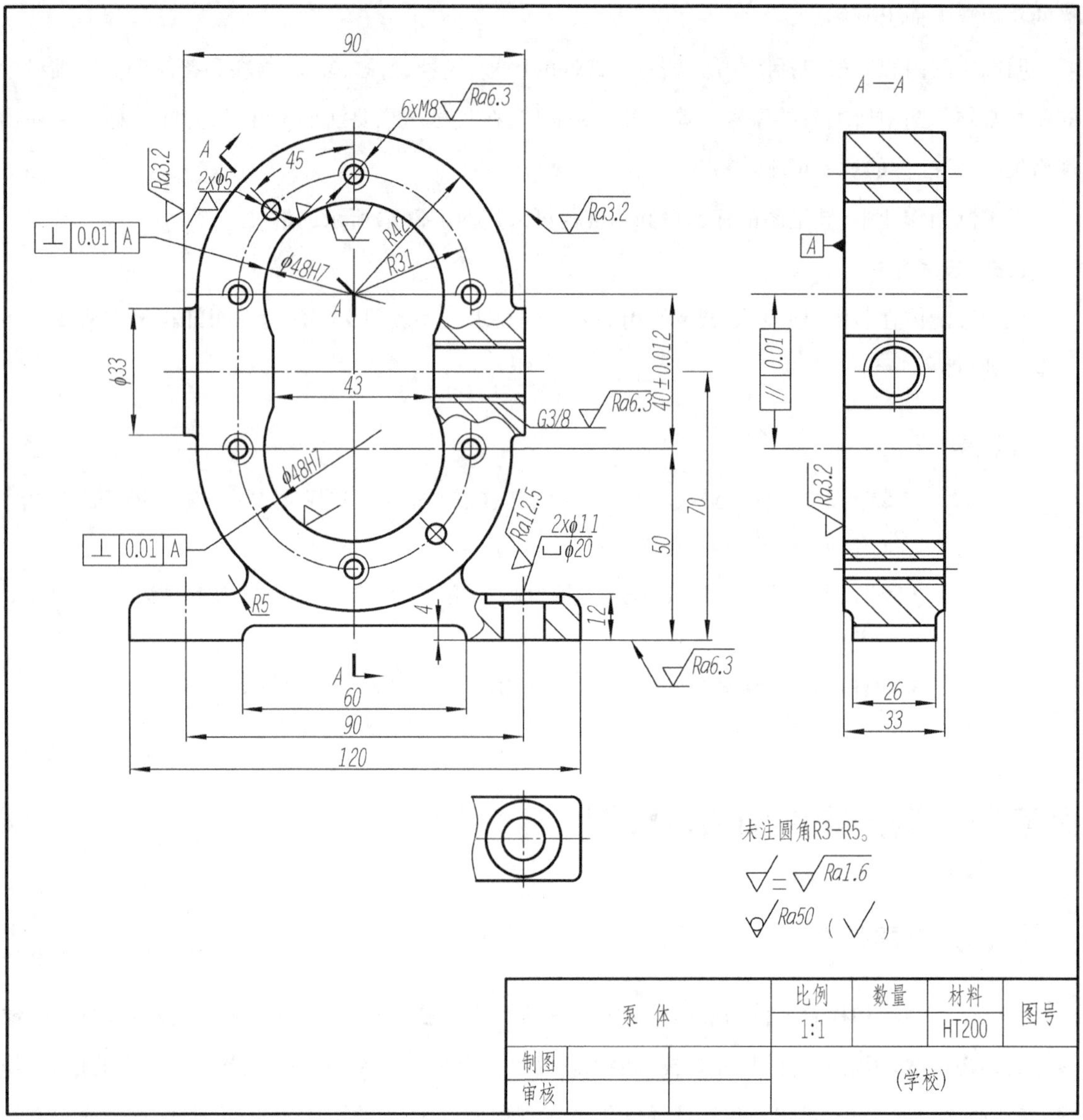

未注圆角R3-R5。

泵 体	比例	数量	材料	图号
	1:1		HT200	
制图			（学校）	
审核				

图 6-32　泵体零件图

4. 看技术要求　泵体内腔 ϕ48H7 是重要的配合面，表面结构粗糙度 Ra 的上限值为 1.6μm；前后端面、左右凸台的端面均为装配接触面，Ra 的上限值为 3.2μm；泵体底面、螺纹孔 Ra 的上限值为 6.3μm；安装孔 Ra 的上限值为 12.5μm；未注粗糙度的表面保持毛坯状态。两个 ϕ48H7 的轴线的平行度公差为 0.01，ϕ48H7 的轴线对前后端面的垂直度公差为 0.01。

5. 综合分析　总结上述内容并进行综合分析，对泵体的结构形状特点、尺寸标注和技术要求等有了比较全面的了解。泵体的整体结构如图 6-33 所示。

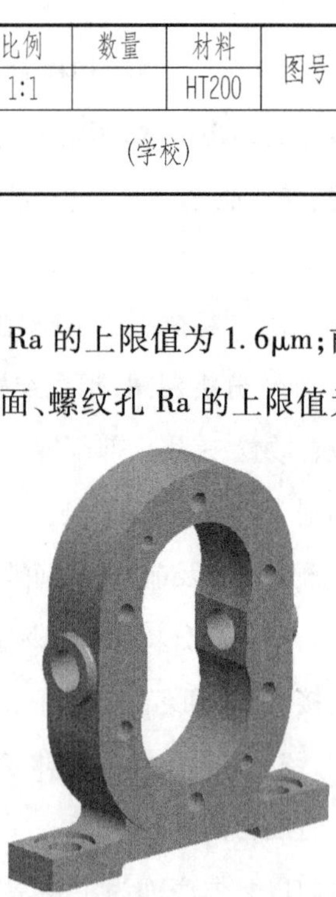

图 6-33　泵体立体图

二、识读装配图

在机器设备的设计、制造、装配、使用和维修及进行技术交流时，都需要阅读装配图。看装配图的目的是了解装配体的性能、用途和工作原理；了解各零件间的装配关系和装拆顺序；了解各零件的基本结构形状及其作用。现以图 6-34 所示的齿轮油泵为例，说明看装配图的方法和步骤。

1. 概括了解　首先看标题栏，了解装配体名称、画图比例等；看明细栏及零件编号，了解装配体由多少种零部件构成，哪些是标准件；粗看视图，大致了解装配体的结构形状及大小。

如图 6-34 所示的装配图是一张齿轮油泵的装配图，是用来输送润滑油的一个部件。从序号和明细栏中知道，该齿轮油泵共由 15 种零件装配而成，其中标准件 5 种，主要零件有泵体、泵盖、齿轮轴等。

2. 分析视图　通过视图分析，了解装配图选用了哪些视图，搞清各视图之间的投影关系、视图的剖切方法以及表达的主要内容等。

齿轮油泵选用了两个基本视图。主视图采用全剖视，表达齿轮油泵的主要装配关系。左视图沿泵盖与泵体结合面剖开，并采用了半剖视。剖视图反映齿轮的啮合情况以及进、出油的工作原理，再采用局部剖视表示进、出油口的内形；视图则反映油泵的外部形状。

3. 分析装配关系和工作原理　分析装配关系是读装配图的关键，应搞清各零件间的位置关系、零件间的连接方式和配合关系，并分析出装配体的装拆顺序。

泵体 1 是齿轮油泵中的主要零件之一，它的内腔容纳一对相互啮合的齿轮。将从动齿轮轴 4、主动齿轮轴 5 装入泵体后，两侧由左端盖 3、右端盖 8 支撑这一对齿轮轴。左、右端盖与泵体之间分别用 6 个螺钉连接和两个圆柱销定位。为了防止泵体与端盖结合面处以及主动齿轮轴 5 伸出端漏油，分别用垫片 7 及密封圈 9、轴套 10、压紧螺母 11 密封。从动齿轮轴 4、主动齿轮轴 5 是该油泵中的运动零件。

齿轮油泵的拆卸顺序为松开螺钉 2，将泵盖 3 卸下，再拧下螺母 15，拆下垫圈 13、传动齿轮 12、键 14，即可从左边抽出主动齿轮轴 5 及从动齿轮轴 4；松开压紧螺母 11，拆下轴套 10，即可从右边卸下或更密封圈 9。

齿轮油泵的工作原理如图 6-35 所示，通过齿轮在泵腔中啮合，将油从进口吸入，从出口压出。当主动齿轮 5 在外部动力驱动下按逆时针方向转动时，带动齿轮 4 做顺时针方向转动。此时，啮合区右边压力降低，油池内的油在大气压力的作用下沿进油口进入泵腔内。随着齿轮的转动，齿槽中的油不断被带到左边，然后从出口处将油输送出去。

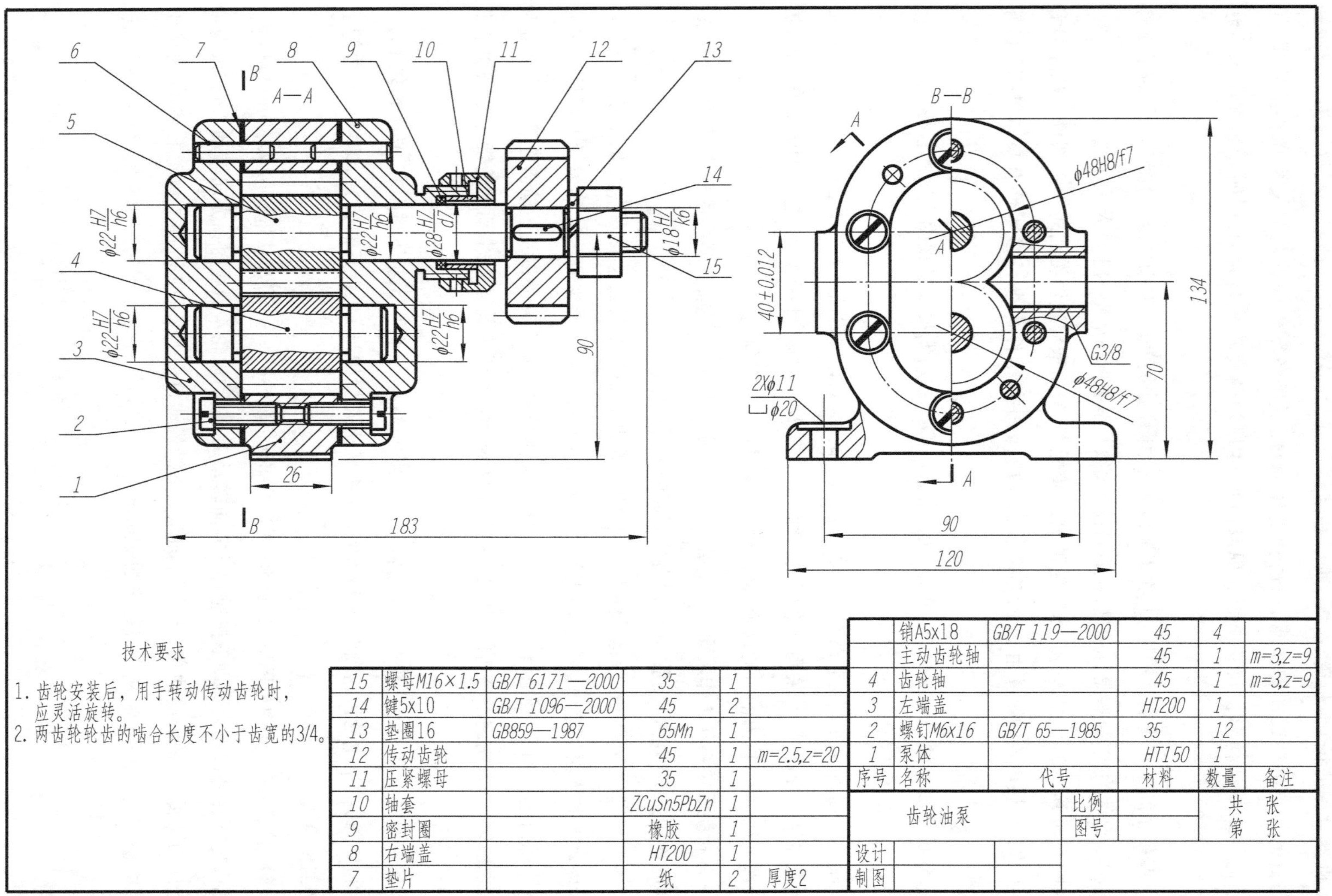

图 6-34 齿轮油泵的装配图

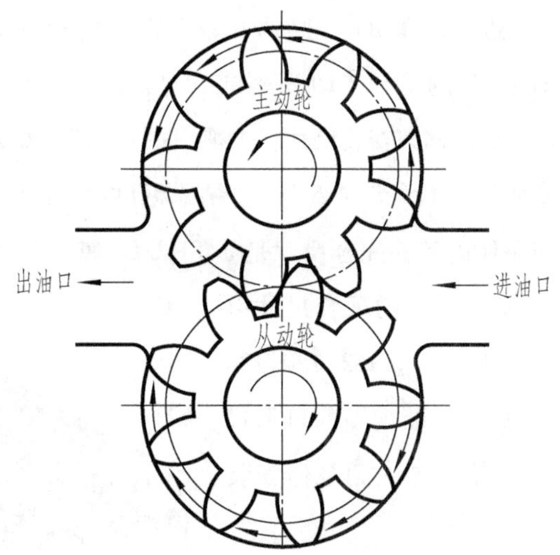

图 6-35　齿轮泵的工作原理图

4. **分析零件**　分析零件时，一般可按零部件序号顺序分析每一零件的结构形状及在装配体中的作用，主要零件要重点分析。分析某一零件的形状时，首先要从装配图的各视图中将该零件的投影正确地分离出来。分离零件的方法一是根据视图之间的投影关系，二是根据剖面线进行判别。对所分析的零件，通过零部件序号和明细栏联系起来，从中了解零件的名称、数量、材料等。

现以齿轮油泵右端盖为例进行分析。由主视图可见，右端盖上部有主动齿轮轴 5 穿过的轴孔，下部有支承齿轮轴 4 的孔，在右部凸缘上有外螺纹与压紧螺母 11 连接。先从主视图中分离出右端的视图轮廓，由于在装配图的主视图上，右端盖的一部分投影被其他零件遮挡，因而它是一幅不完整的视图，如图 6-36(a)所示；补全所缺的轮廓线，如图 6-36(b)所示；在装配图的左视图中，右端盖的投影被遮挡，根据装配关系分析右端盖的外形为长圆形，沿周围分布有六个螺纹孔和两个圆柱销孔。图 6-36(c)为从装配图中分离、补充的右端盖左视图(B 图)和右视图(C 图)。这样逐一分析，便可弄清每个零件的结构形状。

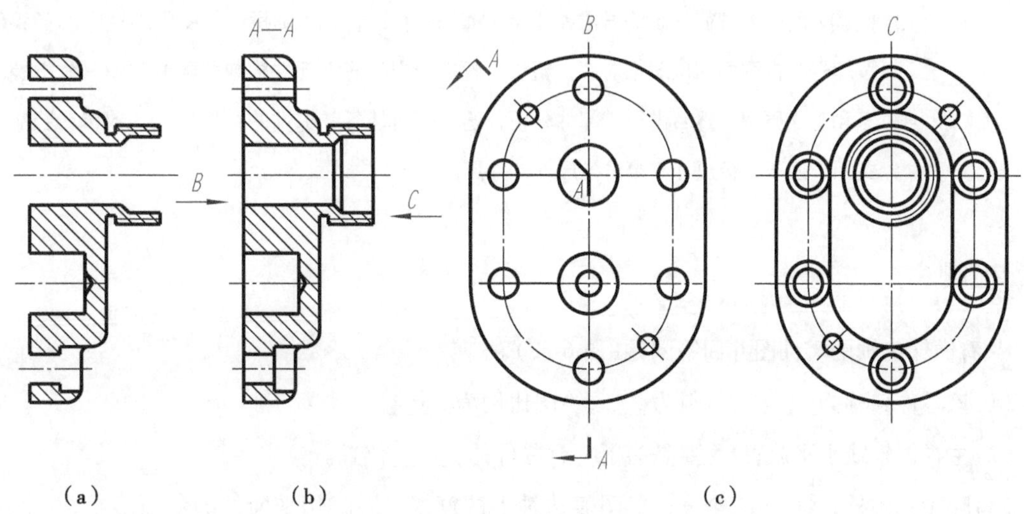

图 6-36　从装配图中分离、补充后的右端盖视图

5. 分析尺寸及技术要求　进、出油口的尺寸 G3/8 是油泵的规格尺寸，尺寸 40±0.012 是一对啮合齿轮的中心距，该尺寸直接影响齿轮的啮合传动，是性能尺寸。G3/8、70 和底板上两个螺栓孔的尺寸 ϕ11、90 是用于安装或固定齿轮泵的，称为安装尺寸。主视图中 ϕ18H7/k6 为主动齿轮轴 5 与传动齿轮 12 的配合尺寸，属于基孔制过渡配合；齿轮轴 4、5 与左、右端盖孔的配合尺寸是 ϕ22H7/h6，属于基孔制间隙配合；两齿轮的齿顶圆与泵体内腔的配合尺寸是 ϕ48H8/f7，属于基孔制间隙配合；40±0.012 又是装配图中的相对位置尺寸；装配图中的配合尺寸以及相对位置尺寸统称为装配尺寸。尺寸 183、120、134 分别为齿轮泵的总长、总宽和总高，是装配图的外形尺寸。主视图中尺寸 90 是主动齿轮轴轴线到泵体安装面的高度尺寸，是设计中的重要尺寸。

齿轮油泵的装配图中注明了两条技术要求，用于说明该齿轮油泵安装后检验的要求。

6. 归纳总结　通过以上分析，对装配体的装配关系、工作原理、各零件的结构形状及作用有一个完整、清晰的认识，并想象出整个装配体的形状和结构。齿轮油泵的结构形状如图 6-37 所示。

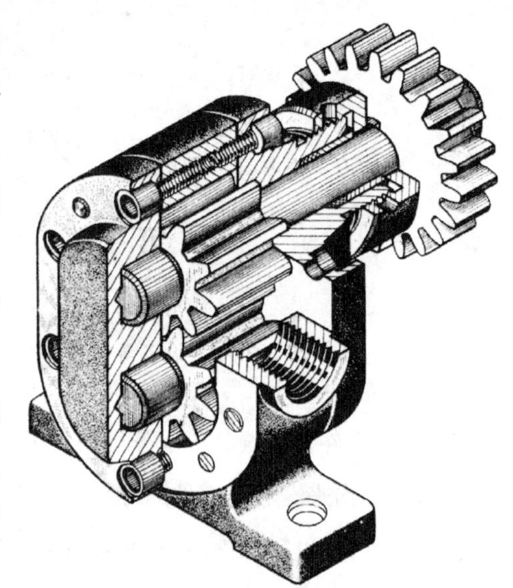

图 6-37　齿轮油泵轴测图

点滴积累

1. 阅读零件图时可通过标题栏了解零件名称、材料；分析视图想象出零件的结构形状及作用；分析尺寸了解各组成部分的大小及它们之间的相对位置；分析技术要求，了解零件的主要加工面、重要的加工尺寸等；最后进行综合分析，对零件的结构形状、尺寸、加工、检验要求等有比较全面的了解。
2. 阅读装配图要遵循一定的方法和步骤，即先看标题栏、明细栏，并将明细栏中的各零部件按编号与视图中的位置相对应，粗略了解机器由哪些零部件构成；再看视图，分析装配关系和工作原理；然后进行零部件分析，逐一搞清楚各零部件的结构形状、数量、装配连接关系；还要分析尺寸，搞清各尺寸的作用。

目标检测

1. 看懂输出轴的零件图并回答问题(图 6-38)。

(1)该零件名称为______，材料为____，绘图比例为______。

(2)主视图轴线水平放置，主要是为了符合零件的______位置。

(3)除主视图外，采用了三个______图表达轴上的键槽、钻孔、切平面处的断面形状；一个比例为______的________图表达螺纹退刀槽的形状。

(4)指出该轴的径向尺寸基准和轴向主要尺寸基准；指出键槽和钻孔的定位尺寸。

(5) ϕ40g6 的公称尺寸为______，上极限偏差为______，下极限偏差为______，公差为______，上极限尺寸为________，下极限尺寸为________。

(6)轴上最光面的 Ra 值为______，最粗糙面的 Ra 值为______。

(7)图中 M24-6g 表示________螺纹，24 是________。

(8) ϕ60n6 的轴线对 ϕ40g6 轴线的_________公差为________。

ER-6-2

扫一扫，知答案

2. 看懂套的零件图并回答问题(图 6-39)。

(1)该零件名称为______，材料为____，绘图比例为______。

(2)零件图采用了主视图和____视图。主视图是______剖视图，用____个剖切面剖切，剖切位置在______视图中注明。

(3)零件上 4×ϕ10 的沉孔共____个，其定位尺寸为____。在图中指出该零件的径向尺寸基准和轴向主要尺寸基准。

(4)该零件的主要结构为回转体，最大直径为____，总长尺寸为____。

(5)尺寸 2×0.5 表示________结构，2 是____，0.5 是______。

(6) ϕ118h6 外圆面的表面结构代号是______，ϕ70h6 外圆面的表面结构代号是______。

(7) ϕ118h6 的公称尺寸为______，公差带代号为______，上极限尺寸为________，下极限尺寸为________，公差为______。

(8)该图中共标注有____处几何公差。其中右端面对 ϕ56h6 的轴线的垂直度公差为______，ϕ26H7 孔的轴线对 ϕ56h6 的轴线的同轴度公差为______，ϕ70h6 的外圆面对 ϕ56h6 的轴线的圆跳动公差为____，ϕ118h6 的右端面对 ϕ56h6 的轴线的圆跳动公差为____。

ER-6-3

扫一扫，知答案

3. 看懂减速箱体的零件图并回答问题(图 6-40)。

(1)主视图按______位置放置，采用__________剖视；左视图采用______剖视并辅以________断面图；B 和 C 是两个______视图。

(2)分析视图可知，箱体的中间部分是外径为________的圆形壳体。该壳体的前端面均布有____个 M8 的螺纹孔；上方有 ϕ40 的凸台，并加工有螺纹孔________；后面有 ϕ120 的轴孔，轴孔下方有加强肋支承，肋板的厚度为____；该壳体的下面有直径为______的圆筒体，圆筒体的两端面各加工有____个 M10 的螺孔，其分布见 C 图。

(3)箱体的底部有底板座,其上有____个安装孔,直径尺寸为________,底面凹槽的长、宽尺寸为____、____。

(4)找出 C 图中 *R*76、B 图中 *R*18 的凹槽在主视图中的投影。

(5)该零件最光滑的表面是________,其结构代号为______。

(6)ϕ70K7 孔的公称尺寸为______,上极限尺寸为______,下极限尺寸为______,公差为______。

(7)找出图中的定位尺寸,分析长、宽、高的主要尺寸基准。

ER-6-4

扫一扫,知答案

4. 看懂球阀装配图并回答问题(图 6-41)。

(1)该装配体的名称为__________,画图比例为______,共有____种零件组成,其中标准件有____种。

(2)装配图共有____个基本视图。主视图采用____剖视表达各零件的装配关系;俯视图采用视图表达主要零件的外形,并采用______画法表达手柄的两个位置;左视图采用____剖视,并采用________画法,拆去__________________等零件,进一步表达装配关系及主要零件的形状。

(3)阀体(件 1)是主要零件之一;阀芯(件 3)装在阀体(件 1)内,其形状是球形,直径尺寸为________,左、右两侧密封圈(件 4)的作用是________;阀盖(件 2)与阀体(件 1)之间是__________连接,连接尺寸为__________;阀体(件 1)上部装有阀杆(件 5),在阀杆(件 5)与阀体(件 1)孔之间放入________,并用压盖(件 9)压紧,压盖(件 9)与阀体(件 1)之间是________连接,连接尺寸为____________;手柄(件 10)用________________和________________固定在阀杆上,手柄(件 10)较长,采用了________画法。

(4)球阀安装在管路中,转动手柄(件 10)时,带动______使______转动,实现阀门的开启、关闭及流量调节。图中所示的位置,阀门处于____(开、关)状态。当手柄(件 10)处于俯视图中双点画线位置时,阀门处于____(开、关)状态。

(5)球阀的特性尺寸是______,ϕ22H8/f8 是______与______的配合,是基____制的______配合。

(6)要更换密封圈(件 4),说明拆、装顺序。

(7)分析阀体(件 1)、阀盖(件 2)、阀杆(件 5)、阀芯(件 3)等零件,试用适当的表达方法表达其结构形状。

ER-6-5

扫一扫,知答案

5. 看懂传动器装配图并回答问题(图 6-42)。

(1)该装配体的名称为__________,画图比例为______,共有____种零件组成,其中标准件有____种。

(2)装配图共有____个基本视图。主视图采用____剖视表达各零件的装配关系;左视图采用____剖视和________画法,拆去__________________等零件,表达主要零件的结构形状。

(3)座体(件 9)是主要零件之一。轴(件 8)装在座体内,两端有滚动轴承(件 10)支承,轴承型号为________,外径是______,与__________配合;内径是____,与__________配合。

(4)端盖(件 6)与座体(件 9)之间用____个规格为______________的螺钉(件 5)连接,螺钉的定位尺寸为______。ϕ62H7/f7 是______与________的配合,构成基____制的__________配合。

(5)带轮(件 4)与轴(件 8)之间用______连接,并用______和________轴向固定。ϕ20H7/h6 是______与________的配合,构成基____制的配合。

(6)轴(件 8)右端装有齿轮(件 13),其模数是______,齿数是______。ϕ96 是______圆的直径。

(7)毡圈(件 12)的作用是__________,材料为__________。

(8)该装配体的安装尺寸有______、______、________。

(9)说明零件的拆、装顺序。

(10)分析座体、轴、端盖等零件,试用适当的表达方法表达其结构形状。

扫一扫,知答案

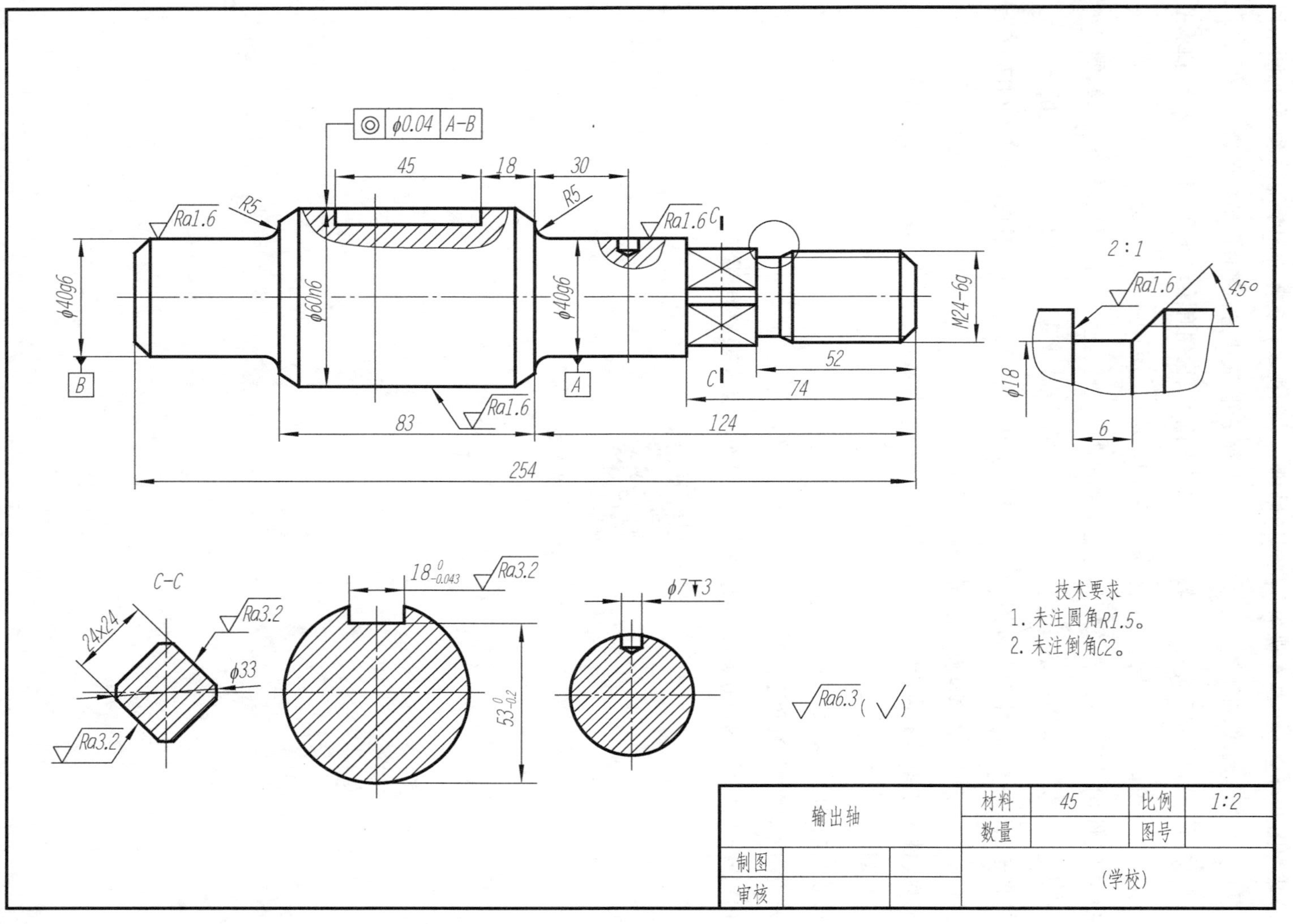
技术要求
1. 未注圆角R1.5。
2. 未注倒角C2。
输出轴
材料
45
比例
1:2
数量
图号
(学校)
制图
审核
2:1
45°
Ra1.6
6
ϕ18
M24-6g
52
74
124
254
C
C
Ra1.6
30
R5
ϕ40g6
A
18
45
83
ϕ60n6
Ra1.6
ϕ0.04
A-B
R5
Ra1.6
ϕ40g6
B
Ra6.3
ϕ7
3
Ra3.2
18
53
C-C
Ra3.2
ϕ33
24
Ra3.2

图 6-38　输出轴

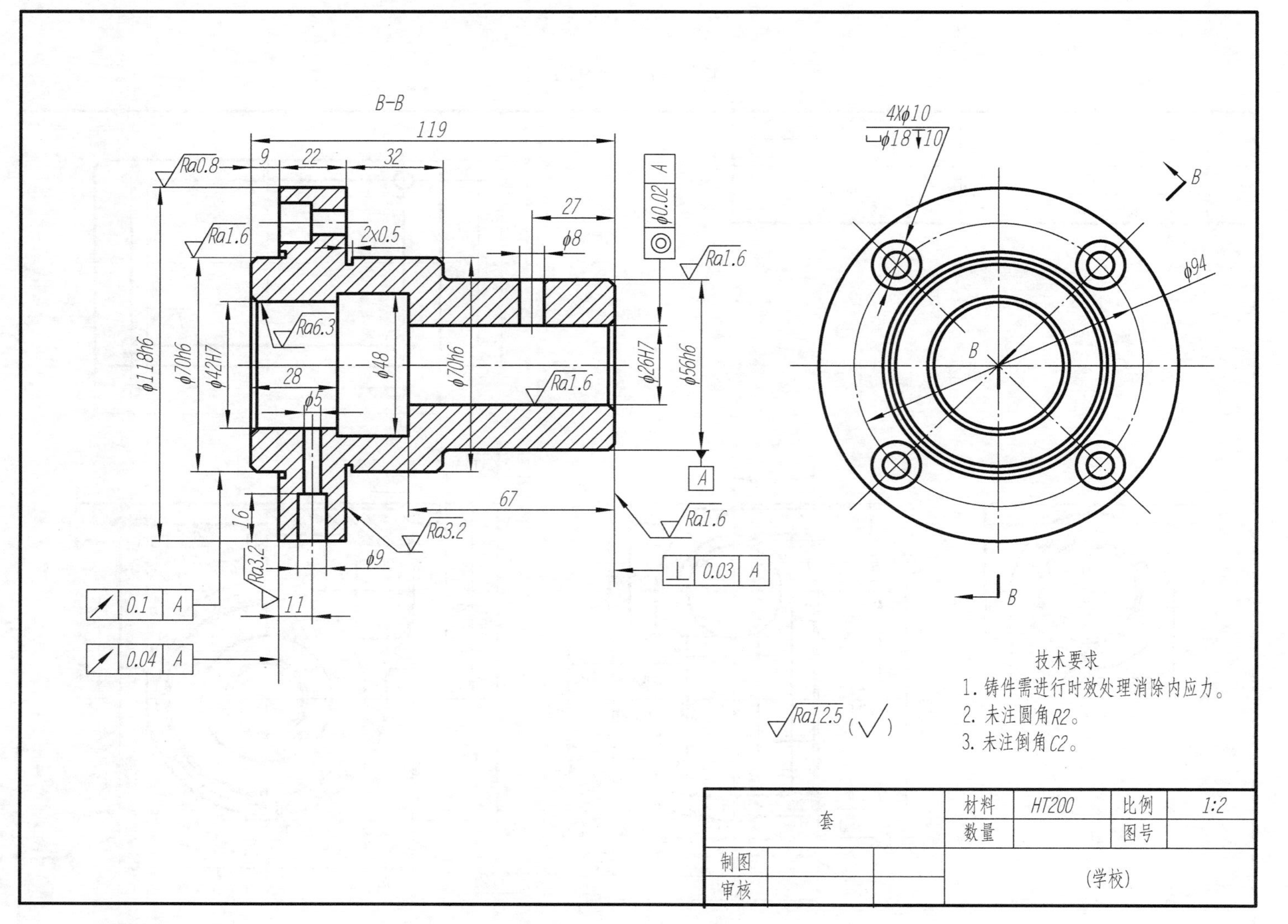

B-B
119
9
22
32
Ra0.8
Ra1.6
2x0.5
27
ϕ8
ϕ0.02 A
Ra1.6
Ra6.3
ϕ118h6
ϕ70h6
ϕ42H7
ϕ48
ϕ70h6
Ra1.6
ϕ26H7
ϕ56h6
28
ϕ5
A
67
16
Ra3.2
Ra1.6
Ra3.2
ϕ9
0.03 A
0.1 A
11
0.04 A
4Xϕ10
⌴ϕ18↧10
B
ϕ94
B
B
技术要求
1. 铸件需进行时效处理消除内应力。
2. 未注圆角R2。
3. 未注倒角C2。
Ra12.5 (√)
套
材料
HT200
比例
1:2
数量
图号
制图
审核
(学校)

图 6-39　套

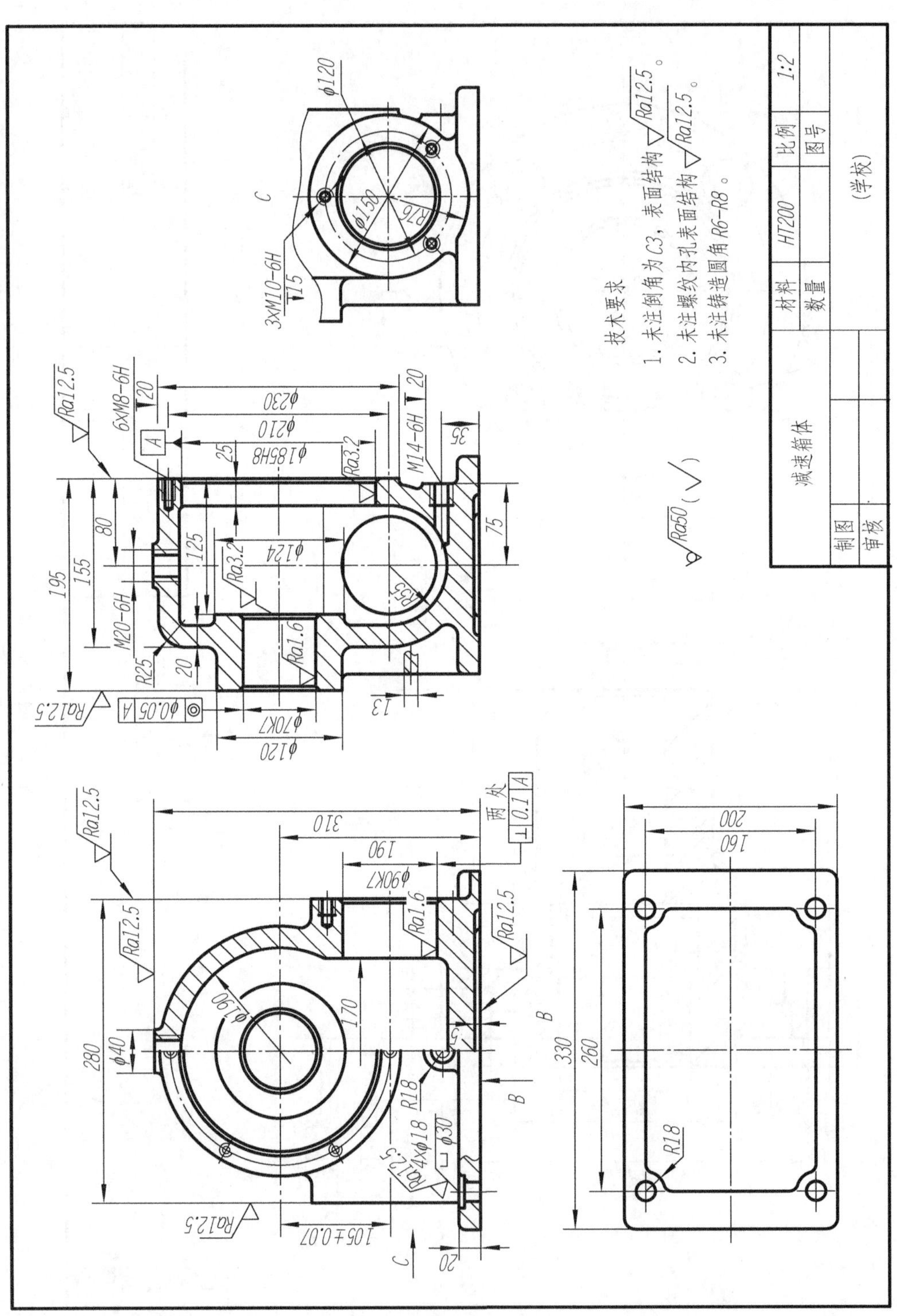

技术要求
1. 未注倒角为C3，表面结构 Ra12.5。
2. 未注螺纹内孔表面结构 Ra12.5。
3. 未注铸造圆角R6-R8。
减速箱体
材料 HT200
比例 1:2
数量
图号
制图
审核
(学校)

图 6-40　减速箱体

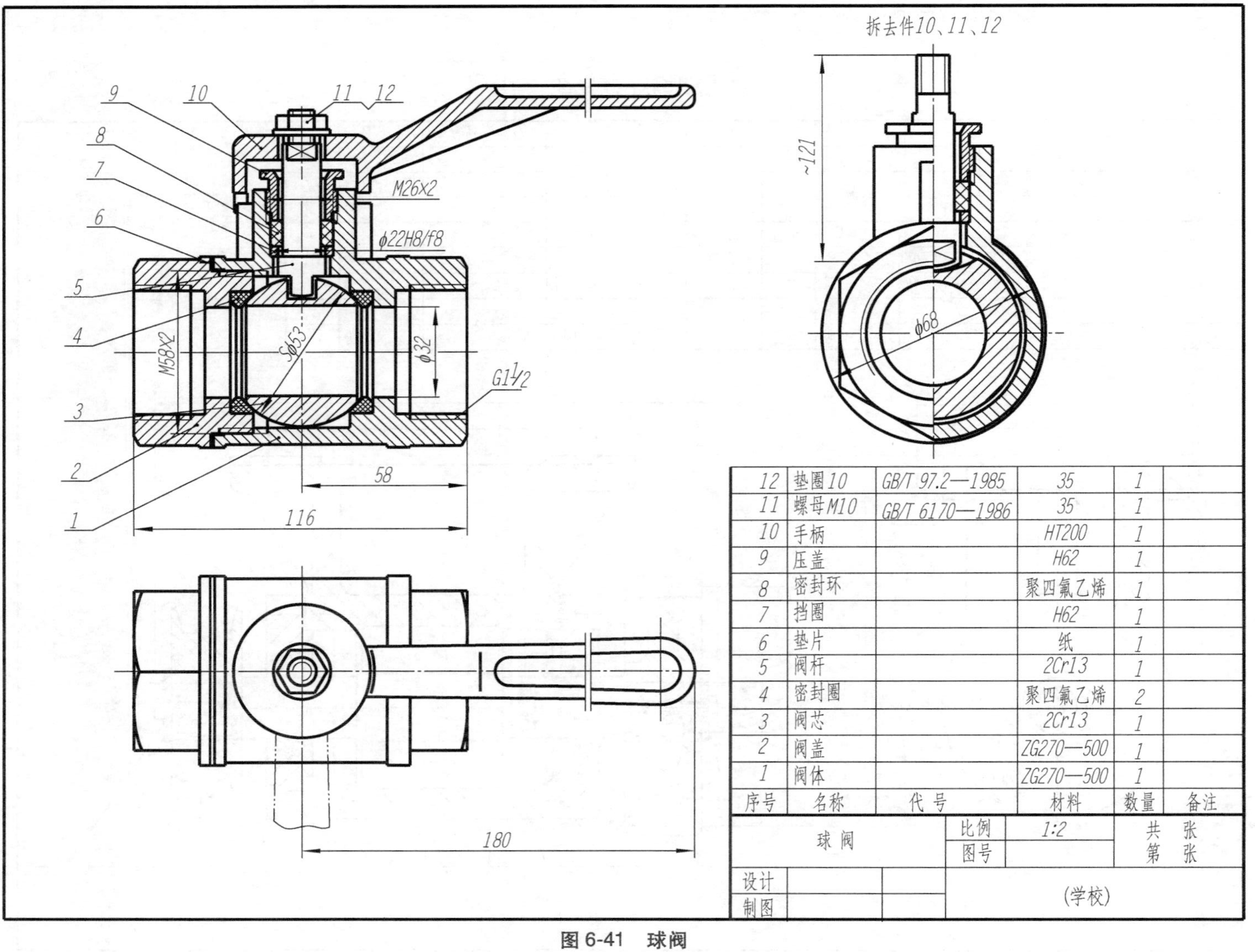

12	垫圈10	GB/T 97.2—1985	35	1	
11	螺母M10	GB/T 6170—1986	35	1	
10	手柄		HT200	1	
9	压盖		H62	1	
8	密封环		聚四氟乙烯	1	
7	挡圈		H62	1	
6	垫片		纸	1	
5	阀杆		2Cr13	1	
4	密封圈		聚四氟乙烯	2	
3	阀芯		2Cr13	1	
2	阀盖		ZG270—500	1	
1	阀体		ZG270—500	1	
序号	名称	代号	材料	数量	备注

球阀		比例	1:2	共 张
		图号		第 张
设计		(学校)		
制图				

图 6-41 球阀

（韩玉环）

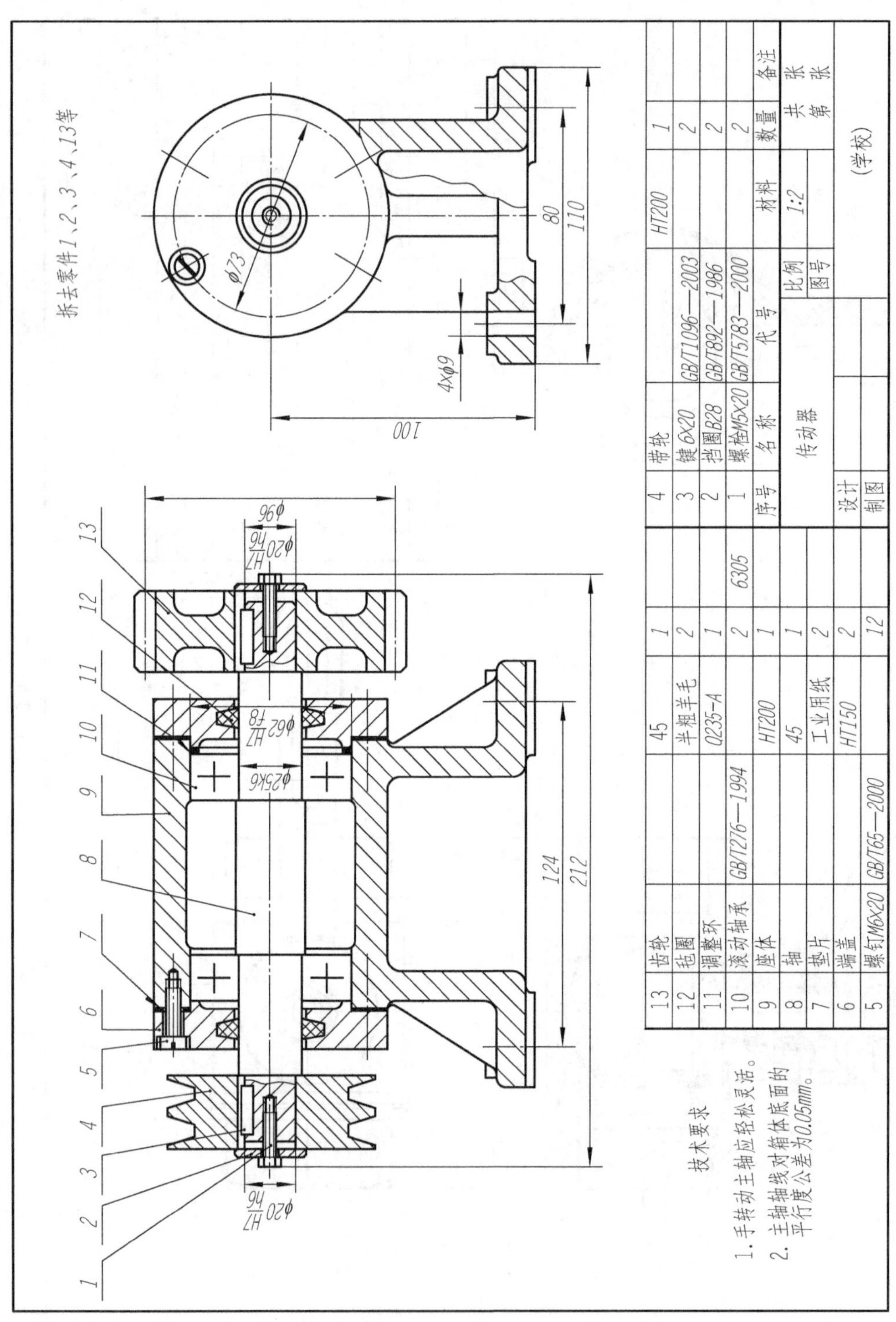

拆去零件1、2、3、4、13等
1 2 3 4 5 6 7 8 9 10 11 12 13
φ96
φ20 H7/h6
φ62 H7/f8
φ25k6
124
212
100
80
110
φ73
4×φ9
技术要求
1. 手转动主轴应轻松灵活。
2. 主轴轴线对箱体底面的平行度公差为0.05mm。
13 齿轮 45 1
12 毡圈 半粗羊毛 2
11 调整环 Q235-A 1
10 滚动轴承 GB/T276—1994 2 6305
9 座体 HT200 1
8 轴 45 1
7 垫片 工业用纸 2
6 端盖 HT150 2
5 螺钉M6×20 GB/T65—2000 12
4 带轮 HT200 1
3 键 6×20 GB/T1096—2003 2
2 挡圈B28 GB/T892—1986 2
1 螺栓M5×20 GB/T5783—2000 2
序号 名称 代号 材料 数量 备注
传动器 比例 1:2 共 张
图号 第 张
设计
制图
（学校）

图 6-42　传动器

第七章

化工设备图

本章导言

同学们在实习时，走进药品生产车间，看到了各种装置和设备，它们的形状、大小、结构、制造安装等技术要求要通过化工设备图来表达。 本章我们将学习化工设备图的知识，学会识读典型的化工设备图。

化工设备是用于化工、医药产品生产过程中各种单元操作(如合成、加热、吸收、蒸馏等)的装置和设备。常见的典型化工设备有容器、反应器、换热器、塔器等,如图 7-1 所示。

容器——用来储存物料,以圆柱形容器应用最广。

反应器——通常又称为反应罐或反应釜,主要用来使物料在其中进行化学反应。

换热器——用于冷、热介质的热交换,达到加热或冷却的目的。

塔器——用于吸收、精馏等单元操作,多为细而高的圆柱形立式设备。

表示化工设备的形状、大小、结构和制造安装等技术要求的图样称为化工设备图。本章将介绍化工设备图的知识。

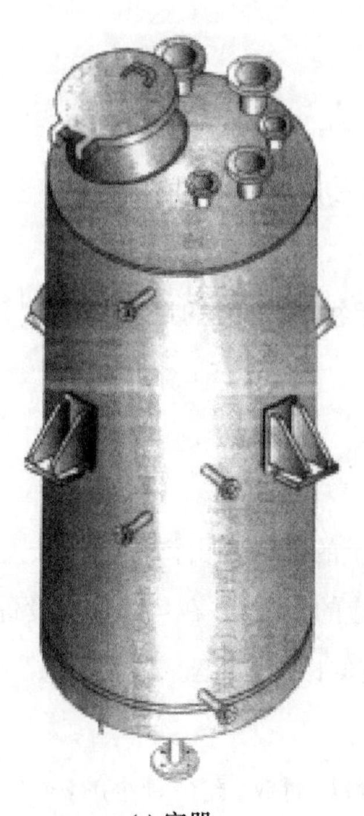

(a) 容器

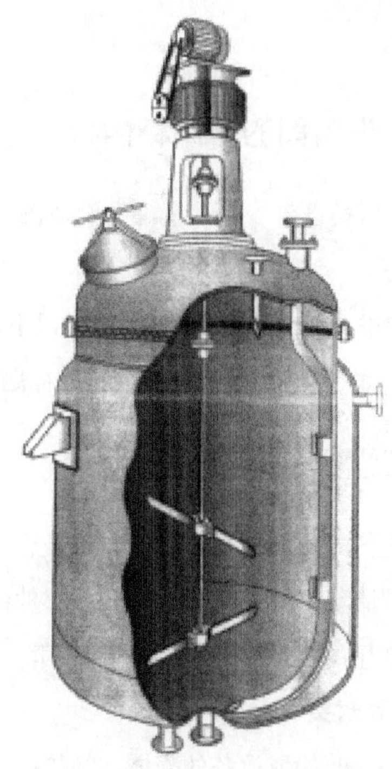

(b) 反应器

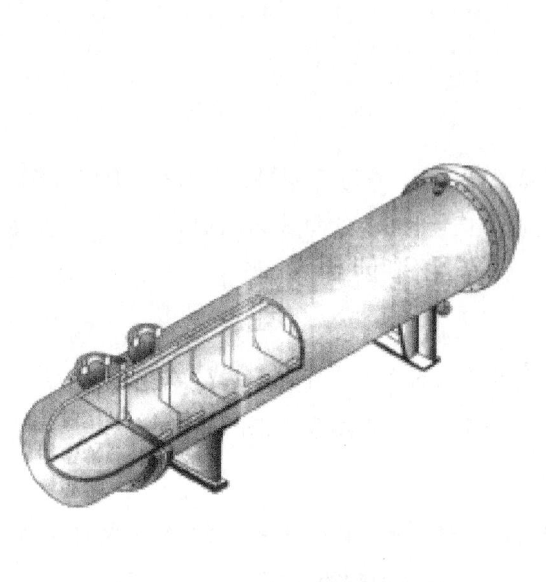

(c) 换热器

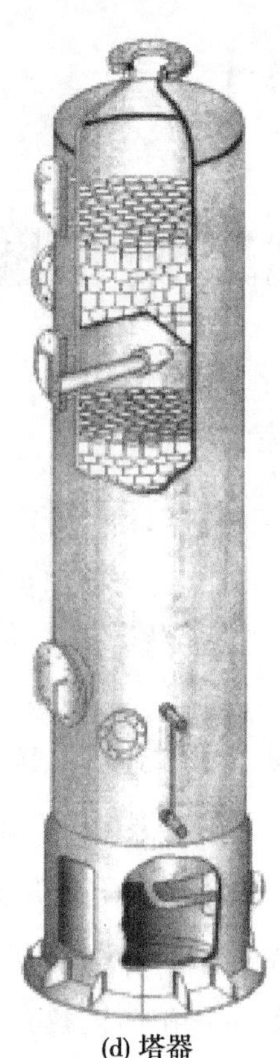

(d) 塔器

图 7-1　常见的化工设备

第一节　概述

一、化工设备图的作用和内容

图 7-2 是容器类设备——计量罐的设备图,它的作用是用来指导设备的制造、装配、安装、检验及使用和维修等。

从图 7-2 中可见,一张化工设备图应有以下内容:一组视图、必要的尺寸、零部件编号及明细栏、管口符号和管口表、技术特性表、技术要求、标题栏等。

二、化工设备的零部件

化工设备上的零部件大部分已经标准化。图 7-2 所示的计量罐由筒体、封头、人孔、管法兰、支座、液面计、补强圈等零部件组成。这些零部件都已有相应的标准,并在各种化工设备上通用。下面简要介绍几种通用的零部件,要更深入地了解可参阅相应的标准和专业书籍。

(一) 筒体和封头

筒体与封头一起构成设备的壳体。筒体一般由钢板卷焊而成,直径较小的(<500mm)或高压设备的筒体一般采用无缝钢管;椭圆形封头最常见,如图 7-3(a)所示。封头和筒体可以直接焊接,形成不可拆的连接;也可以采用法兰连接。

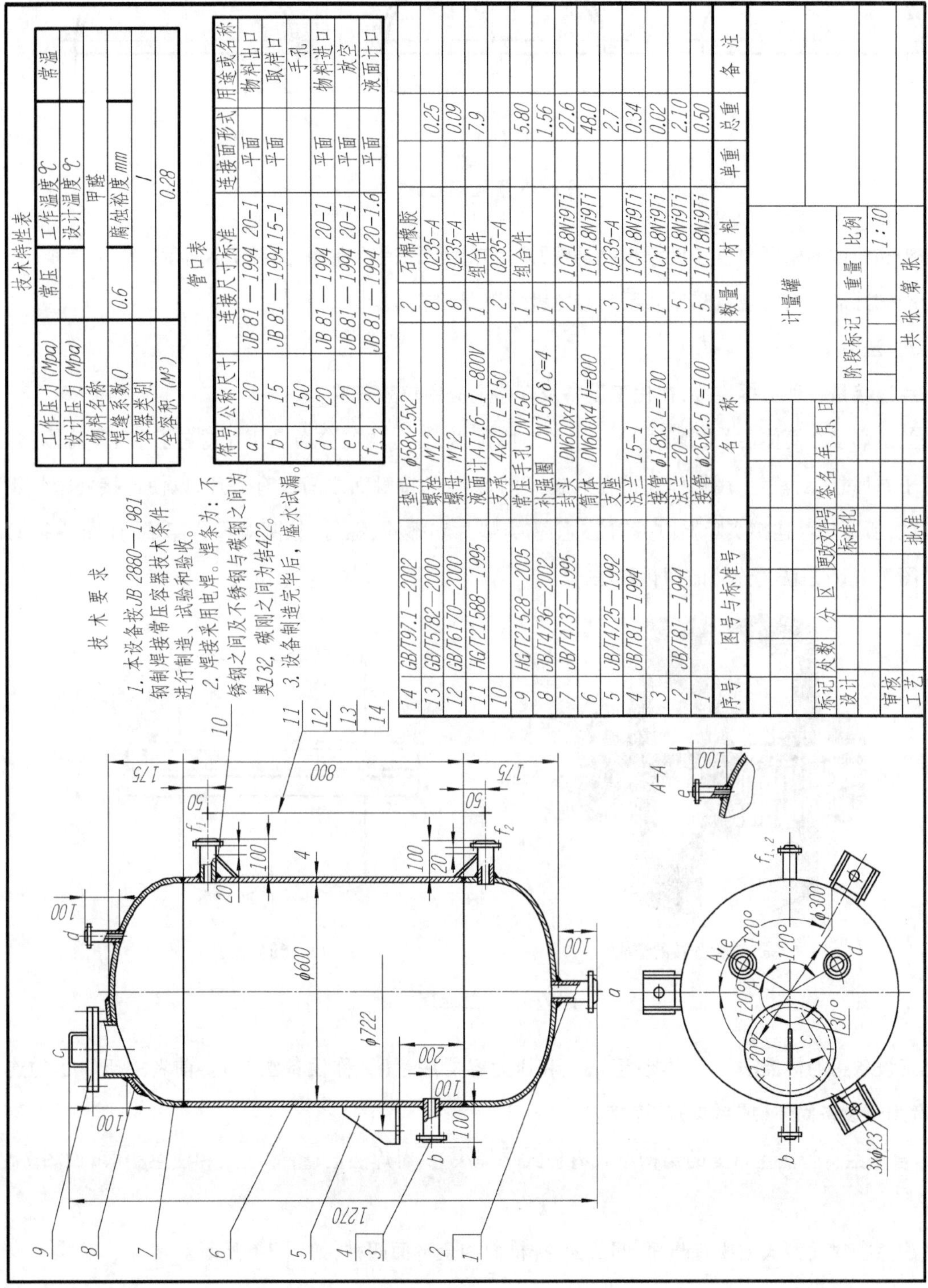
技术要求
1. 本设备按JB 2880—1981钢制焊接常压容器技术条件进行制造、试验和验收。
2. 焊接采用电焊。焊条为：不锈钢之间及不锈钢与碳钢之间为奥132，碳刚之间为结422。
3. 设备制造完毕后，盛水试漏。
技术特性表
工作压力(Mpa) 常压 工作温度℃ 常温
设计压力(Mpa) 设计温度℃
物料名称 甲醛
焊缝系数Φ 0.6 腐蚀裕度mm
容器类别 Ⅰ
全容积(M³) 0.28
管口表
符号 公称尺寸 连接尺寸标准 连接面形式 用途或名称
a 20 JB 81—1994 20-1 平面 物料出口
b 15 JB 81—1994 15-1 平面 取样口
c 150 手孔
d 20 JB 81—1994 20-1 平面 物料进口
e 20 JB 81—1994 20-1 平面 放空
f1、2 20 JB 81—1994 20-1.6 平面 液面计口
14 GB/T97.1—2002 垫片 φ58x2.5x2 2 石棉橡胶
13 GB/T5782—2000 螺栓 M12 8 Q235-A 0.25
12 GB/T6170—2000 螺母 M12 8 Q235-A 0.09
11 HG/T21588—1995 液面计AT1.6-Ⅰ-800V 1 组合件 7.9
10 支承 4x20 L=150 2 Q235-A
9 HG/T21528—2005 常压手孔 DN150 1 组合件 5.80
8 JB/T4736—2002 补强圈 DN150,δc=4 1 1.56
7 JB/T4737—1995 封头 DN600x4 2 1Cr18Ni9Ti 27.6
6 筒体 DN600x4 H=800 1 1Cr18Ni9Ti 48.0
5 JB/T4725—1992 支座 3 Q235-A 2.7
4 JB/T81—1994 法兰 15-1 1 1Cr18Ni9Ti 0.34
3 接管 φ18x3 L=100 1 1Cr18Ni9Ti 0.02
2 JB/T81—1994 法兰 20-1 5 1Cr18Ni9Ti 2.10
1 接管 φ25x2.5 L=100 5 1Cr18Ni9Ti 0.50
序号 图号与标准号 名称 数量 材料 单重 总重 备注
计量罐
标记 处数 分区 更改文件号 签名 年、月、日
设计 标准化 阶段标记 重量 比例
审核 1:10
工艺 批准 共 张 第 张
φ600
φ722
1270
800
175
A-A
3xφ23
φ300
120°
30°

图 7-2　计量罐的设备图

当筒体由钢板卷制时，筒体及其所对应的封头公称直径等于内径，如图 7-3(b)所示。当筒体由无缝钢管制作时，则以外径作为筒体及其所对应的封头的公称直径，如图 7-3(c)所示。

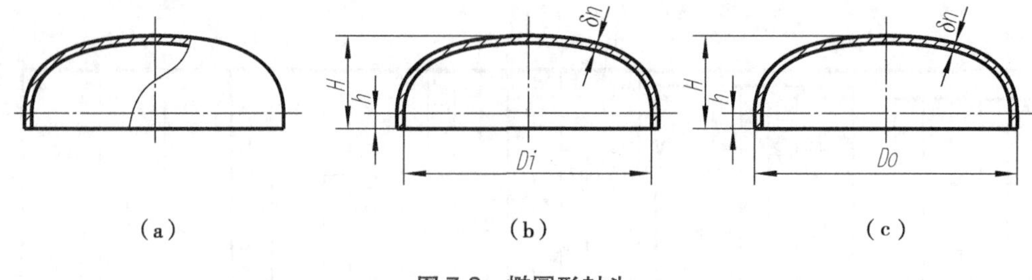

图 7-3　椭圆形封头

封头和筒体的壁厚与直径尺寸相差悬殊，采用夸大画法表示壁厚，如图 7-2 所示。

标准椭圆形封头的规格和尺寸系列参见教材附录附表 19。

(二) 法兰

法兰连接是一种可拆连接，在化工设备及管路上应用较为普遍。

法兰是焊接在筒体(封头或管子)一端的一圈圆盘，盘上均匀分布若干个螺栓孔，两节筒体(封头或管子)通过一对法兰，用螺栓连接在一起，两个法兰的接触面之间放有垫片，以使连接处密封不漏。因此，所谓法兰连接实际上由一对法兰、密封垫片和螺栓、螺母、垫圈等零件组成，如图 7-4(a)所示。图 7-4(b)是法兰连接的简化画法。

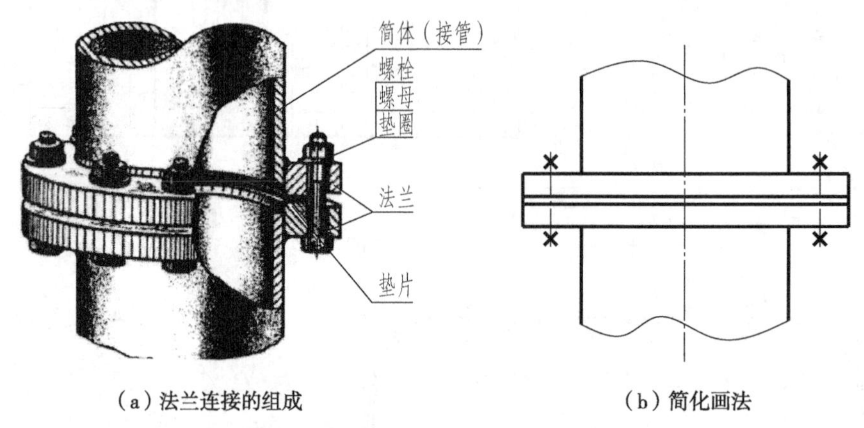

(a) 法兰连接的组成　　(b) 简化画法

图 7-4　法兰连接

化工设备用的标准法兰有两类：管法兰和压力容器法兰(又称设备法兰)。前者用于管子的连接，后者用于设备筒体(或封头)的连接。

1. 管法兰　管法兰常见的结构型式有板式平焊法兰、对焊法兰、整体法兰和法兰盖等，如图 7-5 所示。

管法兰密封面型式主要有凸面、凹凸面、榫槽面和全平面四种，如图 7-6 所示。

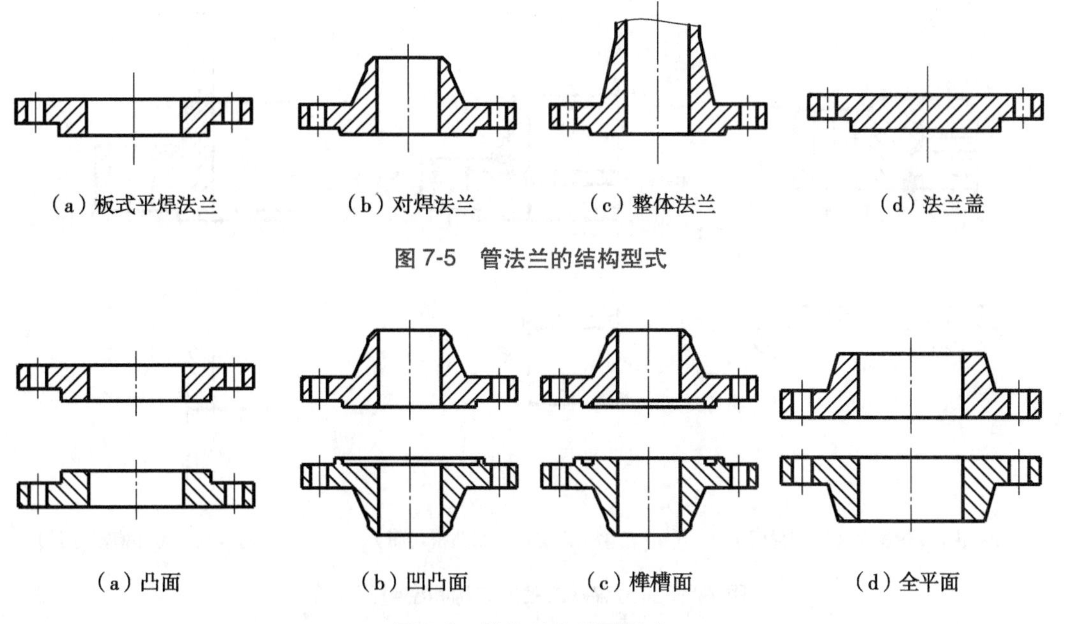

（a）板式平焊法兰　（b）对焊法兰　（c）整体法兰　（d）法兰盖

图 7-5　管法兰的结构型式

（a）凸面　（b）凹凸面　（c）榫槽面　（d）全平面

图 7-6　管法兰密封面型式

图 7-2 中，JB/T 81—1994 法兰 20-1 表示凸面板式平焊钢制管法兰，公称直径为 20mm，公称压力 1MPa。

凸面板式平焊钢制管法兰的规格和尺寸系列见教材附录附表 20。

在设备图中，不论管法兰的连接面是什么形式，管法兰及接管的画法均可如图 7-7 简化表示，其连接面形状及焊接型式可在明细栏及管口表中注明。

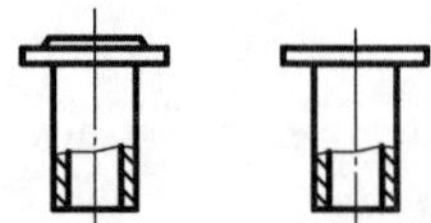

图 7-7　管法兰及接管的简化画法

2. 压力容器法兰　压力容器法兰的结构型式有三种：甲型平焊法兰、乙型平焊法兰和长颈对焊法兰。压力容器法兰的密封面型式有平密封面、凹凸密封面和榫槽密封面等。如图 7-8 所示。

平密封面的甲型平焊法兰的规格和尺寸系列见教材附录附表 21。

（三）人孔和手孔

为了便于安装、检修或清洗设备内部的装置，需要在设备上开设人孔和手孔。人孔、手孔的基本结构类同，如图 7-9(a)所示。

手孔有 DN150 和 DN250 两种规格。人孔有圆形和椭圆形两种，圆形人孔的最小直径为 400mm，椭圆形人孔的最小尺寸为 400mm×300mm。人孔与手孔的规格见教材附录附表 22。

在化工设备图中，人孔、手孔的简化画法如图 7-9(b)所示。

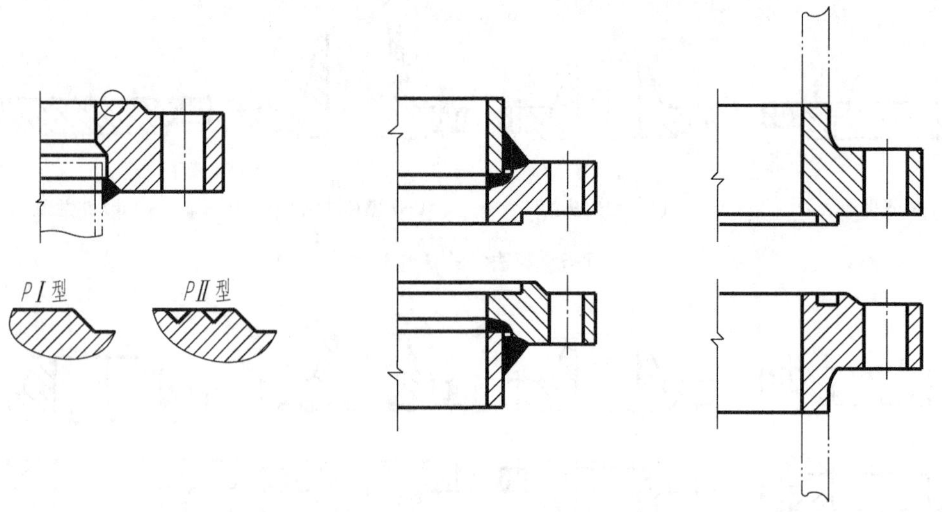

（a）甲型平焊法兰（平密封面）　（b）乙型平焊法兰（凹凸密封面）　（c）长颈对焊法兰（榫槽密封面）

图 7-8　压力容器法兰的结构和密封面型式

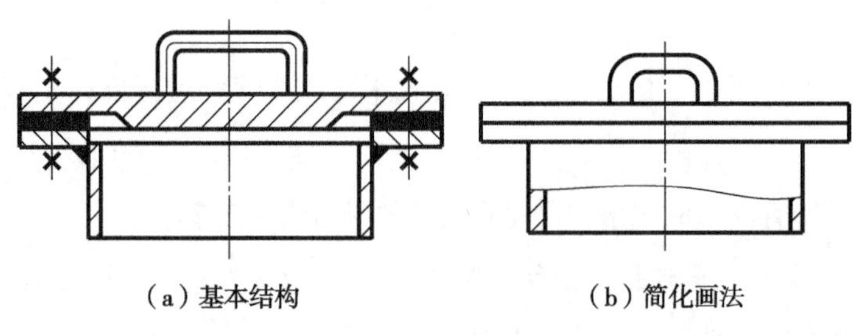

（a）基本结构　（b）简化画法

图 7-9　人孔、手孔

课堂活动

人孔（或手孔）由圆筒节、法兰、密封垫片、人（手）孔盖、手柄及螺栓、螺母、垫圈等组成，在图 7-9（a）中指出上述各组成部分。

（四）支座

设备的支座是用来支承设备的重量和固定设备的位置。支座有多种型式，常用的支座有耳式支座和鞍式支座。

1. 耳式支座　耳式支座简称耳座，又称悬挂式支座，用于立式设备。其结构如图 7-10(a)所示。耳座有 A、AN、B 和 BN 型四种类型。耳式支座的型式、结构、尺寸见教材附录附表 24。

2. 鞍式支座　图 7-10(b)为鞍式支座，是卧式设备中应用最广的一种支座。

鞍式支座分为轻型(A 型)和重型(B 型)两种，重型(B 型)鞍座有 BⅠ~BⅤ五种型号。根据安装形式不同，又分为 F 型(固定式)和 S 型(滑动式)两种，且 F 和 S 型常配对使用。鞍式支座的结构和尺寸见附录附表 23。

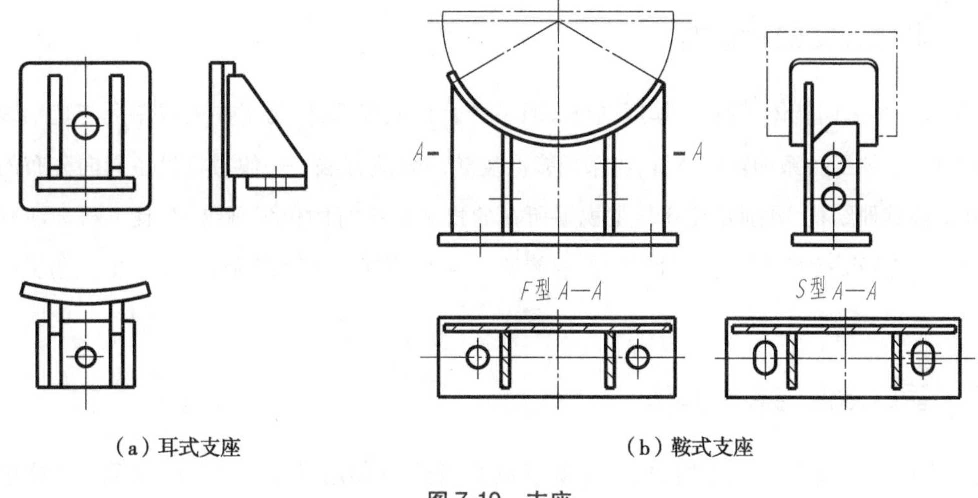

（a）耳式支座　　　　（b）鞍式支座

图 7-10　支座

▶▶ 课堂活动

图 7-10（a）耳式支座由垫板、肋板、底板组成，图 7-10（b）鞍式支座由垫板、腹板、肋板、底板组成。 参考附录附表 23 和附表 24，分析支座的形状。

点滴积累

1. 化工设备图的内容包括一组视图、必要的尺寸、零部件编号及明细栏、管口符号和管口表、技术特性表。
2. 化工设备的零部件如筒体、封头、法兰、人孔、手孔、支座等已标准化。

第二节　化工设备图的视图表达

化工设备图按国家标准《技术制图》《机械制图》及化工行业有关标准或规定绘制。化工设备图除采用机械图的表达方法外,还根据化工设备的结构特点,采用一些特殊的表达方法。

一、基本视图的选择和配置

化工设备的主体结构较为简单,且以回转体居多,通常选择两个基本视图来表达。立式设备采用主、俯两个基本视图,如图 7-2 所示;卧式设备通常采用主、左视图。主视图主要表达设备的装配关系、工作原理和基本结构,通常采用全剖视或局部剖视。俯(左)视图主要表达管口的径向方位及设备的基本形状,当设备的径向结构简单,且另画了管口方位图时,俯(左)视图也可以不画。

对于形体狭长的设备,两个视图难于在幅面内按投影关系配置时,允许将俯(左)视图配置在图纸的其他处,但须注明视图名称或按向视图进行标注。

二、多次旋转的表达方法

化工设备多为回转体，设备壳体周围分布着各种管口或零部件，为了在主视图上清楚地表达它们的真实形状、装配关系和轴向位置，可采用多次旋转的表达方法——假想将设备周向分布的一些接管、孔口或其他结构，分别旋转到与主视图所在的投影面平行的位置画出，并且不需标注旋转情况。如图 7-2 所示，接管 d 按逆时针方向假想旋转了 60°之后在主视图上画出，支座也采用了旋转的表达方法。

三、管口方位的表达方法

化工设备上的管口较多，它们的方位在设备制造、安装和使用时都极为重要，必须在图样中表达清楚。

1. 管口的标注　主视图采用了多次旋转画法后，为避免混乱，在不同的视图上，同一管口用相同的小写字母 a、b、c 等(称为管口符号)加以编号，如图 7-2 所示。相同管口的管口符号可用不同脚标的相同字母表示，如 f_1、f_2。

2. 管口方位图　管口在设备上的周向方位，除在俯(左)视图上表示外，还可仅画出设备的外圆轮廓，用中心线表示管口位置，用粗实线示意性地画出设备管口，称为管口方位图。管口方位图上应标注与主视图上相同的管口符号，如图 7-11 所示。

管口方位图用来对俯(左)视图进行补充或简化代替，当必须画出俯(左)视图，管口方位在该视图上又能表达清楚时，可不必再画管口方位图。

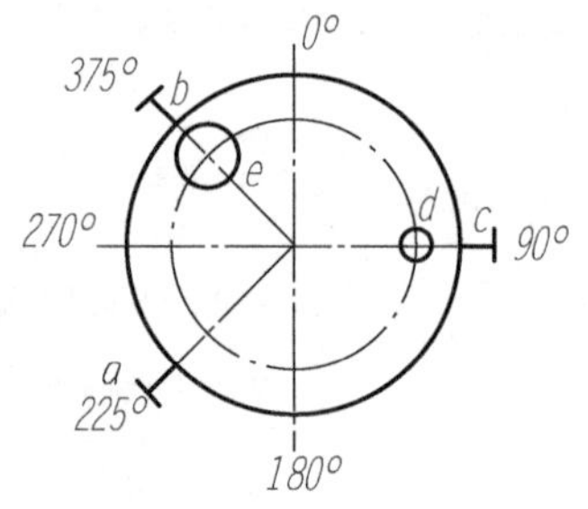

图 7-11　管口方位图

四、化工设备图中焊缝的表达方法

焊接是一种不可拆的连接形式。化工设备上的筒体、封头、管口、法兰、支座等零部件的连接大都采用焊接。

工件经焊接后所形成的接缝称为焊缝。国家标准(GB/T 12212—1990)规定了焊缝的表示方法。需在图样中简易地绘制焊缝时，可用视图、剖视图或断面图表示。如图 7-12 所示。

化工设备图中，一般仅在剖视图或断面图中按焊接接头的型式画出焊缝断面，如图 7-13 所示。对于重要焊缝，须用局部放大图，详细表示焊缝结构的形状和有关尺寸，如图 7-14 所示。

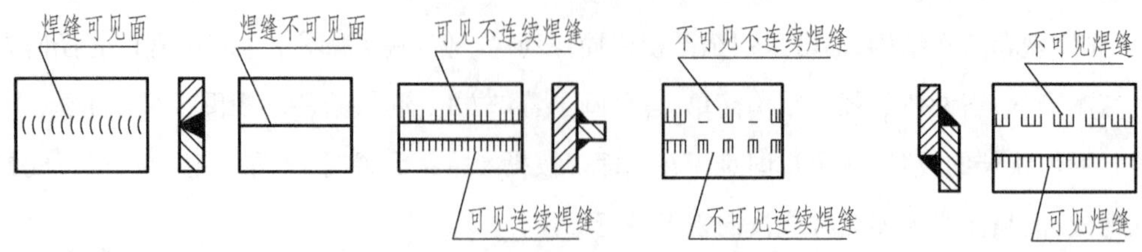

图 7-12　焊缝的规定画法

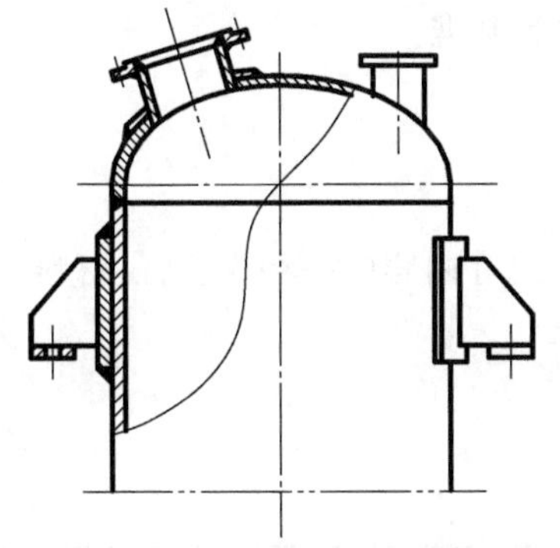

图 7-13　化工设备图中焊缝的画法

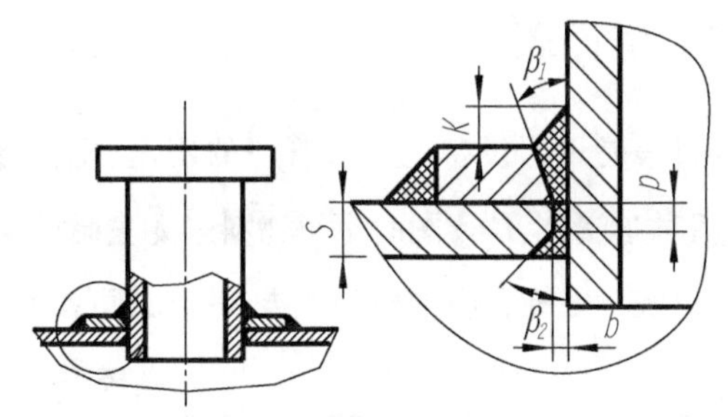

图 7-14　焊缝的局部放大图

为简化图样，不使图样增加过多的注解，有关焊缝的要求通常用焊缝符号来表示，具体规定可参见 GB/T 324—1988 及有关资料。

点滴积累

1. 化工设备图通常有主、俯或主、左两个基本视图，零部件常采用简化画法，较小的结构尺寸要采用夸大画法。
2. 化工设备图常采用“多次旋转”画法表示零部件，可以用管口方位图表示各接管的周向分布，化工设备图中的焊缝等有其表示方法。

第三节　化工设备图的标注

一、尺寸标注

化工设备图与机械装配图一样，不要求注出所有零部件的全部尺寸。但由于化工设备图可直接用于设备的制造，故所需标注的尺寸数量比装配图要多一些。化工设备图一般标注下列几类尺寸（图 7-2）：

1. 特性尺寸　反映设备的主要性能、规格的尺寸。如设备筒体的内径“ϕ600”、筒体高度“800”等尺寸，以表示该设备的主要规格。

2. 装配尺寸　表示零部件间的装配关系和相对位置的尺寸，使每一种零部件在设备图上都有明确的定位。如决定管口 d 的装配位置的尺寸“ϕ300”和角度“120°”，以及管口的伸出长度“100”。

3. 安装尺寸　表明设备安装在基础或其他构件上所需的尺寸。如支座上地脚螺栓孔的中心距“ϕ722”及孔径“ϕ23”。

4. 外形（总体）尺寸　表示该设备的总长、总宽、总高的尺寸。如图中的总高尺寸为 1270。

5. 其他尺寸　化工设备图根据需要还应注出：①标准化零部件的规格尺寸；②设计的重要尺寸，如筒体壁厚；③不另行绘图的零件的有关尺寸。

化工设备图的尺寸基准的选择也较简单，一般要选轴向基准和径向基准。常以设备壳体轴线、设备筒体和封头的环焊缝或设备法兰的端面、支座的底面等为基准。

二、管口表

管口表是说明设备上所有管口的用途、规格、连接面形式等内容的一种表格，供备料、制造、检验、使用时参阅，也是读图时了解物料来龙去脉的重要依据。

管口表一般画在明细栏的上方，其格式可参阅表 7-1。

表 7-1　管口表

符号	公称尺寸	连接尺寸、标准	连接面形式	用途或名称

（1）管口表中的符号应和视图中的符号相同，自上而下顺序填写。当管口规格、标准、用途完全相同时，可合并成一项填写，如 $f_{1\text{-}2}$。

（2）公称尺寸栏按管口的公称直径填写。无公称直径的管口，则按管口的实际内径填写。

三、技术特性表

技术特性表是将该设备的工作压力、工作温度、物料名称等，以及反映设备特征和生产能力的重要技术特性指标以表格形式单独列出。一般放在管口表的上方，其格式可参阅表 7-2 和表 7-3，这两种格式适用于不同类型的设备。

表 7-2　技术特性表（一）

工作压力（MPa）		工作温度（℃）	
设计压力（MPa）		设计温度（℃）	
物料名称			
焊缝系数		腐蚀裕度（mm）	
容器类别			

表 7-3　技术特性表（二）

	管程	壳程
工作压力（MPa）		
工作温度（℃）		
设计压力（MPa）		
设计温度（℃）		
物料名称		
换热系数		
焊缝系数		
腐蚀裕度（mm）		
容器类别		

四、技术要求

技术要求是设备制造、装配、检验等过程中的技术依据，已趋于规范化。技术要求通常包括以下几个方面的内容：

1. **通用技术条件**　是同类化工设备在制造、装配、检验等诸方面的技术规范，已形成标准，在技术要求中直接引用。

2. **焊接要求**　通常对焊接方法、焊条、焊剂等提出要求。

3. **设备的检验要求**　包括设备整体检验和焊缝质量检验。对检验的项目、方法、指标作出明确要求。

4. **其他要求**　包括设备在防腐、保温、包装、运输等方面的特殊要求。

五、零部件序号、明细栏和标题栏

零部件序号、明细栏和标题栏的内容、格式及要求与机械装配图相同。

点滴积累

化工设备图中要标注尺寸，注写零部件序号，填写明细栏、标题栏、管口表、技术特性表，注写技术要求等。

第四节　阅读化工设备图

一、阅读化工设备图的基本要求

通过化工设备图的阅读，应达到以下基本要求：

(1)了解设备的名称、用途、性能和主要技术特性。

(2)了解各零部件的材料、结构形状、尺寸以及零部件间的装配关系。

(3)了解设备整体的结构特征和工作原理。

(4)了解设备上的管口数量和方位。

(5)了解设备在设计、制造、检验和安装等方面的技术要求。

阅读化工设备图的方法和步骤与阅读机械装配图基本相同，但应注意化工设备图独特的内容和图示特点。

二、阅读化工设备图的一般方法和步骤

阅读化工设备图一般可按下列方法和步骤进行。

(一) 概括了解

首先看标题栏，了解设备名称、规格、绘图比例等内容；看明细栏，了解零部件的数量及主要

零部件的选型和规格等;粗看视图并概括了解设备的管口表、技术特性表及技术要求中的基本内容。

（二）详细分析

1. 视图分析　了解设备图上共有多少个视图、哪些是基本视图、各视图采用了哪些表达方法,并分析各视图之间的关系和作用等。

2. 零部件分析　以主视图为中心,结合其他视图,将某一零部件从视图中分离出来,并通过序号和明细栏联系起来进行分析。零部件分析的内容包括:①结构分析,搞清该零部件的型式和结构特征,想象出其形状;②尺寸分析,包括规格尺寸、定位尺寸及注出的定形尺寸和各种代(符)号;③功能分析,搞清它在设备中所起的作用;④装配关系分析,即它在设备上的位置及与主体或其他零部件的连接装配关系。

对标准化零部件,还可根据其标准号和规格查阅相应的标准进行进一步的分析。

分析接管时,应根据管口符号将主视图和其他视图结合起来,分别找出其轴向和周向位置,并从管口表中了解其用途。管口分析实际上是设备的工作原理分析的主要方面。

化工设备的零部件一般较多,一定要分清主次,对于主要的、较复杂的零部件及其装配关系要重点分析。此外,零部件分析最好按一定的顺序有条不紊地进行,一般按先大后小、先主后次、先易后难的步骤,也可按序号顺序逐一地进行分析。

3. 分析工作原理　结合管口表,分析每一管口的用途及其在设备的轴向和周向位置,从而搞清各种物料在设备内的进出流向,这即是化工设备的主要工作原理。

4. 分析技术特性和技术要求　通过技术特性表和技术要求,明确该设备的性能、主要技术指标和在制造、检验、安装等过程中的技术要求。

（三）归纳总结

在零部件分析的基础上,将各零部件的形状以及在设备中的位置和装配关系加以综合,并分析设备的整体结构特征,从而想象出设备的整体形象。还需对设备的用途、技术特性、主要零部件的作用、各种物料的进出流向即设备的工作原理和工作过程等进行归纳和总结,最后对该设备获得一个全面的、清晰的认识。

实例训练 >

【例 7-4-1】阅读图 7-15 换热器。

1. 概括了解　图 7-15 中的设备名称是换热器,其用途是使两种不同温度的物料进行热量交换,绘图比例为 1∶10。换热器由 25 种零部件组成,其中有 14 种标准件。

换热器管程内的介质是水,工作压力为 0.4MPa,工作温度为 32~37℃;壳程内的介质是丙烯丙烷,工作压力为 1.6MPa,工作温度为 44~40℃。换热器共有 5 个接管,其用途、尺寸见管口表。

该设备用了 1 个主视图、2 个剖视图、2 个局部放大图以及 1 个设备整体示意图。

2. 详细分析

(1)视图分析:图 7-15 中的主视图采用全剖视表达换热器的主要结构、各个管口和零部件在轴线方向上的位置和装配情况；主视图还采用了断开画法，省略了中间的重复结构，简化了作图；换热器管束采用了简化画法，仅画一根，其余用中心线表示；为能表示出拉杆（件 12）的投影，定距管（件 11）采用断开画法。

A-A 剖视图表示了各管口的周向方位，并用交叉细实线和粗折线表示了换热管的排列方式及范围。*B-B*剖视图补充表达了鞍座的结构形状和安装等有关尺寸。

局部放大图Ⅰ表达管板（件 6）与换热管（件 15）、管板（件 6）与拉杆（件 12）、定距管（件 10）的装配连接情况。局部放大图Ⅱ表达了封头（件 1）、法兰（件 4）、管板（件 6）、筒体（件 14）之间的装配连接关系。示意图用来表达折流板在设备轴线方向的排列情况。

（2）零部件分析：该设备筒体（件 14）和管板（件 6）、封头（件 1）和容器法兰（件 4）的连接都采用焊接，管板（件 6）和法兰（件 4）又通过螺栓、螺母（件 2、3）连接，法兰与管板间有垫片（件 5）形成密封，防止泄漏，具体结构见局部放大图Ⅱ。各接管与壳体的连接，补强圈与筒体、封头的连接也都采用焊接。换热管（件 15）与管板的连接采用胀接，见局部放大图Ⅰ。

拉杆（件 12）左端螺纹旋入管板，拉杆上套上定距管用以确定折流板之间的距离，见局部放大图Ⅰ。折流板间距等装配位置的尺寸见折流板排列示意图。管口的轴向位置与周向方位可由主视图和 *A-A* 剖视图读出。

零部件结构形状的分析与阅读一般机械装配图时一样，应结合明细栏的序号逐个将零部件的投影从视图中分离出来，再弄清其结构形状和大小。

对标准化零部件，应查阅相关标准，弄清它们的结构形状及尺寸。

（3）分析工作原理（管口分析）：从管口表可知设备工作时，冷却水自接管 a 进入换热管，由接管 d 流出；温度高的物料从接管 b 进入壳体，经折流板转折流动，与管程内的冷却水进行热量交换后，由接管 e 流出。

（4）技术特性分析和技术要求：从图 7-15 中可知该设备按《钢制管壳式换热器技术条件》等进行制造、试验和验收，并对焊接方法、焊接形式、质量检验提了要求，制造完后除进行水压试验外，还需进行气密性试验。

3. 归纳总结　由前面的分析可知，该换热器的主体结构由圆柱形筒体和椭圆形封头通过法兰连接构成，其内部有 360 根换热管，并有 14 个折流板。

设备工作时，冷却水走管程，自接管 a 进入换热管，由接管 d 流出；高温物料走壳程，从接管 b 进入壳体，由接管 e 流出。物料与管程内的冷却水逆向流动，并通过折流板增加接触时间，从而实现热量交换。

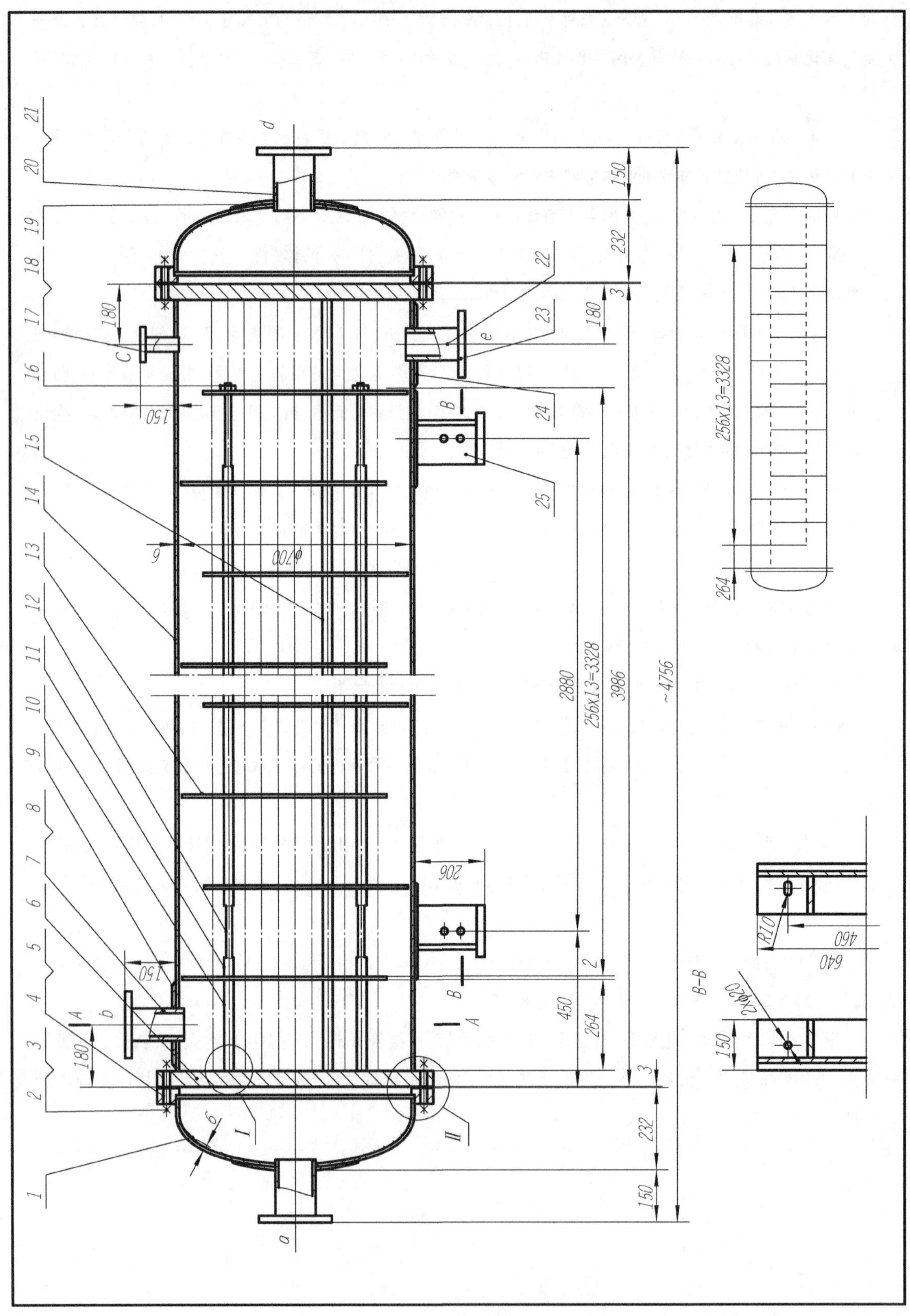

1
2
3
4
5
6
7
8
9
10
11
12
13
14
15
16
17
18
19
20
21
22
23
24
25
a
b
C
d
e
A
B
B–B
I
II
150
232
3
180
264
450
2880
256x13=3328
3986
~4756
φ700
9
6
206
2
460
640
R10
2xφ20

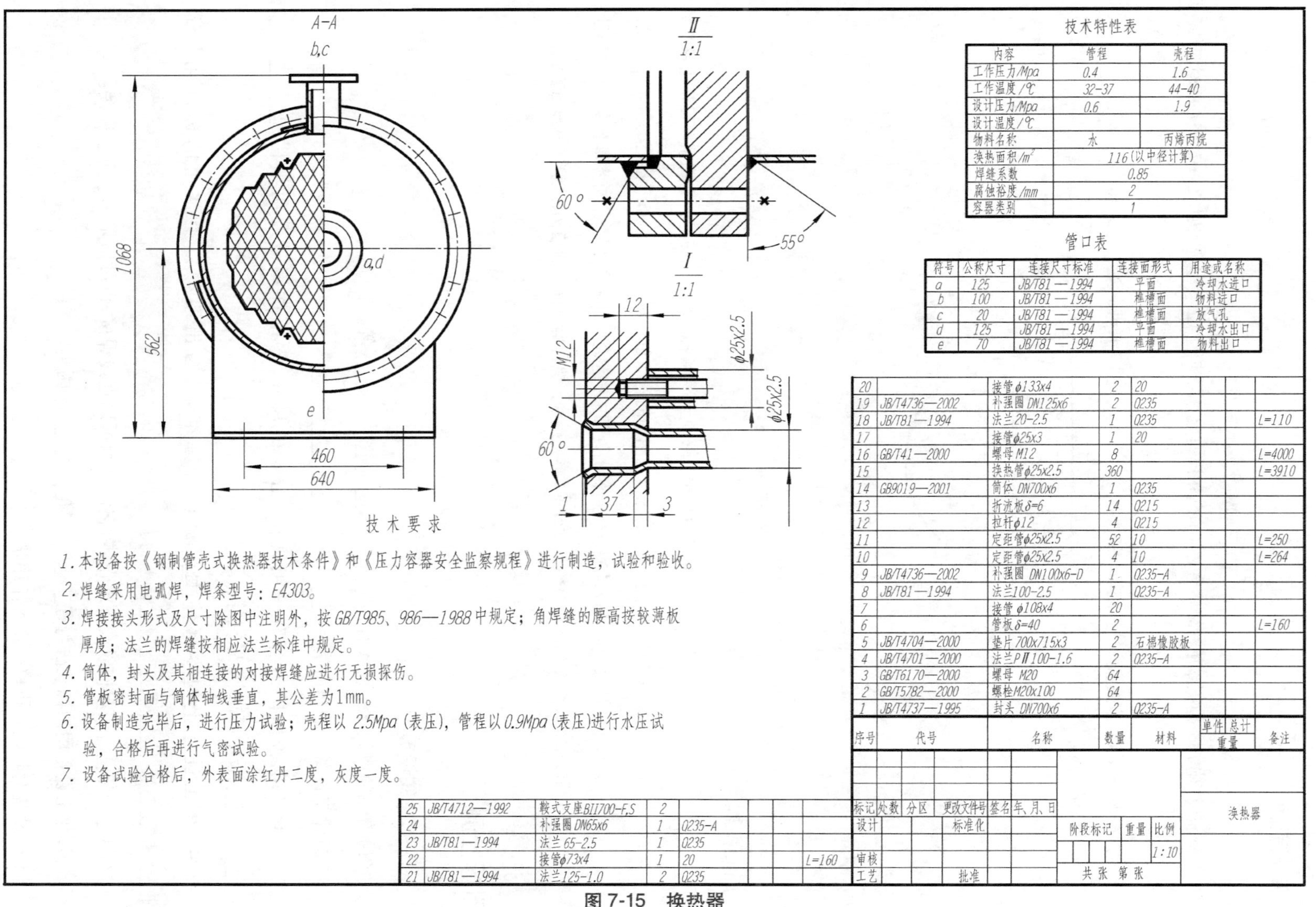

技术特性表

内容	管程	壳程
工作压力/Mpa	0.4	1.6
工作温度/℃	32-37	44-40
设计压力/Mpa	0.6	1.9
设计温度/℃		
物料名称	水	丙烯丙烷
换热面积/m²	116(以中径计算)	
焊缝系数	0.85	
腐蚀裕度/mm	2	
容器类别	1	

管口表

符号	公称尺寸	连接尺寸标准	连接面形式	用途或名称
a	125	JB/T81—1994	平面	冷却水进口
b	100	JB/T81—1994	榫槽面	物料进口
c	20	JB/T81—1994	榫槽面	放气孔
d	125	JB/T81—1994	平面	冷却水出口
e	70	JB/T81—1994	榫槽面	物料出口

序号	代号	名称	数量	材料	单件重量	总计重量	备注
25	JB/T4712—1992	鞍式支座BII700-F,S	2				
24		补强圈DN65x6	1	Q235-A			
23	JB/T81—1994	法兰65-2.5	1	Q235			
22		接管φ73x4	1	20			L=160
21	JB/T81—1994	法兰125-1.0	2	Q235			
20		接管φ133x4	2	20			
19	JB/T4736—2002	补强圈DN125x6	2	Q235			
18	JB/T81—1994	法兰20-2.5	1	Q235			L=110
17		接管φ25x3	1	20			
16	GB/T41—2000	螺母M12	8				L=4000
15		换热管φ25x2.5	360				L=3910
14	GB9019—2001	筒体DN700x6	1	Q235			
13		折流板δ=6	14	Q215			
12		拉杆φ12	4	Q215			
11		定距管φ25x2.5	52	10			L=250
10		定距管φ25x2.5	4	10			L=264
9	JB/T4736—2002	补强圈DN100x6-D	1	Q235-A			
8	JB/T81—1994	法兰100-2.5	1	Q235-A			
7		接管φ108x4	20				
6		管板δ=40	2				L=160
5	JB/T4704—2000	垫片700x715x3	2	石棉橡胶板			
4	JB/T4701—2000	法兰PⅡ100-1.6	2	Q235-A			
3	GB/T6170—2000	螺母M20	64				
2	GB/T5782—2000	螺栓M20x100	64				
1	JB/T4737—1995	封头DN700x6	2	Q235-A			

标记	处数	分区	更改文件号	签名	年、月、日					换热器
设计			标准化			阶段标记		重量	比例	
审核									1:10	
工艺			批准			共 张 第 张				

技术要求

1. 本设备按《钢制管壳式换热器技术条件》和《压力容器安全监察规程》进行制造，试验和验收。
2. 焊缝采用电弧焊，焊条型号：E4303。
3. 焊接接头形式及尺寸除图中注明外，按GB/T985、986—1988中规定；角焊缝的腰高按较薄板厚度；法兰的焊缝按相应法兰标准中规定。
4. 筒体，封头及其相连接的对接焊缝应进行无损探伤。
5. 管板密封面与筒体轴线垂直，其公差为1mm。
6. 设备制造完毕后，进行压力试验；壳程以2.5Mpa(表压)，管程以0.9Mpa(表压)进行水压试验，合格后再进行气密试验。
7. 设备试验合格后，外表面涂红丹二度，灰度一度。

图 7-15 换热器

知识链接

折流板的作用与形状

折流板的作用：使流体在管间流动时，流向和流速均不断变化，湍动程度加剧。提高壳程的对流传热速度。

折流板的形状：该换热器的折流板是圆缺形（弓形），如图 7-16 所示。

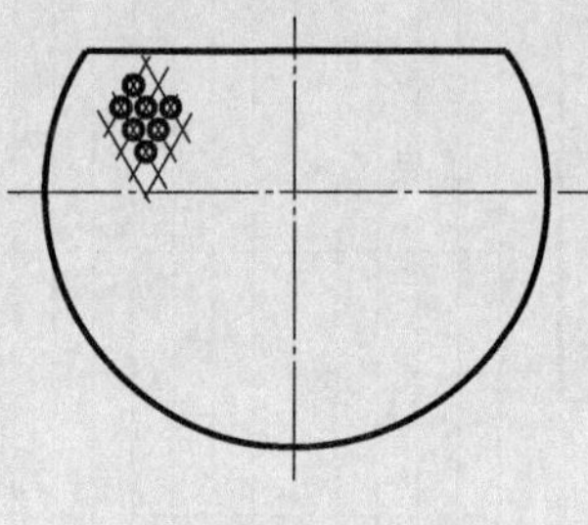

图 7-16　折流板

点滴积累

阅读化工设备图要遵循一定的方法和步骤。即先看标题栏、明细栏，粗略了解设备由哪些零部件构成；看管口表并按管口编号与视图中的管口位置对照，从而知道接管的数量和用途；从技术特性表中可知设备的操作条件、处理的物料等；再看视图、分析零部件，逐一搞清楚各零部件的结构形状、数量、装配连接关系等；综合得出设备的结构、物料的处理过程等。

目标检测

1. 基本知识复习

(1)常见的典型化工设备有__________________________等。

(2)化工设备图的作用是______________________________。

(3)化工设备图的内容有一组视图、必要的尺寸、零部件编号及明细栏、__________、___________、技术要求、标题栏等。

(4)化工设备上的零部件大部分已经标准化，写出四种以上常用的标准化零部件__________________________________。

(5)____与____一起构成设备的壳体，它们之间可以直接焊接，也可以采用______连接。

(6)化工设备用的标准法兰有________和__________两类。

(7)设备上开设人孔和手孔的作用是____________________。

(8)常用的设备支座有____支座和____支座，分别用于立式设备和卧式设备。

(9)化工设备图通常选用__个基本视图。主视图常采用____画法，将设备周向分布的接管、孔口或其他结构，分别旋转到与主视图所在的投影面平行的位置画出，并且不需标注旋转情况。

(10)管口方位图一般仅画出________，用____线表示管口位置，用____线示意性地画出设备管口。

(11)化工设备图一般标注________、________、__________、__________及其他重要尺寸。

(12)管口表用于说明设备上所有管口的____、____、______等。

(13)技术特性表主要列出设备的______、______、______等以及反应设备特征和生产能力的重要技术特性指标。

ER-7-1

扫一扫，知答案

2. 阅读图 7-2 计量罐的设备图，回答以下问题。

(1)该设备共有____种零部件、____个接管口，工作压力为____，工作温度为____，设备的内径为____，壁厚为____，容积为____。

(2)支座的数量是____，装配尺寸是____、____。

(3)手孔的公称尺寸为____，其装配尺寸是____、____。

(4)筒体与封头，接管与筒体、封头之间均采用____连接。

(5)件 1、2 是__、__，采用了__画法，其数量为__。

(6)接管 d 的公称尺寸为____，用途是______，装配尺寸为____、____，在主视图中采用了________的表达方法。

(7)液面计采用了简化画法，它和接管 f_1、f_2 是______连接。

(8)该设备的安装尺寸为______、______。

ER-7-2

扫一扫，知答案

3. 阅读图 7-17 反应器的设备图，回答以下问题。

(1)该设备的名称为______，共有__种零部件，其中标准件有__种，组合件有__种。共有接管口____个，管口符号及各接管口的用途为____。设备的管程压力为__，管程温度为__，壳程压力为__，壳程温度为__。

(2)该设备图采用了__个基本视图、__个局部放大的剖视图和__个局部放大图。主视图采用了____剖视表达设备的内外结构形状，并采用______画法表达管口__、__、__、__的轴向位置。俯视图主要表达设备的____和接管口的______。

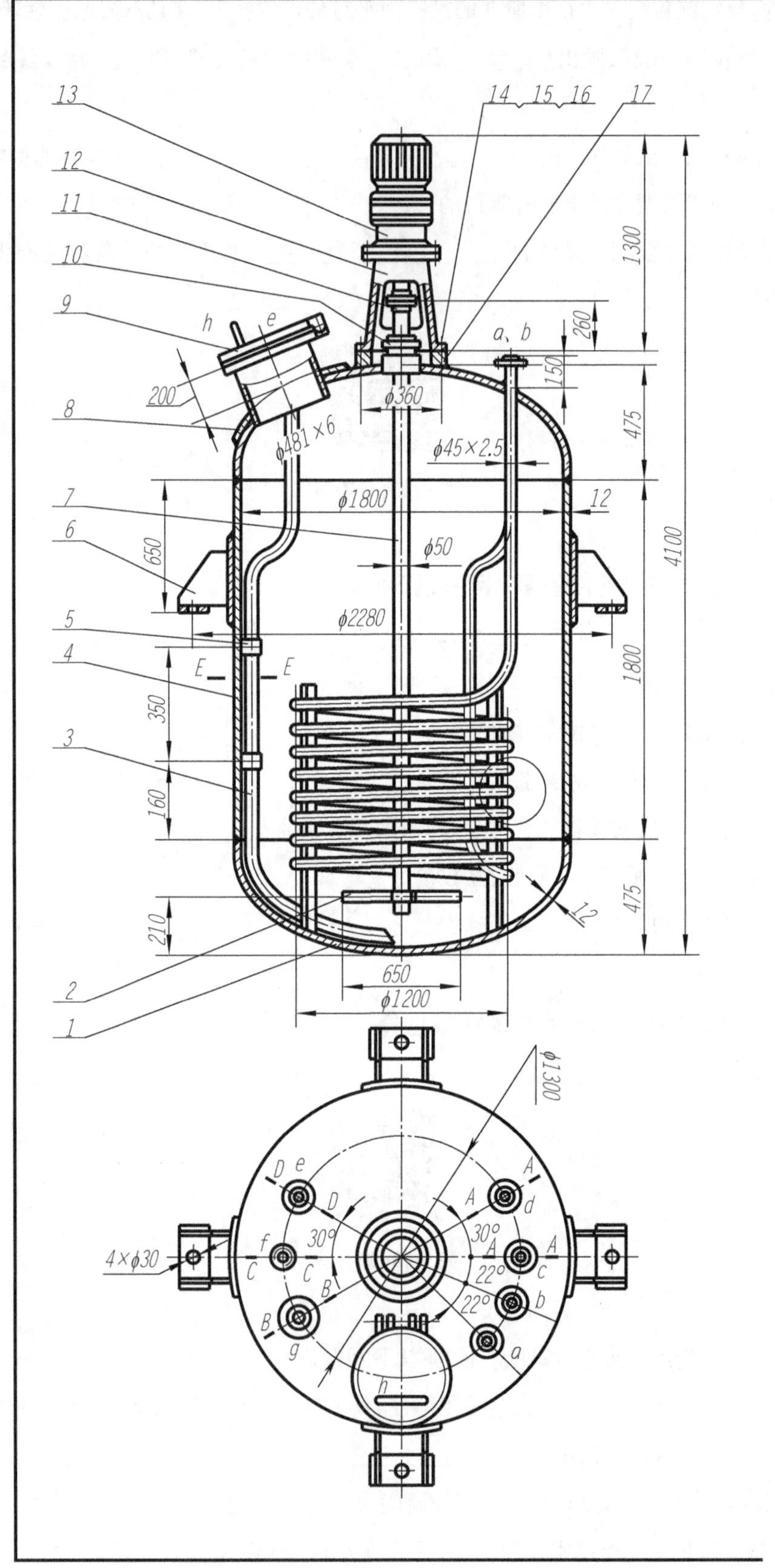
13
14 15 16
17
12
11
10
9
h
e
a、b
200
ϕ481×6
ϕ360
ϕ45×2.5
8
7
6
5
4
3
2
1
ϕ1800
12
ϕ50
ϕ2280
650
350
160
210
E
E
650
ϕ1200
1300
260
150
475
4100
1800
475
12
ϕ1300
4×ϕ30
A
B
C
D
a
b
c
d
e
f
g
h
30°
30°
22°
22°

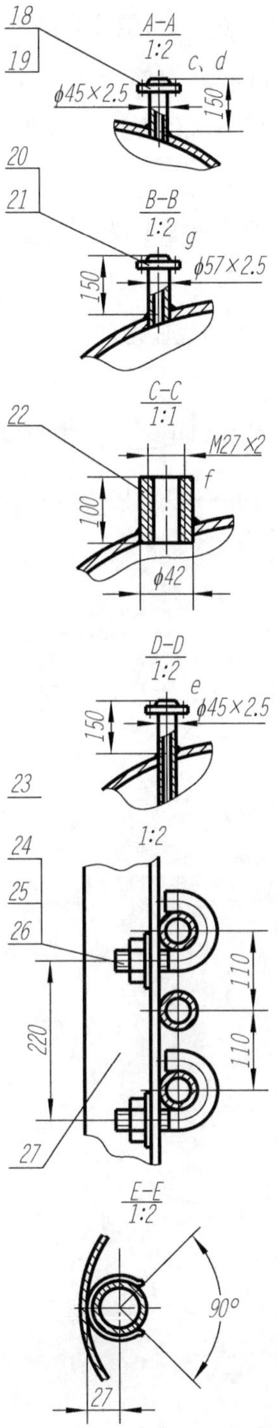

技术要求

1.本设备按GB/T 150—1998《钢制压力容器》进行制造验收。
2.焊接材料、焊接接头型式可按JB/T 4709—1992中规定。
3.设备制造完毕后，壳程以1Mpa表压进行水压试验，蛇管内以1.2Mpa表压进行水压试验，合格后再以0.7Mpa表压进行气密性试验。
4.设备检验合格后，外涂红丹二遍。

技术特性表

管程压力/Mpa	0.9	管程温度/℃	179
壳程压力/Mpa	0.7	壳程温度/℃	168
物料名称	对硝氯苯，碱		
焊缝系数φ	0.8	腐蚀裕度/mm	2
容器类别	1		
全容积/m^3	5		
电机功率/Kw	5.5		
搅拌轴转速/mm	80		

管口表

符号	公称尺寸	连接尺寸标准	连接面形式	用处或名称
a	40	JB/T 81—1994	平面	蒸汽进口
b	40	JB/T 81—1994	平面	冷凝水出口
c	40	JB/T 81—1994	平面	进料口
d	40	JB/T 81—1994	平面	安全阀
e	40	JB/T 81—1994	平面	出料口
f	M27×2		螺纹	测温口
g	50	JB/T 81—1994	平面	放空口
h	450	JB/T 580—1979		人孔

序号	图号与标准号	名称	数量	材料	单重	总重	备注
27		蛇管架 163×63×6	3	Q235-A			
26	GB/T 97.1—2002	垫圈10	12	Q235-A			
25	GB/T 6170—2000	螺母M10	12	Q235-A			
24		U型螺栓M10	12	Q235-A			
23		蛇管	1	20			
22		温度计接头	1	Q235-A			
21		接管φ57×2.5	1	20			
20	JB/T 81—1994	法兰PN1 DN50	1	Q235-A			
19		接管φ45×2.5	2	20			
18	JB/T 81—1994	法兰PN1 DN40	5	Q235-A			
17		底座	1	Q235-A			
16	GB/T 93—1987	垫圈16	8	65Mn			
15	GB/T6170—2000	螺母M16	8	Q235-A			
14	GB/T 898—1988	双头螺柱M16×45	8	Q235-A			
13		减速机	1				组合件外购
12		机座	1	HT150			
11		联轴器	1				组合件
10	HG/T21537.3—1992	填料箱	1				组合件
9	HG/T21516—2005	人孔AI PN1 DN450	1				组合件
8	JB/T4736—2002	补强圈DN450×6	1	Q235-A			
7		搅拌轴φ50	1	45			
6	JB/T4712.3—2007	耳式支座B4	4	Q235-F			
5		管夹	2	Q235-A			
4		筒体DB1800×12	1	Q235-F			
3		出料管φ45×2.5	1	20			
2		搅拌桨	1				组合件外购
1	JB/T4746—2002	封头DN1800×12	2	Q235-A.F			

标记 处数 分区 更改文件号 签名 年月日

设计 标准化 阶段标记 重量 比例 1:20

审核

工艺 批准 共 张 第 张

反应器

图7-17 反应器

(3) $D-D$ 剖视图表达了__与上封头的装配连接关系，其装配尺寸为__、__。$A-A$、$B-B$、$C-C$ 剖视图分别表达了__、__、__与上封头的装配连接关系，分析其装配尺寸。

(4) $E-E$ 剖视图表达了____、____、____之间的装配关系。

(5) 从局部放大图中可以看出，____和____通过 U 型螺栓连接在一起，螺栓数量为__组，每一个蛇管架上有__组螺栓连接。

(6) 筒体与上、下封头，各接管与上封头均采用____连接。筒体内径为____，壁厚为__，筒体高度为____，封头高度为____。

(7) 设备采用____支座，数量为__，装配尺寸是__。人孔的公称直径为______，装配尺寸为____。零件 8 是____，其作用是增加封头开孔处的强度。

(8) 减速机为该设备的动力装置，减速机机座与焊接在设备上的底座之间是______连接，联轴器连接______和______，填料箱起____作用。

(9) 原料由______接管口加入，通过充分搅拌，反应完成后的物料由______接管口排出。设备的加热装置是________，其中心距为________ mm，加热介质为________，由______接管口进入，由______接管口排出。

(10) 4100 是______尺寸，该设备的安装尺寸是____、____。

扫一扫，知答案

（孙安荣）

第八章

化工工艺图

本章导言

表达化工、医药生产过程与联系的图样称为化工工艺图，主要包括工艺流程图、设备布置图和管路布置图。同学们学习化工、医药生产过程的工艺图样的知识，将为后续学习专业课及今后在化工、医药产品的生产中从事项目施工、现场操作、技术改造等工作奠定看图基础。

第一节　化工工艺流程图

一、工艺流程图概述

化工工艺流程图是一种表示化工生产过程的示意性图样，即按照工艺流程的顺序，将生产中采用的设备和管路展开画在同一平面上，并附以必要的标注和说明。它主要表示化工生产中由原料转变为成品或半成品的来龙去脉及采用的设备。根据表达内容的详略，化工工艺流程图分为方案流程图和施工流程图。

▶▶ 课堂活动

识读碱液配制岗位的工艺方案流程图，说明方案流程图中如何表达设备及流程线。

方案流程图一般仅画出主要设备和主要物料的流程线，用于粗略地表示生产流程。图 8-1 为碱液配制岗位的工艺方案流程图。由图 8-1 中可以看出，来自于外管的碱液进入碱液罐，再由碱液罐自流进入配碱罐与原水（新鲜水）混合，制成一定浓度的稀碱液。一部分稀碱液进入碱液中间罐供使用；另一部分进入稀碱液罐，再由配碱泵送入碱洗塔。

施工流程图通常又称为带控制点工艺流程图，是在方案流程图的基础上绘制的、内容较为详细的一种工艺流程图。它是设备布置和管路布置设计的依据，并可供施工安装和生产操作时参考。图 8-2 为碱液配制岗位带控制点工艺流程图。

带控制点工艺流程图一般包括以下内容：

1. 图形　画出全部设备的示意图和各种物料的流程线，以及阀门、管件、仪表控制点的符号等。

2. 标注　注写设备位号及名称、管段编号及规格、仪表控制点符号、物料走向及必要的说

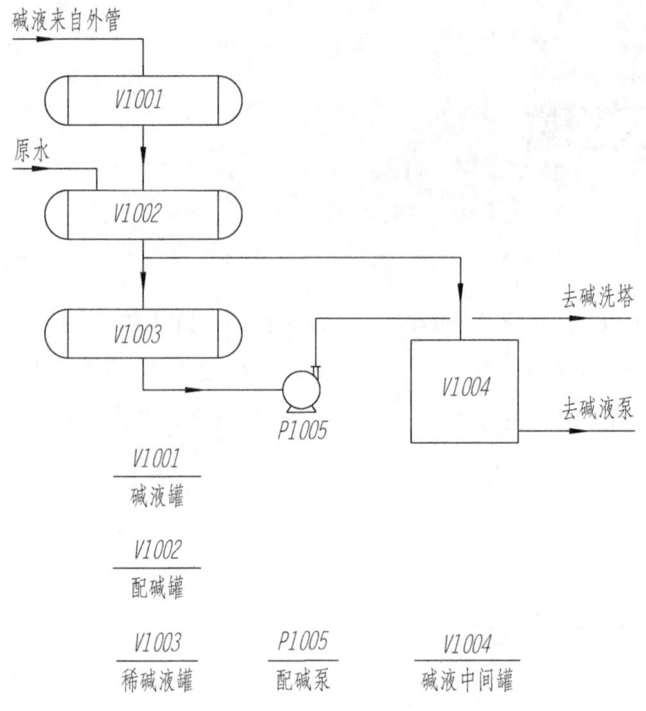

图 8-1　工艺方案流程图

明等。

3. **图例**　说明阀门、管件、仪表控制点及其他标注符号(如管道编号、物料代号)的意义。

4. **标题栏**　注写图名、图号及签字等。

二、工艺流程图的表达方法

方案流程图和带控制点工艺流程图均属示意性的图样,只需大致按尺寸作图。它们的区别只是内容详略和表达重点的不同,这里着重介绍带控制点工艺流程图的表达方法。

(一) 设备的表示方法

采用示意性的展开画法,即按照主要物料的流程,用细实线、按大致比例画出能够显示设备形状特征的主要轮廓。常用设备的示意画法可参见附录附表 26。设备上要画出主要的接管口;各设备之间要留有适当距离,以布置连接管路;设备的相对位置要与设备实际布置相吻合;对相同或备用设备一般也应画出。

每台设备都应编写设备位号并注写设备名称,其标注方法如图 8-3 所示。其中设备位号一般包括设备分类代号、车间或工段号、设备序号等,相同设备以尾号加以区别。设备的分类代号见表 8-1。

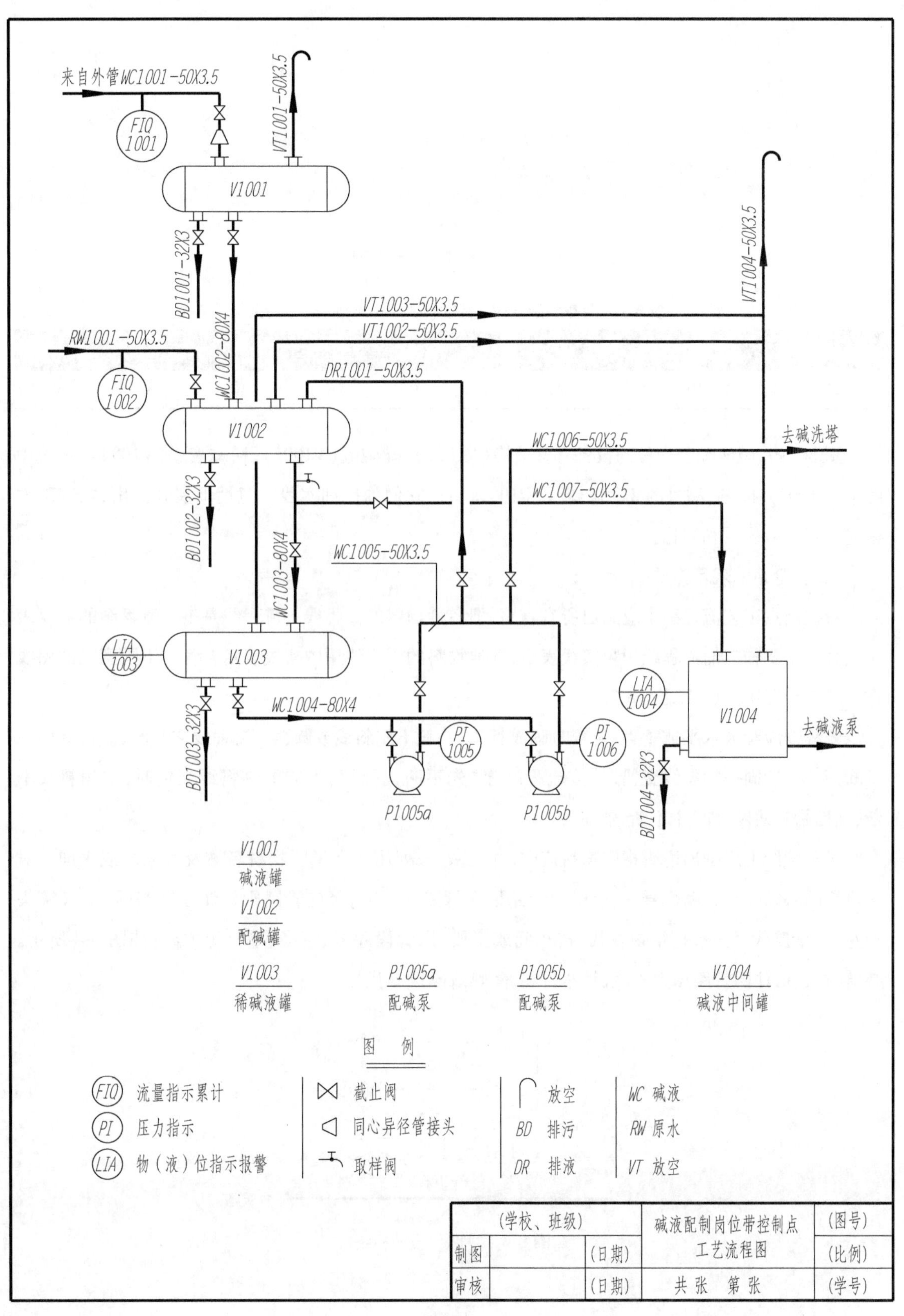

图 8-2　带控制点工艺流程图

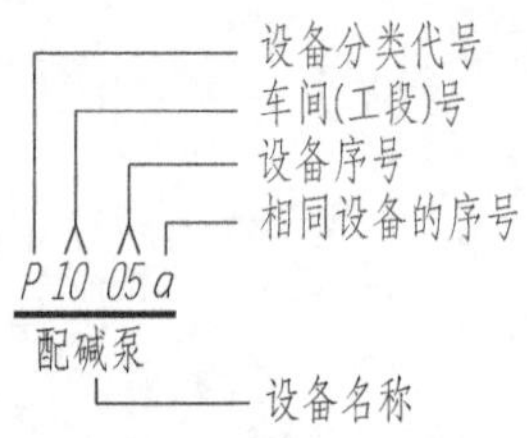

图 8-3　设备位号与名称

表 8-1　设备类别代号（摘自 HG/T 20519.31—1992）

设备类别	容器	塔	泵	压缩机	工业炉	反应器	换热器	火炬烟囱	称量机械	起重机械	其他机械
代号	V	T	P	C	F	R	E	S	W	L	M

图 8-2 中，碱液配制岗位的设备有碱液罐（V1001）、配碱罐（V1002）、稀碱液罐（V1003）、碱液中间罐（V1004）和相同型号的 2 台配碱泵（P1005a、b），它们均用细实线示意性地展开画出，在其下方标注出了设备位号和名称。

（二）管路的表示方法

带控制点工艺流程图中应画出所有管路，即各种物料的流程线。流程线是工艺流程图的主要表达内容。主要物料的流程线用粗实线表示，其他物料的流程线用中实线表示。各种不同型式的图线在工艺流程图中的应用见表 8-2。

流程线应画成水平或垂直，转弯时画成直角，一般不用斜线或圆弧。流程线交叉时，应将其中一条断开。一般同一物料线交错时，按流程顺序“先不断、后断”；不同的物料线交错时，主物料线不断，辅助物料线断，即“主不断、辅断”。

每条管线上应画出箭头指明物料流向，并在来、去处用文字说明物料名称及其来源或去向。对每段管路必须标注管路代号，一般横向管路标在管路的上方，竖向管路则标注在管路的左方（字头朝左）。管路代号一般包括物料代号、车间或工段号、管段序号、管径、壁厚等内容，如图 8-4 所示。必要时，还可注明管路压力等级、管路材料、隔热或隔声等代号。

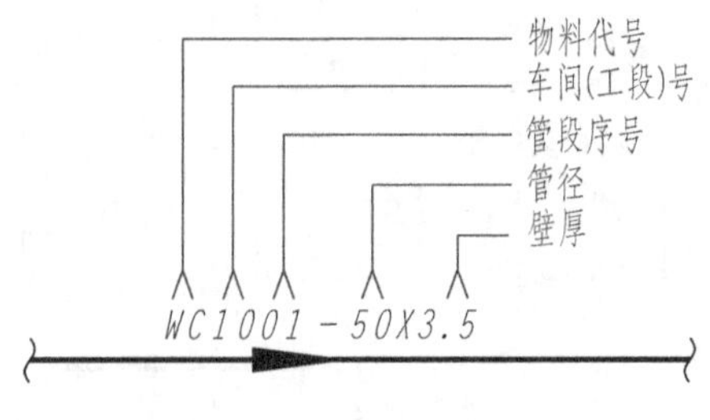

图 8-4　管路代号的标注

表 8-2　工艺流程图上管路、管件、阀门的图例（摘自 HG/T 20519. 32—1992）

管道		管件		阀门	
名称	图例	名称	图例	名称	图例
主要物料管路		同心异径管		截止阀	
辅助物料管路		偏心异径管	（底平）（顶平）	闸阀	
原有管路		管端盲管		节流阀	
仪表管路		管端法兰（盖）		球阀	
蒸汽伴热管路		放空管	（帽）（管）	旋塞阀	
电伴热管路		漏斗	（敞口）（封闭）	碟阀	
夹套管		膨胀节		止回阀	
管道隔热层		喷淋管		减压阀	
可拆短管		圆形盲板	（正常开启）（正常关闭）	角式截止阀	
柔性管		管帽		三通截止阀	

物料代号以大写的英文词头来表示，见表 8-3。

表 8-3　物料名称及代号（摘自 HG/T 20519. 36—1992）

代号	物料名称	代号	物料名称	代号	物料名称	代号	物料名称
A	空气	DW	饮用水	LO	润滑油	R	冷冻剂
AG	气氨	FG	燃料气	LS	低压蒸汽	RO	原料油
AL	液氨	FL	液体燃料	MS	中压蒸汽	RW	原水
AW	氨水	FO	燃料油	NG	天然气	SC	蒸汽冷凝水
BD	排污	FS	固体燃料	N	氮	SL	泥浆
BW	锅炉给水	FV	火炬排放气	O	氧	SLW	盐水
CSW	化学污水	FW	消防水	PA	工艺空气	SO	密封油
CWR	循环冷却水回水	GO	填料油	PG	工艺气体	SW	软水
CWS	循环冷却水上水	H	氢	PL	工艺液体	TS	伴热蒸汽
DNW	脱盐水	HS	高压蒸汽	PS	工艺固体	VE	真空排放气
DR	排液、排水	IA	仪表空气	PW	工艺水	VT	放空气

图 8-2 中，用粗实线画出了主要物料(碱液)的工艺流程，而用中实线画出原水、放空等辅助物料流程线。每一条管线均标注了流向箭头和管路代号。

(三) 阀门及管件的表示法

在流程图上，阀门及管件用细实线按规定的符号在相应处画出。由于功能和结构的不同，阀门的种类很多。常用阀门及管件的图形符号见表 8-2。

(四) 仪表控制点的表示方法

化工生产过程中，须对管路或设备内不同位置、不同时间流经的物料的压力、温度、流量等参数进行测量、显示，或进行取样分析。在带控制点工艺流程图中，仪表控制点用符号表示，并从其安装位置引出。符号包括图形符号和仪表位号，它们组合起来表达仪表功能、被测变量和检测方法等。

1. 图形符号　控制点的图形符号用一个细实线的圆(直径约 10mm)表示，并用细实线连向设备或管路上的测量点，如图 8-5 所示。图形符号上还可表示仪表不同的安装位置，如图 8-6 所示。

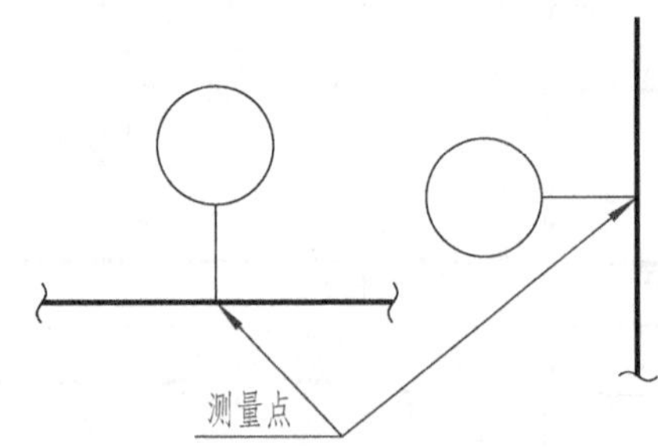

图 8-5　仪表的图形符号

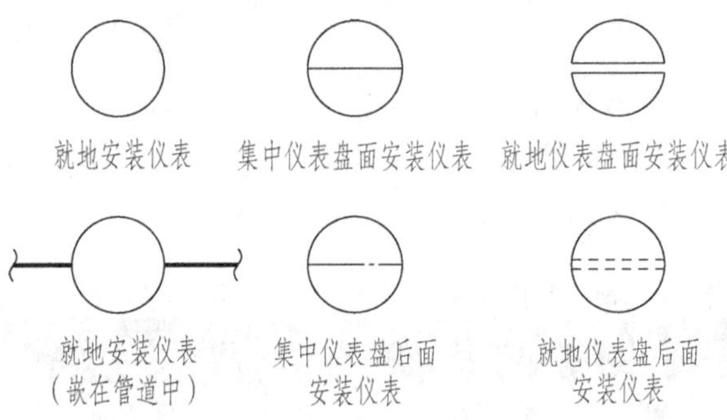

图 8-6　仪表安装位置的图形符号

2. 仪表位号　仪表位号由字母与阿拉伯数字组成，第一位字母表示被测变量，后继字母表示仪表的功能，一般用三或四位数字表示工段号和仪表序号，如图 8-7 所示。被测变量及仪表功能的字母组合示例见表 8-4。

在图形符号中，字母填写在圆圈内的上部，数字填写在下部，如图 8-8 所示。

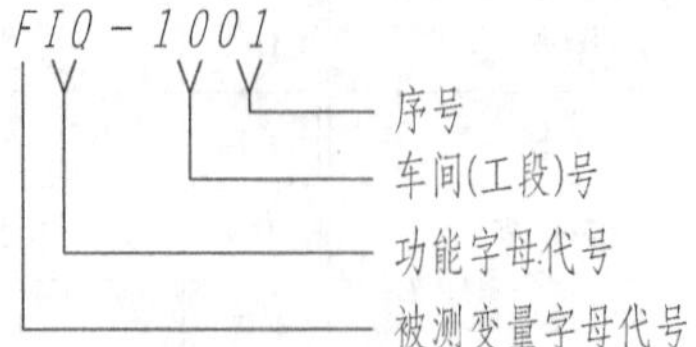

图 8-7　仪表位号的组成

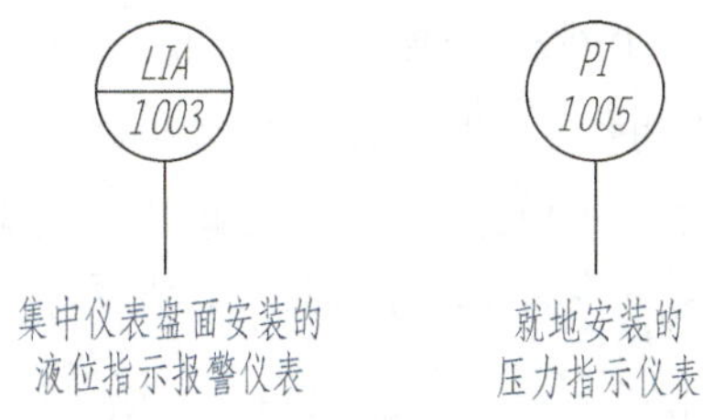

图 8-8　仪表位号的标注方法

表 8-4　被测变量及仪表功能的字母组合示例

被测变量 仪表功能	温度	温差	压力或真空	压差	流量	流量比率	物位	分析	密度	黏度
指示	TI	TdI	PI	PdI	FI	FfI	LI	AI	DI	VI
指示、控制	TIC	TdIC	PIC	PdIC	FIC	FfIC	LIC	AIC	DIC	VIC
指示、报警	TIA	TdIA	PIA	PdIA	FIA	FfIA	LIA	AIA	DIA	VIA
指示、开关	TIS	TdIS	PIS	PdIS	FIS	FfIS	LIS	AIS	DIS	VIS
记录	TR	TdR	PR	PdR	FR	FfR	LR	AR	DR	VR
记录、控制	TRC	TdRC	PRC	PdRC	FRC	FfRC	LRC	ARC	DRC	VRC
记录、报警	TRA	TdRA	PRA	PdRA	FRA	FfRA	LRA	ARA	DRA	VRA
记录、开关	TRS	TdRS	PRS	PdRS	FRS	FfRS	LRS	ARS	DRS	VRS
控制	TC	TdC	PC	PdC	FC	FfC	LC	AC	DC	VC
控制、变速	TCT	TdCT	PCT	PdCT	FCT	—	LCT	ACT	DCT	VCT

三、带控制点工艺流程图的阅读

通过阅读带控制点工艺流程图，要了解和掌握物料的工艺流程，设备的种类、数量、名称和位号，管路的编号和规格，阀门、控制点的功能、类型和控制部位等，以便在管路安装和工艺操作过程中做到心中有数。

阅读带控制点工艺流程图的步骤一般为：①了解设备的数量、名称和位号；②分析主要物料的工艺流程；③分析其他物料的工艺流程；④分析阀门及控制点，了解生产过程的控制情况。

实例训练 >

【例 8-1-1】 阅读图 8-2 所示的碱液配制岗位带控制点工艺流程图。

碱液配制岗位的设备共 6 台，其中静设备 4 台，有碱液罐（V1001）、配碱罐（V1002）、稀碱液罐（V1003）、碱液中间罐（V1004）各 1 台；动设备 2 台，即相同型号的 2 台配碱泵（P1005a、b）。

本岗位为间断操作，其操作过程分为两个阶段。

1. 来自于外管的碱液沿管路 WC1001-50×3.5，经流量指示累计仪表、截止阀和同心异径管接头间断送入碱液罐（V1001），再沿管路 WC1002-80×4 经截止阀自流进入配碱罐（V1002）内，与沿管路 RW1001-50×3.5 流进的原水（新鲜水）混合后，沿管路 WC1003-80×4 经截止阀自流到稀碱液罐（V1003），再经截止阀沿管路 WC1004-80×4 进入配碱泵(P1005a、b)加压后,沿管路 WC1005-50×3.5 和 DR1001-50×3.5 回流至配碱罐(V1002),起搅拌作用。试分析此操作阶段应关闭哪些阀门。

2. 经取样阀取样检验,稀碱液的浓度均匀后,一部分稀碱液经截止阀沿管路 WC1007-50×3.5 送入碱液中间罐(V1004)内供使用;另一部分经配碱泵(P1005a、b),沿管路 WC1006-50×3.5 送入尾气碱洗塔。试分析此操作阶段应关闭哪些阀门。

配碱泵为两台并联,工作时有一台备用。

碱液罐(V1001)、配碱罐(V1002)、稀碱液罐(V1003)、碱液中间罐(V1004)中的气体分别通过管路 VT1001-50×3.5、VT1002-50×3.5、VT1003-50×3.5、VT1004-50×3.5 进行放空,需要清理罐底残液时,通过管路 BD1001-32×3、BD1002-32×3、BD1003-32×3、BD1004-32×3 排污。

各段管路上都装有阀门,以便于对物料进行控制。其中有一个取样阀,其他均是截止阀。

在管路 WC1001-50×3.5 和管路 RW1001-50×3.5 上分别装有流量指示累计仪表,在两台配件泵的出口管路 WC1005-50×3.5 上分别装有压力指示仪表,这些仪表都是就地安装的。在稀碱液罐(V1003)和碱液中间罐(V1004)上分别装有物(液)位指示、报警仪表,是集中仪表盘面安装仪表。

点滴积累

1. 工艺流程图一般有方案流程图和带控制点工艺流程图。
2. 带控制点工艺流程图包括图形、标注、图例、标题栏。

目标检测

1. 基本知识复习

(1)化工工艺图主要包括________、________和________。

(2)工艺流程图是按照工艺流程的顺序,将生产中采用的______和____展开画在同一平面上,并附以必要的____和____。根据表达内容的详略,工艺流程图分为__________和__________。

(3)施工流程图又称为带控制点工艺流程图,一般包括的内容有______、________、______、________。

(4)工艺流程图中设备用____线示意性地表示其主要轮廓,并编写设备位号,设备位号一般包括______、______、______等。

(5)工艺流程图中的管路即各种物料的____线,是工艺流程图的主要表达内容。主要物料的流程线用____线表示,其他物料的流程线用____线表示。流程线应画成________,转弯时画____角,流程线交叉时应将其中一条____。对每段管路应标注管路代号,管路代号一般包括______、______、______、______等。

(6)阀门及管件用____线按规定的符号画出。仪表控制点的符号用____线绘制,并从其安装位置引出。

2. 阅读图 8-9 空压站的带控制点工艺流程图,回答问题。

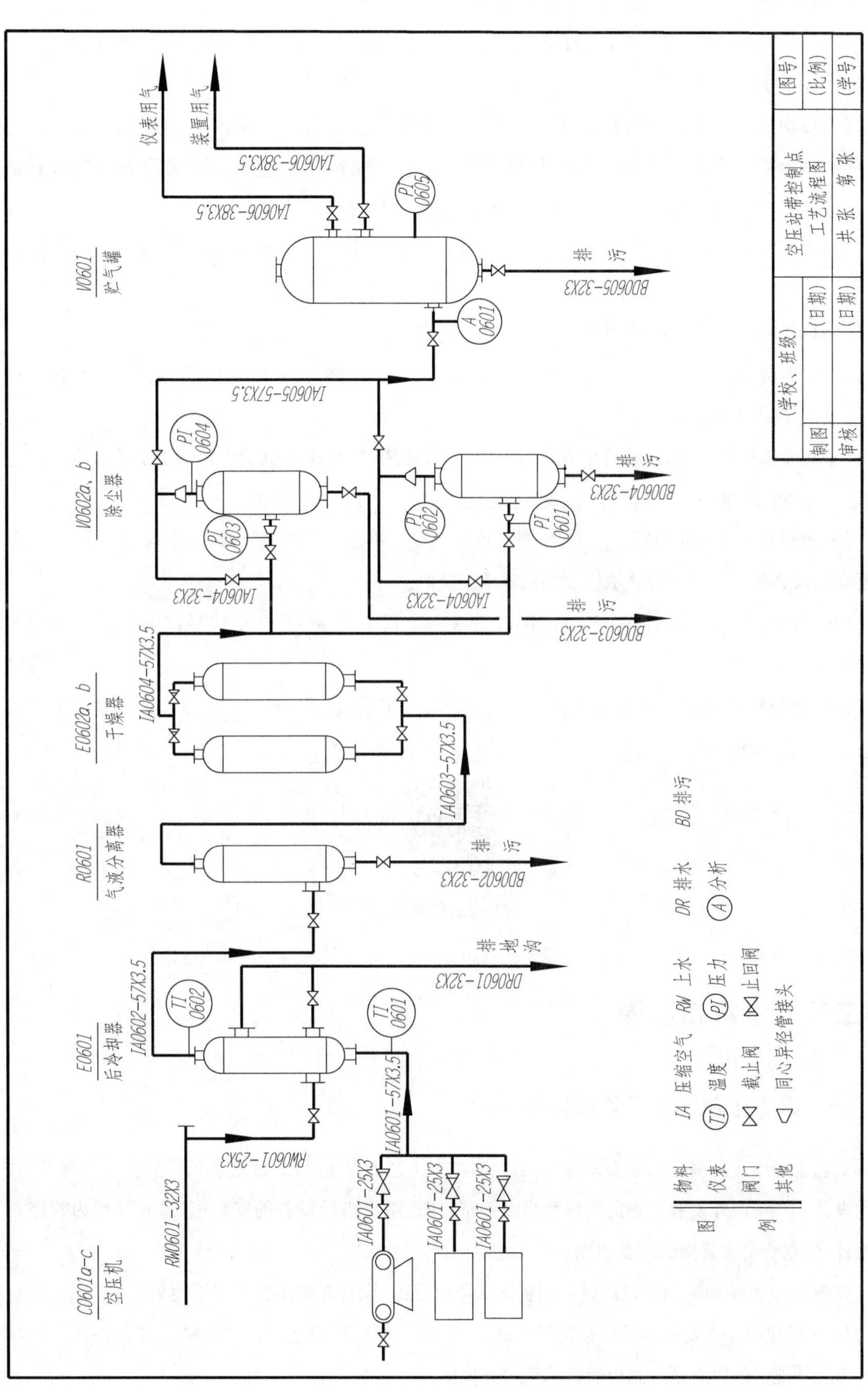

图 8-9 空压站的带控制点工艺流程图

(1)该岗位共有__台设备,其中__台为动设备,其他静设备分别是________________________。

(2)经空压机压缩后的空气沿管道________经____阀、____阀,又经管道______及测温点____进入________进行冷却。

(3)冷却后的压缩空气经测____点________沿管道______________进入____________。

(4)从气液分离器出来的空气沿管道____________进入__________,干燥后的空气沿管道__________分成两路,各经一个____阀,再经测____点和大、小头进入______。

(5)除尘后的空气沿管道____________经______阀和____点进入贮气罐,然后沿管道__________送出。

(6)IA0604-32×3管道的作用是____________________________________。

(7)冷却水沿管道__________和__________经______阀进入后冷却器,热交换后沿管道__________排入地沟。

(8)正常工作时,三台压缩机中有两台工作、一台备用,每台压缩机的出口管道上均装有______阀和______阀,其作用是________________________。

(9)该岗位共用到止回阀____个,分别安装在______和______的出口处,截止阀____个,____个温度显示仪表和____个压力显示仪表都是就地安装的。

(10)管道代号RW0601-32×3中,“RW”为______代号,“06”为____代号,“01”为____代号,“32×3”表示____________。

(11)设备代号C0601a-c中,“C”为______代号,“06”为____代号,“01”为____代号,“a-c”为____________代号。

扫一扫,知答案

第二节　设备布置图

一、设备布置图的作用和内容

工艺流程设计所确定的全部设备,必须根据生产工艺的要求,在厂房建筑的内外合理布置安装。表达设备在厂房内外安装位置的图样称为设备布置图,用于指导设备的安装施工,并且作为管路布置设计、绘制管路布置图的重要依据。

如图8-10为碱液配制岗位的设备布置图。可以看出,设备布置图包括以下内容:

1. 一组视图　主要包括设备布置平面图和剖面图,表示厂房建筑的基本结构和设备在厂房内外的布置情况。必要时还应画出设备的管口方位图。

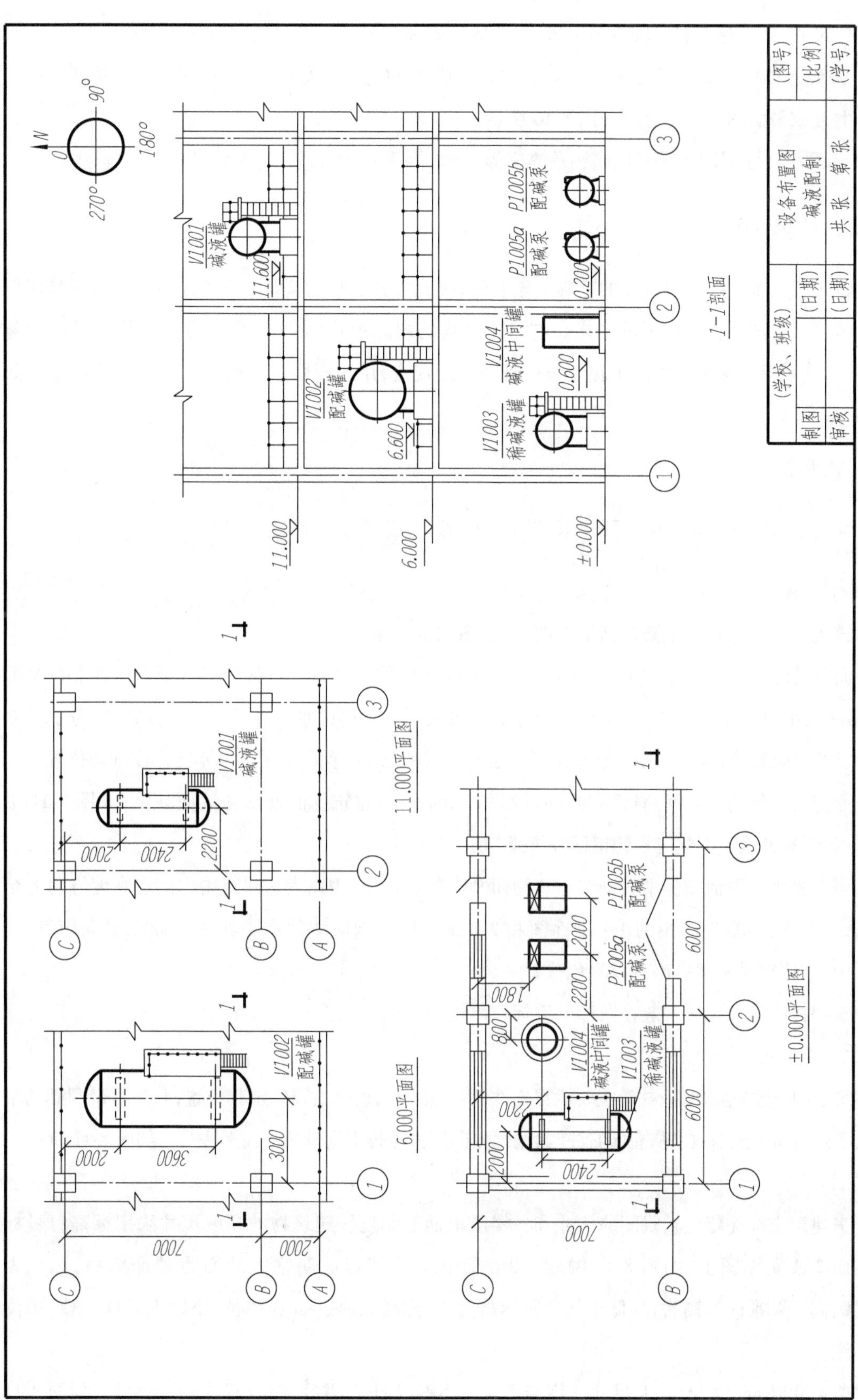
6.000平面图
11.000平面图
±0.000平面图
1-1剖面
V1001
碱液罐
V1002
配碱罐
V1003
稀碱液罐
V1004
碱液中间罐
P1005a
配碱泵
P1005b
配碱泵
11.000
6.000
±0.000
11.600
6.600
0.600
0.200
(学校、班级)
设备布置图
碱液配制
(图号)
(比例)
(学号)
制图
审核
(日期)
共　张　第　张

图 8-10　设备布置图

2. 必要的标注　设备布置图中应标注出建筑物的主要尺寸，建筑物与设备之间、设备与设备之间的定位尺寸，厂房建筑定位轴线的编号，设备的名称和位号，以及注写必要的说明等。

3. 安装方位标　安装方位标也叫设计北向标志，是确定设备安装方位的基准，一般将其画在图样的右上方或平面图的右上方。如图 8-10 所示。

4. 标题栏　注写图名、图号、比例及签字等。

二、建筑图样的基本知识

设备布置图是在厂房建筑图的基础上绘制的，因此需要了解建筑图的有关知识。建筑图是用以表达建筑设计意图和指导施工的图样。它将建筑物的内外形状、大小及各部分的结构、装饰、设备等，按技术制图国家标准和国家工程建设标准（GBJ）规定，用正投影法准确而详细地表达出来。如图 8-11 所示。

课堂活动

识读房屋建筑图，认识建筑图的视图表达、尺寸标注、定位轴线标注等。

（一）视图

建筑图样的一组视图主要包括平面图、立面图和剖面图。

平面图是假想用水平面沿略高于窗台的位置剖切建筑物而绘制的剖视图，用于反映建筑物的平面格局、房间大小和墙、柱、门、窗等，是建筑图样的一组视图中主要的视图。对于楼房，通常需分别绘制出每一层的平面图，如图 8-11 中分别画出了一层平面图和二层平面图。平面图不需标注剖切位置。

立面图是建筑物的正面、背面和侧面投影图，用于表达建筑物的外形和墙面装饰，如图 8-11 中的①-③立面图表达了该建筑物的正面外形及门窗布局。

剖面图是用正平面或侧平面剖切建筑物而画出的剖视图，用以表达建筑物内部在高度方向的结构、形状和尺寸，如图 8-11 中的 1-1 剖面图和 2-2 剖面图。剖面图须在平面图上标注出剖切符号。建筑图中，剖面符号常常省略或以涂色代替。

建筑图样的每一视图一般在图形下方标注出视图名称。

（二）定位轴线

建筑图中对建筑物的墙、柱等主要承重构件，用细点画线画出轴线确定其位置，并注写带圆圈的编号。长度方向用阿拉伯数字从左向右注写，宽度方向用大写拉丁字母从下向上注写。如图 8-11 所示。

（三）尺寸

厂房建筑应标注定位轴线间的尺寸和各楼层地面的高度。建筑物的高度尺寸采用标高符号标注在剖面图或立面图上，如图 8-11 中的 2-2 剖面图。一般以底层室内地面为基准标高，标记为 ±00. 000，高于基准时标高为正，低于基准时标高为负，标高数值以 m 为单位，小数点后取三位，单位省略不注。

其他尺寸以 mm 为单位，其尺寸线终端通常采用斜线形式，并往往注成封闭的尺寸链，如图 8-11 中的二层平面图。

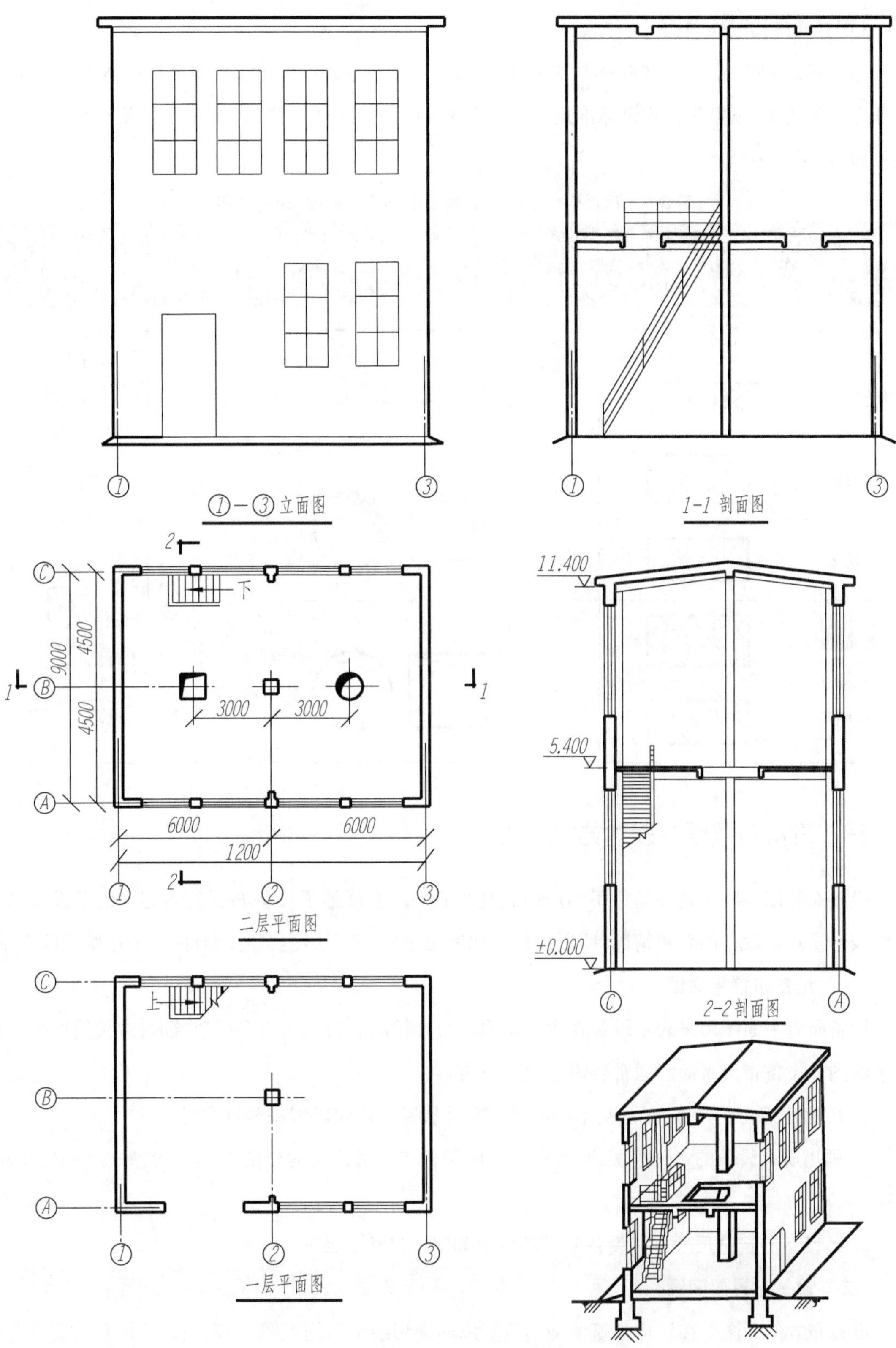

①—③ 立面图
1-1 剖面图
二层平面图
一层平面图
2-2 剖面图
11.400
5.400
±0.000
4500
4500
9000
3000
3000
6000
6000
1200
下
上

图 8-11　房屋建筑图

（四）建筑构配件图例

由于建筑构件、配件和材料种类较多，且许多内容没必要或不可能以真实尺寸严格按投影作图。为作图简便起见，国家工程建设标准规定了一系列的图形符号（即图例）来表示建筑构件、配件、建筑材料等，见表 8-5。

表 8-5　建筑构、配件图例（摘自 HG/T 20519.34—1992）

建筑材料		建筑构造及配件			
名称	图例	名称	图例	名称	图例
自然土壤		楼梯		单扇门	
夯实土壤					
普通砖		空洞			
混凝土				单层外开平开窗	
钢筋混凝土		坑槽			
金属					

三、设备布置图的表达方法

设备布置图实际上是在简化了的厂房建筑图的基础上增加了设备布置的内容。由于设备布置图的表达重点是设备的布置情况，所以用粗实线表示设备，而厂房建筑的所有内容均用细实线表示。

（一）设备布置平面图

设备布置平面图用来表示设备在水平面内的布置情况。当厂房为多层建筑时，应按楼层分别绘制平面图。设备布置平面图通常要表达出如下内容：

1. 厂房建筑物的具体方位、基本结构、内部分隔情况，定位轴线编号和尺寸。

2. 画出所有设备的水平投影或示意图，反映设备在厂房建筑内外的布置位置，并标注出位号和名称。

3. 各设备的定位尺寸以及设备基础的定形和定位尺寸。

（二）设备布置剖面图

设备布置剖面图是在厂房建筑的适当位置纵向剖切绘出的剖视图，用来表达设备沿高度方向的布置安装情况。剖面图一般应反映如下内容：

1. 厂房建筑高度方向上的结构，如楼层分隔情况、楼板的厚度及开孔等，以及设备基础的立面形状。

2. 画出有关设备的立面投影或示意图反映其高度方向上的安装情况。

3. 标注厂房建筑各楼层标高、设备和设备基础的标高。

四、设备布置图的阅读

通过对设备布置图的阅读主要了解设备与建筑物、设备与设备之间的相对位置。识读设备布置图的方法和步骤如下：

1. 初步了解 了解设备布置图的名称，采用了几个平面图、几个剖面图表达设备布置情况。

2. 分析设备布置情况 看平面图，分析厂房定位轴线的间距、设备在厂房内外的安装位置；看剖面图，分析设备的基础高度、设备上各接管口的高度、厂房的高度等。

实例训练 >

【例 8-2-1】 阅读图 8-10 所示的碱液配制岗位的设备布置图。

由标题栏可知，该图为碱液配制岗位的设备布置图，有±0.000 平面图、6.000 平面图、11.000 平面图和 1-1 剖面图。该厂房为三层，其二、三层为敞开式厂房，图中只画出厂房的部分定位轴线，楼梯不在该部分，所以未画出。

从平面图看出，厂房的横向定位轴线间距为 6000mm，一层厂房的纵向定位轴线间距为 7000mm，二、三层厂房的纵向定位轴线间距分别为 7000mm 和 2000mm。在一层平面(±0.000 平面)上安装有稀碱液罐(V1003)、碱液中间罐(V1004)和两台配碱泵(P1005a、b)；在二层平面(6.000 平面)安装有配碱罐(V1002)；在三层平面(11.000 平面)安装有碱液罐(V1001)。图中注出了各设备的定位尺寸以确定设备在厂房内的位置。

1-1 剖面图表示了设备在高度方向的布置情况，并注明各层厂房的标高和设备的基础标高。可以看出碱液罐(V1001)、配碱罐(V1002)、稀碱液罐(V1003)的基础高度分别为 0.6m，碱液中间罐(V1004)和两台配碱泵(P1005a、b)的基础高度为 0.2m。

点滴积累 V

1. 设备布置图一般包括平面图和剖面图。
2. 设备布置图中，设备的位号、名称要与工艺流程图一致。

目标检测

1. 基本知识复习

(1)表达______在厂房内外安装位置的图样称为设备布置图，设备布置图包括的内容有______、______、______、______。

(2)建筑图样的一组视图主要包括________、________和________。平面图是________________绘制的剖视图。建筑物的__________________投影图称为立面图。剖面图是用__________________剖切建筑物而画出的剖视图。

(3)建筑图样的每一视图一般在图形的____方标注出视图名称。建筑物的高度尺寸以______形式标注，以______为单位，而平面尺寸以______为单位。建筑图中要画出定位轴线，即对建筑物的

______位置用______线画出，并加以编号。

(4)设备布置图是在______图的基础上增加______的内容，用____线表示设备，而厂房建筑的所有内容均用____线表示。设备布置图一般包括__________图和______图。

2. 阅读图 8-12 空压站的设备布置图，回答问题。

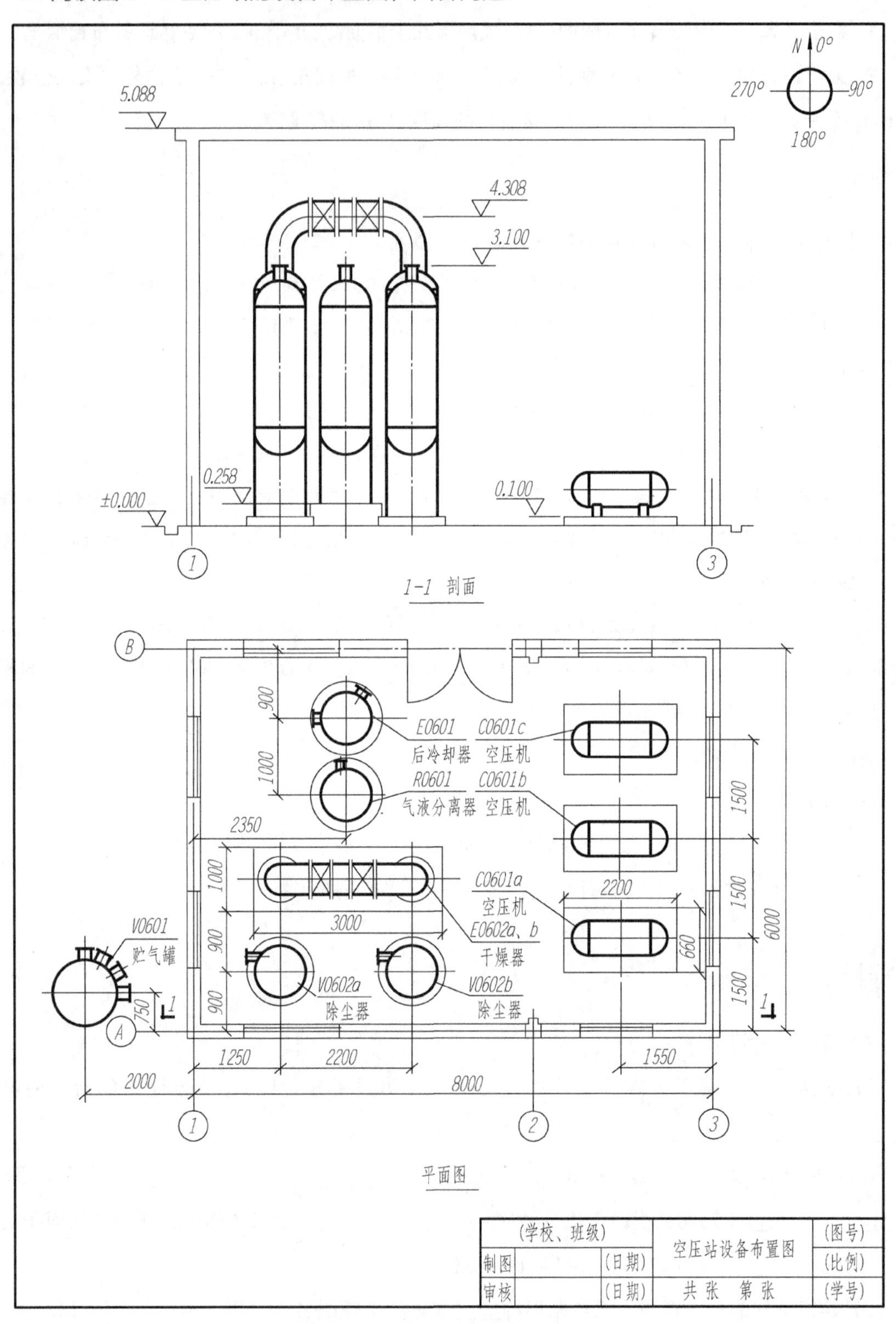

图 8-12　空压站的设备布置图

(1)空压站的设备布置图包括__________图和__________图。

(2)从平面图可知,本岗位的 3 台压缩机布置在距③轴线______ mm 处,C0601a 距Ⓐ轴线______ mm,3 台压缩机之间的间距为______ mm;1 台后冷却器 E0601 布置在距①轴线______ mm,距Ⓑ轴线____ mm 处;1 台气液分离器 R0601 布置在距①轴线____ mm,距Ⓑ轴线____ mm 处;2 台干燥器 E0602a、E0602b 布置在距Ⓐ轴线____ mm,距①轴线分别为____ mm、____ mm 处;2 台除尘器 V0602a、V0602b 布置在距Ⓐ轴线____ mm,距①轴线分别为____ mm、____ mm 处;1 台储气罐布置在室外,距Ⓐ轴线为______ mm,距①轴线为________ mm。

(3)从 1-1 剖面图可知,压缩机 C0601、干燥器 E0602、除尘器 V0602 布置在标高____________的基础平面上;冷却器 E0601、气液分离器 R0601 布置在标高__________的基础平面上。除尘器顶部管口的标高为______,干燥器顶部连接管的标高为________,厂房顶部的标高为________。

扫一扫,知答案

第三节　管路布置图

一、管路布置图的作用和内容

管路布置图是在设备布置图的基础上画出管路、阀门及控制点,表示厂房建筑内外各设备之间管路的连接走向和位置以及阀门、仪表控制点的安装位置的图样。管路布置图又称为管路安装图或配管图,用于指导管路的安装施工。

图 8-13 为碱液配制岗位的管路布置图。可以看出,管路布置图一般包括以下内容:

1. 一组视图　表达整个车间(岗位)的设备、建筑物的简单轮廓以及管路、管件、阀门、仪表控制点等的布置安装情况。和设备布置图类似,管路布置图的一组视图主要包括管路布置平面图和剖面图。

2. 标注　包括建筑物定位轴线编号、设备位号、管路代号、控制点代号;建筑物和设备的主要尺寸;管路、阀门、控制点的平面位置尺寸和标高以及必要的说明等。

3. 方位标　表示管路安装的方位基准。

4. 标题栏　注写图名、图号、比例及签字等。

本节主要介绍管路布置图的表达方法和阅读。

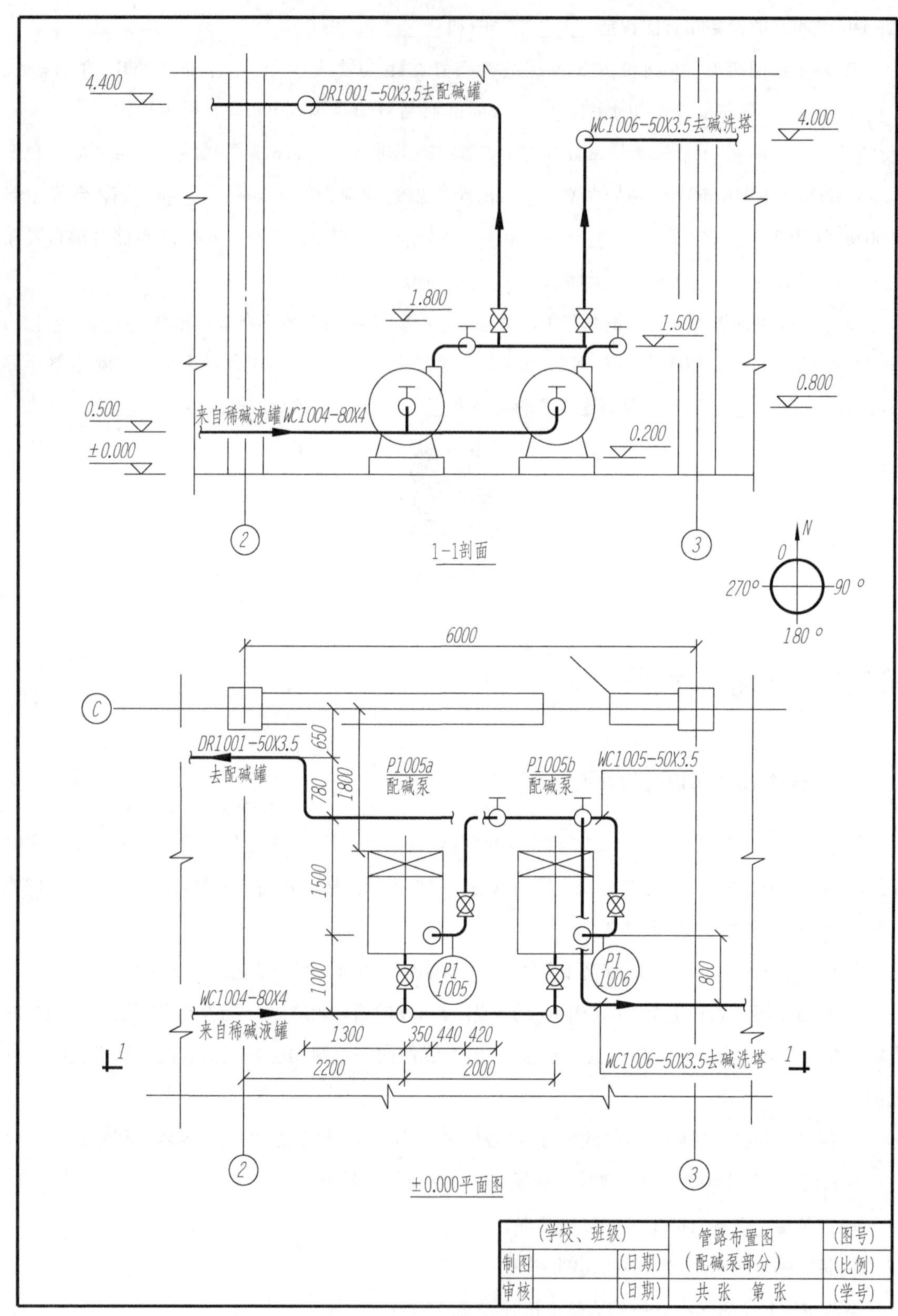

图 8-13 管路布置图(配碱泵部分)

二、管路的图示方法

（一）管路的画法规定

管路布置图中，管路是图样表达的主要内容，因此用粗实线（或中实线）表示。为了画图简便，通常将管路画成单线（粗实线），如图 8-14（a）所示。对于大直径（DN≥250mm）或重要管路（DN≥50mm、受压在 12MPa 以上的高压管），则将管路画成双线（中实线），如图 8-14（b）所示。在管路的断开处应画出断裂符号，单线及双线管路的断裂符号参见图 8-14。

管路交叉时，一般将下方（或后方）的管路断开；若被遮管子为主要管道时，也可将上面（或前面）的管路断开，但应画上断裂符号。如图 8-15 所示。

管路的投影重叠而又需表示出不可见的管段时，可将上面（或前面）管路的投影断开，并画上断裂符号；当多根管路的投影重叠时，最上一根管路画双重断裂符号，并可在管路断开处注上 a、b 等字母，以便于辨认；管道转折后投影重合时，下面（或后面）的管道画至重影处并留出间隙。如图 8-16 所示。

（二）管路转折

管路大都通过 90°弯头实现转折。在反映转折的投影中，转折处用圆弧表示。在其他投影图中，转折处画一细实线小圆表示，如图 8-17（a）所示。为了反映转折方向，规定当转折方向与投射方向一致时，管线画入小圆至圆心处，如图 8-17（a）中的左侧立面图；当转折方向与投射方向相反时，管线不画入小圆内，而在小圆内画一圆点，如图 8-17（a）中的右侧立面图。用双线画出的管路的转折画法见图 8-17（b）。

图 8-18 和图 8-19 为多次转折的实例。

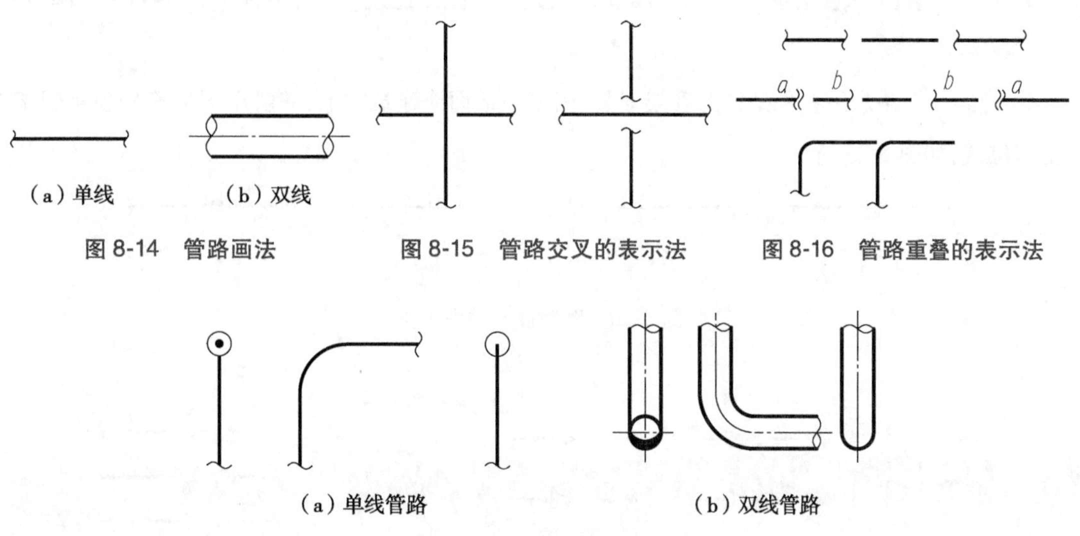

（a）单线　（b）双线

图 8-14　管路画法

图 8-15　管路交叉的表示法

图 8-16　管路重叠的表示法

（a）单线管路　（b）双线管路

图 8-17　管路转折的表示法

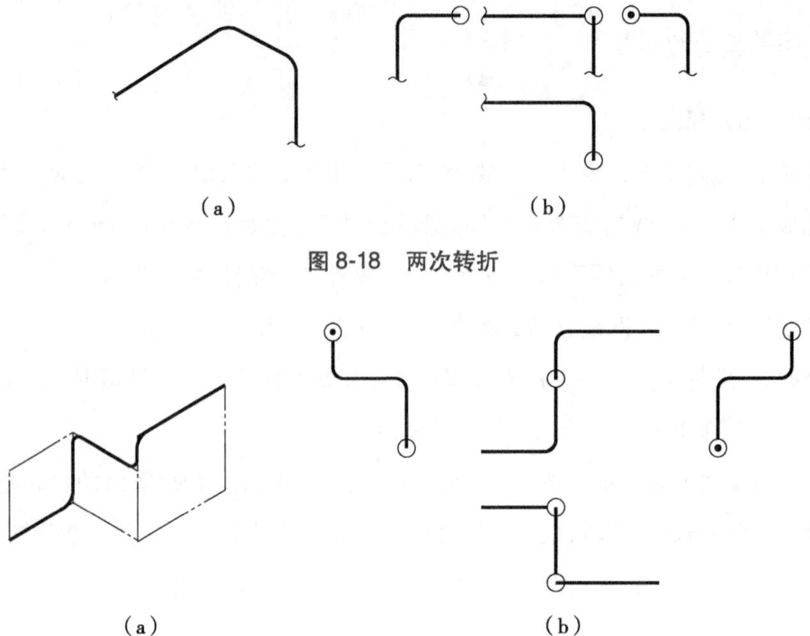

图 8-18　两次转折

图 8-19　多次转折

（三）管路连接与管路附件的表示

1. 管路连接　两段直管相连接通常有法兰连接、承插连接、螺纹连接和焊接四种型式，其连接画法如图 8-20 所示。

2. 阀门　管路布置图中的阀门与工艺流程图类似，仍用图形符号表示（表 8-2）。但一般在阀门符号上表示出控制方式、安装方位、阀门与管路的连接方式，如图 8-21 所示。

3. 管件　管路一般用弯头、三通、四通、管接头等管件连接，常用管件的图形符号如图 8-22 所示。

4. 管架　管路常用各种型式的管架安装、固定在地面或建筑物上，一般用图形符号表示管架的类型和位置，如图 8-23 所示。

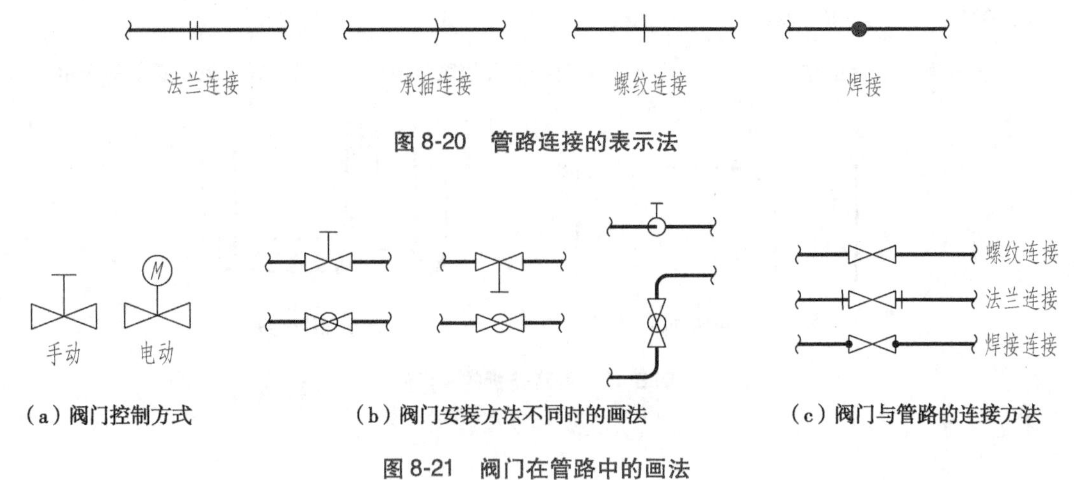

图 8-20　管路连接的表示法

图 8-21　阀门在管路中的画法

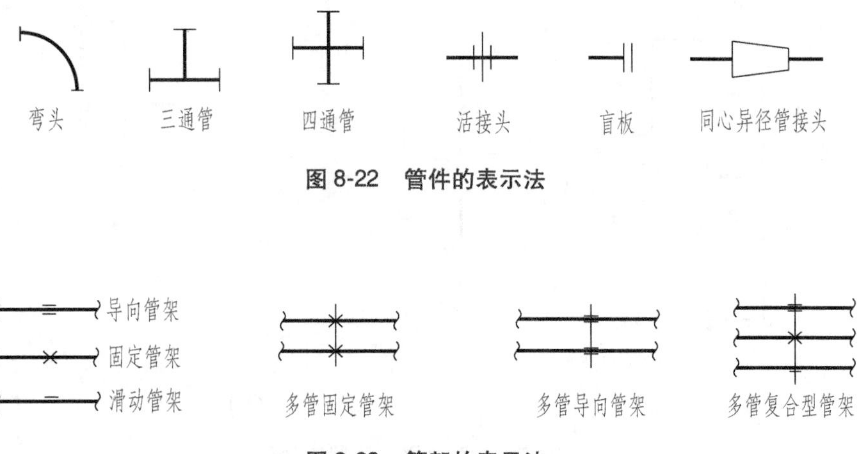

图 8-22　管件的表示法

图 8-23　管架的表示法

实例训练 >

【**例 8-3-1**】已知一管路的平面图如图 8-24(a)所示，试分析管路走向，并画出正立面图和左侧立面图（高度尺寸自定）。

分析：由平面图可知，该管路的空间走向为自左向右→向下→向后→向上→向右。

根据上述分析，可画出该管路的正立面图和左侧立面图，在正立面图中有两段管路重叠，将前面管路的投影断开，并画断裂符号，如图 8-24(b)所示。

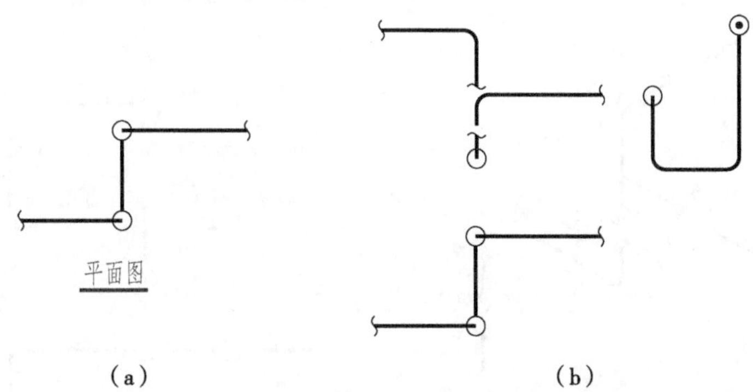

图 8-24　由平面图画正立面图和左侧立面图

【**例 8-3-2**】已知一管路的平面图和正立面图如图 8-25(a)所示，试画出左立面图。

分析：由平面图可知，该管路的空间走向为自后向前→向下→向前→向下→向右→向上→向前→向右→向下→向右。

根据以上分析，可画出该管路的左立面图，其中有两段管路重叠，将右侧管路断开，留出间隙，如图 8-25(b)所示。

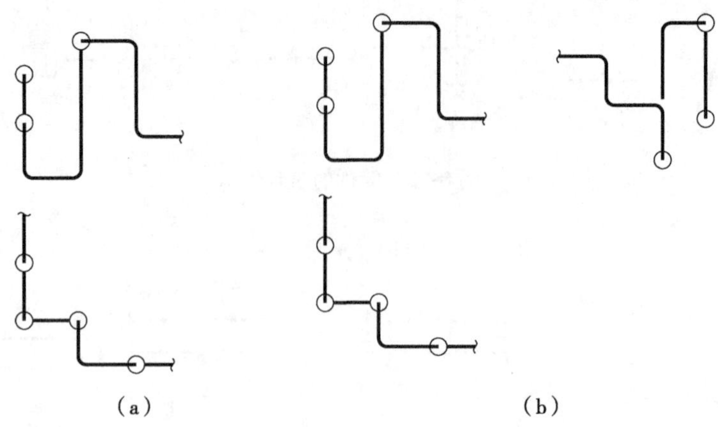

(a)　　(b)

图 8-25　由两视图补画第三视图

【例 8-3-3】已知一段管路(装有阀门)的轴测图如图 8-26(a)所示,试画出其平面图和正立面图。

分析:该段管路由两部分组成,其中一段的走向为自下向上→向后→向左→向上→向后,另一段是向左的支管。管路上有四个截止阀,其中上部两个阀的手轮朝上(阀门与管路为法兰连接),中间一个阀的手轮朝右(阀门与管路为螺纹连接),下部一个阀的手轮朝前(阀门与管路为法兰连接)。

管路的平面图和立面图如图 8-26(b)所示。

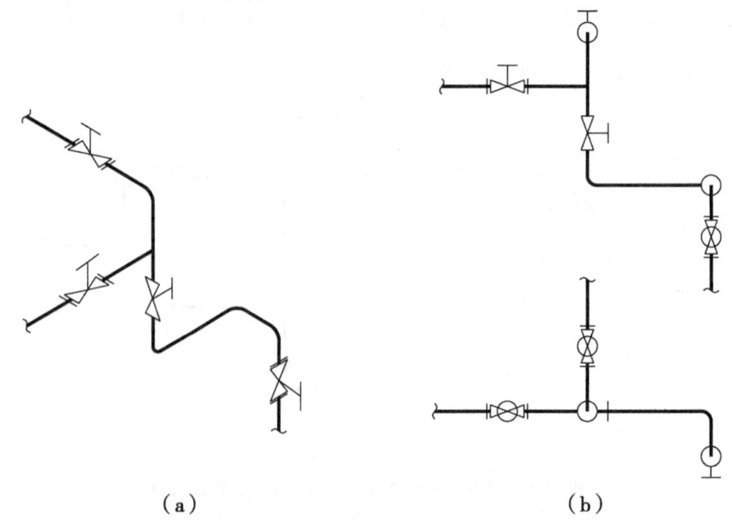

(a)　　(b)

图 8-26　根据轴测图画平面图和立面图

三、管路布置图的表达方法

管路布置图是在设备布置图的基础上再清楚地表示出管路、阀门及管件、仪表控制点等。

管路布置图的表达重点是管路,因此图中管路用粗实线表示(双线管路用中实线表示)。厂房建筑、设备轮廓、管路上的阀门、管件、控制点等符号用细实线表示。

管路布置图的一组视图以管路布置平面图为主。平面图的配置一般应与设备布置图中的平面图一致,即按建筑标高平面分层绘制。各层管路布置平面图是将厂房建筑剖开,而将楼板(或屋顶)以下的设备、管路等全部画出,不受剖切位置的影响。当某一层管路上、下重叠过多,布置比较复杂时，也可再分层分别绘制。

在平面图的基础上，选择恰当的剖切位置画出剖面图，以表达管路的立面布置情况和标高。必要时还可选择立面图、向视图或局部视图对管路布置情况进一步补充表达。为使表达简单且突出重点，常采用局部的剖面图或立面图。

四、管路布置图的阅读

管路布置图是根据带控制点工艺流程图、设备布置图设计绘制的，因此阅读管路布置图之前应首先读懂相应的带控制点工艺流程图和设备布置图。

通过对管路布置图的识读，应了解和掌握如下内容：①所表达的厂房建筑各层楼面或平台的平面布置及定位尺寸、立面结构及标高；②设备的平面布置及定位尺寸、设备的立面布置及标高、设备的编号和名称；③管路的平面布置、定位尺寸，管路的立面布置、标高，管路的编号、规格和介质流向等；④管件、管架、阀门及仪表控制点等的种类及平面位置、立面布置和高度位置。

实例训练 >

【例 8-3-4】 阅读碱液配制岗位（配碱泵部分）的管路布置图。

对于碱液配制岗位，已阅读过了带控制点工艺流程图和设备布置图，下面介绍其管路布置图（图8-13）的读图方法和步骤。

1. 概括了解　从图 8-13 可知，该管路布置图包括平面图和 1-1 剖面图两个视图，仅画出了和两台配碱泵（P1005a、b）有关的管路布置情况。

2. 厂房建筑及设备的布置情况　由图 8-13 并结合设备布置图可知，两台配碱泵距北墙为 1800mm，距两轴线分别为 2200mm 和 4200mm。

3. 管道走向、编号、规格及配件等的安装位置　从平面图和 1-1 剖面图中可以看到，来自于稀碱液罐（V1003）、标高为 0.5m 的管路 WC1004-80×4 到达配碱泵（P1005a）时分成两路，一路向上在标高为 0.8m 处向北经截止阀与配碱泵（P1005a）的进口连接；另一路继续向东、再向上，在标高 0.8m 处向北经截止阀与配碱泵（P1005b）的进口连接。与配碱泵（P1005a）出口相连的管路 WC1005-50×3.5 向上在标高 1.5m 处向东、向北经截止阀后继续向北，再向东分成两路，一路连接管路 DR1001-50×3.5 向上在标高 1.8m 处经截止阀继续向上，在标高 4.4m 处向西、向北再向西去配碱罐（V1002）；另一路向东、向上接管路 WC1006-50×3.5 经截止阀继续向上，在标高 4.0m 处向南、向东去碱液中间罐（V1004）。与配碱泵（P1005b）出口相连的管路请自行分析。

4. 归纳总结　所有管路分析完毕后，进行综合归纳，从而建立起一个完整的空间概念。图 8-27 为碱液配制岗位（配碱泵部分）的管路布置轴测图。

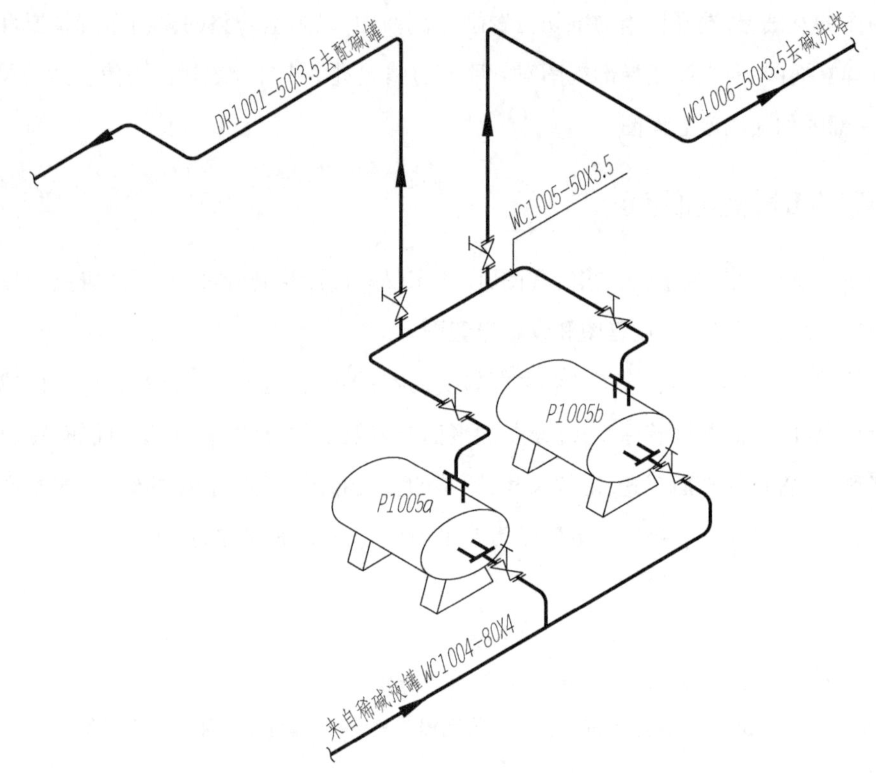

图 8-27　碱液配制岗位(配碱泵部分)的管路布置轴测图

点滴积累

1. 管路布置图是在设备布置图的基础上表达管路、管件、阀门、仪表控制点等的布置情况。
2. 管路布置图中的管路编号、管件、阀门、仪表控制点符号要与工艺流程图一致。

目标检测

1. 阅读图 8-28 空压站的管路布置图，回答问题。

(1)该图为__________管路布置图,包括________图和__________图,表达了两台位号分别为________和________的________设备及相关管路的布置情况。

(2)来自于干燥器 E0602 的压缩空气沿管道__________,在标高为______处向南、向东,然后分为两路。一路继续向东,通向除尘器________;另一路向____,在标高______处又分成两路。一路继续向____,经标高______处的截止阀后再向____,经测____点和大小头,在标高______处进入除尘器________;另一路向南、向____,在标高______处经截止阀继续向上,在标高______处向东,沿管道__________与除尘器______顶部的出口管道相连。除尘器 V0602a 顶部的出口管道在标高 4. 300 处向东、向____,在标高______处向南,经管道通向______________。

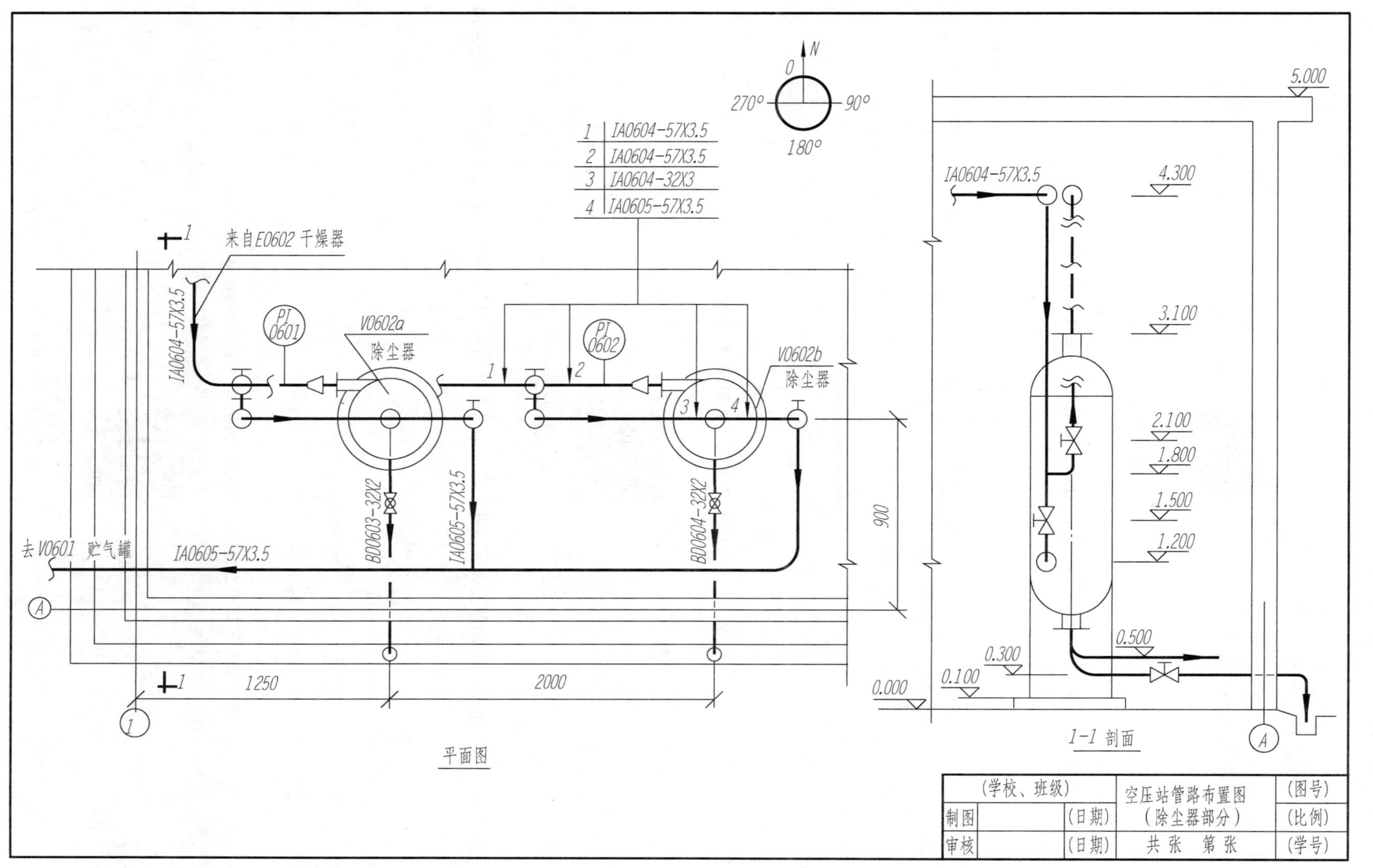

图 8-28　空压站的管路布置图

(3)除尘器底部出口的排污管道向下在标高______处向____，然后向下到排沟，该管道编号为____________。

(4)该部分管路上共有____个阀门。

扫一扫，知答案

2. 如图 8-29 所示，已知管路的平面图和正立面图，画左、右立面图。

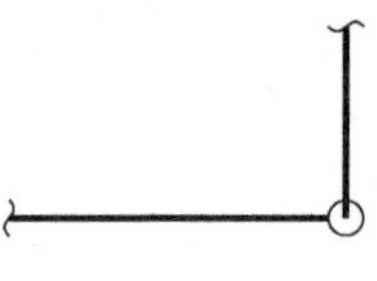

图 8-29　已知平面图和正立面图，画左、右立面图

扫一扫，知答案

3. 如图 8-30 所示，已知管路的正立面图，画出其平面图和左、右立面图（宽度尺寸自定）。

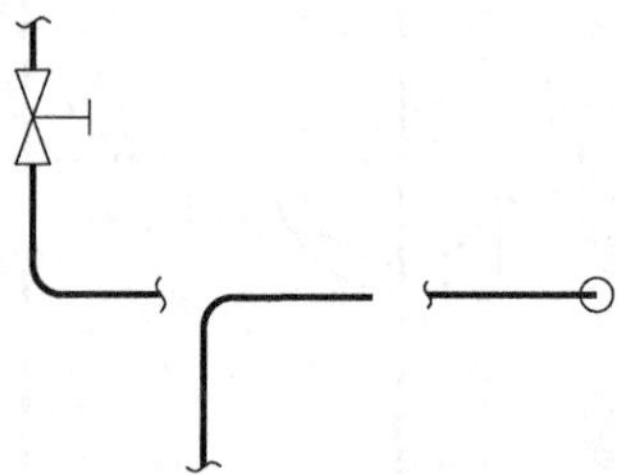

图 8-30　已知正立面图，画平面图和左、右立面图（宽度尺寸自定）

扫一扫，知答案

4. 如图 8-31 所示，根据轴测图，画出下面管路的平面图和立面图。

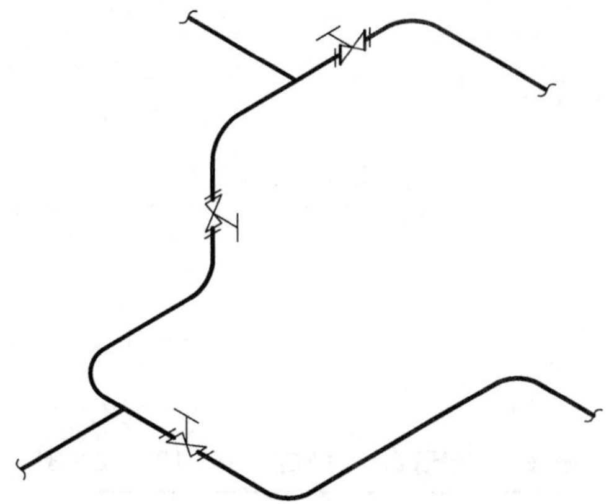

图 8-31　根据轴测图，画平面图和立面图

扫一扫，知答案

（孙安荣）

附录

一、螺纹

附表 1　普通螺纹(摘自 GB/T 196—2003)

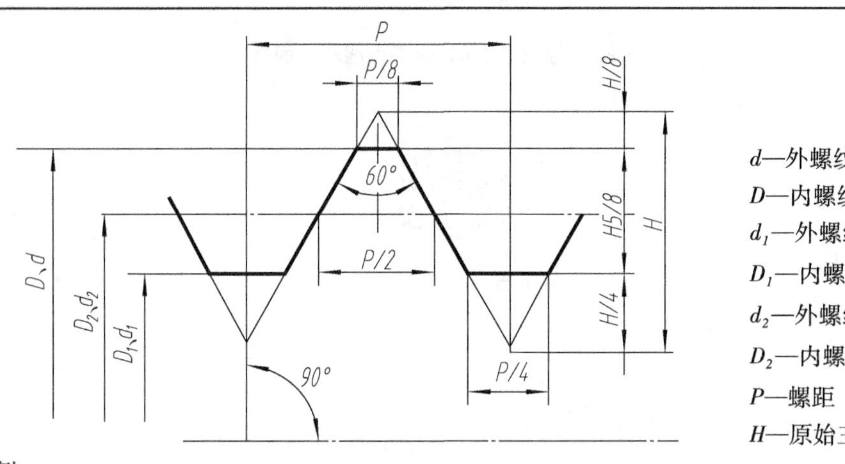

d—外螺纹大径
D—内螺纹大径
d_1—外螺纹小径
D_1—内螺纹小径
d_2—外螺纹中径
D_2—内螺纹中径
P—螺距
H—原始三角形高度

标记示例:
M12-5g(粗牙普通外螺纹、公称直径 $d=12$、右旋、中径及顶径公差带均为 5g、中等旋合长度)
M12×1. 5LH-6H(普通细牙内螺纹、公称直径 $D=12$、螺距 $P=1$、左旋、中径及顶径公差带均为 6H、中等旋合长度)

单位:mm

公称直径 D、d			螺距 P		粗牙螺纹
第一系列	第二系列	第三系列	粗牙	细牙	小径 D_1、d_1
4			0. 7	0. 5	3. 242
5			0. 8		4. 134
6			1	0. 75、(0. 5)	4. 917
		7			5. 917
8			1. 25	1、0. 75、(0. 5)	6. 647
10			1. 5	1. 25、1、0. 75、(0. 5)	8. 376
12			1. 75	1. 5、1. 25、1、(0. 75)、(0. 5)	10. 106
	14		2		11. 835
		15		1. 5、(1)	13. 376

续表

公称直径 D、d			螺距 P		粗牙螺纹
第一系列	第二系列	第三系列	粗牙	细牙	小径 D_1、d_1
16			2	1.5、1、(0.75)、(0.5)	13.835
	18		2.5	2 1.5、1 、(0.75) 、(0.5)	15.294
20					17.294
	22				19.294
24			3	2、1.5、1 、(0.75)	20.752
		25		2、1.5、(1)	22.835
	27		3	2、1.5、(1)、(0.75)	23.752
30			3.5	(3)、2、1.5、(1)、(0.75)	26.211
	33				29.211
		35		1.5	33.376
36			4	3、2、1.5、(1)	31.670
	39				34.670
		40		(3)、(2)、1.5	36.752
42			4.5	(4)、3、2、1.5、(1)	37.129
	45				40.129
48			5		42.587

注：1. 优先选用第一系列，其次是第二系列，第三系列尽可能不选用

2. M14×1.25 仅用于火花塞；M35×1.5 仅用于滚动轴承锁紧螺钉

3. 括号内的尺寸尽可能不选用

附表 2　梯形螺纹（摘自 GB/T 5796.1～5796.4—2005）

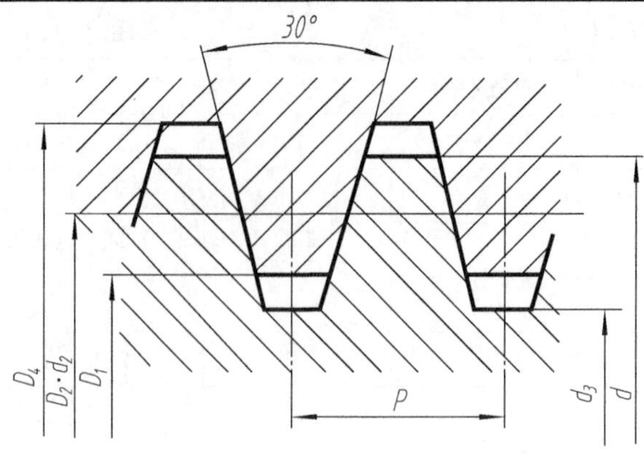

标记示例：

Tr36×6-6H-L

（单线梯形内螺纹、公称直径 d=36、螺距 P=6、右旋、中径公差带代号为 6H、长旋合长度）

Tr40×14（P7）LH—7e

（双线梯形外螺纹、公称直径 d=40、导程 S=14、螺距 P=7、左旋、中径公差带为 7e、中等旋合长度）

单位：mm

d 公称直径		螺距	中径	大径	小径		d 公称直径		螺距	中径	大径	小径	
第一系列	第二系列	P	$D_2=d_2$	D_4	d_3	D_1	第一系列	第二系列	P	$D_2=d_2$	D_4	d_3	D_1
8		1.5	7.25	8.30	6.20	6.50	32		6	29.00	33.00	25.00	26.00
	9	2	8	9.50	6.50	7.00		34		31.00	35.00	27.00	28.00
10			9.00	10.50	7.50	8.00	36			33.00	37.00	29.00	30.00
	11		10.00	11.50	8.50	9.00		38	7	34.50	39.00	30.00	31.00
12		3	10.50	12.50	8.50	9.00	40			36.50	41.00	32.00	33.00
	14		12.50	14.50	10.50	11.00		42		38.50	43.00	34.00	35.00
16		4	14.00	16.50	11.50	12.00	44			40.50	45.00	36.00	37.00
	18		16.00	18.50	13.50	14.00		46	8	42.00	47.00	37.00	38.00
20			18.00	20.50	15.50	16.00	48			44.00	49.00	39.00	40.00
	22	5	19.50	22.50	16.50	17.00		50		46.00	51.00	41.00	42.00
24			21.50	24.50	18.50	19.00	52			48.00	53.00	43.00	44.00
	26		23.50	26.50	20.50	21.00		55	9	50.50	56.00	45.00	46.00
28			25.50	28.50	22.50	23.00	60			55.50	61.00	50.00	51.00
	30	6	27.00	31.00	23.00	24.00		65	10	60.00	66.00	54.00	55.00

注：1. 优先选用第一系列的直径

2. 表中所列的直径与螺距系优先选择的螺距及与之对应的直径

附表3　管螺纹

用螺纹密封的管螺纹(摘自 GB/T 7306—2000)

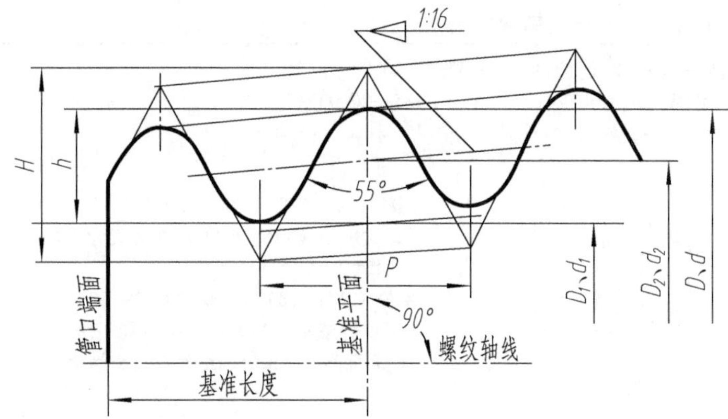

标记示例:
R1/2(圆锥外螺纹、右旋、尺寸代号为 1/2)
R_c1/2(圆锥内螺纹、右旋、尺寸代号为 1/2)
R_p1/2—LH(圆柱内螺纹、左旋、尺寸代号为 1/2)

非螺纹密封的管螺纹(摘自 GB/T 7307—2001)

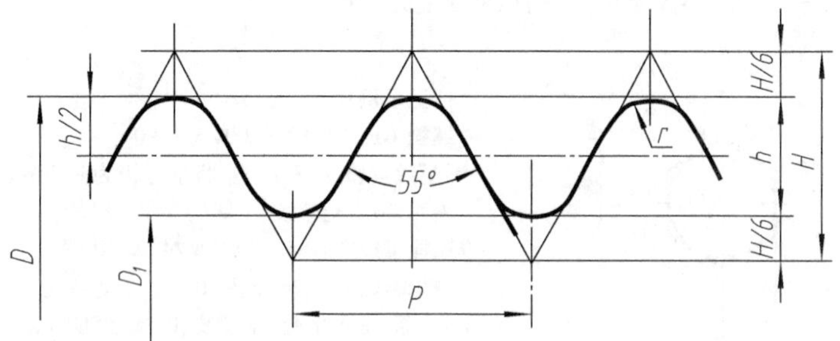

标记示例:
G1/2A—LH(外螺纹、左旋、A 级、尺寸代号为 1/2)
G1/2B(外螺纹、右旋、B 级、尺寸代号为 1/2)
G1/2(内螺纹、右旋、尺寸代号为 1/2)

尺寸代号	基面上的直径(GB/T 7306) 基本直径(GB/T 7307)			螺距 P mm	牙高 h mm	圆弧半径 r mm	每 25.4mm 内的牙数 n	有效螺纹长度 (GB/T 7306) mm	基准的基本长度 (GB/T 7306) mm
	大径 $d=D$ mm	中径 $d_2=D_2$ mm	小径 $d_1=D_1$ mm						
1/16	7.723	7.142	76.561	0.907	0.581	0.125	28	6.5	4.0
1/8	9.728	9.147	8.566						
1/4	13.157	12.301	11.445	1.337	0.856	0.184	19	9.7	6.0
3/8	16.662	15.806	14.950					10.1	6.4
1/2	20.955	19.793	18.631	1.814	1.162	0.249	14	13.2	8.2
3/4	26.441	25.279	24.117					14.5	9.5
1	33.249	31.770	30.291	2.309	1.479	0.317	11	16.8	10.4
1¼	41.910	40.431	38.952					19.1	12.7
1½	47.803	46.324	44.845						
2	59.614	58.135	56.656					23.4	15.9
2½	75.184	73.705	72.226					26.7	17.5
3	87.884	86.405	84.926					29.8	20.6
4	113.030	111.551	136.951					35.8	25.4
5	138.430	136.951	135.472					40.1	28.6
6	163.830	162.351	160.872						

二、常用标准件

附表 4 六角头螺栓(一)

六角头螺栓—A 和 B 级(摘自 GB/T 5782—2000)
六角头螺栓—细牙—A 和 B 级(摘自 GB/T 5785—2000)

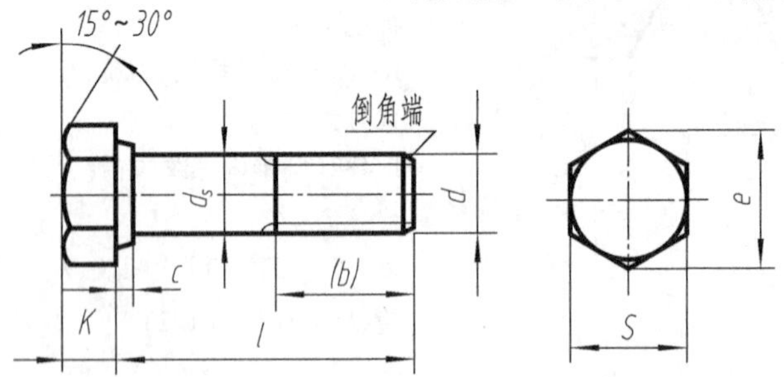

标记示例:
螺栓 GB/T 5782—2000 M16×90
(螺纹规格 $d=16$、$l=90$、性能等级为 8.8 级、表面氧化、A 级的六角头螺栓)
螺栓 GB/T 5785—2000 M30×2×100
(螺纹规格 $d=30\times2$、$l=100$、性能等级为 8.8 级、表面氧化、B 级的细牙六角头螺栓)

六角头螺栓—全螺纹—A 和 B 级(摘自 GB/T 5783—2000)
六角头螺栓—细牙—全螺纹—A 和 B 级(摘自 GB/T 5786—2000)

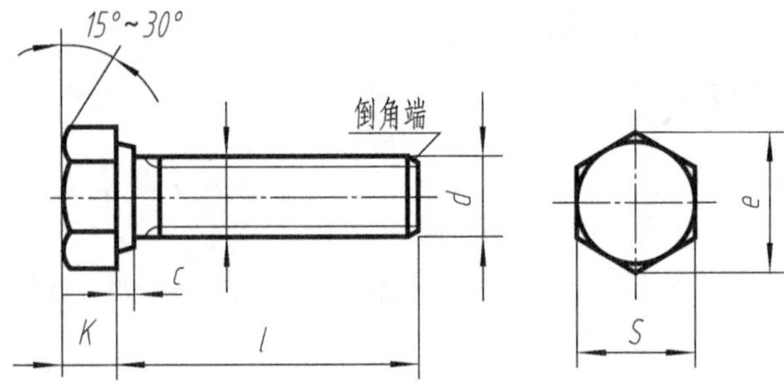

标记示例:
螺栓 GB/T 5783—2000 M8×90
(螺纹规格 $d=8$、$l=90$、性能等级为 8.8 级、表面氧化、全螺纹、A 级的六角头螺栓)
螺栓 GB/T 5785—2000 M24×2×100
(螺纹规格 $d=24\times2$、$l=100$、性能等级为 8.8 级、表面氧化、全螺纹、B 级的细牙六角头螺栓)

单位:mm

螺纹规格	d		M4	M5	M6	M8	M10	M12	M16	M20	M24	M30	M36	M42	M48
	$d\times p$		—	—	—	M8×1	M10×1	M12×1.5	M16×1.5	M20×2	M24×2	M30×2	M36×3	M42×1	M48×3
$b_{参考}$	$l\leqslant125$		14	16	18	22	26	30	38	46	54	66	78	—	—
	$125<l\leqslant200$		—	—	—	28	32	36	44	52	60	72	84	96	108
	$L>200$		—	—	—	—	—	—	57	65	73	85	97	109	121
C_{max}			0.4	0.5		0.6			0.8					1	
$K_{公称}$			2.8	3.5	4	5.3	6.4	7.5	10	12.5	15	18.7	22.5	26	30
d_{smax}			4	5	6	8	10	12	16	20	24	30	36	42	48
S_{max}=公称			7	8	10	13	16	18	24	30	36	46	55	65	75
e_{min}	等级	A	7.66	8.79	11.05	14.38	17.77	20.03	26.75	33.53	39.98	—	—	—	—
	等级	B	—	8.63	10.89	14.2	17.59	19.85	26.17	32.95	39.55	50.85	60.79	72.02	82.6
d_{min}	等级	A	5.9	6.9	8.9	11.6	14.6	16.6	22.5	28.2	33.6	—	—	—	—
	等级	B	—	6.7	8.7	11.4	14.4	16.4	22	27.7	33.2	42.7	51.1	60.6	69.4
l 范围	GB/T 5782		25~40	25~50	30~60	35~80	40~100	45~120	55~160	65~200	80~240	90~300	110~360	130~400	140~400
	GB/T 5785												110~300		
	GB/T 5783		8~40	10~50	12~60	16~80	20~100	25~100	35~100	40~100	40~100	40~100	40~100	80~500	100~500
	GB/T 5786		—	—	—			25~100	35~160	40~200	40~200	40~200	40~200	90~400	100~500
l 系列	GB/T 5782		20~65(5 进位)、70~160(10 进位)、180~400(20 进位)												
	GB/T 5783		6、8、10、12、16、18、20~65(5 进位)、70~160(10 进位)、180~400(20 进位)												

注:1. 螺纹公差为 6g、机械性能等级为 8.8
2. 产品等级 A 用于 $d\leqslant24$ 和 $l\leqslant10d$ 或 $l\leqslant150$mm(按较小值)的螺栓
3. 产品等级 B 用于 $d>24$ 和 $l>10d$ 或 $l>150$mm(按较小值)的螺栓

附表 5　六角头螺栓(二)

六角头螺栓—C 级(摘自 GB/T 5780—2000)

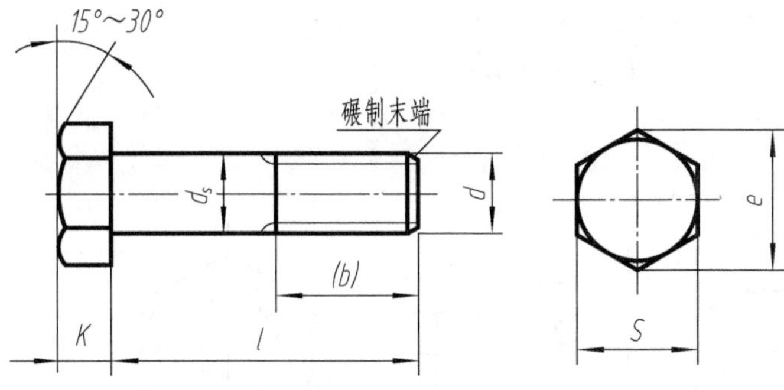

标记示例:
螺栓 GB/T 5780—2000 M16×90
(螺纹规格 d=16、公称长度 l=90、性能等级为 4.8 级、不经表面处理、杆身半螺纹、C 级的六角头螺栓)

六角头螺栓—全螺纹—C 级(摘自 GB/T 5781—2000)

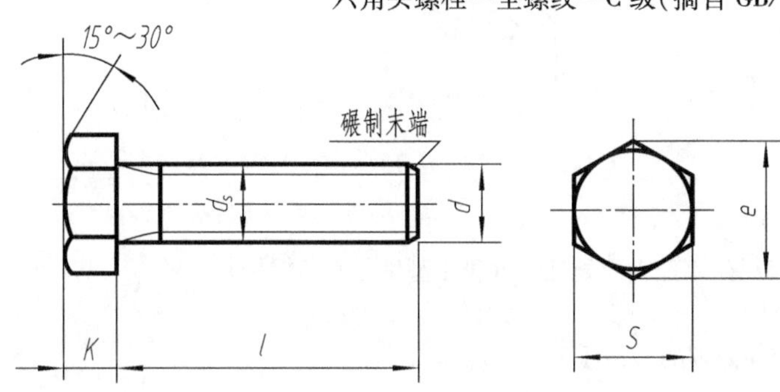

标记示例:
螺栓 GB/T 5781—2000
M20×100
(螺纹规格 d=20、公称长度 l=100、性能等级为 4.8 级、不经表面处理、全螺纹、C 级的六角头螺栓)

单位:mm

螺纹规格 d		M5	M6	M8	M10	M12	M16	M20	M24	M30	M36	M42	M48
$b_{参考}$	l≤125	16	18	22	26	30	38	40	54	66	78	—	—
	125<l≤200	—	—	28	32	36	44	52	60	72	84	96	108
	l>200	—	—	—	—	—	57	65	73	85	97	109	121
k		3.5	4	5.3	6.4	7.5	10	12.5	15	18.7	22.5	26	30
S_{max}		8	10	13	16	18	24	30	36	46	55	65	75
e_{min}		8.63	10.89	14.20	17.59	19.85	26.17	32.95	30.55	50.85	60.79	72.02	82.6
d_{smax}		5.84	6.48	8.58	10.58	12.7	16.7	20.8	24.84	30.84	37	43	49
l范围	GB/T 5780	25~50	30~60	35~80	40~100	45~120	55~160	65~200	80~240	90~300	110~300	160~420	180~480
	GB/T 5781	10~40	12~50	16~65	20~80	25~100	35~100	40~100	50~100	60~100	70~100	80~420	90~480
l系列		10、12、16、18、20~50(5 进位)、(55)、60、(65)、70~160(10 进位)、180、220~500(20 进位)											

注:1. 括号内的规格尽可能不用,末端按 GB/T 2—1985 的规定

2. 螺纹公差为 8g(GB/T 578—1986)、6g(GB/T 578—1986);机械性能等级为 4.6、4.8

附表 6　螺母

Ⅰ型六角螺母—A 和 B 级(摘自 GB/T 6170—2000)

Ⅰ型六角螺母—细牙—A 和 B 级(摘自 GB/T 6171—2000)

Ⅰ型六角螺母—C 级(摘自 GB/T 41—2000)

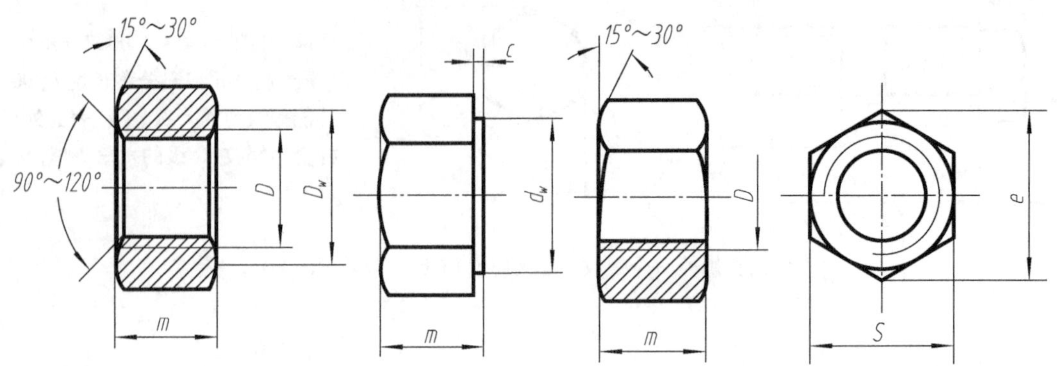

标记示例:

螺母　GB/T 6171—2000　M20×2

(螺纹规格 D=24、螺距 P=2、性能等级为 10 级、不经表面处理的 B 级Ⅰ型细牙六角螺母)

螺母　GB/T 41—2000　M16

(螺纹规格 D=16、性能等级为 5 级、不经表面处理的 C 级Ⅰ型六角螺母)

单位:mm

螺纹规格	D	M4	M5	M6	M8	M10	M12	M16	M20	M24	M30	M36	M42	M48
	$D\times P$	—	—	—	M8×1	M10×1	M12×1.5	M16×1.5	M20×2	M24×2	M30×2	M36×3	M42×3	M48×3
C		0.4	0.5		0.6			0.8					1	
S_{max}		7	8	10	13	16	18	24	30	36	46	55	65	75
e_{max}	A、B	7.66	8.79	11.05	14.38	17.77	20.03	26.75	32.95	39.55	50.85	60.79	72.02	82.6
	C	—	8.63	10.89	14.2	17.59	19.85	26.17	32.95	39.55	50.85	60.79	72.07	82.6
m_{max}	A、B	3.2	4.7	5.2	6.8	8.4	10.8	14.8	18	21.5	25.6	31	34	38
	C	—	5.6	6.1	7.9	9.5	12.2	15.9	18.7	22.3	26.4	31.5	34.9	38.9
d_{wmin}	A、B	5.9	6.9	8.9	11.6	14.6	16.6	22.5	27.7	33.2	42.7	51.1	60.6	69.4
	C	—	6.9	8.9	11.6	14.6	16.6	22.5	27.7	33.2	42.7	51.1	60.6	69.4

注:1. A 级用于 $D\leqslant16$ 的螺母;B 级用于 $D>16$ 的螺母;C 级用于 $D\geqslant5$ 的螺母

2. 螺纹公差:A、B 级为 6H,C 级为 7H;机械性能等级:A、B 级为 6、8、10 级;C 级为 4、5 级

附表 7 垫圈

平垫圈—A 级(摘自 GB/T 97.1—2002) 平垫圈倒角型—A 级(摘自 GB/T 97.2—2002)
小垫圈—A 级(摘自 GB/T 848—2002) 平垫圈—C 级(摘自 GB/T 95—2002)
大垫圈—A 和 C 级(摘自 GB/T 96—2002)

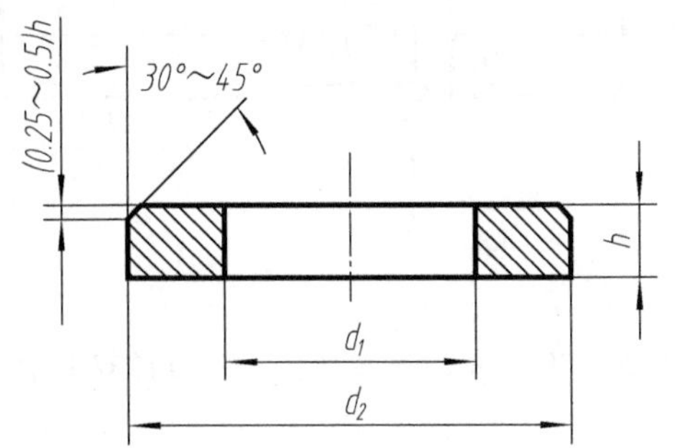

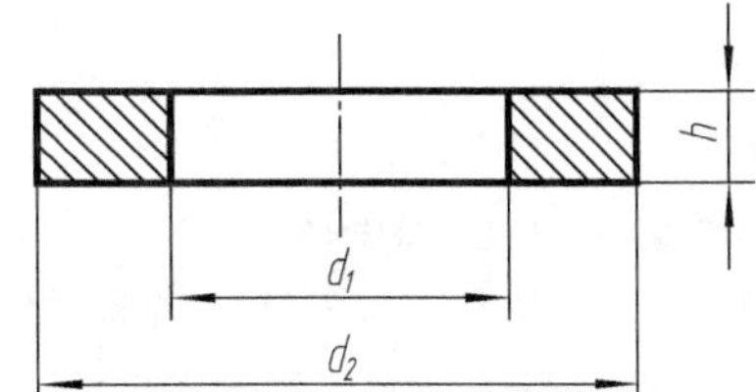

标记示例:
垫圈 GB/T 95—2002 10-100HV
(标准系列、公称尺寸 d=10、性能等级为 100HV 级、不经表面处理的平垫圈)
垫圈 GB/T 97.2—2002 10-A140
(标准系列、公称尺寸 d=10、性能等级为 A140HV 级、倒角型、不经表面处理的平垫圈)

单位:mm

公称直径 d(螺纹规格)		4	5	6	8	10	12	14	16	20	24	30	36	42	48
GB/T 848—1985(A 级)	d_1	4.3	5.3	6.4	8.4	10.5	13	15	17	21	25	31	37	—	—
	d_2	8	9	11	15	18	20	24	28	34	39	50	60	—	—
	h	0.5	1	1.6	1.6	1.6	2	2.5	2.5	3	4	4	5	—	—
GB/T 97.1—1985(A 级)	d_1	4.3	5.3	6.4	8.4	10.5	13	15	17	21	25	31	37	—	—
	d_2	9	10	12	16	20	24	28	30	37	44	56	66	—	—
	h	0.8	1	1.6	1.6	2	2.5	2.5	3	3	4	4	5	—	—
GB/T 97.2—1985(A 级)	d_1	—	5.3	6.4	8.4	10.5	13	15	17	21	25	31	37	—	—
	d_2	—	10	12	16	20	24	28	30	37	44	56	66	—	—
	h	—	1	1.6	1.6	2	2.5	2.5	3	3	4	4	5	—	—
GB/T 95—1985(C 级)	d_1	—	5.5	6.6	9	11	13.5	15.5	17.5	22	26	33	39	45	52
	d_2	—	10	12	16	20	24	28	30	37	44	56	66	78	92
	h	—	1	1.6	1.6	2	2.5	2.5	3	3	4	4	5	8	8
GB/T 96—1985(A 和 C 级)	d_1	4.3	5.6	6.4	8.4	10.5	13	15	17	22	26	33	39	45	52
	d_2	12	15	18	24	30	37	44	50	60	72	92	110	125	145
	h	1	1.2	1.6	2	2.5	3	3	3	4	5	6	8	10	10

注:1. A 级适用于精装配系列;C 级适用于中等装配系列
2. C 级垫圈没有 Ra3.2 和去毛刺的要求

附表 8　双头螺柱(摘自 GB/T 897~900—1988)

$b_m=d$(GB/T 897—1988) $b_m=1.25d$(GB/T 898—1988)　$b_m=1.5d$(GB/T 899—1988) $b_m=2d$(GB/T 900—1988)

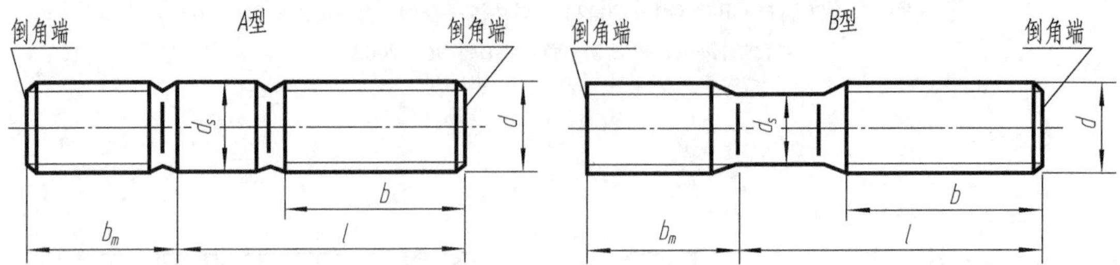

标记示例:

螺柱　GB/T 899—1988　M12×60

(两端均为粗牙普通螺纹、$d=12$、$l=60$、性能等级为 4.8 级、不经表面处理、B 型、$b_m=1.5d$ 的双头螺柱)

螺柱　GB/T 900—1988　AM16-M16×1×70

(旋入机体一端为粗牙普通螺纹、旋螺母端为细牙普通螺丝、螺距 $P=1$、$d=16$、$l=70$、性能等级为 4.8 级、不经表面处理、A 型、$b_m=2d$ 的双头螺柱)

单位:mm

螺纹规格 d	b_m				l/b
	GB/T 897	GB/T 898	GB/T 899	GB/T 900	
M4	—	—	6	8	(16~22)/8(25~40)/14
M5	5	6	8	10	(16~22)/10、(25~50)/16
M6	6	8	10	12	(20~22)/10、(25~30)/14、(32~75)/18
M8	8	10	12	16	(20~22)/12、(25~30)/16、(32~90)/22
M10	10	12	15	20	(25~28)/14、(30~38)/16、(40~120)/26、130/32
M12	12	15	18	24	(25~30)/16、(32~40)/20、(45~120)/30、(130~180)/36
M16	16	20	24	32	(30~38)/20、(40~55)/30、(60~120)/38、(130~200)/44
M20	20	25	30	40	(35~40)/25、(45~65)/35、(70~120)/46、(130~200)/52
(M24)	24	30	36	48	(45~50)/20、(55~75)/45、(80~120)/54、(132~200)/60
(M30)	30	38	45	60	(60~65)/40、(70~90)/50、(95~120)/66、(130~200)/72、(210~250)/85
M36	36	45	54	72	(65~75)/45、(80~110)/60、120/78、(130~200)/84、(210~300)/97
M42	42	52	63	84	(70~80)/50、(85~110)/70、120/90、(130~200)/96、(210~300)/109
M48	48	60	72	96	(80~90)/60(95~110)/80、120/102、(130~200)/1080、(210~300)/121
l 系列	12、(14)、16、(18)、20、(22)、25、(28)、30、(32)、35、(38)、40、45、50、55、60、(65)、70、75、80、(85)、90、(95)、100~260(10 进位)、280、300				

注:1. 尽可能不采用括号内的规格。末端按 GB/T 2—1985 的规定

2. b_m 的值与被连接零件的材料有关。$b_m=d$ 用于钢,$b_m=1.25\sim1.5d$ 用于铸铁,$b_m=1.5d$ 用于铸铁或铝合金,$b_m=2d$ 用于铝合金

附表 9　螺钉（摘自 GB/T 67～69—2000）

开槽盘头螺钉（GB/T 67—2000）　　开槽沉头螺钉（GB/T 68—2000）

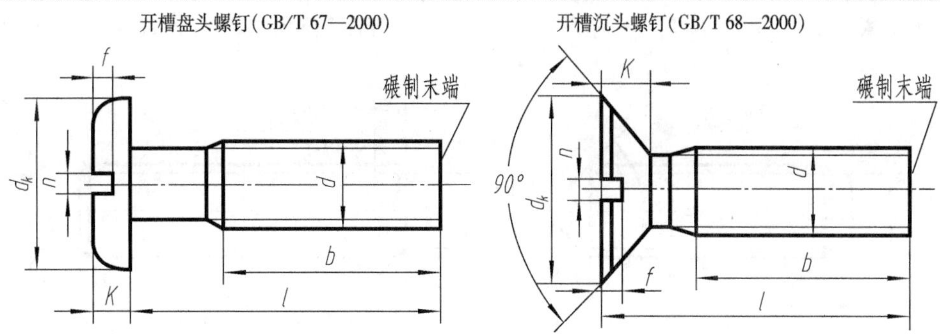

开槽半盘头螺钉（GB/T 69—2000）

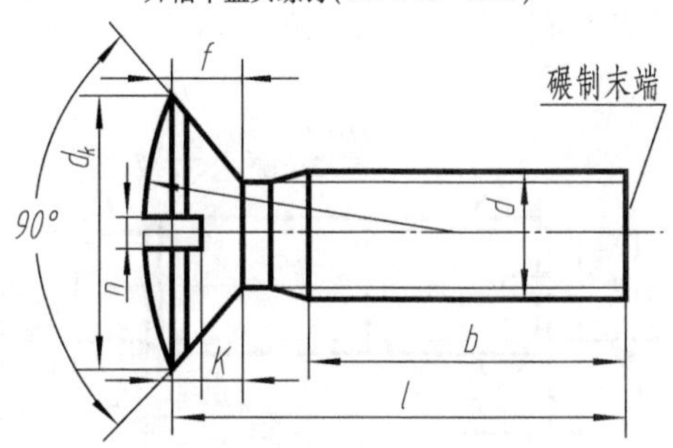

标记示例：

螺钉　GB/T 69—2000 M6×25

（螺纹规格 d=6、公称长度 l=25、性能等级为 4.8 级、不经表面处理的开槽半沉头螺钉）

单位：mm

螺纹规格 d	P	b_{min}	n	f	r_f	k_{max}		d_{kmax}		t_{max}			l 范围		全螺纹时最大长度	
				GB/T 69	GB/T 69	GB/T 67	GB/T 68 GB/T 69	GB/T 67	GB/T 68 GB/T 69	GB/T 67	GB/T 68	GB/T 69	GB/T 67	GB/T 68 GB/T 69	GB/T 67	GB/T 68
M2	0.4	25	0.5	0.5	4	1.3	1.2	4.0	3.8	0.5	0.4	0.8	2.5～20	3～20	30	30
M3	0.5	25	0.8	0.7	6	1.8	1.65	5.6	5.5	0.7	0.6	1.2	4～30	5～30		
M4	0.7	38	1.2	1	9.5	2.4	2.7	8.0	8.4	1	1	1.6	5～40	6～40	40	45
M5	0.8	38	1.2	1.2	9.5	3.0	2.7	9.5	9.3	1.2	1.1	2	6～50	8～50		
M6	1	38	1.6	1.4	12	3.6	3.3	12	11.3	1.4	1.2	2.4	8～60	8～60		
M8	1.25	38	2	2	16.5	4.8	4.65	16	15.8	1.9	1.8	3.2	10～80	10～80		
M10	1.5	38	2.5	2.3	19.5	6	5	20	18.3	2.4	2	3.8	12～80	12～80		
l 系列			2、2.5、3、4、5、6、8、10、12、(14)、16、20～50(5 进位)、(55)、60、(65)、70、(75)、80													

注：螺纹公差为 6g；机械性能等级为 4.8、5.8；产品等级为 A

附表 10　紧定螺钉(摘自 GB/T 71、73、75—1985)

开槽锥端紧定螺钉(摘自 GB/T 71—1985)　　开槽平端紧定螺钉(摘自 GB/T 73—1985)

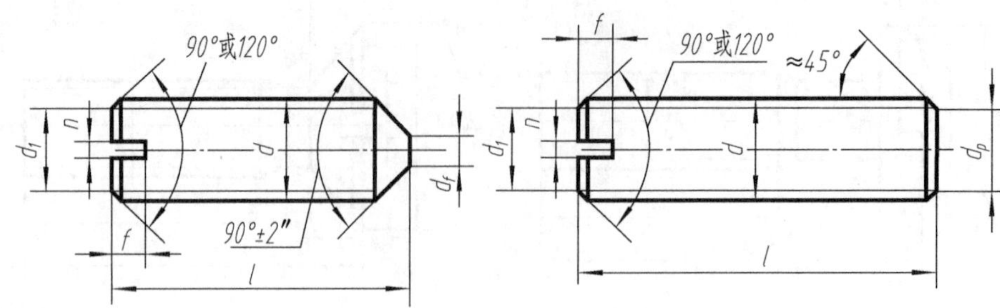

开槽长圆柱端紧定螺钉(摘自 GB/T 75—1985)

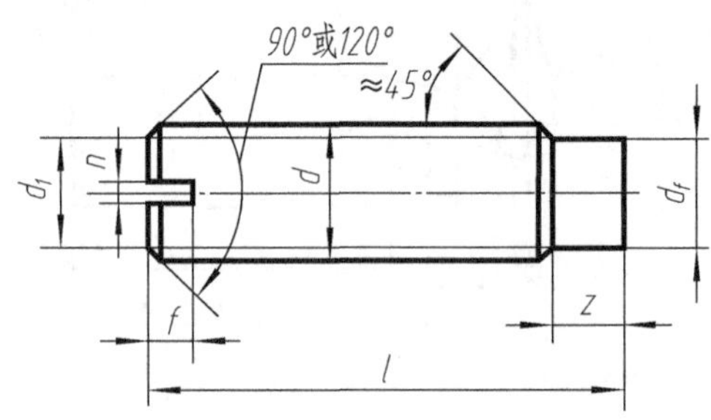

标记示例:

螺钉　GB/T 73—1985　M6×12

(螺纹规格 d=6、公称长度 l=12、性能等级为 14H 级、表面氧化的开槽平端紧定螺钉)

单位:mm

螺丝规格 d	P	$d_f \approx$	$d_{t\max}$	$d_{p\max}$	n 公称	$t_{\max}$	$z_{\max}$	l 范围		
								GB/T 71	GB/T 73	GB/T 75
M2	0. 4	螺纹小径	0. 2	1	0. 25	0. 84	1. 25	3~10	2~10	3~10
M3	0. 5		0. 3	2	0. 4	1. 05	1. 75	4~16	3~16	5~16
M4	0. 7		0. 4	2. 5	0. 6	1. 42	2. 25	6~20	4~20	6~20
M5	0. 8		0. 5	3. 5	0. 8	1. 63	2. 75	8~25	5~25	8~26
M6	1		1. 5	4	1	2	3. 25	8~30	6~30	8~30
M8	1. 25		2	5. 5	1. 2	2. 5	4. 3	10~40	8~40	10~40
M10	1. 5		2. 5	7	1. 6	3	5. 3	12~50	10~50	12~50
M12	1. 75		3	8. 5	2	3. 6	6. 3	14~60	12~60	14~60
l 系列公称	2、2. 5、3、4、5、6、8、10、12、(14)、16、20、25、30、35、40、45、50、(55)、60									

附表 11　平键及键槽各部分尺寸(GB/T 1095~1096—2003)

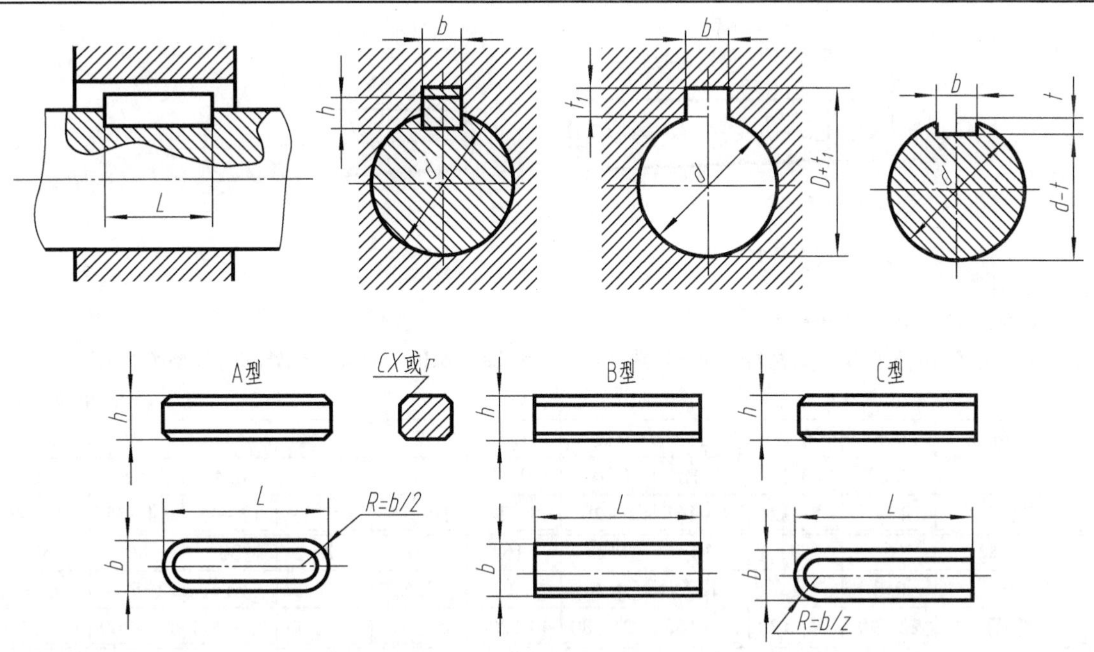

标记示例:

键　12×60　GB/T 1096—2003(圆头普通平键、$b=12$、$h=8$、$L=60$)

键　B12×60　GB/T 1096—2003(平头普通平键、$b=12$、$h=8$、$L=60$)

键　C12×60　GB/T 1096—2003(单圆头普通平键、$b=12$、$h=8$、$L=60$)

单位:mm

轴	键		键槽											
公称直径 d	公称尺寸 $b\times h$	长度 L	宽度 b						深度				半径 r	
			公称尺寸 b	极限偏差					轴 t		毂 t_1			
				较松键连接		一般键连接		较紧键连接						
				轴 H9	毂 D10	轴 N9	毂 JS9	轴和毂 P9	公称	偏差	公称	偏差	最大	最小
>10~12	4×4	8~45	4	+0.030 +0.000	+0.078 +0.030	-0.000 -0.030	±0.015	-0.012 -0.042	2.5	+0.10	1.8	+0.10	0.08	0.16
>12~17	5×5	10~56	5						3.0		2.3		0.16	0.25
>17~22	6×6	14~70	6						3.5		2.8			
>22~30	8×7	18~90	8	+0.036 +0.000	+0.098 +0.040	-0.000 -0.036	±0.018	-0.015 -0.051	4.0	+0.20	3.3	+0.20		
>30~38	10×8	22~110	10						5.0		3.3		0.25	0.40
>38~44	12×8	28~140	12	+0.043 +0.003	+0.120 +0.050	-0.003 -0.043	±0.0215	-0.018 -0.061	5.0		3.3			
>44~50	14×9	36~160	14						5.5		3.8			
>50~58	16×10	45~180	16						6.0		4.3			
>58~65	18×11	50~200	18						7.0		4.4			
>65~75	20×12	56~220	20	+0.052 +0.002	+0.149 +0.065	-0.052 -0.052	±0.062	-0.002 -0.074	7.5		4.9		0.40	0.60
>75~85	22×14	63~250	22						9.0		5.4			
>85~95	25×14	70~280	25						9.0		5.4			
>95~110	28×16	80~320	28						10.0		6.4			

注:1. 键 b 的极限偏差为 h9,键 h 的极限偏差为 h11,键长 L 的极限偏差 h14

2. $(d-t)$和$(d+t_1)$两组组合尺寸的极限偏差按相应的 t 和 t_1 的极限偏差选取,但$(d-t)$的极限偏差应取负号(-)

3. L 系列:6~22(2 进位)、25、28、32、36、40、45、50、56、63、70、80、90、100、110、125、140、160、180、200、220、250、280、320、360、400、450、500

附表 12 圆锥销(GB/T 117—2000)

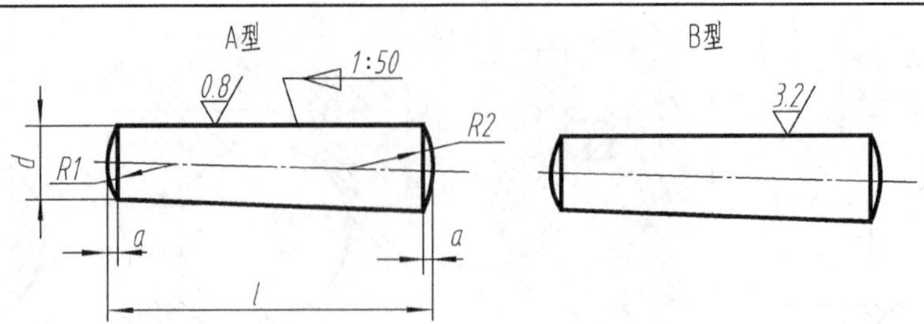

标记示例:

销 GB/T 117—2000 B10×50

(公称直径 d=10、长度 l=50、材料为 35 钢、热处理硬度为 28~38HRC、表面氧化处理的 B 型圆锥销)

单位:mm

d(公称)	0.6	0.8	1	1.2	1.5	2	2.5	3	4	5
a≈	0.08	0.1	0.12	0.16	0.2	0.25	0.3	0.4	0.5	0.63
l范围	4~8	5~12	6~16	6~20	8~24	10~35	10~35	12~45	14~55	18~60
d(公称)	6	8	10	12	16	20	25	30	40	50
a≈	0.8	1	1.2	1.6	2	2.5	3	4	5	6.3
l范围	22~90	22~120	26~160	32~180	40~200	45~200	50~200	55~200	60~200	65~200
l系列	2、3、4、5、6~32(5 进位)、35~100(5 进位)、120~200(20 进位)									

附表 13 普通圆柱销(GB/T 119—2000)

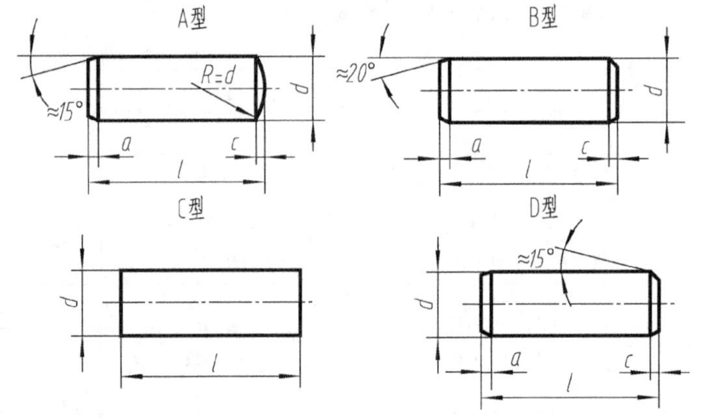

标记示例:

销 GB/T 119—1986 A10×80

(公称直径 d=10 长度 l=80、材料为 35 钢、热处理硬度为 28~38HRC、表面氧化处理的 A 型圆柱销)

销 GB/T 119—1986 10×80

(公称直径 d=10 长度 l=80、材料为 35 钢、热处理硬度为 28~38HRC、表面氧化处理的 B 型圆柱销)

单位:mm

d(公称)	0.6	0.8	1	1.2	1.5	2	2.5	3	4	5
a≈	0.08	0.10	0.12	0.16	0.20	0.25	0.30	0.40	0.50	0.63
c≈	0.12	0.16	0.20	0.25	0.30	0.35	0.40	0.50	0.63	0.80
l范围	2~6	2~8	4~10	4~12	4~16	6~20	6~24	8~30	8~40	10~50
d(公称)	6	8	10	12	16	20	25	30	40	50
a≈	0.80	1.0	1.2	1.6	2.0	2.5	3.0	4.0	5.0	6.3
c≈	1.2	1.6	2.0	2.5	3.0	3.5	4.0	5.0	6.3	8.0
l范围	12~60	14~80	18~95	22~140	26~180	35~200	50~200	60~200	80~200	95~200
l系列	2、3、4、5、6~32(5 进位)、35~100(5 进位)、120~200(20 进位)									

附表 14　滚动轴承

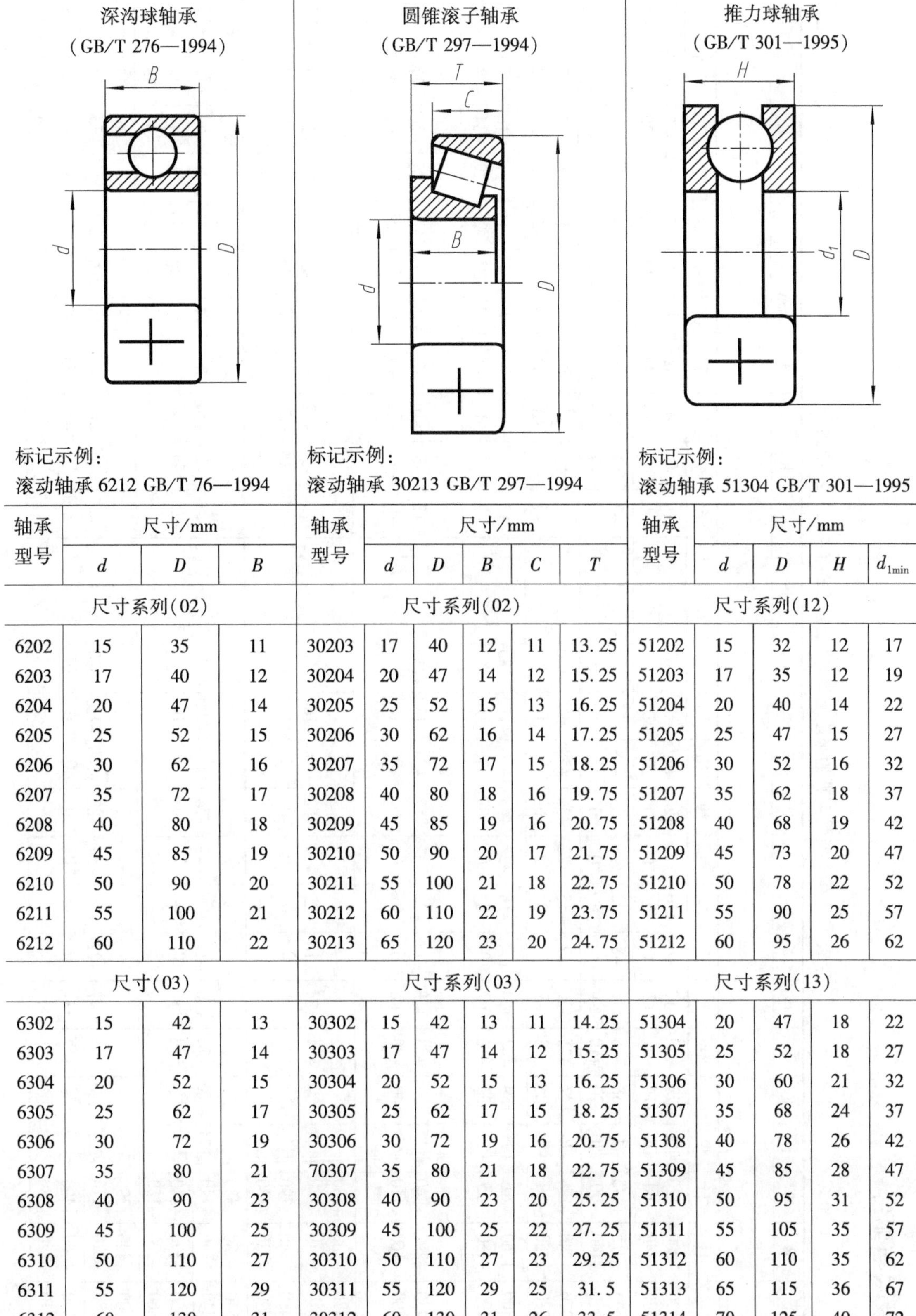

深沟球轴承（GB/T 276—1994）	圆锥滚子轴承（GB/T 297—1994）	推力球轴承（GB/T 301—1995）
标记示例： 滚动轴承 6212 GB/T 76—1994	标记示例： 滚动轴承 30213 GB/T 297—1994	标记示例： 滚动轴承 51304 GB/T 301—1995

轴承型号	尺寸/mm			轴承型号	尺寸/mm					轴承型号	尺寸/mm			
	d	D	B		d	D	B	C	T		d	D	H	$d_{1\min}$
尺寸系列(02)				尺寸系列(02)						尺寸系列(12)				
6202	15	35	11	30203	17	40	12	11	13. 25	51202	15	32	12	17
6203	17	40	12	30204	20	47	14	12	15. 25	51203	17	35	12	19
6204	20	47	14	30205	25	52	15	13	16. 25	51204	20	40	14	22
6205	25	52	15	30206	30	62	16	14	17. 25	51205	25	47	15	27
6206	30	62	16	30207	35	72	17	15	18. 25	51206	30	52	16	32
6207	35	72	17	30208	40	80	18	16	19. 75	51207	35	62	18	37
6208	40	80	18	30209	45	85	19	16	20. 75	51208	40	68	19	42
6209	45	85	19	30210	50	90	20	17	21. 75	51209	45	73	20	47
6210	50	90	20	30211	55	100	21	18	22. 75	51210	50	78	22	52
6211	55	100	21	30212	60	110	22	19	23. 75	51211	55	90	25	57
6212	60	110	22	30213	65	120	23	20	24. 75	51212	60	95	26	62
尺寸(03)				尺寸系列(03)						尺寸系列(13)				
6302	15	42	13	30302	15	42	13	11	14. 25	51304	20	47	18	22
6303	17	47	14	30303	17	47	14	12	15. 25	51305	25	52	18	27
6304	20	52	15	30304	20	52	15	13	16. 25	51306	30	60	21	32
6305	25	62	17	30305	25	62	17	15	18. 25	51307	35	68	24	37
6306	30	72	19	30306	30	72	19	16	20. 75	51308	40	78	26	42
6307	35	80	21	70307	35	80	21	18	22. 75	51309	45	85	28	47
6308	40	90	23	30308	40	90	23	20	25. 25	51310	50	95	31	52
6309	45	100	25	30309	45	100	25	22	27. 25	51311	55	105	35	57
6310	50	110	27	30310	50	110	27	23	29. 25	51312	60	110	35	62
6311	55	120	29	30311	55	120	29	25	31. 5	51313	65	115	36	67
6312	60	130	31	30312	60	130	31	26	33. 5	51314	70	125	40	72

三、极限与配合

附表 15　优先及常用孔的极限偏差表(摘自 GB/T 1800.2—2009)　　单位:μm

代号		A	B	C	D	E	F	G	H								JS		K			M	N		P		R	S	T	U
基本尺寸(mm)		公差等级																												
大于	至	11	11	*11	*9	8	*8	*7	6	*7	*8	*9	10	*11	12	6	7	6	*7	8	7	6	7	6	*7	7	*7	7	*7
—	3	+330 +270	+200 +140	+120 +60	+45 +20	+28 +14	+20 +6	+12 +2	+6 0	+10 0	+14 0	+25 0	+40 0	+60 0	+100 0	±3	±5	0 −6	0 −10	0 −14	−2 −12	−4 −10	−4 −14	−6 −12	−6 −16	−10 −20	−14 −24	—	−18 −28
3	6	+345 +270	+215 +140	+145 +70	+60 +30	+38 +20	+28 +10	+16 +4	+8 0	+12 0	+18 0	+30 0	+48 0	+75 0	+120 0	±4	±6	+2 −6	+3 −9	+5 −13	0 −12	−5 −13	−4 −16	−9 −17	−8 −20	−11 −23	−15 −27	—	−19 −31
6	10	+370 +280	+240 +150	+170 +80	+76 +40	+47 +25	+35 +13	+20 +5	+9 0	+15 0	+22 0	+36 0	+58 0	+90 0	+150 0	±4.5	±7	+2 −7	+5 −10	+6 −16	0 −15	−7 −16	−4 −19	−12 −21	−9 −24	−13 −28	−17 −32	—	−22 −37
10	14	+400 +290	+260 +150	+205 +95	+93 +50	+59 +32	+43 +16	+24 +6	+11 0	+18 0	+27 0	+43 0	+70 0	+110 0	+180 0	±5.5	+9	+2 −9	+6 −12	+8 −19	0 −18	−9 −20	−5 −23	−15 −26	−11 −29	−16 −34	−21 −39	—	−26 −44
14	18																												
18	24	+430 +300	+290 +160	+240 +110	+117 +65	+73 +40	+53 +20	+28 +7	+13 0	+21 0	+33 0	+52 0	+84 0	+130 0	+210 0	±6.5	±10	+2 −11	+6 −15	+10 −23	0 −21	−11 −24	−7 −28	−18 −31	−14 −35	−20 −41	−27 −48	—	−33 −54
24	30																											−33 −54	−40 −61
30	40	+470 +310	+330 +170	+280 +120	+142 +80	+89 +50	+64 +25	+34 +9	+16 0	+25 0	+39 0	+62 0	+100 0	+160 0	+250 0	±8	±12	+3 −13	+7 −18	+12 −27	0 −25	−12 −28	−8 −33	−21 −37	−17 −42	−25 −50	−34 −59	−39 −64	−51 −76
40	50	+480 +320	+340 +180	+290 +130																								−45 −70	−61 −86
50	65	+530 +340	+380 +190	+330 +140	+174 +100	+106 +60	+76 +30	+40 +10	+19 0	+30 0	+46 0	+74 0	+120 0	+190 0	+300 0	±9.5	±15	+4 −15	+9 −21	+14 −32	0 −30	−14 −33	−9 −39	−26 −45	−21 −51	−30 −60	−42 −72	−55 −85	−76 −106
65	80	+550 +360	+390 +200	+340 +150																						−32 −62	−48 −78	−64 −94	−91 −121
80	100	+600 +380	+440 +220	+390 +170	+207 +120	+126 +72	+90 +36	+47 +12	+22 0	+35 0	+54 0	+87 0	+140 0	+220 0	+350 0	±11	±17	+4 −18	+10 −25	+16 −38	0 −35	−16 −38	−10 −45	−30 −52	−24 −59	−38 −73	−58 −93	−78 −113	−111 −146
100	120	+630 +410	+460 +240	+400 +180																						41 −76	−66 −101	−91 −126	−131 −166

续表

代号		A	B	C	D	E	F	G	H							JS		K			M	N		P		R	S	T	U
基本尺寸(mm)		公差等级																											
大于	至	11	11	*11	*9	8	*8	*7	6	*7	*8	*9	10	*11	12	6	7	6	*7	8	7	6	7	6	*7	7	*7	7	*7
120	140	+710 +460	+510 +260	+450 +200																						-48 -88	-77 -117	-107 -147	-155 -195
140	160	+770 +520	+530 +280	+460 +210	+245 +145	+148 +85	+106 +43	+54 +14	+25 0	+40 0	+63 0	+100 0	+160 0	+250 0	+400 0	±12.5	±20	+4 -21	+12 -28	+20 -43	0 -40	-20 -45	-12 -52	-36 -61	-28 -68	-50 -90	-35 -125	-119 -159	-175 -215
160	180	+830 +580	+560 +310	+480 +230																						-53 -93	-93 -133	-131 -171	-195 -235
180	200	+950 +660	+630 +340	+530 +240																						-60 -106	-105 -151	-149 -195	-219 -265
200	225	+1030 +740	+670 +380	+550 +260	+285 +170	+172 +100	+122 +50	+61 +15	+29 0	+46 0	+72 0	+115 0	+185 0	+290 0	+460 0	±14.5	±23	+5 -24	+13 -33	+22 -50	0 -46	-22 -51	-14 -60	-41 -70	-33 -79	-63 -109	-113 -159	-163 -209	-241 -287
225	250	+1110 +820	+710 +420	+570 +280																						-67 -113	-123 -169	-179 -225	-267 -313
250	280	+1240 +920	+800 +480	+620 +300	+320 +190	+191 +110	+137 +56	+69 +17	+32 0	+52 0	+81 0	+130 0	+210 0	+320 0	+520 0	±16	±26	+5 -27	+16 -36	+25 -56	0 -52	-25 -57	-14 -66	-47 -79	-36 -88	-74 -126	-138 -190	-198 -250	-295 -347
280	315	+1370 +1050	+860 +540	+650 +330																						-78 -130	-150 -202	-220 -272	-330 -382
315	355	+1560 +1200	+960 +600	+720 +360	+350 +210	+214 +125	+151 +62	+75 +18	+36 0	+57 0	+89 0	+140 0	+230 0	+360 0	+570 0	±18	±28	+7 -29	+17 -40	+28 -61	0 -57	-26 -62	-16 -73	-51 -87	-41 -98	-87 -144	-169 -226	-247 -304	-369 -426
355	400	+1710 +1350	+1040 +680	+760 +400																						-93 -150	-187 -244	-273 -330	-414 -471
400	450	+1900 +1500	+1160 +760	+840 +440	+385 +230	+232 +135	+165 +68	+83 +20	+40 0	+63 0	+97 0	+155 0	+250 0	+400 0	+630 0	±20	±31	+8 -32	+18 -45	+29 -68	0 -63	-27 -67	-17 -80	-55 -95	-45 -108	-103 -166	-209 -272	-307 -370	-467 -530
450	500	+2050 +1650	+1240 +840	+880 +480																						-109 -172	-229 -292	-337 -400	-517 -580

注：带“＊”者为优先选用的，其他为常用的

附表 16　优先及常用孔的极限偏差表(摘自 GB/T 1800. 2—2009)

单位:μm

代号		a	b	c	d	e	f	g	h								js	k	m	n	p	r	s	t	u	v	x	y	z
基本尺寸(mm)		公差等级																											
大于	至	11	11	*11	*9	8	*7	*6	5	*6	*7	8	*9	10	*11	12	6	*6	6	*6	*6	6	*6	6	*6	6	6	6	6
—	3	-270 -330	-140 -200	-60 -120	-20 -45	-14 -28	-6 -16	-2 -8	0 -4	0 -6	0 -10	0 -14	0 -25	0 -40	0 -60	0 -100	±3	+6 0	+8 +2	+10 +4	+12 +6	+16 +10	+20 +14	—	+24 +18	—	+26 +20	—	+32 +26
3	6	-270 -345	-140 -215	-70 -145	-30 -60	-20 -38	-10 -22	-4 -12	0 -5	0 -8	0 -12	0 -18	0 -30	0 -48	0 -75	0 -120	±4	+9 +1	+12 +4	+16 +8	+20 +12	+23 +15	+27 +19	—	+31 +23	—	+36 +28	—	+43 +35
6	10	-280 -338	-150 -240	-80 -170	-40 -76	-25 -47	-13 -28	-5 -14	0 -6	0 -9	0 -15	0 -22	0 -36	0 -58	0 -90	0 -150	±4.5	+10 +1	+15 +6	+19 +10	+24 +15	+28 +19	+32 +23	—	+37 +28	—	+43 +34	—	+51 +42
10	14	-290 -400	-150 -260	-95 -205	-50 -93	-32 -59	-16 -34	-6 -17	0 -8	0 -11	0 -18	0 -27	0 -43	0 -70	0 -110	0 -180	±5.5	+12 +1	+18 +7	+23 +12	+29 +18	+34 +23	+39 +28	—	+44 +33	—	+51 +40	—	+61 +50
14	18																							—		+50 +39	+56 +45	—	+71 +60
18	24	-300 -430	-160 -290	-110 -240	-65 -117	-40 -73	-20 -41	-7 -20	0 -9	0 -13	0 -21	0 -33	0 -52	0 -84	0 -130	0 -210	±6.5	+15 +2	+21 +8	+28 +15	+35 +22	+41 +28	+48 +35	—	+54 +41	+60 +47	+67 +54	+76 +63	+86 +73
24	30																							+54 +41	+61 +48	+68 +55	+77 +64	+88 +75	+101 +88
30	40	-310 -470	-170 -330	-120 -280	-80 -142	-50 -89	-25 -50	-9 -25	0 -11	0 -16	0 -25	0 -39	0 -62	0 -100	0 -160	0 -250	±8	+18 +2	+25 +9	+33 +17	+42 +26	+50 +34	+59 +43	+64 +48	+76 +60	+84 +68	+96 +80	+110 +94	+128 +112
40	50	-320 -480	-180 -340	-130 -290																				+70 +54	+86 +70	+97 +81	+113 +97	+130 +114	+152 +136
50	65	-340 -530	-190 -380	-140 -330	-100 -174	-60 -106	-30 -60	-10 -29	0 -13	0 -19	0 -30	0 -46	0 -74	0 -120	0 -190	0 -300	±9.5	+21 +2	+30 +11	+39 +20	+51 +32	+60 +41	+72 +53	+85 +66	+106 +87	+121 +102	+141 +122	+163 +144	+191 +172
65	80	-360 -550	-200 -390	-150 -340																		+62 +43	+78 +59	+94 +75	+121 +102	+139 +120	+165 +146	+193 +174	+229 +210
80	100	-380 -600	-220 -440	-170 -390	-120 -207	-72 -126	-36 -71	-12 -34	0 -15	0 -22	0 -35	0 -54	0 -87	0 -140	0 -220	0 -350	±11	+25 +3	+35 +13	+45 +23	+59 +37	+73 +51	+93 +71	+113 +91	+146 +124	+168 +146	+200 +178	+236 +214	+280 +258
100	120	-410 -630	-240 -460	-180 -400																		+76 +54	+101 +79	+126 +104	+166 +144	+194 +172	+232 +210	+276 +254	+332 +310

续表

代号		a	b	c	d	e	f	g	h								js	k	m	n	p	r	s	t	u	v	x	y	z
基本尺寸（mm）		公差等级																											
大于	至	11	11	*11	*9	8	*7	*6	5	*6	*7	8	*9	10	*11	12	6	*6	6	*6	*6	6	*6	6	*6	6	6	6	6
120	140	−460 −710	−260 −510	−200 −450																		+88 +63	+117 +92	+147 +122	+195 +170	+227 +202	+273 +248	+325 +300	+390 +365
140	160	−520 −770	−280 −530	−210 −460	−145 −245	−85 −148	−43 −83	−14 −39	0 −18	0 −25	0 −40	0 −63	0 −100	0 −160	0 −250	0 −400	±12.5	+28 +3	+40 +15	+52 +27	+68 +43	+90 +65	+125 +100	+159 +134	+215 +190	+253 +228	+305 +280	+365 +340	+440 +415
160	180	−580 −830	−310 −560	−230 −480																		+93 +68	+133 +108	+171 +146	+235 +210	+277 +252	+335 +310	+405 +380	+490 +465
180	200	−660 −950	−340 −630	−240 −530																		+106 +77	+151 +122	+195 +166	+265 +236	+313 +284	+379 +350	+454 +425	+549 +520
200	225	−740 −1030	−380 −670	−260 −550	−170 −285	−100 −172	−50 −96	−15 −44	0 −20	0 −29	0 −46	0 −72	0 −115	0 −185	0 −290	0 −460	±14.5	+33 +4	+46 +17	+60 +31	+79 +50	+109 +80	+159 +130	+209 +180	+287 +258	+339 +310	+414 +385	+499 +470	+604 +575
225	250	−820 −1110	−420 −710	−280 −570																		+113 +84	+169 +140	+225 +196	+313 +284	+369 +340	+154 +425	+549 +520	+669 +640
250	280	−920 −1240	−480 −800	−300 −620	−190 −320	−110 −191	−56 −108	−17 −49	0 −23	0 −32	0 −52	0 −81	0 −130	0 −210	0 −320	0 −520	±16	+36 +4	+52 +20	+66 +34	+88 +56	+126 +94	+190 +158	+250 +218	+347 +315	+417 +385	+507 +475	+612 +580	+742 +710
280	315	−1050 −1370	−540 −860	−330 −650																		+130 +98	+202 +170	+272 +240	+382 +350	+457 +425	+557 +525	+682 +650	+822 +790
315	355	−1200 −1560	−600 −960	−360 −720	−210 −350	−125 −214	−62 −119	−18 −54	0 −25	0 −36	0 −57	0 −89	0 −140	0 −230	0 −360	0 −570	±18	+40 +4	+57 +21	+73 +37	+98 +62	+144 +108	+226 +190	+304 +268	+426 +390	+511 +475	+626 +590	+766 +730	+936 +900
355	400	−1350 −1710	−680 −1040	400 −760																		+150 +114	+244 +208	+330 +294	+471 +435	+566 +530	+696 +660	+856 +820	+1036 +1000
400	450	−1500 −1900	−760 −1160	−440 −840	−230 −385	−135 −232	−68 −131	−20 −60	0 −27	0 −40	0 −63	0 −97	0 −155	0 −250	0 −400	0 −630	±20	+45 +5	+63 +23	+80 +40	+108 +68	+166 +126	+272 +232	+370 +330	+530 +490	+635 +595	+780 +740	+960 +920	+1140 +1100
450	500	−1650 −2050	−840 −1240	−480 −880																		+172 +132	+292 +252	+400 +360	+580 +540	+700 +660	+860 +820	+1040 +1000	+1290 +1250

注：带“＊”者为优先选用的，其他为常用的。

四、常用材料及热处理

附表 17 常用的金属材料和非金属材料

<table>
<tr><th colspan="2">名称</th><th>编号</th><th>说明</th><th>应用举例</th></tr>
<tr><td rowspan="11">黑色金属</td><td rowspan="2">灰铸铁
(GB9439)</td><td>HT150</td><td rowspan="2">HT—“灰铁”代号
150—抗拉强度/MPa</td><td>用于制造端盖、带轮、轴承座、阀壳、管子及管子附件、机床底座、工作台等</td></tr>
<tr><td>HT200</td><td>用于较重要的铸件,如气缸、齿轮、机架、飞轮、床身、阀壳、衬筒等</td></tr>
<tr><td>球墨铸铁
(GB1348)</td><td>QT450-10
QT500-7</td><td>QT—“球铁”代号
450—抗拉强度/MPa
10—伸长率(%)</td><td>具有较高的强度和塑性。广泛用于机械制造业中受磨损和受冲击的零件,如曲轴、汽缸套、活塞环、摩擦片、中低压阀门、千斤顶座等</td></tr>
<tr><td>铸钢
(GB11352)</td><td>ZG200-400
ZG270-500</td><td>ZG—“铸钢”代号
200—屈服强度/MPa
400—抗拉强度/MPa</td><td>用于各种形状的零件,如机座、变速箱座、飞轮、重负荷机座、水压机工作缸等</td></tr>
<tr><td>碳素结构钢
(GB700)</td><td>Q215-A
Q235-A</td><td>Q—“屈”字代号
215—屈服点数值/ MPa
A—质量等级</td><td>有较高的强度和硬度,易焊接,是一般机械上的主要材料。用于制造垫圈、铆钉、轻载齿轮、键、拉杆、螺栓、螺母、轮轴等</td></tr>
<tr><td rowspan="4">优质碳素结构钢
(GB699)</td><td>15</td><td rowspan="2">15—平均含碳量(万分之几)</td><td>塑性、韧性、焊接性和冷充性能均良好,但强度较低。用于制造螺钉、螺母、法兰盘及化工储器等</td></tr>
<tr><td>35</td><td>用于强度要求高的零件,如汽轮机叶轮、压缩机、机床主轴、花键轴等</td></tr>
<tr><td rowspan="2">15Mn
65Mn</td><td rowspan="2">15—平均含碳量(万分之几)
Mn—含锰量较高</td><td>其性能与 15 钢相似,但其塑性、强度比 15 钢高</td></tr>
<tr><td>强度高,适宜制作大尺寸的各种扁弹簧和圆弹簧</td></tr>
<tr><td rowspan="2">低合金结构钢
(GB1591)</td><td>15MnV</td><td rowspan="2">15—平均含碳量(万分之几)
Mn—含锰量较高
V—合金元素钒</td><td>用于制作高、中压石油化工容器、桥梁、船舶、起重机等</td></tr>
<tr><td>16Mn</td><td>用于制作车辆、管道、大型容器、低温压力容器、重型机械等</td></tr>
<tr><td rowspan="2">有色金属</td><td rowspan="2">普通黄铜
(GB5232)</td><td>H96</td><td rowspan="2">H—“黄”铜的代号
96—基体元素铜的含量</td><td>用于导管、冷凝管、散热器件、散热片等</td></tr>
<tr><td>H59</td><td>用于一般机器零件、焊接件、热冲及热轧零件等</td></tr>
</table>

续表

名称		编号	说明	应用举例
有色金属	铸造锡青铜 （GB1176）	ZCuSn10Zn2	Z—"铸"造代号 Cu—基体金属铜元素符号 Sn10—锡元素符号及名义含量（%）	在中等及较高载荷下工作的重要管件以及阀、旋塞、泵体、齿轮、叶轮等
	铸造铝合金 （GB1173）	ZALSi5Cu1Mg	Z—"铸"造代号 AL—基体元素铝元素符号 Si5—锡元素符号及名义含量（%）	用于水冷发动机的汽缸体、汽缸头、汽缸盖、空冷发动机头和发动机曲轴箱等
非金属	耐油橡胶板 （GB5574）	3707 3807	37、38—顺序号 07—扯断强度/kPa	硬度较高，可在温度为-30～+100℃的机油、变压器油、汽油等介质中工作，适于冲制各种形状的垫圈
	耐热橡胶板 （GB5574）	4708 4808	47、48—顺序号 08—扯断强度/kPa	较高硬度，具有耐热性能，可在温度为30～100℃且压力不大的条件下于蒸汽、热空气等介质中工作，用于冲制各种垫圈和垫板
	油浸石棉盘根 （JC68）	YS350 YS250	YS—"油石"代号 350—适用的最高温度	用于回转轴、活塞或阀门杆上作密封材料，介质为蒸汽、空气、工业用水、重质石油等
	橡胶石棉盘根 （JC67）	XS550 XS350	XS—"橡石"代号 550—适用的最高温度	用于蒸汽机、往复泵的活塞和阀门杆上作密封材料
	聚四氟乙烯 （PTFE）			主要用于耐腐蚀、耐高温的密封元件，如填料、衬垫、涨圈、阀座；也用作输送腐蚀介质的高温管路、耐腐蚀衬里、容器的密封圈等

附表 18　常用热处理及表面处理

名称	代号	说明	应用
退火	Th	将钢件加热到临界温度以上，保温一段时间，然后缓慢地冷却下来（一般用炉冷）	用来消除铸、锻件的内应力和组织不均匀及精粒粗大等现象，消除冷轧坯件的冷硬现象和内应力，降低硬度，以便于切削
正火	Z	将钢件加热到临界温度以上30～50℃，保温一段时间，然后在空气中冷却下来，冷却速度比退火快	用来处理低碳和中碳结构的钢件和渗碳机件，使其组织细化，增加强度与韧性，减少内应力，改善切削性能
淬火	C	将钢件加热到临界温度以上，保温一段时间，然后在水、盐水或油中急速冷却下来（个别材料在空气中），使其得到高硬度	用来提高钢的硬度和强度极限，但淬火时会引起内应力并使钢变脆，所以淬火后必须回火

续表

名称	代号	说明	应用
回火		将淬硬的钢件加热到临界温度以下的某一温度，保温一段时间，然后在空气中或油中冷却下来	用来消除淬火后产生的脆性和内应力，提高钢的塑性和冲击韧性
调质	T	淬火后在 450~650℃ 进行高温回火称为调质	用来使钢获得高的韧性和足够的强度，很多重要零件淬火后都需要经过调质处理
表面淬火	H	用火焰或高频电流将零件表面迅速加热至临界温度以上，急速冷却	使零件表层得到高的硬度和耐磨性，而心部保持较高的强度和韧性。常用于处理齿轮，使其既耐磨又能承受冲击
高频淬火	G		
渗碳淬火	S	在渗碳剂中将钢件加热 900~950℃，停留一段时间，将碳渗入钢件表面，深度为 0.5~2mm，再淬火后回火	增加钢件的耐磨性能、表面硬度、抗拉强度和疲劳极限。适用于低碳、中碳结构钢的中、小型零件
渗氮	D	在 500~600℃ 通入氨的炉内，向钢件表面渗入氮原子，渗氮层为 0.025~0.8mm，渗氮时间需 40~50 小时	增加钢件的耐磨性能、表面硬度、疲劳极限和抗蚀能力。适用于合金钢、碳结和铸铁零件
氰化	Q	在 820~860℃ 的炉内通入碳和氮，保温 1~2 小时，使钢件表面同时渗入碳、氮原子，可得到 0.2~0.5mm 的氰化层	增加表面硬度、耐磨性、疲劳强度和耐蚀性。适用于要求硬度高、耐磨的中、小型或薄片零件及刀具
时效处理		低温回火后、精加工之前，将机件加热到 100~180℃，保持 10~40 小时；铸件常在露天放 1 年以上，称为天然时效	使铸件或淬火后的钢件慢慢消除内应力、稳定形状和尺寸
发黑发蓝		将零件置于氧化剂中，在 135~145℃ 温度下进行氧化，表面形成一层呈蓝黑色的氧化层	防腐、美观
镀铬、镀镍		用电解的方法，在钢件表面镀一层铬或镍	

五、化工设备的常用标准化零部件

附表 19　椭圆形封头（摘自 JB/T 4746—2002）

以内径为基准的椭圆形封头（EHA）

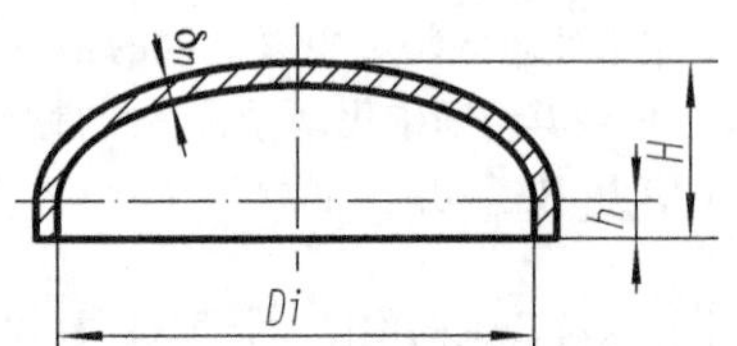

以外径为基准的椭圆形封头（EHB）

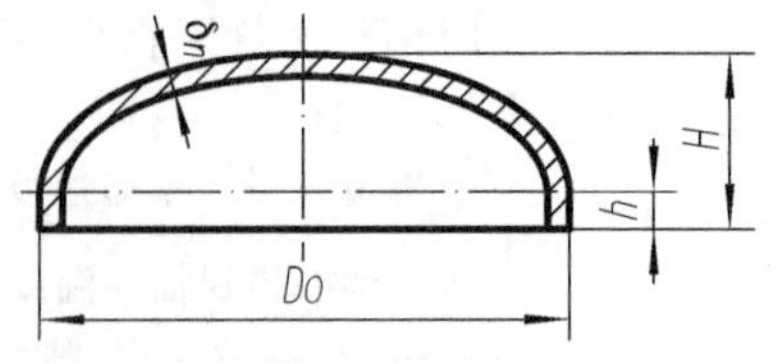

标记示例：椭圆形封头　JB/T4746—2002　EHA1200x12—16MnR

（公称直径为 1200mm、名义厚度为 12mm、材料为 16MnR、以内径为基准的椭圆形封头）

单位：mm

续表

以内径为基准的椭圆形封头(EHA),Di/2(H-h)=2,DN=Di							
序号	公称直径 DN	总深度 H	名义厚度 δ_n	序号	公称直径 DN	总深度 H	名义厚度 δ_n
1	300	100	2~8	34	2900	765	10~32
2	350	113	2~8	35	3000	790	10~32
3	400	125	3~14	36	3100	815	12~32
4	450	138	3~14	37	3200	840	12~32
5	500	150	3~20	38	3300	865	16~32
6	550	163	3~20	39	3400	890	16~32
7	600	175	3~20	40	3500	915	16~32
8	650	188	3~20	41	3600	940	16~32
9	700	200	3~20	42	3700	965	16~32
10	750	213	3~20	43	3800	990	16~32
11	800	225	4~28	44	3900	1015	16~32
12	850	238	4~28	45	4000	1040	16~32
13	900	250	4~28	46	4100	1065	16~32
14	950	263	4~28	47	4200	1090	16~32
15	1000	275	4~28	48	4300	1115	16~32
16	1100	300	5~32	49	4400	1140	16~32
17	1200	325	5~32	50	4500	1165	16~32
18	1300	350	6~32	51	4600	1190	16~32
19	1400	375	6~32	52	4700	1215	16~32
20	1500	400	6~32	53	4800	1240	16~32
21	1600	425	6~32	54	4900	1265	16~32
22	1700	450	8~32	55	5000	1290	16~32
23	1800	475	8~32	56	5100	1315	16~32
24	1900	500	8~32	57	5200	1340	16~32
25	2000	525	8~32	58	5300	1365	16~32
26	2100	565	8~32	59	5400	1390	16~32
27	2200	590	8~32	60	5500	1415	16~32
28	2300	615	10~32	61	5600	1440	16~32
29	2400	640	10~32	62	5700	1465	16~32
30	2500	665	10~32	63	5800	1490	16~32
31	2600	690	10~32	64	5900	1515	16~32
32	2700	715	10~32	65	6000	1540	16~32
33	2800	740	10~32	—	—	—	—
以内径为基准的椭圆形封头(EHB),D_0/2(H-h)=2,DN=D_0							
1	159	65	4~8	4	325	106	6~12
2	219	80	5~8	5	377	119	8~14
3	273	93	6~12	6	426	132	8~14

注:名义厚度 δ_n 系列:2、3、4、5、6、8、10、12、14、16、18、20、22、24、26、28、30、32

附表 20　管路法兰及垫片

凸面板式平焊钢制管法兰
(摘自JB/T 81—1994)

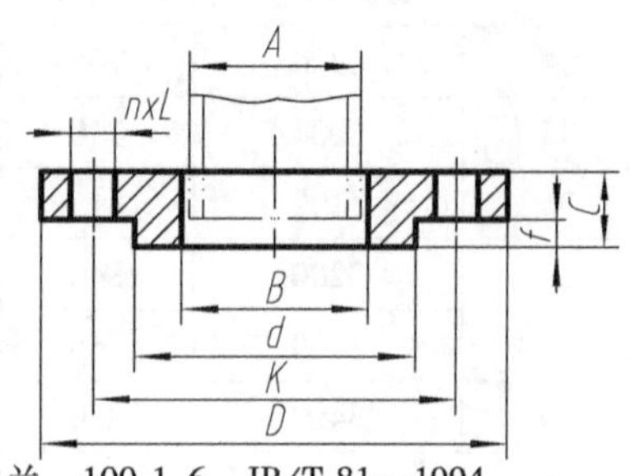

管道法兰用石棉橡胶垫片
(摘自JB/T 87—1994)

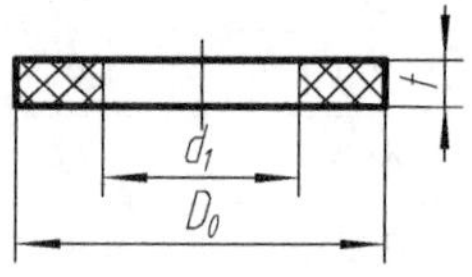

标记示例:法兰　100-1.6　JB/T 81—1994

(公称直径为 100mm、公称压力为 1.6MPa 的凸面板式钢制管法兰)

单位:mm

凸面板式平焊钢制管法兰/mm																
PN/MPa	公称直径 DN	10	15	20	25	32	40	50	65	80	100	125	150	200	250	300
直径																
0.25 0.6	管子外径 A	14	18	25	32	38	45	57	73	89	108	133	159	219	273	325
	法兰内径 *B*	15	19	26	33	39	46	59	75	91	110	135	161	222	276	328
	密封面厚度 *f*	2	2	2	2	2	3	3	3	3	3	3	3	3	3	4
0.25 0.6	法兰外径 *D*	75	80	90	100	120	130	140	160	190	210	240	265	320	375	440
	螺栓中心直径 *K*	50	55	65	75	90	100	110	130	150	170	200	225	280	335	395
	密封面直径 *d*	32	40	50	60	70	80	90	110	125	145	175	200	255	310	362
1.0 1.6	法兰外径 *D*	90	95	105	115	140	150	165	185	200	220	250	285	340	395	445
	螺栓中心直径 *K*	60	65	75	85	100	110	125	145	160	180	210	240	295	350	400
	密封面直径 *d*	40	45	55	65	78	85	100	120	135	155	185	210	265	320	368
厚度																
0.25	法兰厚度 *C*	10	10	12	12	12	12	14	12	14	14	14	16	18	22	22
0.6		12	12	14	14	16	16	16	16	16	18	20	20	22	24	24
1.0		12	12	14	14	16	16	18	20	20	22	24	24	24	26	28
1.6		14	14	16	18	18	20	22	24	24	26	28	28	30	32	32
螺栓																
0.25,0.6	螺栓数量 *n*	4	4	4	4	4	4	4	4	4	4	8	8	8	12	12
1.0		4	4	4	4	4	4	4	4	4	8	8	8	8	12	12
1.6		4	4	4	4	4	4	4	4	8	8	8	8	12	12	12
0.25	螺栓孔直径 *L*	12	12	12	12	14	14	14	14	18	18	18	18	18	18	23
	螺栓规格	M10	M10	M10	M10	M12	M12	M12	M12	M16	M16	M16	M16	M16	M16	M20
1.0	螺栓孔直径 *L*	14	14	14	14	18	18	18	18	18	18	18	23	23	23	23
	螺栓规格	M12	M12	M12	M12	M16	M16	M16	M16	M16	M16	M16	M20	M20	M20	M20
1.6	螺栓孔直径 *L*	14	14	14	14	18	18	18	18	18	18	18	23	23	26	26
	螺栓规格	M12	M12	M12	M12	M16	M16	M16	M16	M16	M16	M16	M20	M20	M24	M24
管路法兰用石棉橡胶垫片																
0.25,0.6	垫片外径 D_0	38	43	53	63	76	86	96	116	132	152	182	207	262	317	372
1.0		46	51	61	71	82	92	107	127	142	162	192	217	272	327	377
1.6		46	51	61	71	82	92	107	127	142	162	192	217	272	330	385
垫片内径 d_1		14	18	25	32	38	45	57	76	89	108	133	159	219	273	325
垫片厚度 *t*		2														

附表 21　设备法兰及垫片

甲型平焊法兰(平密封面)
(摘自JB 4701—2000)

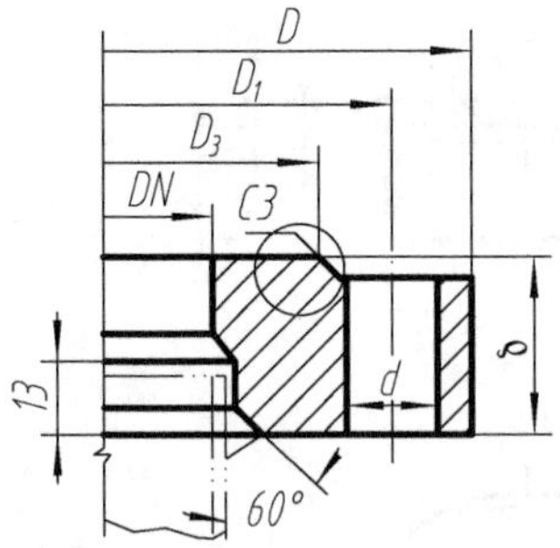

非金属软垫片
(摘自JB 4704—2000)

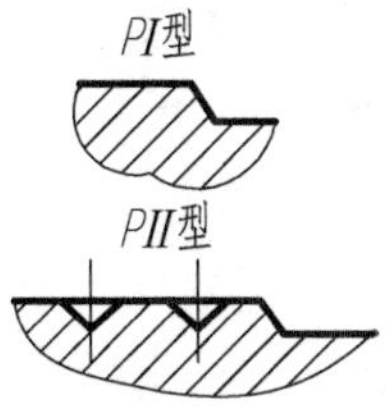

PⅠ型

PⅡ型

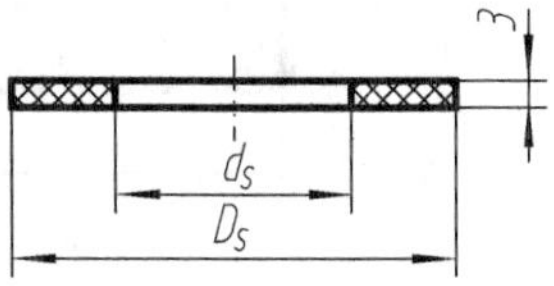

标记示例:法兰-PⅡ　600-1.0　JB/T 4701—2000

(压力容器法兰,公称直径为 600mm、公称压力为 1.0MPa、密封面为 PⅡ型平密封面的甲型平焊法兰)

单位:mm

公称直径	甲型平焊法兰/mm					螺柱		非金属软垫片/mm	
DN/mm	D	D_1	D_3	δ	d	规格	数量	Ds	ds
PN=0. 25MPa									
700	815	780	740	36	18	M16	28	739	703
800	915	880	840	36			32	839	803
900	1015	980	940	40			36	939	903
1000	1130	1090	1045	40	23	M20	32	1044	1004
1200	1330	1290	1241	44			36	1240	1200
1400	1530	1490	1441	46			40	1440	1400
1600	1730	1690	1641	50			48	1640	1600
1800	1930	1890	1841	56			52	1840	1800
2000	2130	2090	2041	60			60	2040	2000
PN=0. 6MPa									
500	615	580	540	30	18	M16	20	539	503
600	715	680	640	32			24	639	603
700	830	790	745	36	23	M20	24	744	704
800	930	890	845	40			24	844	804
900	1030	990	945	44			32	944	904
1000	1130	1090	1045	48			36	1044	1004
1200	1300	1290	1241	60			52	1240	1200
PN=1. 0MPa340									
300	415	380	340	26	18	M16	16	339	303
400	515	480	440	30			20	439	403
500	630	590	545	34	23	M20	20	544	504
600	730	690	645	40			24	644	604
700	830	790	745	46			32	744	704
800	930	890	845	54			40	844	804
900	1030	990	945	60			48	944	904
PN=1. 6MPa									
300	430	390	345	30	23	M20	16	344	304
400	530	490	445	36			20	444	404
500	630	590	545	44			28	544	504
600	730	690	645	54			40	644	604

附表22 人孔与手孔

常压人孔(摘自 HG/T21515—2005)　　　　常压手孔(HG/T21528—2005)

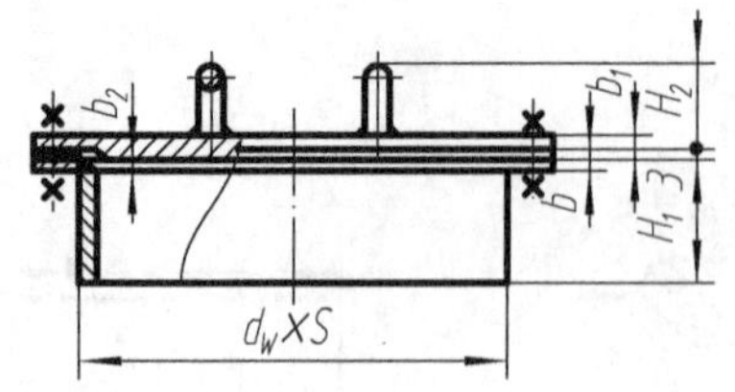

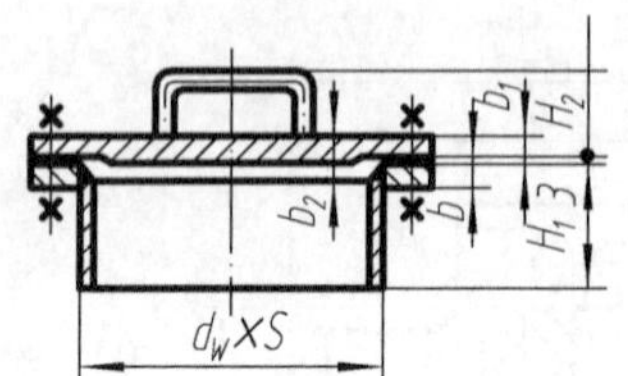

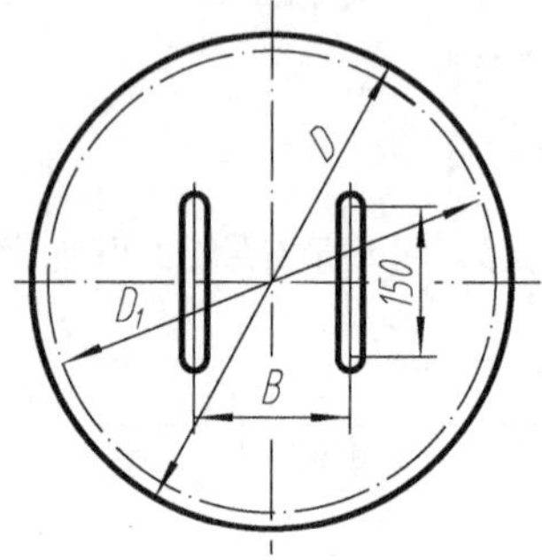

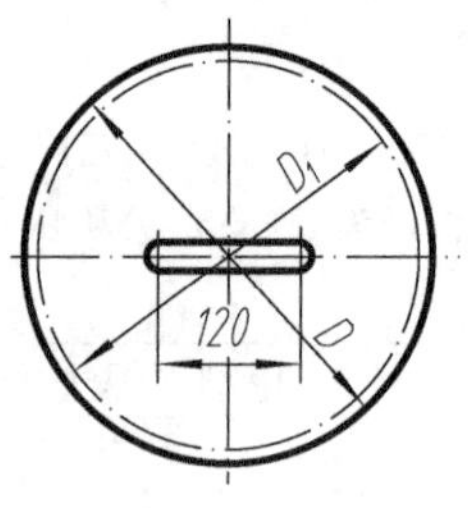

标记示例:人孔(A-XB350)450　HG/T 21515—2005

(公称直径为 DN450、H_1 = 160、采用石棉橡胶板垫片的常压人孔)

标记示例:手孔(A-XB350)250　HG/T 21528—2005

(公称直径为 DN250、H_1 = 120、采用石棉橡胶板垫片的常压手孔)

单位:mm

密封面形式	公称直径	$d_w \times S$	D	D_1	b	b_1	b_2	H_1	H_2	B	螺栓 数量	螺栓 规格	总质量(kg)
常压人孔													
全平面	(400)	426×6	515	480	14	10	12	150	90	250	16	M16×50	37.0
	450	480×6	570	535	14	10	12	160	90	250	20	M16×50	44.4
	500	530×6	620	585	14	10	12	160	92	300	20	M16×50	50.5
	600	630×6	720	685	16	12	14	180	92	300	24	M16×50	74.0
常压手孔													
全平面	150	159×4.5	235	205	10	6	8	100	72	—	8	M16×40	6.57
	250	273×8	350	320	12	8	10	120	74	—	12	M16×45	16.3

注:1. 人(手)孔高度 H_1 系根据容器的直径不小于人(手)孔的公称直径的2倍而定的;如有特殊要求,允许改变,但需注明改变后的 H_1 尺寸,并修正人(手)孔的总质量

2. 表中带括号的公称直径尽量不采用

附表 23　鞍式支座(摘自 JB/T 4712.1—2007)

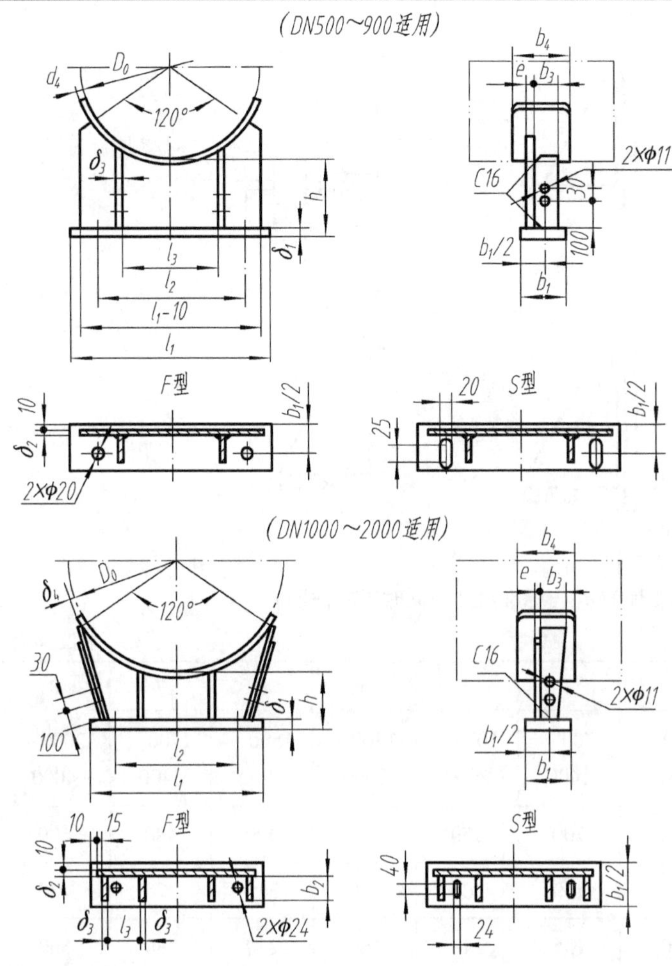

标记示例:鞍座　BⅤ500-F
JB/T 4712.1—2007
(公称直径为 DN500mm、包角为 120°、重型不带垫板、标准尺寸的固定式鞍座)

单位:mm

<table>
<tr><th rowspan="3">型式
特征</th><th rowspan="2">公称
直径</th><th rowspan="2">鞍座
高度</th><th colspan="3">底板</th><th rowspan="3">腹板
δ_2</th><th colspan="4">肋板</th><th colspan="4">垫板</th><th rowspan="2">螺栓
间距</th></tr>
<tr><th rowspan="1">l_1</th><th>b_1</th><th>δ_1</th><th rowspan="1">l_3</th><th>b_2</th><th>b_3</th><th>δ_3</th><th>弧长</th><th>b_4</th><th>δ_4</th><th>e</th></tr>
<tr><th>DN</th><th>h</th><th></th><th></th><th></th><th></th><th></th><th></th><th></th><th></th><th></th><th></th><th></th><th>l_2</th></tr>
<tr><td rowspan="7">DN500-900
120°包角
重型带垫板
或不带垫板</td><td>500</td><td rowspan="7">200</td><td>460</td><td rowspan="7">150</td><td rowspan="7">10</td><td rowspan="5">8</td><td>250</td><td rowspan="7">--</td><td rowspan="7">120</td><td rowspan="5">8</td><td>590</td><td rowspan="5">200</td><td rowspan="7">6</td><td rowspan="5">56</td><td>330</td></tr>
<tr><td>550</td><td>510</td><td>275</td><td>650</td><td>360</td></tr>
<tr><td>600</td><td>550</td><td>300</td><td>710</td><td>400</td></tr>
<tr><td>650</td><td>590</td><td>325</td><td>770</td><td>430</td></tr>
<tr><td>700</td><td>640</td><td>350</td><td>830</td><td>460</td></tr>
<tr><td>800</td><td>720</td><td rowspan="2">10</td><td>400</td><td rowspan="2">10</td><td>940</td><td rowspan="2">260</td><td rowspan="2">65</td><td>530</td></tr>
<tr><td>900</td><td>810</td><td>450</td><td>1060</td><td>590</td></tr>
<tr><td rowspan="11">DN1000-2000
120°包角
重型带垫板或
不带垫板</td><td>1000</td><td rowspan="5">200</td><td>760</td><td rowspan="5">170</td><td rowspan="5">12</td><td rowspan="2">8</td><td>170</td><td rowspan="5">140</td><td rowspan="5">200</td><td rowspan="2">8</td><td>1180</td><td rowspan="5">350</td><td rowspan="5">8</td><td rowspan="5">70</td><td>600</td></tr>
<tr><td>1100</td><td>820</td><td>185</td><td>1290</td><td>660</td></tr>
<tr><td>1200</td><td>880</td><td rowspan="3">10</td><td>200</td><td rowspan="3">10</td><td>1410</td><td>720</td></tr>
<tr><td>1300</td><td>940</td><td>215</td><td>1520</td><td>780</td></tr>
<tr><td>1400</td><td>1000</td><td>230</td><td>1640</td><td>840</td></tr>
<tr><td>1500</td><td rowspan="6">250</td><td>1060</td><td rowspan="3">200</td><td rowspan="6">16</td><td rowspan="3">12</td><td>240</td><td rowspan="3">170</td><td rowspan="3">240</td><td rowspan="6">12</td><td>1760</td><td rowspan="3">440</td><td rowspan="6">10</td><td rowspan="6">90</td><td>900</td></tr>
<tr><td>1600</td><td>1120</td><td>255</td><td>1870</td><td>960</td></tr>
<tr><td>1700</td><td>1200</td><td>275</td><td>1990</td><td>1040</td></tr>
<tr><td>1800</td><td>1280</td><td rowspan="3">220</td><td rowspan="3">14</td><td>295</td><td rowspan="3">190</td><td rowspan="3">260</td><td>2100</td><td rowspan="3">460</td><td>1120</td></tr>
<tr><td>1900</td><td>1360</td><td>315</td><td>2220</td><td>1200</td></tr>
<tr><td>2000</td><td>1420</td><td>330</td><td>2330</td><td>1260</td></tr>
</table>

附表 24 耳式支座(摘自 JB/T 4712.3—2007)

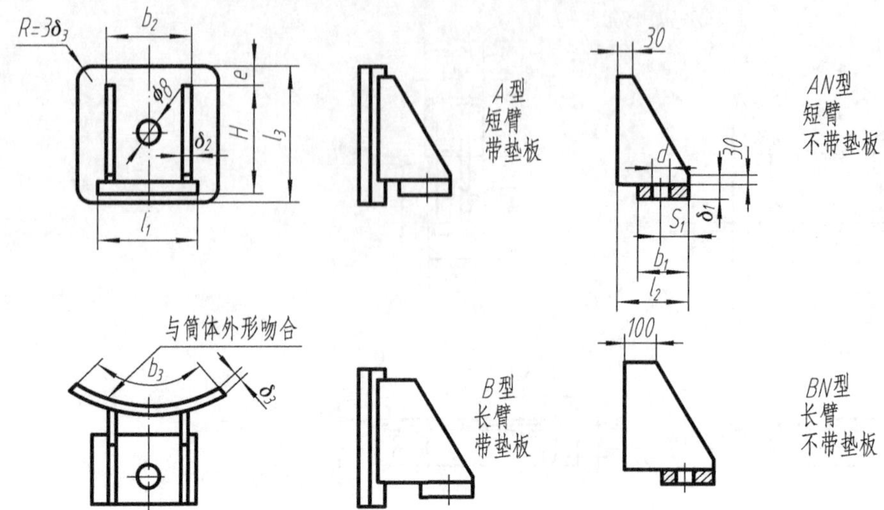

标记示例:JB/T 4712.3—2007 耳座 B3 $\delta_3=12$

(B 型、带垫板、垫板厚度为 12 的 3 号耳式支座)(δ_3 与标准尺寸相同时不必注明)

单位:mm

支座号			1	2	3	4	5	6	7	8
适用容器公称直径 DN			300~600	500~1000	700~1400	1000~2000	1300~2600	1500~3000	1700~3400	2000~4000
高度 H			125	160	200	250	320	400	480	600
底板	l_1		100	125	160	200	250	315	375	480
	b_1		60	80	105	140	180	230	280	360
	δ_1		6	8	10	14	16	20	22	26
	S_1		30	40	50	70	90	115	130	145
肋板	l_2	A、AN 型	80	100	125	160	200	250	300	380
		B、BN 型	160	180	205	290	330	380	430	510
	δ_2	A、AN 型	4	5	6	8	10	12	14	16
		B、BN 型	5	6	8	10	12	14	16	18
	b_2		80	100	125	160	200	250	300	380
垫板	l_3		160	200	250	315	400	500	600	700
	b_3		125	160	200	250	320	400	480	600
	δ_3		6	6	8	8	10	12	14	16
	e		20	24	30	40	48	60	70	72
地脚螺栓	d		24	24	30	30	30	36	36	36
	规格		M20	M20	M24	M24	M25	M30	M30	M30

附表 25　补强圈（摘自 JB/T 4736—2002）

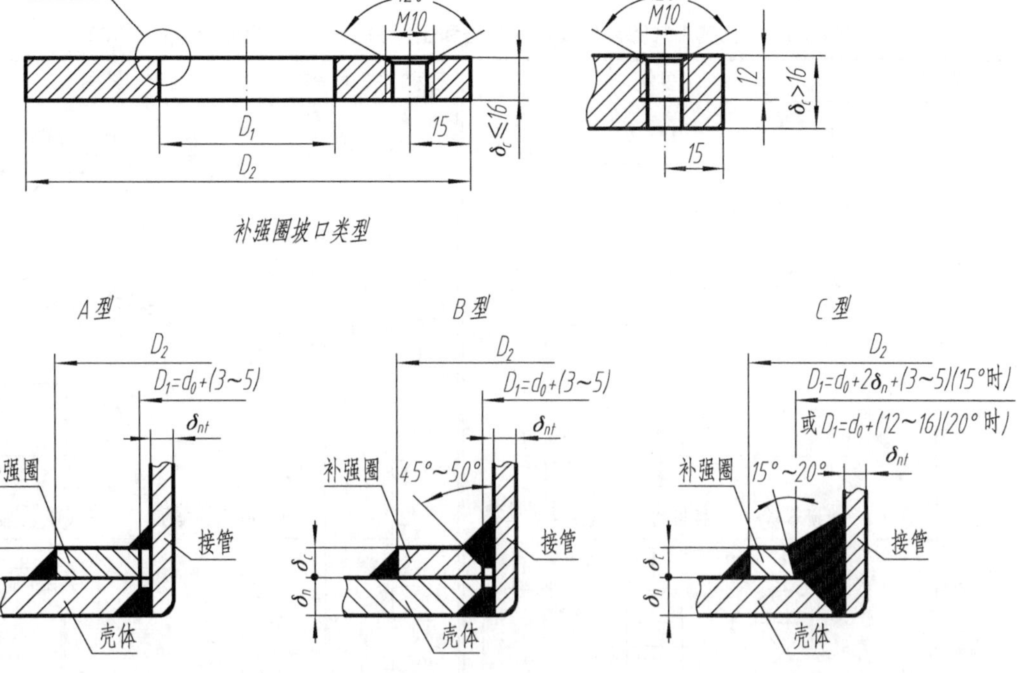

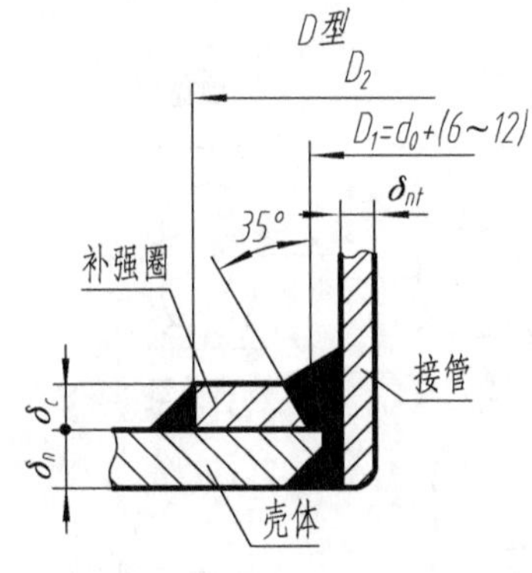

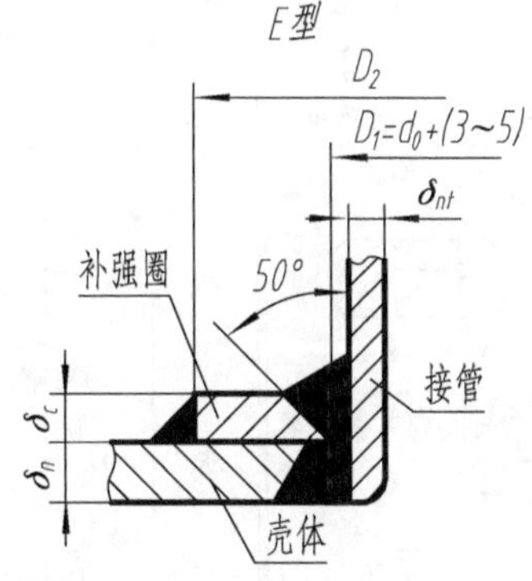

符号说明：

D_1—补强圈内径

D_2—补强圈外径

d_0—接管外径

δ_c—补强圈厚度

δ_n—壳体开孔处名义厚度

δ_{nt}—接管名义厚度

标记示例：DN100x8-D-Q235-B　JB/T 4736—2002

（接管公称直径为 100mm、补强圈厚度为 8mm、坡口类型为 D 型、材质为 Q235-B 的补强圈）

mm

接管公称直径 DN	50	65	80	100	125	150	175	200	225	250	300	350	400	450	500	600
外径 D_2	130	160	180	200	250	300	350	400	440	480	550	620	680	760	840	980
内径 D_1	按补强圈坡口类型确定															
厚度系列 δ_c	4、6、8、10、12、14、16、18、20、22、24、26、28、30															

六、化工工艺图的代号和图例

附表 26　化工工艺图常见设备的代号和图例(摘自 HG/T20519.31—1992)

名称	符号	图例	名称	符号	图例
容器	V	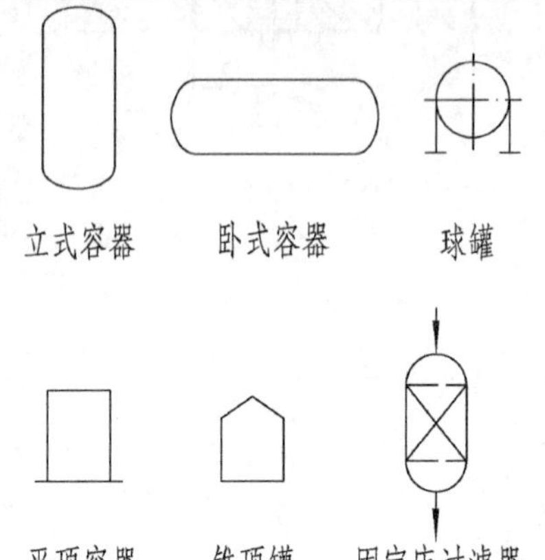 立式容器　卧式容器　球罐 平顶容器　锥顶罐　固定床过滤器	压缩机	C	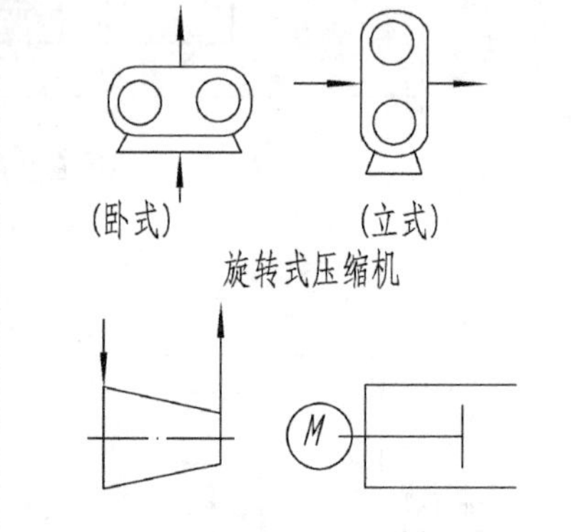 (卧式)　(立式) 旋转式压缩机 M 离心式压缩机　往复式压缩机
塔器	T	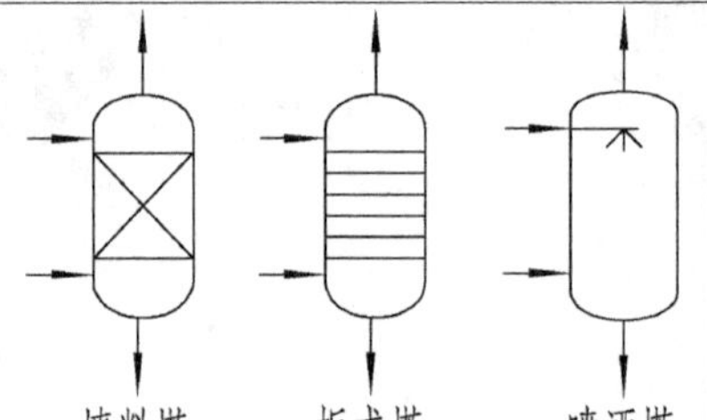 填料塔　板式塔　喷洒塔	工业炉	F	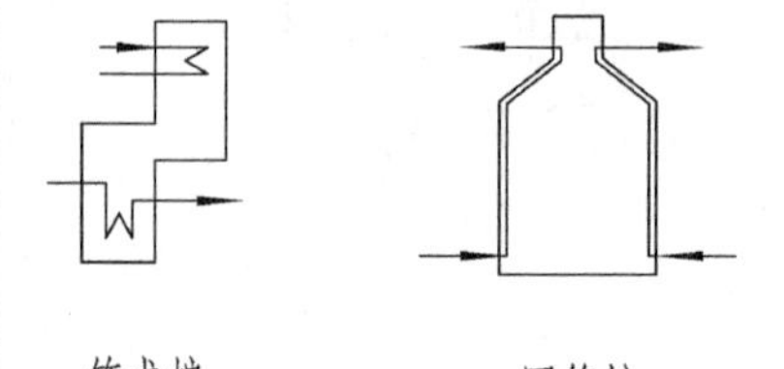 箱式炉　圆筒炉
换热器	E	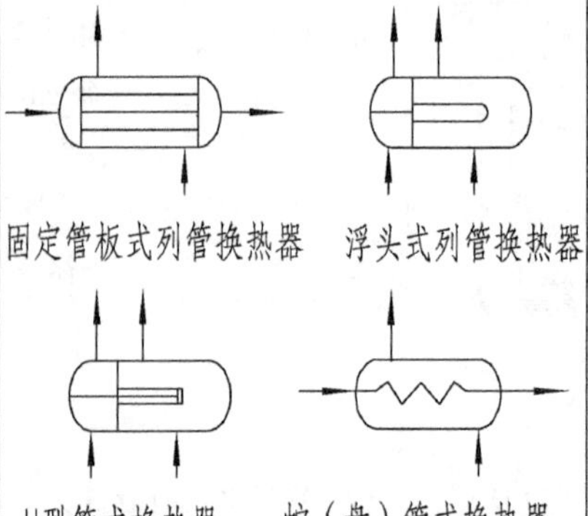 固定管板式列管换热器　浮头式列管换热器 U型管式换热器　蛇（盘）管式换热器	泵	P	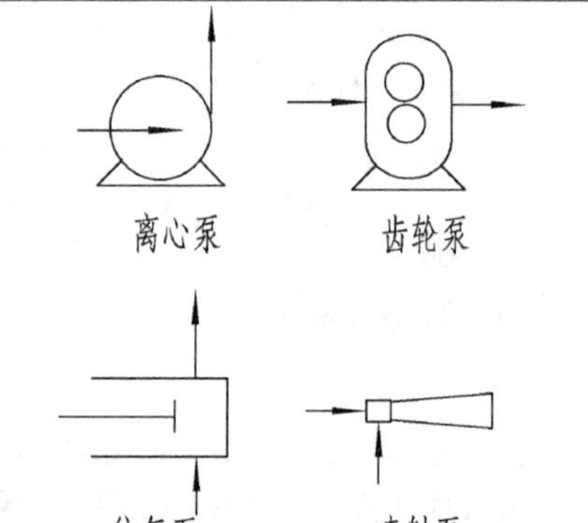 离心泵　齿轮泵 往复泵　喷射泵
反应器	R	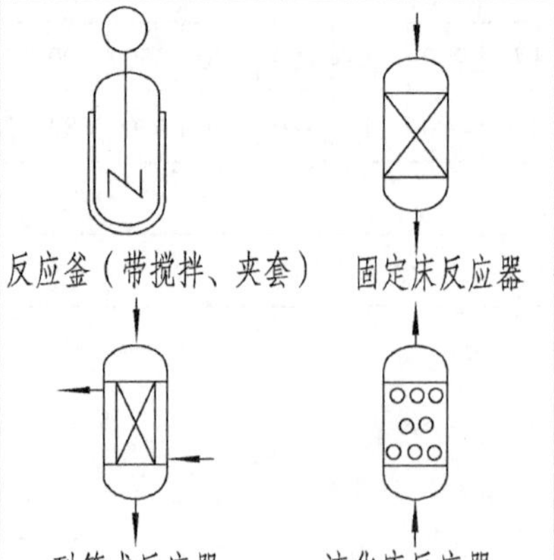 反应釜（带搅拌、夹套）　固定床反应器 列管式反应器　流化床反应器	其他机械	M	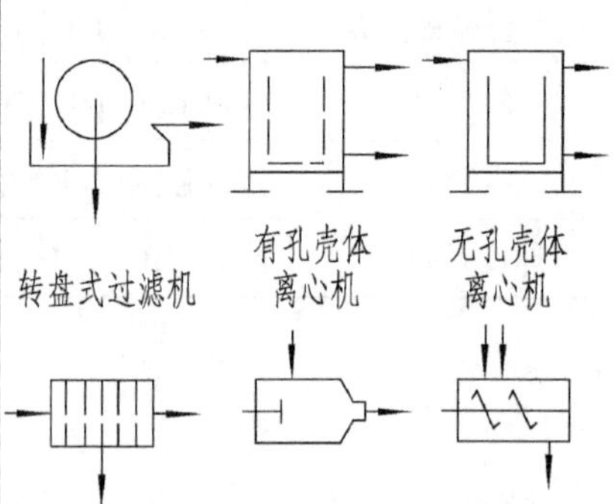 转盘式过滤机　有孔壳体离心机　无孔壳体离心机 压滤机　挤压机　混合机

参考文献

[1]董振珂.化工制图.北京:化学工业出版社,2011.

[2]路大勇.工程制图.北京:化学工业出版社,2011.

[3]钱可强.机械制图.北京:化学工业出版社,2011.

[4]高军伟.AUTOCAD 基础教程.北京:中国铁道出版社,2013.

[5]技术制图 图纸幅面和格式:GB/T 14689—2008.北京:中国标准出版社,2008.

[6]技术制图 标题栏:GB/T 10609.1—2008.北京:中国标准出版社,2008.

[7]产品几何技术规范 技术产品文件中表面结构的表示法:GB/T 131—2006.北京:中国标准出版社,2006.

[8]产品几何技术规范(GPS)极限与配合:第 1 部分:公差、偏差和配合的基础:GB/T 1800.1—2009.北京:中国标准出版社,2009.

[9]产品几何技术规范(GPS)极限与配合:第 2 部分:标准公差等级和孔、轴:GB/T 1800.2—2009.北京:中国标准出版社,2009.

[10]产品几何技术规范 几何公差.形状、方向、位置、跳动公差标注: GB/T 1182—2008.北京:中国标准出版社,2008.

[11]钢制压力容器用封头: JB/T 4746—2002.北京:中国标准出版社,2002.

[12]容器支座.鞍式支座: JB/T 4712.1—2007.北京:中国标准出版社,2007.

[13]容器支座.耳式支座:JB/T 4712.3—2007.北京:中国标准出版社,2007.

化工制图课程标准

（供化学制药技术、生物制药技术、中药制药技术、药物制剂技术、药品生产技术、食品加工技术、化工生物技术、制药设备应用技术、医疗设备应用技术专业用）

ER-课程标准